情報処理技術者試験学習書

対応試験 SA

情報処理 教科書

うかる！
システム
アーキテクト

2022年版

松田幹子・松原敬二・満川一彦 著

本書内容に関するお問い合わせについて

このたびは翔泳社の書籍をお買い上げいただき、誠にありがとうございます。弊社では、読者の皆様からのお問い合わせに適切に対応させていただくため、以下のガイドラインへのご協力をお願い致しております。下記項目をお読みいただき、手順に従ってお問い合わせください。

●ご質問される前に

弊社Webサイトの「正誤表」をご参照ください。これまでに判明した正誤や追加情報を掲載しています。

　　　　　正誤表　https://www.shoeisha.co.jp/book/errata/

●ご質問方法

弊社Webサイトの「書籍に関するお問い合わせ」をご利用ください。

　　　　　お問い合わせ　https://www.shoeisha.co.jp/book/qa/

インターネットをご利用でない場合は、FAXまたは郵便にて、下記 "翔泳社 愛読者サービスセンター" までお問い合わせください。
電話でのご質問は、お受けしておりません。

●回答について

回答は、ご質問いただいた手段によってご返事申し上げます。ご質問の内容によっては、回答に数日ないしはそれ以上の期間を要する場合があります。

●ご質問に際してのご注意

本書の対象を越えるもの、記述個所を特定されないもの、また読者固有の環境に起因するご質問等にはお答えできませんので、予めご了承ください。

●郵便物送付先およびFAX番号

送付先住所　〒160-0006　東京都新宿区舟町5
FAX番号　　03-5362-3818
宛先　　　　（株）翔泳社 愛読者サービスセンター

※著者および出版社は，本書の使用による情報処理技術者試験合格を保証するものではありません。
※本書の出版にあたっては正確な記述に努めましたが，著者および出版社のいずれも，本書の内容に対してなんらかの保証をするものではなく，内容やサンプルに基づくいかなる運用結果に関してもいっさいの責任を負いません。
※本書に記載されている画像イメージなどは，特定の設定に基づいた環境にて再現される一例です。
※本書に記載されたURL等は予告なく変更される場合があります。
※本書に記載されている会社名，製品名はそれぞれ各社の商標および登録商標です。
※本書では™，®，©は割愛させていただいております。

はじめに

　システムアーキテクト（SA）試験は，情報処理技術者試験の一つです。SA試験には，午前Ⅰ，午前Ⅱ，午後Ⅰ，午後Ⅱの時間区分があり，午前Ⅰ試験は，高度試験（SAを含む）及び情報処理安全確保支援士試験に共通の問題が出され，所定の条件を満たすと申請により免除される制度があります。午前Ⅱ・午後Ⅰ・午後Ⅱの試験は，SAに固有の問題が出されます。

　本書は，午前Ⅱ・午後Ⅰ・午後Ⅱの試験対策に特化して執筆しています。日々の忙しい業務の合間を縫って勉強している方々が短時間で効率よく受験勉強ができるように，各時間区分の試験の攻略法と過去問題の解答・解説を中心としたコンパクトな内容にしました。午前Ⅰ試験の対策には『情報処理教科書 高度試験午前Ⅰ・Ⅱ 2022年版』をご利用ください。

　今は，通勤や旅行，銀行，ショッピング等々，仕事でもプライベートでも，コンピュータシステムが必要不可欠な世の中になっています。つまり，コンピュータシステムが存在しないことには人々の日常生活に支障を来す，水や電気などと同じような社会インフラの一つとなっているのです。

　この大切な社会インフラを具体的にどのように作るかを考えるのが，システムアーキテクトの仕事だと考えています。そして，システムアーキテクト試験は，この仕事が遂行できる能力を測る唯一の試験であると考えます。

　本書に記載してある各テーマにおけるポイント，過去問題の解答や論文事例などが，試験対策だけでなく，みなさまの知識の向上，ノウハウの一助となれば幸いです。

　みなさまの試験の合格と，ＩＴ業界でのご活躍をお祈りしています。

著者代表　松田幹子

目次

目次

本書の構成・使い方 viii

読者特典ダウンロード ix

第1部　午前Ⅱ対策

第1章
午前Ⅱ演習　　　　　　　　　　　　　　　　　　　　　　　　1

1.1 コンピュータ構成要素 2

1.2 システム構成要素 7

1.3 データベース 14

1.4 ネットワーク 20

1.5 セキュリティ 24

1.6 システム開発技術 33

　　1.6.1 システム要件定義 34

　　1.6.2 システム方式設計 38

　　1.6.3 ソフトウェア要件定義 42

　　1.6.4 ソフトウェア方式設計・ソフトウェア詳細設計 53

　　1.6.5 ソフトウェア構築 65

　　1.6.6 ソフトウェア結合・ソフトウェア適格性確認テスト 76

　　1.6.7 システム結合・システム適格性確認テスト 77

　　1.6.8 受入れ支援 81

　　1.6.9 保守・廃棄 82

1.7 ソフトウェア開発管理技術 84

1.8 システム戦略 88

1.9 システム企画 95

iv

目次

第2部　午後Ⅰ対策

第1章
午後Ⅰ試験の攻略法　107

1.1　午後Ⅰ試験攻略のポイント 108
　　1.1.1　午後Ⅰ試験の出題形式 108
　　1.1.2　午後Ⅰ試験の出題傾向 111

1.2　午後Ⅰ問題の解き方 (R1-Ⅰ-2) 113
　　1.2.1　問題文の構成 119
　　1.2.2　問題の解き方の例 119
　　1.2.3　IPAによる出題趣旨・採点講評・解答例・解答の要点 127

第2章
午後Ⅰ演習（情報システム）　129

演習1　企業及び利用者に関する情報の管理運用の見直し (R3-Ⅰ-1) 130
演習2　配達情報管理システムの改善 (R3-Ⅰ-2) 145
演習3　融資りん議ワークフローシステムの構築 (R3-Ⅰ-3) 158
演習4　サービスデザイン思考による開発アプローチ (R1-Ⅰ-1) 169
演習5　レンタル契約システムの再構築 (R1-Ⅰ-3) 182
演習6　システムの改善 (H30-Ⅰ-1) 194
演習7　情報開示システムの構築 (H30-Ⅰ-2) 206
演習8　ETCサービス管理システムの構築 (H30-Ⅰ-3) 219
演習9　生命保険会社のシステムの構築 (H29-Ⅰ-1) 229
演習10　生産管理システムの改善 (H29-Ⅰ-2) 241
演習11　ソフトウェアパッケージ導入 (H29-Ⅰ-3) 252
演習12　仕入れ納品システムの変更 (H28-Ⅰ-1) 263
演習13　問合せ管理システムの導入 (H28-Ⅰ-2) 275
演習14　売上・回収業務のシステム改善 (H28-Ⅰ-3) 288

v

目次

第3章
午後Ⅰ演習（組込み・IoT システム）　　299

- 演習1　IoT, AI を活用した消火ロボットシステム（R3-Ⅰ-4）.............................. 300
- 演習2　IoT, AI を活用する自動倉庫システムの開発（R1-Ⅰ-4）......................... 313
- 演習3　IoT, AI を活用する海運用コンテナターミナルシステムの開発
　　　　（H30-Ⅰ-4）.. 327
- 演習4　IoT, AI の利用を目指した農業生産システムの開発（H29-Ⅰ-4）........... 339
- 演習5　生活支援ロボットシステムの開発（H28-Ⅰ-4）... 351

第3部　午後Ⅱ対策

第1章
午後Ⅱ試験の攻略法　　363

学習の前に 364

1.1　午後Ⅱ試験攻略のポイント 365

　1.1.1　午後Ⅱ試験の出題形式 365

　1.1.2　論文の記述方法 365

1.2　過去問題分析 378

　1.2.1　情報システムの問題 378

　1.2.2　組込み・IoT システムの問題 380

1.3　論文作成例（R3-Ⅱ-2）... 383

　1.3.1　設問ア 384

　1.3.2　設問イ 388

　1.3.3　設問ウ 393

　1.3.4　IPA による出題趣旨と採点講評 397

vi

目次

第2章
午後Ⅱ演習（情報システム）　399

演習の前に 400

演習1 アジャイル開発における要件定義の進め方（R3-Ⅱ-1）...................... 401

演習2 ユーザビリティを重視したユーザインタフェースの設計（R1-Ⅱ-1）........... 414

演習3 システム適格性確認テストの計画（R1-Ⅱ-2）............................... 426

演習4 業務からのニーズに応えるためのデータを活用した情報の提供
（H30-Ⅱ-1）... 438

演習5 業務ソフトウェアパッケージの導入（H30-Ⅱ-2）............................. 450

演習6 非機能要件を定義するプロセス（H29-Ⅱ-1）................................ 461

演習7 柔軟性をもたせた機能の設計（H29-Ⅱ-2）.................................. 473

演習8 業務要件の優先順位付け（H28-Ⅱ-1）..................................... 484

演習9 情報システムの移行方法（H28-Ⅱ-2）..................................... 497

第3章
午後Ⅱ演習（組込み・IoTシステム）　509

演習の前に 510

演習1 IoTの普及に伴う組込みシステムのネットワーク化（R3-Ⅱ-3）.............. 511

演習2 組込みシステムのデバッグモニタ機能（R1-Ⅱ-3）.......................... 524

演習3 組込みシステムのAI利用，IoT化などに伴うデータ量増加への対応
（H30-Ⅱ-3）... 537

演習4 IoTの進展と組込みシステムのセキュリティ対応（H29-Ⅱ-3）............... 548

演習5 組込みシステムにおけるオープンソースソフトウェアの導入
（H28-Ⅱ-3）... 559

付録
システムアーキテクトになるには　573

索引 585

vii

本書の構成・使い方

本書の構成・使い方

　本書は，システムアーキテクト試験の午前II問題を扱う第1部，午後I問題を扱う第2部と，午後II問題を扱う第3部の三部構成となっています。基本的には，第1部から順に学習することを想定していますが，第2部や第3部から学習することも可能です。

● 第1部：午前II対策
　第1部は，午前II試験（多肢選択式）対策にご利用ください。

第1章 ……… 午前II問題を試験要綱の出題分野に沿って分類し，出題頻度や重要度の高いものを中心に，100問を選定して収録しています。また，分野ごとの出題数の推移と出題傾向を掲載しています。

● 第2部：午後I対策
　第2部は，午後I試験（記述式）対策にご利用ください。

第1章 ……… 出題形式，出題傾向を分析し，過去問1問を取り上げて問題の解き方を詳しく説明しています。

第2, 3章 …… 第1章で学んだ問題の解き方を確実に身につけるための演習問題です。出題の新しいものから順に掲載しています。Web提供についての詳細は「読者特典ダウンロード」をご覧ください。

章	問題の分野	書籍掲載問題数	Web提供問題数	合計
第1章・第2章	情報システム	15問	21問	36問
第3章	組込み・IoTシステム	5問	7問	12問

● 第3部：午後II対策
　第3部は，午後II試験（論述式）対策にご利用ください。

第1章 ……… 論述式の午後II試験の出題形式と，攻略のポイントを説明しています。続いて，「論述すべき事項は問題文に書いてある」という考えに基づき，具体的な問題を使いながら迷うことなく小論文を作成できるようになる方法を紹介します。試験対策に十分な時間を割けない読者も，この章の内容だけは理解してから試験に臨むことをおすすめします。

第2, 3章 …… 第1章で学んだ論文作成方法を確実に身につけるための演習問題です。

viii

章	問題の分野	書籍掲載問題数	Web 提供問題数	合計
第1章・第2章	情報システム	10問	14問	24問
第3章	組込み・IoT システム	5問	7問	12問

● 付録：システムアーキテクトになるには

出題範囲や出題形式などの試験概要，統計情報，受験方法などについてまとめています。

読者特典ダウンロード

本書の読者特典として，過去問題の解答・解説を PDF ファイルで提供しています。提供内容の一覧は x ～ xi ページをご参照ください。

本書の読者特典は，読者の方専用の Web サイトからのダウンロード提供となります。下記の Web サイトにアクセスし，表示される指示に従ってダウンロードしてください。ダウンロードするには，SHOEISHA iD（翔泳社が運営する無料の会員制度）への会員登録と，本書に記載されたアクセスキーの入力が必要です。

なお，読者特典データに関する権利は著者及び株式会社翔泳社が所有しています。許可なく配布したり，Web サイトに転載したりすることはできません。

● Webサイト

https://www.shoeisha.co.jp/book/present/9784798172477/

● アクセスキー

本書の各章の最初のページ（扉）に記載されています。ダウンロード画面で指定された章の扉を参照し，半角英数字で，大文字，小文字を区別して入力してください。

● ダウンロード期限：2023年3月31日まで

この期限は予告なく変更になることがあります。あらかじめご了承ください。

読者特典ダウンロード

● ダウンロードできる過去問題の解答・解説の一覧

平成27年度

午後Ⅰ　データ連携システムの構築（H27-Ⅰ-1）

　　　　業務及びシステムの移行（H27-Ⅰ-2）

　　　　業務委託管理システムの導入（H27-Ⅰ-3）

　　　　災害監視用小型無人航空機システムの開発（H27-Ⅰ-4）

午後Ⅱ　システム方式設計（H27-Ⅱ-1）

　　　　業務の課題に対応するための業務機能の変更又は追加（H27-Ⅱ-2）

　　　　組込みシステム製品を構築する際のモジュール間インタフェースの仕様決定
　　　　（H27-Ⅱ-3）

平成26年度

午後Ⅰ　社内システムの強化・改善（H26-Ⅰ-1）

　　　　物流センタのシステム構築（H26-Ⅰ-2）

　　　　勤務管理システムの導入（H26-Ⅰ-3）

　　　　遠隔操作可能な手術支援システム（H26-Ⅰ-4）

午後Ⅱ　業務プロセスの見直しにおける情報システムの活用（H26-Ⅱ-1）

　　　　データ交換を利用する情報システムの設計（H26-Ⅱ-2）

　　　　組込みシステムの開発における機能分割（H26-Ⅱ-3）

平成25年度

午後Ⅰ　安否確認システムの導入（H25-Ⅰ-1）

　　　　銀行のATM（現金自動預払機）サービス（H25-Ⅰ-2）

　　　　食品製造業の基幹システムの改善（H25-Ⅰ-3）

　　　　電動車いすの自動運転システム（H25-Ⅰ-4）

午後Ⅱ　要求を実現する上での問題を解消するための業務部門への提案（H25-Ⅱ-1）

　　　　設計内容の説明責任（H25-Ⅱ-2）

　　　　組込みシステムの開発における信頼性設計（H25-Ⅱ-3）

平成24年度

午後Ⅰ　会計システムの再構築（H24-Ⅰ-1）

　　　　Webによる写真プリント注文システムの構築（H24-Ⅰ-2）

　　　　セミナ管理システムの構築（H24-Ⅰ-3）

　　　　電気自動車専用カーシェアリング運営システムの開発（H24-Ⅰ-4）

午後Ⅱ　業務の変化を見込んだソフトウェア構造の設計（H24-Ⅱ-1）

　　　　障害時にもサービスを継続させる業務ソフトウェアの設計（H24-Ⅱ-2）

　　　　組込みシステムの開発プロセスモデル（H24-Ⅱ-3）

平成23年度

午後Ⅰ　システムにおける災害対策（H23-I-1）

　　　　購買管理システムの設計（H23-I-2）

　　　　利益管理システムの改善（H23-I-3）

　　　　組込み技術を用いた教育用システムの開発（H23-I-4）

午後Ⅱ　複数のシステムにまたがったシステム構造の見直し（H23-II-1）

　　　　システムテスト計画の策定（H23-II-2）

　　　　組込みシステムの開発におけるプラットフォームの導入（H23-II-3）

平成22年度

午後Ⅰ　生産管理システムの再構築（H22-I-1）

　　　　債券システムの設計（H22-I-2）

　　　　固定資産管理システムの改善（H22-I-3）

　　　　ディジタルサイネージ統合システム（H22-I-4）

午後Ⅱ　複数の業務にまたがった統一コードの整備方針の策定（H22-II-1）

　　　　システム間連携方式（H22-II-2）

　　　　組込みシステム開発におけるハードウェアとソフトウェアとの機能分担
　　　　（H22-II-3）

平成21年度

午後Ⅰ　販売管理システム（H21-I-1）

　　　　物流システムの再構築（H21-I-2）

　　　　システム開発のテスト計画（H21-I-3）

　　　　新入退室管理システムの開発（H21-I-4）

午後Ⅱ　要件定義（H21-II-1）

　　　　システムの段階移行（H21-II-2）

　　　　組込みシステムにおける適切な外部調達（H21-II-3）

第1部
午前Ⅱ対策

第1章

午前Ⅱ演習

本章には，平成21年度～令和元年度の午前Ⅱ問題を試験要綱の出題分野に沿って分類し，出題頻度や重要度の高いものを中心に，100問を選定して収録した。なお，令和3年度に出題された問題（他の試験区分に出題された過去問題を含む）は，令和4年度に続けて再出題される可能性がないため，選定対象から除外している。

1.1	コンピュータ構成要素	問1～5	（5問）
1.2	システム構成要素	問6～11	（6問）
1.3	データベース	問12～16	（5問）
1.4	ネットワーク	問17～21	（5問）
1.5	セキュリティ	問22～31	（10問）
1.6	システム開発技術	問32～78	（47問）
	1.6.1 システム要件定義	問32～35	（4問）
	1.6.2 システム方式設計	問36～38	（3問）
	1.6.3 ソフトウェア要件定義	問39～48	（10問）
	1.6.4 ソフトウェア方式設計・ソフトウェア詳細設計	問49～60	（12問）
	1.6.5 ソフトウェア構築	問61～70	（10問）
	1.6.6 ソフトウェア結合・ソフトウェア適格性確認テスト	問71	（1問）
	1.6.7 システム結合・システム適格性確認テスト	問72～75	（4問）
	1.6.8 受入れ支援	問76	（1問）
	1.6.9 保守・廃棄	問77～78	（2問）
1.7	ソフトウェア開発管理技術	問79～82	（4問）
1.8	システム戦略	問83～89	（7問）
1.9	システム企画	問90～100	（11問）

各節の出題傾向の「小分類」は，「情報処理技術者試験─応用情報技術者試験（レベル3）シラバス（Ver.6.1）」（独立行政法人情報処理推進機構，2020）に基づいている。

アクセスキー　S
（大文字のエス）

1.1 コンピュータ構成要素

■年度別出題数

年度	R3	R1	H30	H29	H28	H27	H26	H25	H24	H23	H22	H21
出題数	2	2	2	2	0	2	1	3	1	2	1	2

■出題傾向（平成21年度以降）

小分類	出題数	出題傾向・出題実績のある用語等
プロセッサ	11	マルチプロセッサの「アムダールの法則」が5問を占める。他に、スーパコンピュータ、命令の格納順序、割込み、プログラムの実行時間、パイプライン、グリッドコンピューティング
メモリ	3	仮想記憶、キャッシュメモリ
入出力デバイス	3	シリアルATA、ファイバチャネル、SAN
入出力装置	3	プロジェクタ、有機ELディスプレイ、シンプロビジョニング。平成26年度以後は出題なし

問 1　命令の格納順序

出題年度	R3	R1	H30	H29	H28	H27	H26	H25	H24	H23	H22	H21
問題番号		問18										

　図はプロセッサによってフェッチされた命令の格納順序を表している。aに該当するプロセッサの構成要素はどれか。

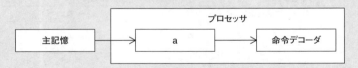

- ア　アキュムレータ
- イ　データキャッシュ
- ウ　プログラムレジスタ（プログラムカウンタ）
- エ　命令レジスタ

■解説■

　これは、**エ**の**命令レジスタ**である。一般的な命令実行サイクルは、次のようになる。
① 命令読出し（命令フェッチ）…プロセッサが主記憶から命令コードを取り出して、プロ

セッサ内の命令レジスタに転送する。（図の　主記憶　→　a　）

② 命令解読（命令デコード）…命令デコーダ（解読器）が，命令レジスタ上の命令コードの意味を解読する。（図の　a　→　命令デコーダ　）

③ 実効アドレス計算…オペランド（演算対象のデータ）が格納されている主記憶上のアドレスを計算する。

④ オペランド読出し（オペランドフェッチ）…主記憶からオペランドを取り出して，プロセッサ内のレジスタに転送する。

⑤ 命令実行…オペランドに対して命令を実行する。

⑥ 結果格納…命令の実行結果を主記憶に書き込む。

アの**アキュムレータ**は，オペランドや演算結果のデータを保持するレジスタで，プロセッサ内に1個だけある場合の呼称である。これに対して，汎用レジスタは複数個備わっている場合の呼称で，現在ではコストも下がったため一般的になっている。

イの**データキャッシュ**は，演算に一度用いたデータの再利用に備えて，しばらく保存しておくプロセッサ内にある高速なメモリである。

ウの**プログラムレジスタ**（**プログラムカウンタ**）は，現在実行している命令の主記憶上のアドレスを記憶しておくレジスタである。

《答：エ》

問　2　SVC割込みの発生要因

出題年度	R3	R1	H30	H29	H28	H27	H26	H25	H24	H23	H22	H21
問題番号						問18						

SVC（SuperVisor Call）割込みが発生する要因として，適切なものはどれか。

ア　OSがシステム異常を検出した。

イ　ウォッチドッグタイマが最大カウントに達した。

ウ　システム監視LSIが割込み要求を出した。

エ　ユーザプログラムがカーネルの機能を呼び出した。

解説

割込みとは，プログラム実行中にイベント（優先度や緊急度が高い事象）が発生したことを受けて，そのプログラムの実行を一時停止させて，イベントへの対応処理を行う仕組みをいう。イベントの発生原因がプログラム内部にあれば内部割込み，外的要因であれば外部割込みで，次のような例がある。

第1部　午前Ⅱ対策

内部割込み	プログラム割込み	プログラムでのゼロ除算，演算結果オーバフロー，記憶保護違反，不正な命令実行などによる割込み
	SVC（スーパバイザコール）割込み	プログラムがOSのカーネルの機能を使う命令によって，ユーザプログラムが意図的に起こす割込み
外部割込み	マシンチェック割込み	主記憶装置，電源装置などのハードウェアの障害発生を知らせる割込み
	入出力割込み	入出力装置の入出力の完了や中断を知らせる割込み
	タイマ割込み	カウントダウンタイマの設定時間の経過による割込みや，インターバルタイマによって一定時間おきに生じる割込み
	コンソール割込み	キーボードやマウスからの入力による割込み

アはプログラム割込み，**イ**はタイマ割込み，**ウ**はマシンチェック割込み，**エ**はSVC割込みの要因である。

《答：エ》

問 3　マルチプロセッサの性能

出題年度	R3	R1	H30	H29	H28	H27	H26	H25	H24	H23	H22	H21
問題番号			問19					問19				問22

1台のCPUの性能を1とするとき，そのCPUをn台用いたマルチプロセッサの性能Pが，

$$P = \frac{n}{1 + (n-1)a}$$

で表されるとする。ここで，aはオーバヘッドを表す定数である。例えば，$a = 0.1$，$n = 4$とすると，$P \fallingdotseq 3$なので，4台のCPUから成るマルチプロセッサの性能は約3になる。この式で表されるマルチプロセッサの性能には上限があり，nを幾ら大きくしてもPはある値以上には大きくならない。$a = 0.1$の場合，Pの上限は幾らか。

ア　5　　　　**イ**　10　　　　**ウ**　15　　　　**エ**　20

解説

$a = 0.1$のときのPの極限値を求める。

$$P = \frac{n}{1 + 0.1(n-1)} = \frac{10n}{n + 9} = \frac{10}{1 + (9/n)}$$

と変形できる。ここでnを限りなく大きくすると，$9/n$は限りなく0に近づくので，Pは10に近づくが，10より大きくはならない。

4

1.1 コンピュータ構成要素

この式は，**並列化に関するアムダールの法則**と呼ばれる。オーバヘッドのaとは，ある処理を単一のCPUで実行したときに，処理時間中に占める並列化できない部分の割合を表している。並列化可能部分の割合は$(1-a)$であり，CPUの台数を増やして並列処理すれば，並列化可能部分の処理時間は0に近づく。結果的にオーバヘッド分だけが処理時間として残るため，性能向上率の限界は$1/a$となる。

《答：イ》

問 4 主記憶の平均アクセス時間短縮の改善策

出題年度	R3	R1	H30	H29	H28	H27	H26	H25	H24	H23	H22	H21
問題番号		問19						問20				

　ページング方式の仮想記憶において，主記憶の1回のアクセス時間が300ナノ秒で，主記憶アクセス100万回に1回の割合でページフォールトが発生し，ページフォールト1回当たり200ミリ秒のオーバヘッドを伴うコンピュータがある。主記憶の平均アクセス時間を短縮させる改善策を，効果の高い順に並べたものはどれか。

〔改善策〕
a　主記憶の1回のアクセス時間はそのままで，ページフォールト発生時の1回当たりのオーバヘッド時間を$\dfrac{1}{5}$に短縮する。

b　主記憶の1回のアクセス時間を$\dfrac{1}{4}$に短縮する。ただし，ページフォールトの発生率は1.2倍となる。

c　主記憶の1回のアクセス時間を$\dfrac{1}{3}$に短縮する。この場合，ページフォールトの発生率は変化しない。

ア a, b, c　　　**イ** a, c, b　　　**ウ** b, a, c　　　**エ** c, b, a

解説

　主記憶の平均アクセス時間は，（主記憶1回のアクセス時間）＋（ページフォールト1回のオーバヘッド）×（ページフォールトの発生頻度）で求められる。改善前と改善策a～cについて平均アクセス時間を求めると，

改善前　…300ナノ秒＋（200ミリ秒×10^{-6}）＝500ナノ秒

改善策a…300ナノ秒＋$\left\{(200ミリ秒×\dfrac{1}{5})×10^{-6}\right\}$＝340ナノ秒

改善策b…（300ナノ秒×$\dfrac{1}{4}$）＋$\left\{(200ミリ秒×10^{-6})×1.2\right\}$＝315ナノ秒

第1部　午前Ⅱ対策

改善策 $c \cdots (300 ナノ秒 \times \frac{1}{3})$ ＋ $(200 ミリ秒 \times 10^{-6})$ ＝ $300 ナノ秒$

となるので，効果の高い順に並べると c，b，a である。

《答：エ》

問 5 　ファイバチャネル

出題年度	R3	R1	H30	H29	H28	H27	H26	H25	H24	H23	H22	H21
問題番号			問18									

ストレージのインタフェースとして用いられる FC（ファイバチャネル）の特徴として，適切なものはどれか。

ア　TCP/IP の上位層として作られた規格である。
イ　接続形態は，スイッチを用いた n 対 n 接続に限られる。
ウ　伝送媒体には電気ケーブル又は光ケーブルを用いることができる。
エ　物理層としてパラレル SCSI を用いることができる。

解説

ウが適切である。FC は，データ共有や一元管理などに用いられる，ストレージ専用ネットワーク（SAN：Storage Area Network）の代表的なプロトコルである。ファイバチャネルという名称であるが，伝送媒体として光ファイバだけでなく，電気ケーブル（ツイストペアケーブルや同軸ケーブル）も使える。

データ共有の方法には，ネットワーク対応の補助記憶装置（NAS：Network Attached Storage）の利用もあるが，通信のオーバヘッドが大きく，多人数での利用や大容量データの共有には向かない短所がある。

アは適切でない。FC は，TCP/IP とは体系の異なるプロトコルで，FC0 ～ FC4 の 5 階層から成る。

イは適切でない。スイッチを用いずに，2 台の機器を 1 対 1 で接続して，FC で通信することも可能である。

エは適切でない。パラレル SCSI はコンピュータと周辺機器（補助記憶装置など）を接続するインタフェース規格の一つであり，FC には使えない。

《答：ウ》

6

第1部　第1章　午前Ⅱ演習

1.2　システム構成要素

1.2 · システム構成要素

■年度別出題数

年度	R3	R1	H30	H29	H28	H27	H26	H25	H24	H23	H22	H21
出題数	1	1	1	1	3	1	1	1	2	1	2	0

■出題傾向（平成21年度以降）

小分類	出題数	出題傾向・出題実績のある用語等
システムの構成	10	分散処理システム，RPO，クライアントサーバシステム，Webシステム，RAID，フォールトトレランス，フェールソフト
システムの評価指標	5	キャパシティプランニング，稼働率，故障率，実行停止時間

問 6　分散処理システムにおける障害透明性

出題年度	R3	R1	H30	H29	H28	H27	H26	H25	H24	H23	H22	H21
問題番号					問19							

　分散処理システムにおける障害透明性（透過性）の説明として，適切なものはどれか。

ア　管理者が，システム全体の状況を常に把握でき，システムを構成する個々のコンピュータで起きた障害をリアルタイムに知ることができること

イ　個々のコンピュータでの障害がシステム全体に影響を及ぼすことを防ぐために，データを1か所に集中して管理すること

ウ　どのコンピュータで障害が起きてもすぐ対処できるように，均一なシステムとなっていること

エ　利用者が，個々のコンピュータに障害が起きていることを認識することなく，システムを利用できること

解説

　エが適切である。**分散処理システム**は，処理負荷の分散や冗長性の確保などを目的として，複数の物理的なコンピュータに分散して処理を行うシステムである。**透明性／透過性**（transparency）は，利用者が複数のコンピュータの存在を意識する必要がなく，単一のコンピュータと同じ感覚で利用できる性質全般をいう。透明性は，その状況や性質によって，幾つかの種類に分けられる。**障害透明性**は，障害が発生しても利用者にそのことを意識させ

7

第1部　午前Ⅱ対策

ない性質である。システムを構成するコンピュータの一部に障害が発生しても，他のコンピュータが自動的に処理を引き継ぐなどの方法で実現される。

ア，イ，ウは，適切でない。障害透明性に該当せず，他の何らかの透明性にも該当しない。

《答：エ》

問 7　クライアントプログラムとサーバのデータ転送機構

出題年度	R3	R1	H30	H29	H28	H27	H26	H25	H24	H23	H22	H21
問題番号				問19			問20					

Webブラウザや HTTP を用いず，独自の GUI とデータ転送機構を用いた，ネットワーク対戦型のゲームを作成する。仕様の（2）の実現に用いることができる仕組みはどれか。

〔仕様〕

(1) ゲームは囲碁や将棋のように2人のプレーヤの間で行われ，ゲームの状態はサーバで管理する。プレーヤはそれぞれクライアントプログラムを操作してゲームに参加する。

(2) プレーヤが新たな手を打ったとき，クライアントプログラムはサーバにある関数を呼び出す。サーバにある関数は，その手がルールに従っているかどうかを調べて，ルールに従った手であればゲームの状態を変化させ，そうでなければその手が無効であることをクライアントプログラムに知らせる。

(3) ゲームの状態に変化があれば，サーバは各クライアントプログラムにその旨を知らせることによって GUI に反映させる。

ア CGI　　　**イ** PHP　　　**ウ** RPC　　　**エ** XML

■**解説**■

ここで用いるのに適した仕組みは，**ウ**の**RPC**（Remote Procedure Call）である。RPC は，ネットワークを介して接続された他のコンピュータが提供する手続（サブルーチン）を，自身のコンピュータ上にあるサブルーチンと同じように呼び出せる技術（インタフェースやプロトコル）である。ネットワークアプリケーションの基盤技術で，クライアントサーバシステムや分散コンピューティングに利用される。

アの**CGI**（Common Gateway Interface）は，Web サーバからユーザプログラムを動作させて，動的な Web ページを生成する仕組みである。

イの**PHP**（PHP: Hypertext Preprocessor）は，主として Web サーバで動作して動的な Web ページを生成するのに用いられるスクリプト言語である。

8

エの**XML**（Extensible Markup Language）は，ユーザが自由にタグを定義して使用できるマークアップ言語である。

《答：ウ》

問 8　RAID1～5の方式の違い

出題年度	R3	R1	H30	H29	H28	H27	H26	H25	H24	H23	H22	H21
問題番号					問18							

RAID1～5の方式の違いは，何に基づいているか。

ア　構成する磁気ディスク装置のアクセス性能

イ　コンピュータ本体とのインタフェース

ウ　磁気ディスク装置の信頼性を示すMTBFの値

エ　データ及び冗長ビットの記録方法と記録位置との組合せ

解説

RAIDは，性能や信頼性の向上を目的として，複数台のハードディスクドライブ（HDD）を内蔵した補助記憶装置である。**エ**のように，データ及び冗長ビットの記録方法と記録位置との組合せの違いによって，幾つかの方式がある。

RAIDの主な種類

種類	説明
RAID0	データを複数のディスクに分散して書き込む（ストライピング）。ディスク装置の負荷を分散できる。冗長性がなく信頼性は上がらないので，RAIDに含めないこともある。
RAID1	同じデータを同時に2台（以上）のHDDに書き込む（ミラーリング）。1台のHDDに障害が発生しても，他のHDDから読み出せる。ディスク容量の半分（以下）のデータしか書き込めないので，ディスクの使用効率は悪い。
RAID5	データ及び誤り検出用のパリティの両方とも，ブロック単位で複数台のHDDに分散して書き込む。RAID3，RAID4の欠点であるパリティ用HDDへのアクセス集中を回避できる。現在広く利用されている。

（注）RAID2，RAID3，RAID4もあるが，ほとんど使われていない。

《答：エ》

第1部 午前Ⅱ対策

問	9	キャパシティプランニングの目的												
出題年度			R3	R1	H30	H29	H28	H27	H26	H25	H24	H23	H22	H21
問題番号					問20									

ITインフラストラクチャのキャパシティプランニングの目的として，最も適切なものはどれか。

ア 現行業務の業務負荷から新業務導入時の業務負荷を予測することによって，最適なパフォーマンスを実現する要員数を明確化する。

イ 情報セキュリティリスクが顕在化したときに適切な対応をとることを目的として，対応方針と対策を策定した後，サーバに必要な機能をインストールする。

ウ 将来導入が予定されている24時間365日稼働の実現に向けて，故障時に待機系への切替えが必要なサーバとそのスペックを明確化する。

エ 必要となるリソースを適切なタイミングで増強することによって，適正なコストで最適なパフォーマンスのサービスを提供する。

解説

エが適切である。**キャパシティプランニング（キャパシティ計画）**は，ITサービスマネジメントのキャパシティ管理の活動の一つで，情報システムに現時点で必要な，及び将来に必要と見込まれる，最適な性能や容量の機器構成を設計する活動である。キャパシティ管理は，情報システムを必要時に必要量を適正コストで確実に提供し，最も効率的に使えるようにするプロセスである。最低限の性能や容量を確保することは当然として，過剰な性能や容量でコストが増えることも避けなければならない。また，将来の処理量の増加や業務の変化等を見越して，低コストで容易に拡張できるようなシステム設計とすることも考慮すべきである。

アは人的資源管理，**イ**は情報セキュリティ管理，**ウ**は可用性管理の活動の一つである。

《答：エ》

10

1.2 システム構成要素

| 問 | **10** | **システムが使えなくなる確率** |

出題年度	R3	R1	H30	H29	H28	H27	H26	H25	H24	H23	H22	H21
問題番号		問20										

　ホストコンピュータとそれを使用するための2台の端末を接続したシステムがある。ホストコンピュータの故障率をa，端末の故障率をbとするとき，このシステムが故障によって使えなくなる確率はどれか。ここで，端末は1台以上が稼働していればよく，通信回線など他の部分の故障は発生しないものとする。

ア　$1 - (1-a)(1-b^2)$
イ　$1 - (1-a)(1-b)^2$
ウ　$(1-a)(1-b^2)$
エ　$(1-a)(1-b)^2$

解説

システムの**稼働率**を求めて，1から引くことによって，その**故障率**を求める。

● ホストコンピュータの故障率はaなので，稼働率は$(1-a)$である。

● 端末1台の故障率はbなので，2台同時に故障する確率はb^2である。同時に故障しなければ，いずれかの端末を使えるので，端末全体の稼働率は$(1-b^2)$である。

● ホストコンピュータと端末全体の双方が稼働するとシステムが使えるので，システムの稼働率は$(1-a)(1-b^2)$である。

● よって，システムの故障率は，**ア**の$1 - (1-a)(1-b^2)$となる。

《答：ア》

問 11 製品の故障率

出題年度	R3	R1	H30	H29	H28	H27	H26	H25	H24	H23	H22	H21
問題番号					問20							

　グラフは，ある非修理系の製品の，時刻0から時刻tまでの間の累積故障率（全製品数を分母として，時刻0から時刻tまでに故障した製品数を分子とした割合）を表したものである。時刻0付近のグラフ形状からこの製品の故障率について読み取れるものはどれか。

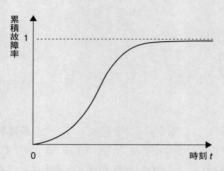

- ア　故障率は，0に近い値からしばらくの間は時間とともに増加する。
- イ　故障率は，ある時刻まで一定で，その後時間とともに減少する。
- ウ　故障率は，ある正の値から時間とともに減少し，限りなく0に近づく。
- エ　故障率は，時刻によって変化することなく，ある正の定数のまま一定である。

解説

　非修理系の製品とは，故障しても修理できない（修理しない）使い捨ての製品である。したがって，製品N台を一斉に使い始めると，1台故障するごとに累積故障率は$1/N$ずつ上昇し，全台が故障したとき累積故障率が1に達する。

　故障率は単位時間内の累積故障率の増加分として求められる。次のように時刻を単位時間に区切ると，それぞれの時刻における故障率は，縦の太線の長さとして表される。

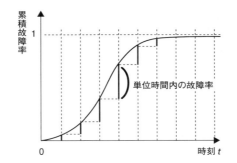

　ここから故障率は，最初は0に近い小さい値であり，しばらくの間は時間とともに増加する。その後は減少に転じて，限りなく0に近づくことが分かる。

《答：ア》

第1部 午前Ⅱ対策

1.3 ・ データベース

■年度別出題数

年度	R3	R1	H30	H29	H28	H27	H26	H25	H24	H23	H22	H21
出題数	1	1	1	1	1	1	2	2	2	1	2	1

■出題傾向（平成21年度以降）

小分類	出題数	出題傾向・出題実績のある用語等
データベース方式	5	関数従属性，射影，テーブル設計
データベース設計	2	概念データモデル，候補キー
データ操作	3	SQL，ビュー
トランザクション処理	4	関係データベースのロック，媒体障害時の回復法，コミット処理，ACID特性
データベース応用	2	ダイス。平成28年度以降は出題なし

問 12 完全関数従属性

出題年度	R3	R1	H30	H29	H28	H27	H26	H25	H24	H23	H22	H21
問題番号		問21										

関数従属 {A，B} →Cが完全関数従属性を満たすための条件はどれか。

ア {A，B} →B又は {A，B} →Aが成立していること

イ A→B→C又はB→A→Cが成立していること

ウ A→C及びB→Cのいずれも成立しないこと

エ C→ {A，B} が成立しないこと

■解説■

ウが条件である。**完全関数従属** {A，B} →Cの条件は，属性A及び属性Bの組を決めると，属性Cが一意に決まることであって，かつ，属性A又は属性Bの一方だけでは属性Cが一意に決まらないこと（A→C及びB→Cのいずれも成立しないこと）である。

例えば，次の関係では，学級名と出席番号（「○組の△番」）を決めれば，生徒名が一意（一人だけ）に決まる。しかし，学級名のみ，出席番号のみでは，生徒名は一意に決まらない。

14

1.3 データベース

学級名（A）	出席番号（B）	生徒名（C）
1組	1	青山 □□
1組	2	伊藤 □□
1組	3	上田 □□
2組	1	秋山 □□
2組	2	井上 □□
2組	3	牛島 □□

　なお，単に関数従属 ｛A，B｝ →Cという場合には，属性A又は属性Bの一方のみで属性C
が一意に決まる場合（部分関数従属）が含まれる。

　アは条件でない。関係の属性Aは属性集合 ｛A，B｝ の部分集合であり，｛A，B｝ を決めれ
ばAは当然に一意に決まるので，常に ｛A，B｝ →Aが成立する（反射律，自明な関数従属）。
同様に，｛A，B｝ →Bも常に成立する。

　イは条件でない。A→B→Cは推移的関数従属で，Aを決めればBが一意に決まり，更
にBからCが一意に決まることを表す（結果として，Aを決めればCも一意に決まる）。
B→A→Cも同様である。

　エは条件でない。C→ ｛A，B｝ の成否は無関係である。上の例では，同姓同名の生徒が
いない限り，生徒名を決めると，学級名と出席番号の組は一意に決まるので，C→ ｛A，B｝
が成立する。

《答：ウ》

第1部 午前Ⅱ対策

問 13 データモデルを基に設計したテーブル

出題年度	R3	R1	H30	H29	H28	H27	H26	H25	H24	H23	H22	H21
問題番号					問21							

UMLを用いて表した図のデータモデルを基にして設計したテーブルのうち，適切なものはどれか。ここで，"担当委員会ID"と"所属委員会ID"は"委員会ID"を参照する外部キーである。"役員ID"と"委員ID"は"生徒ID"を参照する外部キーである。実線の下線は主キー，破線の下線は外部キーを表す。

- ア 委員会（<u>委員会ID</u>, 委員会名）
  所属関連（<u>所属委員会ID</u>, <u>委員ID</u>）
  生徒（<u>生徒ID</u>, 氏名, 担当委員会ID）

- イ 委員会（<u>委員会ID</u>, 委員会名）
  役員関連（<u>担当委員会ID</u>, <u>役員ID</u>）
  生徒（<u>生徒ID</u>, 氏名, 所属委員会ID）

- ウ 委員会（<u>委員会ID</u>, 委員会名, 委員ID）
  生徒（<u>生徒ID</u>, 氏名, 所属委員会ID, 担当委員会ID）

- エ 委員会（<u>委員会ID</u>, 委員会名, 役員ID）
  生徒（<u>生徒ID</u>, 氏名, 所属委員会ID）

■解説■

このUMLのクラス図は，次のように解釈される。

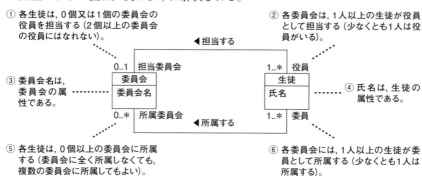

① 各生徒は，0個又は1個の委員会の役員を担当する（2個以上の委員会の役員にはなれない）。
② 各委員会は，1人以上の生徒が役員として担当する（少なくとも1人は役員がいる）。
③ 委員会名は，委員会の属性である。
④ 氏名は，生徒の属性である。
⑤ 各生徒は，0個以上の委員会に所属する（委員会に全く所属しなくても，複数の委員会に所属してもよい）。
⑥ 各委員会には，1人以上の生徒が委員として所属する（少なくとも1人は所属する）。

1.3　データベース

"委員会"テーブルについては，②，③，⑥より，委員会IDから一意に決まるのは委員会名だけであり，委員会IDを主キーとして，(委員会ID，委員会名)となる。

"生徒"テーブルについては，①，④，⑤より，生徒IDから一意に決まるのは氏名と担当委員会IDであり，生徒IDを主キーとして，(生徒ID，氏名，担当委員会ID)となる。

"所属関連"テーブルについては，⑤，⑥より，委員会と委員の関係は多対多であり，一方を決めても他方は一意に決まらないので，双方のIDを主キーとして，(所属委員会ID，委員ID)となる。

"役員関連"テーブルについては，①，②より，役員IDからその役員が担当する委員会IDが決まるが，これは"生徒"テーブル中に(生徒ID，担当委員会ID)として内包されており，別途作成しなくてよい。

以上から，**ア**が適切なテーブル設計である。

《答：ア》

問 14　関係モデルの候補キー

出題年度	R3	R1	H30	H29	H28	H27	H26	H25	H24	H23	H22	H21
問題番号			問21									

関係モデルの候補キーの説明のうち，適切なものはどれか。

ア　関係Rの候補キーは関係Rの属性の中から選ばない。

イ　候補キーの取る値はタプルごとに異なる。

ウ　候補キーは主キーの中から選ぶ。

エ　一つの関係に候補キーが複数あってはならない。

解説

イが適切である。**候補キー**は，関係の中でタプル（行）を一つだけ特定できる属性又は属性の組のうち，既約であるものをいう。したがって，候補キーの値はタプルごとに異なっていなければならない。**既約**とは，どれか一つでも属性が欠ければタプルを特定できなくなること，言い換えれば冗長な属性がないことである。

アは適切でない。候補キーは，その関係の属性の中から選ぶ。

エは適切でない。候補キーは複数存在しうる。例えば，同姓同名の社員がいない会社の関係"社員"では，社員番号でも社員名でも一人の社員を特定できるので，いずれも候補キーとなる。

ウは適切でない。主キーは候補キーの中から選ぶ。候補キーが一つであれば，それが必然的に主キーとなる。候補キーが複数あるときは，その中から適切なものを主キーとして選ぶ。社員番号と社員名が候補キーであれば，一般的には社員番号を主キーとするのが適切である。

《答：イ》

17

第1部　午前Ⅱ対策

問	15	コミット処理完了のタイミング											
出題年度		R3	R1	H30	H29	H28	H27	H26	H25	H24	H23	H22	H21
問題番号						問21							

　システム障害発生時には，データベースの整合性を保ち，かつ，最新のデータ
ベース状態に復旧する必要がある。このために，DBMSがトランザクションの
コミット処理を完了とするタイミングとして，適切なものはどれか。

　ア　アプリケーションの更新命令完了時点
　イ　チェックポイント処理完了時点
　ウ　ログバッファへのコミット情報書込み完了時点
　エ　ログファイルへのコミット情報書込み完了時点

■ **解説** ■

　DBMSで一般的に用いられる**WAL**（Write Ahead Log）では，**エ**のログファイル（更新前
ログ及び更新後ログ）へのコミット（更新確定）情報に，データベースの更新内容を書き込
んだ時点で，コミット処理の完了となる。その後で，テーブルを実際に更新する手順がとら
れる。

　テーブルは内部構造が複雑で更新処理の負荷が高いのに対し，ログファイルへの書込みは
末尾への追記で済むため負荷が低い。そこで，多数のトランザクションを並行実行する場合，
個々のトランザクションのコミット時にはログファイルへの書込みだけを済ませておき，
DBMSの処理に余裕ができたときにテーブル更新を行う。もしテーブル更新前にDBMSに
障害が発生しても，ログファイルに更新内容が保存されているので，復旧後に更新すること
ができる。

《答：エ》

1.3　データベース

問 16　商品の販売状況分析

出題年度	R3	R1	H30	H29	H28	H27	H26	H25	H24	H23	H22	H21
問題番号						問21					問22	

　OLAPによって，商品の販売状況分析を商品軸，販売チャネル軸，時間軸，顧客タイプ軸で行う。データ集計の観点を，商品，販売チャネルごとから，商品，顧客タイプごとに切り替える操作はどれか。

　ア　ダイス　　　　　　　**イ**　データクレンジング
　ウ　ドリルダウン　　　　**エ**　ロールアップ

■**解説**■

　一般に販売データには，商品，販売チャネル，時間帯，顧客タイプなど，多くの属性が含まれている。これを**OLAP**（Online Analytical Processing）で集計，分析すれば様々な傾向や知見が得られる。このとき集計や分析の基準に用いる属性を分析軸といい，具体的な属性名を付けて○○軸（商品軸，販売チャネル軸，時間帯軸，顧客タイプ軸など）という。商品軸のような単一軸で分析するだけでなく，時間帯軸と顧客タイプ軸のように複数軸を組み合わせて分析することもできる。

　アの**ダイス**（**ダイシング**）が，分析軸を切り替えて分析する操作である。

　イの**データクレンジング**は，分析に先立ってデータの表現不統一（表記ゆれ），欠落，変更，誤字などを補正して，データの品質を高める作業をいう。

　ウの**ドリルダウン**（**ロールダウン**）は，分析軸の分析単位を小さくする操作である。例えば，顧客住所を分析軸とする場合，都道府県ごとから市区町村ごとにする操作である。

　エの**ロールアップ**（**ドリルアップ**）は，ロールダウン（ドリルダウン）の逆で分析軸の分析単位を大きくする操作である。

《答：ア》

第1部 午前II対策

1.4・ネットワーク

■年度別出題数

年度	R3	R1	H30	H29	H28	H27	H26	H25	H24	H23	H22	H21
出題数	1	1	1	1	1	1	1	1	1	2	2	1

■出題傾向（平成21年度以降）

小分類	出題数	出題傾向・出題実績のある用語等
ネットワーク方式	4	SAN（4問とも全て同一問題の再出題）
データ通信と制御	3	Bluetooth，無線LAN，LAN制御（CSMA/CD，CSMA/CA）
通信プロトコル	2	ARP，ホストアドレス数。平成25年度以降は出題なし
ネットワーク管理	1	netstatコマンド
ネットワーク応用	4	IP電話の接続（4問とも同一問題の再出題）

問 17　Bluetoothや無線LANの周波数帯

	R3	R1	H30	H29	H28	H27	H26	H25	H24	H23	H22	H21
出題年度												
問題番号											問23	

　10mW/MHz以下の電力密度であれば無線局の免許が不要であり，Bluetooth
や，IEEE 802.11b及びIEEE 802.11gの無線LANで使用されている周波数帯はど
れか。

　　ア　13.56MHz帯　　　　イ　950MHz帯
　　ウ　2.4GHz帯　　　　　エ　5.2GHz帯

■解説■

　これは，**ウ**の2.4GHz帯である。この他に，IEEE 802.11n（2.4GHz帯と5.2GHz帯の両方に
対応）の無線LANでも使用される。

　アの13.56MHz帯は，通信距離が短く，電磁誘導方式のRFID（電子タグ）や非接触ICカー
ド（交通ICカード，電子マネーカードなど）に利用されている。

　イの950MHz帯は，通信距離が長く，電波方式のRFIDとして，物流管理など遠隔一括処
理に利用されている。

　エの5.2GHz帯は，IEEE 802.11a，n，ac規格の無線LANが使用する。屋内での利用に限り
免許不要である。

《答：ウ》

20

1.4 ネットワーク

問 18　CSMA/CD方式

出題年度	R3	R1	H30	H29	H28	H27	H26	H25	H24	H23	H22	H21
問題番号											問24	

CSMA/CD方式に関する記述のうち，適切なものはどれか。

ア　衝突発生時の再送動作によって，衝突の頻度が増すとスループットが下がる。

イ　送信要求の発生したステーションは，共通伝送路の搬送波を検出してからデータを送信するので，データ送出後の衝突は発生しない。

ウ　ハブによって複数のステーションが分岐接続されている構成では，衝突の検出ができないので，この方式は使用できない。

エ　フレームとしては任意長のビットが直列に送出されるので，フレーム長がオクテットの整数倍である必要はない。

解説

　CSMA/CD方式（搬送波感知多重アクセス／衝突検出方式）は，IEEE 802.3規格のイーサネット（有線LAN）で用いられるアクセス制御方式で，次の手順でデータ送信を行う。

① データを送信しようとするステーション（ホスト）は，伝送路に搬送波（データを載せるための信号）だけが流れており，他のホストからのデータが流れていないことを確認する。もし，データが流れていたら，流れなくなるまで待つ。

② 搬送波にデータを載せて送出を開始して，送信中も監視し，送出終了まで他のホストが送出するデータと衝突（混信）しなければ送出完了となる。

③ もし送出中に衝突を検知したら，データの送出を中断してジャム信号を送出する。乱数で決められる時間だけ待って，再送を試みる。

　アは適切である。LAN利用率が20%程度を超えると，衝突頻度が上昇してスループット（実効伝送速度）が急低下することが知られている。

　イは適切でない。データ送出開始時には伝送路に他のデータが流れていなくても，ほぼ同時に他のホストがデータ送出を始めると，衝突が発生することがある。

　ウは適切でない。ハブで分岐接続していても，LAN全体にフレームが転送されて衝突検知ができるため，CSMA/CD方式を使用できる。

　エは適切でない。イーサネットフレームのフォーマットはオクテット（バイト）を単位として規定されており，ビット単位でのデータは送出できない。

《答：ア》

第1部　午前Ⅱ対策

問 19　IPアドレスからMACアドレスを取得するプロトコル

出題年度	R3	R1	H30	H29	H28	H27	H26	H25	H24	H23	H22	H21
問題番号												問24

IPアドレスからMACアドレスを取得するために用いるプロトコルはどれか。

ア ARP　　　**イ** DHCP　　　**ウ** ICMP　　　**エ** RARP

解説

　これは，**ア**の**ARP**（Address Resolution Protocol）である。ARPは，同一LANセグメント内において，既知のIPアドレスから，それが割り当てられたホストのMACアドレスを調べるプロトコルである。**MACアドレス**（ハードウェアアドレス，物理アドレス）は，PCや通信機器のネットワークインタフェースに付けられた，48ビットの数値である。製造時にROMに書き込まれていて基本的に不変であり，全世界で一意である。

　イの**DHCP**は，LANに接続したPCなどの機器に対し，通信に必要なIPアドレスなどを自動設定するプロトコルである。

　ウの**ICMP**は，IPネットワークで通信制御用のメッセージをやり取りするためのプロトコルである。

　エの**RARP**（Reverse ARP）は，ARPとは逆で，機器のネットワークインタフェースのMACアドレスから，それに割り当てられたIPアドレスを知るためのプロトコルである。

《答：ア》

問 20　割り当てることができるホストアドレス数

出題年度	R3	R1	H30	H29	H28	H27	H26	H25	H24	H23	H22	H21
問題番号									問23			

　TCP/IPのクラスBのIPv4アドレスをもつ一つのネットワークに，割り当てることができるホストアドレス数は幾つか。

　ア 1,022　　　**イ** 4,094　　　**ウ** 32,766　　　**エ** 65,534

解説

　クラスBのIPv4アドレスは，ネットワークアドレスが16ビット，ホストアドレスが16ビットである。一つのネットワークに接続されるホストには，重複しない16ビットのホストアドレスを割り当てて区別する。

　ただし，全ビットが0のホストアドレスはネットワークそのもの，全ビットが1のホストアドレスはブロードキャストアドレスを表すために予約されており，ホストアドレスとしては割り当てできない。

22

1.4 ネットワーク

したがって，割り当てることのできるホストアドレス数は，$2^{16} - 2 = 65,534$ である。

《答：エ》

問 21 IP電話の接続

出題年度	R3	R1	H30	H29	H28	H27	H26	H25	H24	H23	H22	H21
問題番号		問22		問22			問23			問23		

図は，既存の電話機とPBXを使用した企業内の内線網を，IPネットワークに統合する場合の接続構成を示している。図中のa～cに該当する装置の適切な組合せはどれか。

電話機 — a — b — c — IPネットワーク

	a	b	c
ア	PBX	VoIPゲートウェイ	ルータ
イ	PBX	ルータ	VoIPゲートウェイ
ウ	VoIPゲートウェイ	PBX	ルータ
エ	VoIPゲートウェイ	ルータ	PBX

解説

アの組合せが適切である。**PBX**（Private Branch Exchange）は，企業内の内線電話の相互接続及び内線と外線の交換を行う装置である。**VoIPゲートウェイ**（Voice over IP Gateway）は，音声データ（アナログデータ）とIPパケット（ディジタルデータ）を相互に変換する装置である。**ルータ**は，IPパケットを，その宛先IPアドレスを参照して適切な経路へ転送する装置である。

送話時には，音声が電話機からPBXに送られ，VoIPでIPパケットにディジタル変換され，ルータからIPネットワークへ送出される。受話時には，逆にIPネットワークからルータを通じてIPパケットがVoIPゲートウェイに送られ，音声にアナログ変換され，PBXを通じて電話機に送られる。

《答：ア》

第1部　午前Ⅱ対策

1.5 · セキュリティ

■年度別出題数

年度	R3	R1	H30	H29	H28	H27	H26	H25	H24	H23	H22	H21
出題数	4	3	3	3	3	3	2	1	2	2	1	1

■出題傾向（平成21年度以降）

小分類	出題数	出題傾向・出題実績のある用語等
情報セキュリティ	13	クロスサイトスクリプティング，情報漏えい対策，AES，ディジタル署名，ディジタル証明書，コードサイニング証明書
情報セキュリティ管理	3	RPO，情報セキュリティガバナンス，NOTICE
セキュリティ技術評価	1	コモンクライテリア
情報セキュリティ対策	2	無線LANの暗号化，ファジング
セキュリティ実装技術	9	SSH，迷惑メール対策，セキュアOS，ファイアウォール，Webアプリケーションの安全対策

問 22　ファイル送受信時の情報漏えい対策

出題年度	R3	R1	H30	H29	H28	H27	H26	H25	H24	H23	H22	H21
問題番号						問23						

ファイルを送受信する際の情報漏えい対策のうち，適切なものはどれか。

ア　送信者Aは，共通鍵暗号方式の鍵でファイルを暗号化し，鍵と一緒に暗号化ファイルを受信者Bへ送付する。受信者Bは，受信した鍵で暗号化ファイルを復号する。

イ　送信者Aは，公開鍵暗号方式において送信者Aが公開している鍵でファイルを暗号化し，暗号化ファイルを受信者Bへ送付する。受信者Bは，受信者Bが秘密に管理している鍵で暗号化ファイルを復号する。

ウ　送信者Aは，公開鍵暗号方式において送信者Aが秘密に管理している鍵でファイルを暗号化し，暗号化ファイルを受信者Bへ送付する。受信者Bは，送信者Aが公開している鍵で暗号化ファイルを復号する。

エ　送信者Aは，パスワードから生成した共通鍵暗号方式の鍵でファイルを暗号化し，暗号化ファイルを受信者Bへ送付する。受信者Bは，送信者Aからパスワードの通知を別手段で受け，そのパスワードから生成した鍵で暗号化ファイルを復号する。

1.5　セキュリティ

解説

エが適切である。パスワードと暗号化ファイルとは別の手段で受け渡しているので，両方が漏えいする可能性は低い。仮に両方が漏えいしても，パスワードから共通鍵を生成するアルゴリズムを知らない第三者は，暗号化ファイルを復号できない。なお，このアルゴリズムは，送信者と受信者の間で事前に取り決めておく。

アは適切でない。共通鍵暗号方式なので，暗号化と復号に用いる鍵は同一である。暗号化ファイルと鍵を一緒に送ると，両方とも漏えいして，第三者が暗号化ファイルを復号するおそれがある。

イは適切でない。公開鍵暗号方式では，同一人の公開鍵と秘密鍵の鍵ペアを用いて，暗号化と復号を行う。送信者Aは受信者Bの公開鍵でファイルを暗号化し，受信者Bは自身の秘密鍵でファイルを復号する必要がある。

ウは適切でない。送信者Aの秘密鍵で暗号化されたファイルは，送信者Aの公開鍵を用いて誰でも復号できる。ファイルが送信者Aによって暗号化，送信されたことの証明になるが，情報漏えい対策にはならない。

《答：エ》

問 23　共通鍵暗号方式

出題年度	R3	R1	H30	H29	H28	H27	H26	H25	H24	H23	H22	H21
問題番号		問24								問24		

暗号技術のうち，共通鍵暗号方式はどれか。

　ア　AES　　　　　イ　ElGamal暗号
　ウ　RSA　　　　　エ　楕円曲線暗号

解説

アの**AES**が共通鍵暗号方式である。共通鍵暗号としては，1977年に公表されたDESが代表的であった。しかし，効率的な解読法の発見やコンピュータの性能向上により，DESでは十分な安全性を確保できなくなった。そこで2001年に次世代の共通鍵暗号として採用されたのが，AESである。

イのElGamal暗号，**ウ**のRSA，**エ**の楕円曲線暗号は，公開鍵暗号方式である。**RSA**は，桁数の大きな二つの素数の積を素因数分解することの困難性を利用した暗号方式である。**ElGamal暗号**と**楕円曲線暗号**は，離散対数問題と呼ばれる数学の問題を応用した暗号で，解読の困難さに特徴がある。なお，ElGamalは考案者の名前である。

《答：ア》

25

第1部　午前Ⅱ対策

問 24　失効したディジタル証明書の一覧

出題年度	R3	R1	H30	H29	H28	H27	H26	H25	H24	H23	H22	H21
問題番号						問24		問24		問25		

　何らかの理由で有効期間中に失効したディジタル証明書の一覧を示すデータは
どれか。

ア　CA　　　　イ　CP　　　　ウ　CPS　　　　エ　CRL

■解説■

　これは，**エのCRL**（Certificate Revocation List）である。認証局が発行するディジタル証
明書には有効期限が設定されているが，何らかの理由で有効期限前に失効させるケースがあ
る。CRLは認証局が作成し，失効させたディジタル証明書のシリアル番号，失効日，失効理
由等の一覧を記載して，認証局の電子署名を付して真正性を保証する。利用者やアプリケー
ションはCRLを参照することで，ディジタル証明書が失効していないか確認できる。

　アの**CA**は，認証局（Certificate Authority）である。

　イの**CP**は，証明書ポリシ（Certificate Policy）である。

　ウの**CPS**は，認証実施規定（Certificate Practice Statement）である。

《答：エ》

問 25　ソフトウェアの開発元又は発行元を確認する証明書

出題年度	R3	R1	H30	H29	H28	H27	H26	H25	H24	H23	H22	H21
問題番号		問23		問23								

　ディジタル署名のあるソフトウェアをインストールするときに，そのソフト
ウェアの開発元又は発行元を確認するために使用する証明書はどれか。

ア　EV SSL証明書　　　　　　　　イ　クライアント証明書
ウ　コードサイニング証明書　　　　エ　サーバ証明書

■解説■

　これは，**ウのコードサイニング証明書**である。最近はインターネット経由でのソフトウェ
ア配布が一般化しており，偽のソフトウェアや改ざんされたソフトウェアが流布して，利用
者が気付かずに導入するリスクがある。そこで，ソフトウェアにコードサイニング証明書を
添付して配布すると，ソフトウェアの開発元又は発行元が正当であり，プログラムに改ざん
がないことを，利用者側で検証できる。

　アの**EV**（Extended Validation）**SSL証明書**は，Webサーバの正当性を証明するSSL/TLS
サーバ証明書のうち，サーバ運営組織の正当性や実在性を厳格に調査して発行されるもので

ある。公的機関，金融機関など，特に厳密に正当性を示す必要のあるWebサイトで利用されることが多い。

イの**クライアント証明書**は，クライアント（PC等）にインストールするディジタル証明書である。システムのサーバは，クライアント証明書を持つクライアントに限定してアクセスを許可し，それ以外のクライアントからのアクセスは拒否するので，高度な安全性を確保できる。

エの**サーバ証明書**は，何らかのサーバ（特にWebサーバ）が正当であることを証明するとともに，クライアントとの通信を暗号化する目的で，サーバにインストールするディジタル証明書である。ただし，サーバ証明書の発行に当たって，サーバ運営者の正当性や実在性をどのくらい厳密に確認するかは，サービスによって異なる。

《答：ウ》

問 26 情報セキュリティガバナンスにおけるモニタ

出題年度	R3	R1	H30	H29	H28	H27	H26	H25	H24	H23	H22	H21
問題番号				問23								

JIS Q 27014:2015（情報セキュリティガバナンス）における，情報セキュリティを統治するために経営陣が実行するガバナンスプロセスのうちの"モニタ"はどれか。

ア 情報セキュリティの目的及び戦略について，指示を与えるガバナンスプロセス

イ 戦略的目的の達成を評価することを可能にするガバナンスプロセス

ウ 独立した立場からの客観的な監査，レビュー又は認証を委託するガバナンスプロセス

エ 利害関係者との間で，特定のニーズに沿って情報セキュリティに関する情報を交換するガバナンスプロセス

解説

JIS Q 27014:2015は，情報セキュリティガバナンスについての概念及び原則に基づくガイダンスを示すもので，この規格を適用することによって，組織が情報セキュリティに関連した活動を評価，指示，モニタ及びコミュニケーションできるようになるとされている。

選択肢に関連する箇所を引用すると，次のとおりである。

第1部　午前Ⅱ対策

---

5 原則及びプロセス

5.3 プロセス

5.3.3 指示

　"指示"は，経営陣が，実施する必要がある情報セキュリティの目的及び戦略についての指示を与えるガバナンスプロセスである。"指示"には，資源供給レベルの変更，資源の配分，活動の優先順位付け並びに，方針，適切なリスク受容及びリスクマネジメント計画の承認が含まれる。

5.3.4 モニタ

　"モニタ"は，経営陣が戦略的目的の達成を評価することを可能にするガバナンスプロセスである。

5.3.5 コミュニケーション

　"コミュニケーション"は，経営陣及び利害関係者が，双方の特定のニーズに沿った情報セキュリティに関する情報を交換する双方向のガバナンスプロセスである。

5.3.6 保証

　"保証"は，経営陣が独立した客観的な監査，レビュー又は認証を委託するガバナンスプロセスである。これは，望ましいレベルの情報セキュリティを達成するためのガバナンス活動の実行及び運営の遂行に関連した目的及び処置を特定し，妥当性を検証する。

出典：JIS Q 27014:2015（情報セキュリティガバナンス）

　ア は"指示"，イ は"モニタ"，ウ は"保証"，エ は"コミュニケーション"である。

《答：イ》

問 27　コモンクライテリア

出題年度	R3	R1	H30	H29	H28	H27	H26	H25	H24	H23	H22	H21
問題番号			問24									

　情報技術セキュリティ評価のための国際標準であり，コモンクライテリア（CC）と呼ばれるものはどれか。

　ア　ISO 9001　　　　　イ　ISO 14004

　ウ　ISO/IEC 15408　　エ　ISO/IEC 27005

解説

　コモンクライテリア（正確には「情報技術セキュリティ評価のためのコモンクライテリア」）は，国際規格 ISO/IEC 15408（情報技術—セキュリティ技術—IT セキュリティの

28

1.5 セキュリティ

評価基準）の別名である。これは，IT製品やサービスなどの情報技術に関するセキュリティ評価基準であり，三つの規格から成る。かつて国や地域ごとに策定されていたセキュリティ評価基準を統合して標準化したもので，現在では世界主要国におけるIT製品やサービスなどの政府調達基準の一つとなっている。

アのISO 9001は，「品質マネジメントシステム―要求事項」である。

イのISO 14004は，「環境マネジメントシステム―実施の一般指針」である。

エのISO/IEC 27005は，「情報技術―セキュリティ技術―情報セキュリティリスクマネジメント」である。

《答：ウ》

問 28 無線LANの暗号化アルゴリズム

出題年度	R3	R1	H30	H29	H28	H27	H26	H25	H24	H23	H22	H21
問題番号					問25							

無線LANのセキュリティ方式としてWPA2を選択するとき，利用される暗号化アルゴリズムはどれか。

ア AES　　　イ ECC　　　ウ RC4　　　エ RSA

解説

これは，アのAESである。WPA2（Wi-Fi Protected Access 2）は，IEEE 802.1Xによる認証を行い，共通鍵暗号方式の一つであるAESをベースとした暗号方式CCMPで暗号化通信を実現している。

イのECCは，通信における誤り検出と訂正のアルゴリズムである。

ウのRC4は，共通鍵暗号方式の一つである。

エのRSAは，公開鍵暗号方式の代表的なものである。

《答：ア》

第1部　午前Ⅱ対策

問 29　セキュアOSのセキュリティ上の効果

出題年度	R3	R1	H30	H29	H28	H27	H26	H25	H24	H23	H22	H21
問題番号		問25										

セキュアOSを利用することによって期待できるセキュリティ上の効果はどれか。

- **ア** 1回の利用者認証で複数のシステムを利用できるので，強固なパスワードを一つだけ管理すればよくなり，脆弱なパスワードを設定しにくくなる。
- **イ** Webサイトへの通信路上に配置して通信を解析し，攻撃をブロックすることによって，Webアプリケーションソフトウェアの脆弱性を突く攻撃からWebサイトを保護できる。
- **ウ** 強制アクセス制御の設定によって，ファイルの更新が禁止されていれば，システムに侵入されてもファイルの改ざんを防止できる。
- **エ** システムへのログイン時には，パスワードのほかに専用トークンを用いた認証が行われるので，パスワードが漏えいしても，システムへの侵入を防止できる。

解説

ウが，**セキュアOS**を利用する効果である。一般的なOSにはシステム管理のための特権ユーザID（Linuxのroot，WindowsのAdministratorなど）があり，これを用いると当該システムを無制限に操作できる。そのため，特権ユーザIDを不正に奪われて操作されると，一般ユーザIDに比べて影響範囲や被害が大きくなる。一方，セキュアOSは，強制アクセス制御と最小特権の機能を持つOSを指すことが多い。特権ユーザIDであってもリソースへのアクセス制御を掛ける仕組みがあり，不正アクセスされてもある程度は被害を抑えられる。

アは，**シングルサインオン**を利用する効果である。ただし，脆弱なパスワードを設定すると，複数のシステムに不正アクセスされるリスクが高くなる。

イは，**Webアプリケーションファイアウォール**（**WAF**）を利用する効果である。

エは，**二要素認証**を利用する効果である。

《答：ウ》

1.5 セキュリティ

問 30 WAF

出題年度	R3	R1	H30	H29	H28	H27	H26	H25	H24	H23	H22	H21
問題番号						問25						

WAFの説明はどれか。

ア Webアプリケーションへの攻撃を監視し阻止する。

イ Webブラウザの通信内容を改ざんする攻撃をPC内で監視し検出する。

ウ サーバのOSへの不正なログインを監視する。

エ ファイルのウイルス感染を監視し検出する。

解説

アが，**WAF**（Webアプリケーションファイアウォール）の説明である。WAFは，Webサーバのインターネット側に設置され，リバースプロキシとして動作する。クライアント（Webブラウザ）からWebサーバに宛てて送られたデータは，まずWAFが代わりに受け取り，ヘッダだけでなくデータの中身も検査する。その結果に問題がなければ，データをWebサーバで稼働するWebアプリケーションに引き渡す。これによって，Webアプリケーションの脆弱性を悪用する攻撃（クロスサイトスクリプティング，クロスサイトリクエストフォージェリ，SQLインジェクション，OSコマンドインジェクションなど）を阻止する。

イは，**パーソナルファイアウォール**の説明である。

ウは，**IDS**（侵入検知システム）の説明である。

エは，**アンチウイルスソフトウェア**の説明である。

《答：ア》

第1部　午前Ⅱ対策

問 31　Webアプリケーションの脅威と対策

出題年度	R3	R1	H30	H29	H28	H27	H26	H25	H24	H23	H22	H21
問題番号			問25									

　Webアプリケーションにおけるセキュリティ上の脅威とその対策に関する記述のうち，適切なものはどれか。

　ア　OSコマンドインジェクションを防ぐために，Webアプリケーションが発行するセッションIDに推測困難な乱数を使用する。

　イ　SQLインジェクションを防ぐために，Webアプリケーション内でデータベースへの問合せを作成する際にプレースホルダを使用する。

　ウ　クロスサイトスクリプティングを防ぐために，Webサーバ内のファイルを外部から直接参照できないようにする。

　エ　セッションハイジャックを防ぐために，Webアプリケーションからシェルを起動できないようにする。

解説

　アは，OSコマンドインジェクションでなく，セッションハイジャックを防ぐ対策である。

　イは，SQLインジェクションの対策として適切である。

　ウは，クロスサイトスクリプティングでなく，ディレクトリトラバーサルを防ぐ対策である。

　エは，セッションハイジャックでなく，OSコマンドインジェクションを防ぐ対策である。

　OSコマンドインジェクションは，プログラミング言語で外部プログラムの呼出しを行う関数（Perlのsystem，PHPのexecなど）を悪用し，不正なコマンドを実行する攻撃である。

　セッションハイジャックは，Webサーバとクライアントが継続的に通信するために用いるセッションIDを攻撃者が入手し，本来のユーザになりすまして通信を乗っ取る攻撃である。

　SQLインジェクションは，データベースを用いたWebアプリケーションにおいて，フォームデータから想定外の文字列を入力することで，攻撃者が不正なSQL文を実行する攻撃である。

　クロスサイトスクリプティングは，フォームデータにHTMLタグやスクリプトを含む想定外の文字列を入力することで，攻撃者が不正なスクリプトを実行する攻撃である。

　ディレクトリトラバーサルは，フォームデータにサブディレクトリ名を含む文字列を入力することで，攻撃者がサーバ上のファイルに不正にアクセスする攻撃である。

《答：イ》

32

1.6 ・ システム開発技術

■年度別出題数

年度	R3	R1	H30	H29	H28	H27	H26	H25	H24	H23	H22	H21
出題数	11	12	12	12	12	12	12	12	12	10	12	9

■出題傾向（平成 21 年度以降）

小分類	出題数	出題傾向・出題実績のある用語等
システム要件定義	5	CMMI，組込みシステムのクロス開発，アジャイル開発プロセス
システム方式設計	5	システム方式設計での文書化，機能要件設計，組込みシステムのコデザイン
ソフトウェア要件定義	34	論理データモデル，マイクロサービスアーキテクチャ，プロトタイプ，DFD，UML，CRUDマトリックス，ペトリネット，決定表，BPMN，SysML
ソフトウェア方式設計・ソフトウェア詳細設計	39	アシュアランスケース，品質特性，データ中心アプローチ，オブジェクト指向，モジュール分割技法，モジュール結合度，モジュール強度，デザインパターン，レビュー
ソフトウェア構築	35	MapReduce，並列処理プログラミング，ペアプログラミング，コーディング規則，アサーションチェック，テストの網羅性，限界値分析，同値分割，直交表，動的テスト，エラー埋込法
ソフトウェア結合・ソフトウェア適格性確認テスト	2	リグレッションテスト
システム結合・システム適格性確認テスト	11	全数検査，探索的テスト技法，チューリングテスト
受入れ支援	1	カークパトリックモデル。平成27年度の出題のみ
保守・廃棄	6	FMEA，ソフトウェア障害対応

　この節の小分類は，「共通フレーム2013」のプロセス名に準拠している。これらのプロセス名は，午後Ⅱ試験にも用いられており，理解しておく必要がある。

第1部　午前Ⅱ対策

プロセス			概要
システム開発プロセス		システム要件定義	システム化目標，システムで実現すべき機能，利用者要件等を明確にし，定義する。
		システム方式設計	システム要件を，システム要素（ハードウェア，ソフトウェア，手作業で実現する部分）に割り当てる。
	ソフトウェア実装プロセス	ソフトウェア要件定義〔要件定義〕	システムの中で，ソフトウェアで実現すべきことを明確にし，要件を確立する。
		ソフトウェア方式設計〔外部設計〕	ソフトウェア品目中のソフトウェアコンポーネントの機能やインタフェースを設計する。
		ソフトウェア詳細設計〔内部設計〕	ソフトウェアコンポーネントを，コーディング可能なソフトウェアユニットのレベルに詳細化し，インタフェースや内部処理を設計する。
		ソフトウェア構築〔プログラミング〕	ソフトウェアユニットのコーディング及び単体テストを行う。
		ソフトウェア結合〔結合テスト〕	ソフトウェアユニットを結合して，ソフトウェアコンポーネントの動作を確認する。
		ソフトウェア適格性確認テスト〔システムテスト〕	ソフトウェア全体として，定義したソフトウェア要件を満たすことを確認する。
		システム結合	システム要素を結合して，システム要件に表現された完全なシステムを作り，動作を確認する。
		システム適格性確認テスト	システム全体として，定義したシステム要件を満たすことを確認する。

〔　〕内は，ソフトウェア開発において，一般に用いられる呼称の例である。

1.6.1 システム要件定義

問 32 CMMIのプロセス領域

出題年度	R3	R1	H30	H29	H28	H27	H26	H25	H24	H23	H22	H21
問題番号			問3									

　開発のためのCMMI 1.3版のプロセス領域のうち，運用の考え方及び関連するシナリオを確立し保守するプラクティスを含むものはどれか。

　ア　技術解　　　イ　検証　　　ウ　成果物統合　　　エ　要件開発

解説

　CMMI（能力成熟度モデル統合）のモデル群は，組織がそのプロセスを改善することに役立つベストプラクティスを集めたものである。

1.6 システム開発技術

第2部　共通ゴールおよび共通プラクティス，およびプロセス領域

『成果物統合』

　　目的　『成果物統合』（PI）の目的は，成果物構成要素から成果物を組み立て，統合された
　　ものとして成果物が適切に動く（必要とされる機能性および品質属性を備えている）ように
　　し，そしてその成果物を納入することである。

『要件開発』

　　目的　『要件開発』（RD）の目的は，顧客要件，成果物要件，および成果物構成要素の
　　要件を引き出し，分析し，そして確立することである。

　　　　　　ゴール別の固有プラクティス

　　　　SG 1 顧客要件を開発する

　　　　SG 2 成果物要件を開発する

　　　　SG 3 要件を分析し妥当性を確認する

　　　　　SP 3.1 運用の考え方とシナリオを確立する

　　　　　　運用の考え方および関連するシナリオを確立し保守する。

　　　　　　シナリオとは，典型的には，成果物の開発，使用，または維持の際に発
　　　　生するであろう一連のイベントのことで，機能および品質属性に関する利
　　　　害関係者のニーズの一部を明確にするために使用される。それとは対照的
　　　　に，成果物の運用の考え方は，通常，設計解とシナリオの両方に依存する。
　　　　（後略）

『技術解』

　　目的　『技術解』（TS）の目的は，要件に対する解を選定し，設計し，そして実装する
　　ことである。解，設計，および実装は，単体の，または適宜組み合わせた成果物，
　　成果物構成要素，および成果物関連のライフサイクルプロセスを網羅する。

『検証』

　　目的　『検証』（VER）の目的は，選択された作業成果物が，指定された要件を満たす
　　ようにすることである。

出典：『開発のためのCMMI 1.3版』（CMMI成果物チーム，2010）

　よって，**エ**の要件開発が，運用の考え方及び関連するシナリオを確立し保守するプラク
ティスを含むプロセス領域である。　　　　　　　　　　　　　　　　　　　　　**《答：エ》**

35

第1部　午前II対策

問 33　組込みシステムのクロス開発

出題年度	R3	R1	H30	H29	H28	H27	H26	H25	H24	H23	H22	H21
問題番号								問7				

組込みシステムの"クロス開発"の説明として，適切なものはどれか。

ア　実装担当及びチェック担当の二人一組で役割を交代しながら開発を行うこと

イ　設計とプロトタイピングとを繰り返しながら開発を行うこと

ウ　ソフトウェアを実行する機器とは異なる機器で開発を行うこと

エ　派生開発を，変更プロセスと追加プロセスとに分けて開発を行うこと

■解説■

ウが**クロス開発**の説明である。クロス開発は，ソフトウェアの稼働環境（ハードウェア，OS等）とは異なる環境で開発する手法である。組込みシステムは専用のハードウェア上で稼働するので，そのハードウェア上で直接開発作業ができず，汎用のPCやワークステーション上で開発することが多い。これに対して，一般的なサーバやPC上で稼働する業務システムは，それと同じサーバやPCを用いて開発できるので，稼働環境と開発環境が一致することが多い。

アは**ペアプログラミング**，**イ**は**スパイラルモデル**，**エ**は**XDDP**（Extreme Derivative Development Process）の説明である。

《答：ウ》

問 34　アジャイル開発プロセスのINVEST

出題年度	R3	R1	H30	H29	H28	H27	H26	H25	H24	H23	H22	H21
問題番号				問1								

アジャイル開発プロセスにおいて，Bill Wakeが提案した"INVEST"と呼ばれる六つの観点を用いて行うことはどれか。

ア　効率よくアクティビティ図を作成する。

イ　コード化できるレベルまで詳細化されたデータフロー図を作成する。

ウ　再利用しやすいソフトウェアパターンとなっているかどうかを評価する。

エ　質の高いユーザストーリとなっているかどうかを評価する。

■解説■

エが，"INVEST"を用いて行うことである。ウォータフォールモデルを代表とする旧来のシステム開発プロセスでは，最初に厳密な要件定義を行い，システムで実現すべきことを

1.6 システム開発技術

明確にする。実装工程に入ってからの要件変更は想定していないが，現実には変更が発生することが多い。

これに対して，アジャイル開発プロセスでは，利用者の視点で「**ユーザストーリ**」として簡潔に要件を記述し，柔軟性をもたせておく。"INVEST" は，良いユーザストーリを作成するための次の六つの観点の頭字語である。

- Independent（独立している）…各ストーリが独立しており，任意の順序で作業できる。
- Negotiable（交渉できる）…顧客とプログラマが協働してストーリを決められる。
- Valuable（価値がある）…顧客にとって価値があり，役立つストーリである。
- Estimable（見積れる）…正確な見積りは必要ないが，優先順位を決めるのに役立つ。
- Small（小さい）…ストーリのサイズは小さく適正で，スコープを把握しやすい。
- Testable（テストできる）…テストが容易で，顧客が必要とするものの理解に役立つ。

ア，イ，ウを行うような，特に定まったものはないと考えられる。

《答：エ》

問 35　システム要件の分析結果の承認権限

出題年度	R3	R1	H30	H29	H28	H27	H26	H25	H24	H23	H22	H21
問題番号		問2										

　共通フレーム2013によれば，システム要件の分析を供給者に委託した場合，要件の分析結果を承認する権限をもつのは誰か。

ア 運用者　　　**イ** 開発者　　　**ウ** 企画者　　　**エ** 取得者

解説

『共通フレーム2013』から，該当する箇所を引用すると，次のとおりである。

---

1. 合意プロセス

1.1 取得プロセス

1.1.1 取得の準備

1.1.1.1 構想又はニーズの記述

　取得者は，システム，ソフトウェア製品又はソフトウェアサービスを取得，開発又は強化するための構想又はニーズを記述することによって取得プロセスを開始する。

1.1.1.2 システム要件，ソフトウェア要件の定義と分析

　取得者は，システム又はソフトウェア要件を定義し，分析する。（後略）

第1部　午前Ⅱ対策

1.1.1.3 システム要件，ソフトウェア要件の定義と分析の委託

　取得者は，自分自身でシステム又はソフトウェア要件の定義及び分析を行ってもよい
し，このタスクを実行するために供給者を雇っておいてもよい。

1.1.1.4 システム要件，ソフトウェア要件の承認権限

　取得者がシステム又はソフトウェア要件の分析を供給者に委託したとしても，要件の
分析結果を承認する権限は取得者がもっている。

出典：『共通フレーム2013 〜経営者，業務部門とともに取組む「使える」システムの実現』（独立行政法人情報処理推
　　　進機構編著，独立行政法人情報処理推進機構，2013）

　よって，エの取得者が承認権限をもっている。システム要件の分析は，本来は取得者（ユー
ザ企業）が実施する作業である。その作業を供給者（ITベンダ）に委託してもよいが，あ
くまでも取得者に分析結果を承認する権限があり，最終的な責任を負う。

《答：エ》

1.6.2　システム方式設計

問　36	システム方式設計プロセスで文書化する項目												
出題年度	R3	R1	H30	H29	H28	H27	H26	H25	H24	H23	H22	H21
問題番号					問2							

　共通フレームにおけるシステム方式設計プロセスで文書化する項目として，適
切なものはどれか。

　ア　システム移行の移行要件
　イ　システム構成要件
　ウ　システムの機能及び能力
　エ　システム方式及び品目に割り当てたシステム要件

解説

「共通フレーム2013」から，選択肢に関連する箇所を引用すると，次のとおりである。

2 テクニカルプロセス

2.3 システム開発プロセス

2.3.2 システム要件定義プロセス

2.3.2.1 システム要件の定義

1.6 システム開発技術

2.3.2.1.1 システム要件の定義

　開発すべきシステムの意図された具体的用途を分析し，システム要件を明記する。システム要件は，次のことを文書化する。

- システムの機能及び能力，ライフサイクル
- システム構成要件
- システム移行の移行要件，妥当性確認要件

（他の項目は略）

2.3.3 システム方式設計プロセス

2.3.3.1 システム方式の確立

3.3.3.1.1 システムの最上位レベルでの方式確立

　システムの最上位の方式を確立する。方式は，ハードウェア，ソフトウェア及び手作業の品目を識別する。全てのシステム要件が品目に割り当てられていることを確実にする。それに続いて，ハードウェア構成品目，ソフトウェア構成品目及び手作業を，これらの品目から識別する。システム方式及び品目に割り当てたシステム要件を文書化する。

出典：『共通フレーム2013 ～経営者，業務部門とともに取組む「使える」システムの実現』（独立行政法人情報処理推進機構編著，独立行政法人情報処理推進機構，2013）

　よって，システム方式設計プロセスで文書化する項目は，**エ**のシステム方式及び品目に割り当てたシステム要件である。**ア，イ，ウ**は，システム要件定義プロセスで文書化する項目である。

《答：エ》

問 37　機能要件を満たすために行う設計

出題年度	R3	R1	H30	H29	H28	H27	H26	H25	H24	H23	H22	H21
問題番号				問2								

　機能要件と非機能要件のうちの，機能要件を満たすために行う設計はどれか。

ア　業務システムを開発するための開発環境を設計する。

イ　業務の重要度を分析して障害発生時の復旧時間を明確にする。

ウ　業務を構成する要素間のデータの流れを明確にする。

エ　部門業務の効率性と業務間の関連性を考慮して最適なサーバ配置を設計する。

第1部　午前Ⅱ対策

■ 解説 ■

JIS X 0135-1:2010には，**機能要件**について，次のようにある（非機能要件の直接の定義はない）。

---

3 用語及び定義

3.8 利用者機能要件

　利用者要件の部分集合。利用者機能要件は，業務及びサービスの観点から，ソフトウェアが何をするかを記述する。

3.12 利用者要件

　ソフトウェアに対する利用者ニーズの集合。

　　注記　利用者要件は，利用者機能要件及び利用者非機能要件と称する二つの部分集合からなる。

出典：JIS X 0135-1:2010（ソフトウェア測定—機能規模測定—第1部：概念の定義）

ウが，機能要件を満たすために行う設計である。業務の観点から，ソフトウェアが何をするか明らかにするために，データの流れを明確にしていると考えられる。

ア，**イ**，**エ**はいずれも，**非機能要件**を満たすために行う設計である。

《答：ウ》

問 38　組込みシステムにおけるコデザイン

出題年度	R3	R1	H30	H29	H28	H27	H26	H25	H24	H23	H22	H21
問題番号				問6								

　組込みシステムの開発における，ハードウェアとソフトウェアのコデザインを適用した開発手法の説明として，適切なものはどれか。

　ア　ハードウェアとソフトウェアの切分けをシミュレーションによって十分に検証し，その後もシミュレーションを活用しながらハードウェアとソフトウェアを並行して開発していく手法

　イ　ハードウェアの開発とソフトウェアの開発を独立して行い，それぞれの完了後に組み合わせて統合テストを行う手法

　ウ　ハードウェアの開発をアウトソーシングし，ソフトウェアの開発に注力することによって，短期間に高機能の製品を市場に出す手法

　エ　ハードウェアをプラットフォーム化し，主にソフトウェアで機能を差別化することによって，短期間に多数の製品ラインアップを構築する手法

40

1.6 システム開発技術

解説

　業務システム開発では，動作が保証された汎用のハードウェア（コンピュータ）やOSの存在を前提として，ソフトウェア開発を行う。一方，組込みシステム開発では，ソフトウェアだけでなくハードウェアも開発対象となる。さらに開発期間短縮のため，ソフトウェアとハードウェアを同時並行で開発することが多く，業務システム開発とは異なる工夫が必要である。

　アは**コンカレント開発**の説明である。ハードウェアとソフトウェアを独立して開発してから組み合わせるため，下流工程で問題が発覚して手戻りが発生するリスクが大きくなる。

　イは**コデザイン**（協調設計）の説明である。ソフトウェアとハードウェアの機能分担を上流工程で明確にして検証してから，設計開発を進める手法である。下流工程での手戻り発生のリスクを減らすことができる。

　ウは該当する開発手法の名称はないと考えられる。ハードウェア開発をアウトソーシング（外部委託）するかどうかは問題でなく，ソフトウェアとの並行開発の進め方によってコンカレント開発にもコデザインにもなりうる。

　エは**プロダクトライン開発**の説明である。

《答：イ》

第1部　午前Ⅱ対策

1.6.3 ソフトウェア要件定義

問 39 論理データモデル作成

出題年度	R3	R1	H30	H29	H28	H27	H26	H25	H24	H23	H22	H21
問題番号					問5					問2		

論理データモデル作成におけるトップダウンアプローチ，ボトムアップアプローチに関する記述のうち，適切なものはどれか。

ア トップダウンアプローチでは，新規システムの利用者要求だけに基づいて論理データモデルを作成するので，現状業務の分析は行えない。

イ トップダウンアプローチでもボトムアップアプローチでも，最終的な論理データモデルは正規化され，かつ，業務上の属性は全て備えていなければならない。

ウ トップダウンアプローチでもボトムアップアプローチでも，利用者が使用する現状の画面や帳票を素材として分析を行うのは同じである。

エ ボトムアップアプローチは現状業務の分析に限定して用いるものであり，新規システムの設計ではトップダウンアプローチを使用しなければならない。

■解説■

トップダウンアプローチでは，まず企業の情報戦略に基づいて，理想とする新規システムの概念データモデルを作成する。これを分析して必要なデータの属性を洗い出し，正規化を行うことにより，論理データモデルを作成する。

ボトムアップアプローチでは，既存システムの分析を行ってデータの属性を洗い出し，新規システムで改善すべき点を加えて，正規化を行うことにより，論理データモデルを作成する。

アは適切でない。トップダウンアプローチは，利用者要求だけでなく，経営陣が考えるあるべき姿などに基づいて作成することができる。また，既存システムや現状業務を考慮することもできる。

イは適切である。トップダウンアプローチとボトムアップアプローチは，スタート地点が異なるものの，最終的に作成される論理データモデルは同じである。

ウは適切でない。現状の画面や帳票を素材とする分析を行うのは，ボトムアップアプローチである。トップダウンアプローチでも，現状業務全体を考慮することはあるが，画面や帳票などの詳細は分析対象としない。

エは適切でない。既存の業務について新規システムを開発する場合，業務のあるべき姿を考えてトップダウンアプローチを使用できるが，現状業務を分析してボトムアップアプローチを使用することも可能である。

《答：イ》

問 40　ソフトウェア要件定義プロセス

出題年度	R3	R1	H30	H29	H28	H27	H26	H25	H24	H23	H22	H21
問題番号			問5									

ソフトウェア要件定義プロセスで定義する内容の具体例として，適切なものはどれか。

ア　基幹システムから利用者の所属情報を取得するために，全てのサブシステムで共通の通信プロトコルを使用する。

イ　データエントリ画面における応答時間は，3秒以内とする。

ウ　窓口業務は，ソフトウェアで実現することと人手で実施する作業を組み合わせて運用する。

エ　利用者の利便性を考えて，受付端末は店舗の入り口から5メートル以内に設置する。

解説

『共通フレーム2013』から，選択肢に関連する箇所を引用すると，次のとおりである。

---

2 テクニカルプロセス

2.3 システム開発プロセス

2.3.2 システム要件定義プロセス

目的　システム要件定義プロセスは，定義された利害関係者要件を，システムの設計を導くことになる望まれるシステムの技術的要件の集合へ変換することを目的とする。

2.3.3 システム方式設計プロセス

目的　システム方式設計プロセスは，システム要件のどれをシステム要素に割り当てることが望ましいかを識別することを目的とする。

2.4 ソフトウェア実装プロセス

2.4.2 ソフトウェア要件定義プロセス

目的　ソフトウェア要件定義プロセスは，システムのソフトウェア要素の要件を確立することを目的とする。

3 運用・サービスプロセス

第1部　午前Ⅱ対策

3.1 運用プロセス
目的　運用プロセスは，意図された環境でシステム及びソフトウェア製品を運用し，シ
　　　ステム及びソフトウェア製品の顧客への支援を提供することを目的とする。

出典：『共通フレーム2013 ～経営者，業務部門とともに取組む「使える」システムの実現』（独立行政法人情報処理推
　　　進機構編著，独立行政法人情報処理推進機構，2013）

　イは，**システム要件定義プロセス**で定義する内容である。利害関係者（利用者など）の立
場から見て，システムが満たすべき機能や性能を明らかにする。
　ウは，**システム方式設計プロセス**で定義する内容である。構築しようとするシステムを
ハードウェア，ソフトウェア，手作業で実現する部分に分ける。
　アが，**ソフトウェア要件定義プロセス**で定義する内容である。ソフトウェアによって実現
する部分について，どのような方法で実装するかを定義する。内部的な実装方法であり，利
用者が意識する必要はない。
　エは，**運用プロセス**で定義する内容である。開発されたシステムを，適切な方法で顧客に
提供する。

《答：ア》

44

問 41　階層化されたDFD

出題年度	R3	R1	H30	H29	H28	H27	H26	H25	H24	H23	H22	H21
問題番号		問1										問2

　図は，階層化されたDFDにおける，あるレベルのDFDの一部である。プロセス1を子プロセスに分割して詳細化したDFDのうち，適切なものはどれか。ここで，プロセス1の子プロセスは，プロセス1－1, 1－2及び1－3とする。

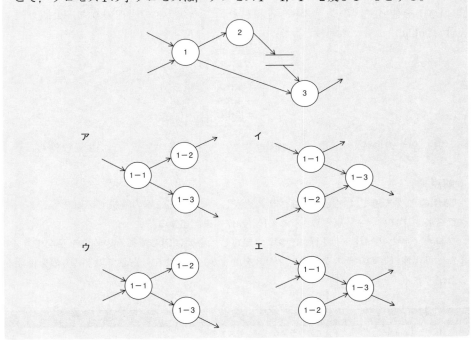

解説

　プロセスは，他のプロセス又はデータストアからデータを受け取り，データを処理して他のプロセス又はデータストアに渡すものである。

　プロセス1には二つの入力（外部から入る矢線）と二つの出力（外部に出る矢線）があるから，プロセス1を詳細化したDFD（データフロー図）にもそれと同数の入出力が必要である。

　アは適切でない。外部からの入力がプロセス1－1への一つのみである。

　イは適切である。外部からの入力が二つ（プロセス1－1及び1－2に入る矢線），外部への出力が二つ（プロセス1－1及び1－3から出る矢線）ある。

　ウは適切でない。プロセス1－2からの出力がなく，DFDの記法として誤っている。

第1部　午前Ⅱ対策

エは適切でない。プロセス1－2への入力がなく，DFDの記法として誤っている。

《答：イ》

問 42　公開可視性をもつクラスの操作

出題年度	R3	R1	H30	H29	H28	H27	H26	H25	H24	H23	H22	H21
問題番号						問2		問1		問1		

　UMLを使って図のクラスPを定義した。このクラスの操作のうち，公開可視性（public）をもつものはどれか。

```
┌─────────────┐
│   クラス P   │
├─────────────┤
│  ＋ 操作 A   │
│  － 操作 B   │
│  ＃ 操作 C   │
└─────────────┘
```

ア　全ての操作　　　イ　操作A　　　ウ　操作B　　　エ　操作C

解説

　UMLのクラス図では，長方形でクラスを表し，その中を2本の横線で区画して，上からクラス名，プロパティ（属性），メソッド（操作）を記述する。

　プロパティとメソッドは1行に1つずつ記述し，必要に応じて種々の特性を付記できる。また，可視性（どのクラスからのアクセスを許すか）を表す記号として以下のものを付けることができる。

記号	可視性	意味
＋	public	全てのクラスからアクセスできる。
－	private	そのクラス自身のみアクセスできる。
＃	protected	サブクラス及び同一パッケージのクラスのみアクセスできる。
～	package	そのクラス自身，及び同一パッケージのクラスのみアクセスできる。

　したがって，**公開可視性**（public）をもつものは操作Aである。

《答：イ》

問 43　UMLのクラス図

出題年度	R3	R1	H30	H29	H28	H27	H26	H25	H24	H23	H22	H21
問題番号				問3								

　図は"顧客が商品を注文する"を表現したUMLのクラス図である。"顧客が複数の商品をまとめて注文する"を表現したクラス図はどれか。ここで，注文明細は注文に含まれる一つの商品に対応し，注文は一つ以上の注文明細を束ねたもので，一つの注文に対応する。

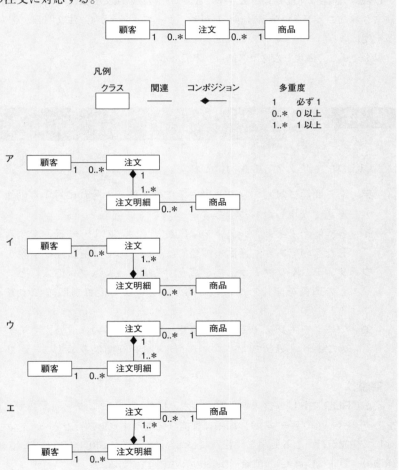

解説

〔顧客と注文の多重度〕
　顧客は複数回の注文を行うことができる一方，顧客登録して一度も注文したことがない顧

第1部 午前Ⅱ対策

客も存在し得る。よって，その多重度は顧客が1，注文が0以上（0..＊）になる。

〔注文と注文明細の多重度〕

一つの注文には1種類以上の商品が含まれ，1種類の商品には一つの注文明細が対応する。よって，注文が1，注文明細が1以上（1..＊）の多重度になる。なお，コンポジションは単なる集約より，強い関連を持つクラス間の関係である。

〔注文明細と商品の多重度〕

1種類の商品は何度でも注文されうるので，複数の注文明細に現れる。一方，まだ一度も注文されたことがない商品も存在し得る。よって，商品が1，注文明細が0以上（0..＊）の多重度になる。

以上を正しく表現したクラス図は，アである。

《答：ア》

問 44 CRUDマトリックス

出題年度	R3	R1	H30	H29	H28	H27	H26	H25	H24	H23	H22	H21
問題番号			問1									

CRUDマトリックスの説明はどれか。

ア ある問題に対して起こり得る全ての条件と，それに対する動作の関係を表形式で表現したものである。

イ 各機能が，どのエンティティに対して，どのような操作をするかを一覧化したものであり，操作の種類には生成，参照，更新及び削除がある。

ウ システムやソフトウェアを構成する機能（又はプロセス）と入出力データとの関係を記述したものであり，データの流れを明確にすることができる。

エ データをエンティティ，関連及び属性の三つの構成要素でモデル化したものであり，業務で扱うエンティティの相互関係を示すことができる。

■ 解説 ■

イが**CRUDマトリックス**の説明である。横軸にエンティティ（実体で，例えばデータやデータベースのテーブル），縦軸に機能（処理やプロセス）をとって，エンティティに対して機能が行いうる処理を一覧表にしたものである。CRUDは，作成（Create），読取り（Read），更新（Update），削除（Delete）の頭字語である。

48

1.6 システム開発技術

機能＼エンティティ	顧客	製品	受注	受注明細
顧客登録・更新	C R U D			
顧客検索	R			
製品登録・更新		C R U		
製品検索		R		
受注登録・更新	R	R	C　U	C　U
受注検索	R	R	R	R

CRUDマトリックスの例

出典：平成29年度 システム監査技術者試験 午前Ⅱ 問23

アは**決定表**，ウは**データフローダイアグラム**（DFD），エは**E-R図**の説明である。

《答：イ》

問 45　ソフトウェアの要件定義や分析・設計の技法

出題年度	R3	R1	H30	H29	H28	H27	H26	H25	H24	H23	H22	H21
問題番号			問7				問7					

　ソフトウェアの要件定義や分析・設計で用いられる技法に関する記述のうち，適切なものはどれか。

　ア　決定表は，条件と処理を組み合わせた表の形式で論理を表現したものであり，条件や処理の組合せが複雑な要件定義の記述手段として有効である。

　イ　構造化チャートは，システムの"状態"の種別とその状態が遷移する"要因"との関係を分かりやすく表現する手段として有効である。

　ウ　状態遷移図は，DFDに"コントロール変換とコントロールフロー"を付加したものであり，制御系システムに特有な処理を表現する手段として有効である。

　エ　制御フロー図は，データの"源泉，吸収，流れ，処理，格納"を基本要素としており，システム内のデータの流れを表現する手段として有効である。

解説

　アは，**決定表**の記述として適切である。複雑で多数の条件判定がある場合に，条件の組合せと期待する動作を表形式で整理して表現するものである。漏れのないように要件定義を行い，テストケースを設計するのに有用である。

49

第1部　午前Ⅱ対策

イは構造化チャートでなく**状態遷移図**の記述である。

ウは状態遷移図でなく**制御フロー図**の記述である。

エは制御フロー図でなく**DFD**の記述である。

《答：ア》

問 **46**	**BPMN**												
出題年度		R3	R1	H30	H29	H28	H27	H26	H25	H24	H23	H22	H21
問題番号								問2		問3			問3

要求分析・設計技法のうち，BPMNの説明はどれか。

ア　イベント・アクティビティ・分岐・合流を示すオブジェクトと，フローを示す矢印などで構成された図によって，業務プロセスを表現する。

イ　木構造に基づいた構造化ダイアグラムであり，トップダウンでの機能分割やプログラム構造図，組織図などを表現する。

ウ　システムの状態が外部の信号や事象に対してどのように推移していくかを図で表現する。

エ　プログラムをモジュールに分割して表現し，モジュールの階層構造と編成，モジュール間のインタフェースを記述する。

■**解説**■

アが，**BPMN**（Business Process Modeling Notation）の説明で，業務プロセスを表記するための図法である。イベント（丸形），アクティビティ（長方形），分岐と合流（ひし形），処理のフロー（矢印）などの他，イベントのタイプ，アクティビティの性質，メッセージのフロー，ドキュメント（成果物）などの要素も表記できる。

同種の図法としてUMLのアクティビティ図があるが，これは開発者の視点で描かれるため，一般のユーザには必ずしも理解しやすいとは言えない。BPMNは，ユーザにも直感的に理解できるよう工夫されている。

イは**ブレークダウンストラクチャ**，**ウ**は**状態遷移図**，**エ**は**モジュール構成図**の説明である。

《答：ア》

50

1.6　システム開発技術

問 47　SysMLの特徴

出題年度	R3	R1	H30	H29	H28	H27	H26	H25	H24	H23	H22	H21
問題番号				問4								

　複数のシステムの組合せによって実現するSoS（System of Systems）をモデル化するのに適した表記法であるSysMLの特徴はどれか。

　　ア　オブジェクト図によって，インスタンスの静的なスナップショットが記述できる。
　　イ　単純な図形と矢印によって，システムのデータの流れが記述できる。
　　ウ　パラメトリック図によって，モデル要素間の制約条件が記述できる。
　　エ　連接，反復，選択の記述パターンによって，ソフトウェアの構造を分かりやすく視覚化できる。

解説

　SysML（Systems Modeling Language）はモデリング言語の一種で，UMLの言語仕様の一部を利用するとともに，新たな仕様を加えて策定された。**SoS**は，複数のシステム（要素）を組み合わせて，全体で一つとして利用者に提供されるシステムである。その特徴として，各要素の運用が独立していること，各要素の管理が独立していること，進化的に開発されること，創発的に振る舞うこと，各要素が地理的に分散していることが挙げられる（出典："Architecting Principles for Systems-of-Systems"（W. Maier，1998））。

　ウが，SysMLの特徴である。パラメトリック図を用いると，システムに現れる要素間のパラメタについて，その制約条件を数式で表現するといったことが可能である。

　アは特徴でない。オブジェクト図はUMLのダイアグラムで，SysMLでは用いられない。

　イは特徴でない。これはDFD（データフロー図）の説明であり，SysMLでは用いられない。

　エは特徴でない。SysMLでは，**アクティビティ図**を用いて，連接，反復，選択の記述パターンによって，処理の流れを視覚化する。また，**内部ブロック図**を用いて，ソフトウェアの構造を視覚化する。

《答：ウ》

51

問 48 並列動作の同期を表現できる要求モデル

出題年度	R3	R1	H30	H29	H28	H27	H26	H25	H24	H23	H22	H21
問題番号		問2			問4							

並列に生起する事象間の同期を表現することが可能な，ソフトウェアの要求モデルはどれか。

ア　E-Rモデル　　　　　　　イ　データフローモデル
ウ　ペトリネットモデル　　　エ　有限状態機械モデル

■解説■

これは**ウ**の**ペトリネットモデル**で，分散システムに現れる並行プロセスの状態変化を分析する要求モデルである。図形要素として，円：プレース（条件），棒又は長方形：トランジション（事象），黒丸：トークン（資源），矢線：アーク（事象間の関係）がある。プレースとトランジションが節点（ノード）となる。

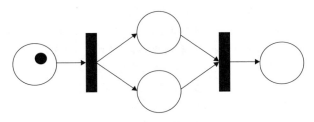

アの**E-Rモデル**は，システム化の対象にある実体（エンティティ）と実体間の関連（リレーションシップ）を分析する要求モデルである。その表現に，E-R図が用いられる。

イの**データフローモデル**は，システムのプロセス（処理），データストア，源泉と吸収及び，それらの相互間のデータの流れを分析する要求モデルである。その表現に，DFD（データフロー図）が用いられる。

エの**有限状態機械モデル**は，システムが取り得る有限個の状態と，状態間の遷移を分析する要求モデルである。その表現に，状態遷移図や状態遷移表が用いられる。

《答：ウ》

1.6 システム開発技術

1.6.4 ソフトウェア方式設計・ソフトウェア詳細設計

問 49 システムの品質特性の効率性

出題年度	R3	R1	H30	H29	H28	H27	H26	H25	H24	H23	H22	H21
問題番号					問8							

JIS X 25010:2013におけるシステムの利用時の品質特性の一つである，効率性の説明はどれか。

ア　製品又はシステムが，経済状況，人間の生活又は環境に対する潜在的なリスクを緩和する度合い

イ　製品又はシステムが明示された利用状況において使用されるとき，利用者ニーズが満足される度合い

ウ　明示された目標を利用者が達成する上での正確さ及び完全さの度合い

エ　利用者が特定の目標を達成するための正確さ及び完全さに関連して，使用した資源の度合い

解説

JIS X 25010:2013から，選択肢に関連する箇所を引用すると，次のとおりである。

---

4 用語及び定義

4.1 利用時の品質モデル

4.1.1 有効性（effectiveness）

　明示された目標を利用者が達成する上での正確さ及び完全さの度合い。

4.1.2 効率性（efficiency）

　利用者が特定の目標を達成するための正確さ及び完全さに関連して，使用した資源の度合い。

4.1.3 満足性（satisfaction）

　製品又はシステムが明示された利用状況において使用されるとき，利用者ニーズが満足される度合い。

4.1.4 リスク回避性（freedom from risk）

　製品又はシステムが，経済状況，人間の生活又は環境に対する潜在的なリスクを緩和する度合い。

出典：JIS X 25010:2013（システム及びソフトウェア製品の品質要求及び評価（SQuaRE）—システム及びソフトウェア品質モデル）

第1部　午前Ⅱ対策

よって，**エ**が効率性の説明である。

アはリスク回避性，**イ**は満足性，**ウ**は有効性の説明である。

《答：エ》

問 50　フェールセーフの考えに基づく設計

出題年度	R3	R1	H30	H29	H28	H27	H26	H25	H24	H23	H22	H21
問題番号				問8								

フェールセーフの考えに基づいて設計したものはどれか。

ア　乾電池のプラスとマイナスを逆にすると，乾電池が装填できないようにする。

イ　交通管制システムが故障したときには，信号機に赤色が点灯するようにする。

ウ　ネットワークカードのコントローラを二重化しておき，故障したコントローラの方を切り離しても運用できるようにする。

エ　ハードディスクにRAID1を採用して，MTBFで示される信頼性が向上するようにする。

■解説■

イが**フェールセーフ**の考えに基づく設計である。フェールセーフは，「故障時に，安全を保つことができるシステムの性質」(JIS Z 8115:2019（ディペンダビリティ（総合信頼性）用語))である。交通管制システムの故障で信号機の誤点灯や消灯が起これば，交通事故につながる恐れがある。そこで，障害を検知したら全ての信号機に赤色を点灯する仕組みにすれば，自動車が停止するので交通事故を防げる。

アは，**フールプルーフ**の考えに基づく設計である。

ウ，**エ**は，**フォールトトレランス**の考えに基づく設計である。

《答：イ》

54

1.6 システム開発技術

問 51 ソフトウェアの使用性を向上させる施策

出題年度	R3	R1	H30	H29	H28	H27	H26	H25	H24	H23	H22	H21
問題番号		問6										

ソフトウェアの使用性を向上させる施策として，適切なものはどれか。

ア オンラインヘルプを充実させ，利用方法を理解しやすくする。

イ 外部インタフェースを見直し，連携できる他システムを増やす。

ウ 機能を追加し，業務の遂行においてシステムを利用できる範囲を拡大する。

エ ファイルの複製を分散して配置し，装置の故障によるファイル損失のリスクを減らす。

解説

JIS X 0129-1:2003から，選択肢に関連する箇所を引用すると，次のとおりである。

---

6. 外部品質及び内部品質のための品質モデル

ここでは，外部品質及び内部品質のための品質モデルを定義する。品質モデルは，ソフトウェア品質属性を六つの特性（機能性，信頼性，使用性，効率性，保守性及び移植性）に分類する。それらを更に副特性に分割する。副特性は，内部測定法又は外部測定法によって測定することができる。

6.1 機能性　ソフトウェアが，指定された条件の下で利用されるときに，明示的及び暗示的必要性に合致する機能を提供するソフトウェア製品の能力。

6.2 信頼性　指定された条件下で利用するとき，指定された達成水準を維持するソフトウェア製品の能力。

6.3 使用性　指定された条件の下で利用するとき，理解，習得，利用でき，利用者にとって魅力的であるソフトウェア製品の能力。

6.4 効率性　明示的な条件の下で，使用する資源の量に対比して適切な性能を提供するソフトウェア製品の能力。

6.5 保守性　修正のしやすさに関するソフトウェア製品の能力。修正は，是正若しくは向上，又は環境の変化，要求仕様の変更及び機能仕様の変更にソフトウェアを適応させることを含めてもよい。

6.6 移植性　ある環境から他の環境に移すためのソフトウェア製品の能力。

出典：JIS X 0129-1:2003（ソフトウェア製品の品質—第1部：品質モデル）

アが，使用性（副特性では理解性）を向上させる施策である。

55

イは，移植性（副特性では環境適応性）を向上させる施策である。
ウは，機能性を向上させる施策である。
エは，信頼性（副特性では成熟性）を向上させる施策である。

《答：ア》

問52　システム開発プロジェクトのライフサイクル

図は，デマルコの提唱による構造化技法を基本としたシステム開発プロジェクトのライフサイクルを表現したものである。図中のaに入れる適切なプロセスはどれか。

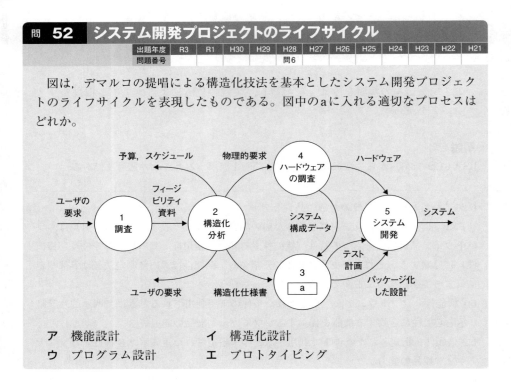

　ア　機能設計　　　　　　イ　構造化設計
　ウ　プログラム設計　　　エ　プロトタイピング

■解説■

　この図は，『構造化分析とシステム仕様』（トム・デマルコ，日経BP出版センター，1986)の2章で，「構造化分析を含めた新しいプロジェクト・ライフサイクル」として示されている図である。
　構造化分析プロセスで作成した構造化仕様書及び，ハードウェアの調査プロセスで作成したシステム構成データを入力としているので，aはイの構造化設計である。
　構造化設計プロセスで，テスト計画書の作成及びパッケージ化した設計を行い，システム開発プロセスへの入力とする。

《答：イ》

1.6　システム開発技術

問 53　境界オブジェクト

出題年度	R3	R1	H30	H29	H28	H27	H26	H25	H24	H23	H22	H21
問題番号						問3						

　オブジェクト指向分析における分析モデルによって，ユースケース内のオブジェクトを分類するとき，境界オブジェクトに該当するものはどれか。

　ア　オブジェクト間の相互作用を制御するためのオブジェクト
　イ　画面操作や画面表示などのGUIオブジェクト
　ウ　システムの中核となるデータとその操作のオブジェクト
　エ　データモデルにおけるエンティティに相当するオブジェクト

解説

ヤコブソンの提唱したオブジェクト指向分析の分析モデルでは，ユースケース内のオブジェクトを次の三つに分類する。

- **境界オブジェクト**（Boundary Object）…アクタ（システムの外部にあって，システムと相互作用するもの）とシステムとのインタフェースを提供するオブジェクト
- **制御オブジェクト**（Control Object）…オブジェクト間の通信や制御を行うオブジェクト
- **実体オブジェクト**（Entity Object）…システムのデータなど永続的に存在する実体（エンティティ）を表すオブジェクト

　したがって，**ア**が制御オブジェクト，**イ**が境界オブジェクト，**エ**が実体オブジェクトに該当する。**ウ**に該当するものはない。

《答：イ》

第1部　午前Ⅱ対策

問 54　開放・閉鎖原則

出題年度	R3	R1	H30	H29	H28	H27	H26	H25	H24	H23	H22	H21
問題番号						問4						

オブジェクト指向設計における設計原則のうち，開放・閉鎖原則はどれか。

ア　クラスにもたせる役割は一つだけにするべきであり，複数の役割が存在する場合にはクラスを分割する。

イ　クラスを利用するクライアントごとに異なるメソッドが必要な場合は，インタフェースを分ける。

ウ　上位のモジュールは，下位のモジュールに依存してはならない。

エ　モジュールの機能には，追加や変更が可能であり，その影響が他のモジュールに及ばないようにする。

■解説■

　マーチンは，オブジェクト指向設計における次の五つの設計原則を提唱している（しばしば頭字語で**SOLID**と呼ばれる）。ソフトウェアに硬さ（変更しにくいこと），扱いにくさ，不透明さ（読みにくく，分かりにくいこと）などの傾向が一つでも現れたら，ソフトウェアが"腐敗"し始めた兆候であるとし，この原則に反した設計が原因であることが多いとしている。

1. 単一責任の原則（Single Responsibility Principle）
   クラスを変更する理由は1つ以上存在してはならない。

2. オープン・クローズドの原則（Open-Closed Principle）
   ソフトウェアの構成要素（クラス，モジュール，関数など）は拡張に対して開いて（オープン）いて，修正に対して閉じて（クローズ）いなければならない。

3. リスコフの置換原則（Liskov Substitution Principle）
   派生型はその基本型と置換可能でなければならない。（リスコフは提唱者の名前）

4. 依存関係逆転の原則（Dependency Inversion Principle）
   上位のモジュールは下位のモジュールに依存してはならない。どちらのモジュールも「抽象」に依存すべきである。「抽象」は実装の詳細に依存してはならない。実装の詳細が「抽象」に依存すべきである。

5. インタフェース分離の原則（Interface Segregation Principle）
   クライアントに，クライアントが利用しないメソッドへの依存を強制してはならない。

出典：『アジャイルソフトウェア開発の奥義』（ロバート・C・マーチン，ソフトバンククリエイティブ，2004）を基に筆者作成

58

1.6　システム開発技術

エが，開放・閉鎖原則（オープン・クローズドの原則）である。

アは単一責任の原則，**イ**はインタフェース分離の原則，**ウ**は依存関係逆転の原則である。

《答：エ》

問 55　メソッドの置き換え

出題年度	R3	R1	H30	H29	H28	H27	H26	H25	H24	H23	H22	H21
問題番号		問4										

　Javaサーブレットを用いたWebアプリケーションソフトウェアの開発では，例えば，doGetやdoPostなどのメソッドを，シグネチャ（メソッド名，引数の型と個数）は変えずに，目的とする機能を実現するための処理に置き換える。このメソッドの置き換えを何と呼ぶか。

　ア　オーバーライド　　　**イ**　オーバーロード
　ウ　カプセル化　　　　　**エ**　継承

解説

　これは，アの**オーバーライド**である。オブジェクト指向プログラミング言語において，スーパクラス（親クラス）で定義済みのメソッドを，サブクラス（子クラス）で再定義して置き換える（上書きする）ことである。メソッド名は同一として，引数のデータ型及び個数も一致させておく必要がある。

　イの**オーバーロード**（多重定義）は，同一のメソッド名で，引数のデータ型や個数の異なる複数のメソッドを定義することである。与える引数のデータ型及び個数が一致するメソッドが自動的に呼び出される。

　ウの**カプセル化**は，オブジェクト内のデータ構造や値を隠蔽して，外部からは直接アクセスさせず，提供されるメソッドのみによって操作できるようにする考え方である。

　エの**継承**（インヘリタンス）は，スーパクラスで定義済みのメソッドを，サブクラスで引き継いでそのまま使用することである。

《答：ア》

第1部　午前Ⅱ対策

問 56　モジュール分割技法

出題年度	R3	R1	H30	H29	H28	H27	H26	H25	H24	H23	H22	H21
問題番号					問7						問5	

プログラムの構造化設計におけるモジュール分割技法の説明のうち，適切なものはどれか。

ア　STS分割は，データの流れに着目してプログラムを分割する技法であり，入力データの処理，入力から出力への変換処理及び出力データの処理の三つの部分で構成することによって，モジュールの独立性が高まる。

イ　TR分割は，データの構造に着目してプログラムを分割する技法であり，オンラインリアルタイム処理のように，入力トランザクションの種類に応じて処理が異なる場合に有効である。

ウ　共通機能分割は，データの構造に着目してプログラムを分割する技法であり，共通の処理を一つにまとめ，モジュール化する。

エ　ジャクソン法は，データの流れに着目してプログラムを分割する技法であり，バッチ処理プログラムの分割に適している。

■解説■

アが適切である。**STS分割**は，入力データの処理（Source），入力データを出力データに変換（Transform），出力データの処理（Sink）の三つの部分にモジュール分割する方法である。データの流れに沿った明快な分割方法であるため，モジュールの独立性を高めやすい。

イの後半は適切だが，前半は適切でない。**TR分割**は，トランザクション単位でモジュール分割する方法で，トランザクションごとに処理が異なる場合に適している。データの構造は無関係である。

ウの後半は適切だが，前半は適切でない。**共通機能分割**は，システム全体から共通する機能を洗い出して，共通モジュールとする技法である。データの構造でなく，処理の流れに着目して分割する。

エの後半は適切だが，前半は適切でない。**ジャクソン法**はデータの流れでなく，データの構造に着目して分割する技法である。**ワーニエ法**とともに，データの構造に着目して分割する技法はバッチ処理プログラムの分割に適しているとされる。

《答：ア》

60

1.6 システム開発技術

問 57 "良いプログラム"の特性

出題年度	R3	R1	H30	H29	H28	H27	H26	H25	H24	H23	H22	H21
問題番号		問5										問5

あるプログラム言語によるプログラミングの解説書の中に次の記述がある。この記述中の"良いプログラム"がもっている特性はどれか。

このプログラム言語では，関数を呼び出すときに引数を保持するためにスタックが使用される。オプションの指定によって，引数で受け渡すデータをどの関数からでも参照できる共通域に移して，スタックの使用量を減らすことは可能だが，"良いプログラム"とは見なされないこともある。

ア　実行するときのメモリの使用量が，一定以下に必ず収まる。
イ　実行速度が高速になる。
ウ　プログラムの一部（関数）を変更しても，他の関数への影響が少ない。
エ　プログラムのステップ数が少なく，分かりやすい。

解説

この「解説書」は，複数の関数から参照する必要のあるデータの，プログラムでの扱い方を検討している。
　（a）データを共通域に置いて，複数の関数から直接参照する方式
　（b）データを関数の引数として受け渡す方式
を比較し，（b）の方が"良いプログラム"であるとしている。

アは，（a）がもっている特性である。スタック領域を消費しないので，メモリの使用量が一定以下に収まる。（b）では関数を多重に呼び出すほど，メモリのスタック領域を消費する。

イは，（a）がもっている特性である。データを直接参照するので，実行速度は速い。（b）では関数呼出しのオーバヘッドが発生するため，実行速度は遅くなる。

ウは，（b）がもっている特性である。モジュールの外部とのインタフェースが引数だけなので，内部処理を変更しても影響範囲を極小化できる。（a）では共通域のデータを直接操作するので，あるモジュールの処理を変更すると，他のモジュールに影響する可能性がある。

エは，（a）がもっている特性である。データを直接参照すればよいので，プログラムは簡単になる。（b）では関数呼出しによってデータを受け渡す必要があるので，ステップ数が増える。

《答：ウ》

第1部　午前Ⅱ対策

問	58	GoFのデザインパターン

出題年度	R3	R1	H30	H29	H28	H27	H26	H25	H24	H23	H22	H21
問題番号		問3		問5			問3		問4			

ソフトウェアパターンのうち，GoFのデザインパターンの説明はどれか。

- **ア** Javaのパターンとして引数オブジェクト，オブジェクトの可変性などで構成される。
- **イ** オブジェクト指向開発のためのパターンとして生成，構造，振る舞いの三つのカテゴリに分類される。
- **ウ** 構造，分散システム，対話型システム及び適合型システムの四つのカテゴリに分類される。
- **エ** 抽象度が異なる要素を分割して階層化するためのLayers，コンポーネント分割のためのBrokerなどで構成される。

■ **解説** ■

デザインパターンとは，多数の事例から共通する要素を抽出し，典型的な問題に対して解法を記述したものである。それを個別の問題に応じてアレンジすることによって，プログラムの再利用性を高め，システム開発の効率を上げることができる。

イが，**GoF**（Gang of Four）のデザインパターンの説明である。これは，4人の共著による『オブジェクト指向における再利用のためのデザインパターン 改訂版』（エリック・ガンマ他，SBクリエイティブ，1999）で提唱されている，生成，構造，振る舞いの3カテゴリ23種のデザインパターンの通称である。

アはJavaBeansパターンの説明である。

ウ，**エ**はPOSA（Patterns Oriented Software Architecture）のアーキテクチャパターンの説明である。

《答：イ》

62

問 59　ストラテジパターン

出題年度	R3	R1	H30	H29	H28	H27	H26	H25	H24	H23	H22	H21
問題番号						問5		問4			問3	

デザインパターンの中のストラテジパターンを用いて，帳票出力のクラスを図のとおりに設計した。適切な説明はどれか。

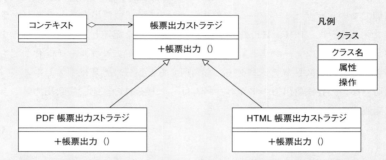

- ア　クライアントは，使用したいフォーマットに対応する，帳票出力ストラテジクラスのサブクラスを意識せずに利用できる。
- イ　新規フォーマット用のアルゴリズムの追加が容易である。
- ウ　帳票出力ストラテジクラスの中で，どのフォーマットで帳票を出力するかの振り分けを行っている。
- エ　帳票出力のアルゴリズムは，コンテキストクラスの中に記述する。

解説

ストラテジパターンの目的は，次のとおりである。

> アルゴリズムの集合を定義し，各アルゴリズムをカプセル化して，それらを交換可能にする。Strategyパターンを利用することで，アルゴリズムを，それを利用するクライアントから独立に変更することができるようになる。

出典：『オブジェクト指向における再利用のためのデザインパターン 改訂版』
　　　（エリック・ガンマ他，SBクリエイティブ，1999）

"帳票出力ストラテジクラス"は，あるデータを処理して帳票として出力するクラスである。ストラテジパターンを使用して，出力フォーマット別のアルゴリズムを分離して別クラスとして定義したのが，"PDF帳票出力ストラテジクラス"及び"HTML帳票出力ストラテジクラス"である。分離したクラスには同一のインタフェースをもたせて，コンテキストクラスから同一のインタフェースで呼び出せるようにする。

第1部　午前II対策

イが適切である。新規の帳票フォーマットを追加したいときは，"帳票出力ストラテジクラス"を修正する必要はなく，そのフォーマット用の"○○帳票出力ストラテジクラス"を新規作成すればよい。

アは適切でない。クライアントは，出力したいフォーマットのストラテジクラス名を知っている必要がある。

ウは適切でない。デザインパターンを使用しなければ，"帳票出力ストラテジクラス"の中に出力フォーマット（PDF，HTML）別のアルゴリズムを記述し，引数等で処理を振り分ける必要がある。出力フォーマット別のアルゴリズムを単純にサブルーチン化しても，振分け処理が必要である。ストラテジパターンを利用すると振分け処理は不要となる。

エは適切でない。各帳票出力のアルゴリズムは，それぞれの"○○帳票出力ストラテジクラス"に記述する。

《答：イ》

問 60　内部設計書のデザインレビューの目的

出題年度	R3	R1	H30	H29	H28	H27	H26	H25	H24	H23	H22	H21
問題番号							問4					

　内部設計書のデザインレビューを実施する目的として，最も適切なものはどれか。

　ア　外部設計書との一貫性の検証と要件定義の内容を満たしていることの確認
　イ　設計記述規約の遵守性の評価と設計記述に関する標準化の見直し
　ウ　要件定義の内容に関する妥当性の評価と外部設計指針の見直し
　エ　論理データ設計で洗い出されたデータ項目の確認と物理データ構造の決定

■解説■

ウォータフォールモデルによるシステム開発では，一般に，要件定義，外部設計，内部設計，プログラミング，テストの順に開発工程が進められる。

要件定義，外部設計，内部設計の各工程では，その工程で作成した成果物が適切であるか，不備や誤りがないか検討するため，デザインレビューを実施する。

アは，内部設計書のデザインレビューの目的として最も適切である。内部設計書は外部設計書を基に作成されるから，外部設計書との矛盾がなく一貫性があるか，更には要件定義書の内容を満たしているかを確認する必要がある。

イは，開発工程とは別の場で実施する。設計記述規約は，設計書作成で守るべき事項を定めたルールである。規約の遵守状況の評価や見直しは，開発工程で行う必要はない。

ウは，要件定義書のデザインレビューを実施する目的である。外部設計工程で参照される

64

外部設計指針も，要件定義工程で作成する。

エは，内部設計（デザインレビューでなく）を実施する目的の一つである。論理データ設計は外部設計で行い，それを基にして物理データ構造を内部設計で決定する。

《答：ア》

1.6.5 ソフトウェア構築

問 61 ソフトウェア構築プロセスのタスク

出題年度	R3	R1	H30	H29	H28	H27	H26	H25	H24	H23	H22	H21
問題番号		問8										

ソフトウェアを実装する一連のプロセスのアクティビティで実施するタスクの内容のうち，ソフトウェア構築プロセスのものはどれか。

ア ソフトウェアコンポーネントをコーディングできるレベルのソフトウェアユニットまで詳細化し，全てのソフトウェア要求事項をソフトウェアユニットに割り当てる。

イ ソフトウェア品目の外部インタフェース，及びソフトウェアコンポーネント間のインタフェースの詳細な仕様を設計する。

ウ ソフトウェアユニット及びデータベースを作成し，これらをテストするための手順とデータを作成する。

エ ソフトウェアユニットとソフトウェアコンポーネントを結合し，集合体が作成されるごとにテストする。

解説

『共通フレーム2013』から，選択肢に関連する箇所を引用すると，次のとおりである。

---

2 テクニカルプロセス

2.4 ソフトウェア実装プロセス

2.4.3 ソフトウェア方式設計プロセス

2.4.3.1 ソフトウェア方式設計

2.4.3.1.2 各インタフェースの方式設計

開発者は，ソフトウェア品目の外部インタフェース及びソフトウェア品目中のソフトウェアコンポーネント間のインタフェースについての最上位レベルの設計を行い，文書化する。

第1部　午前II対策

2.4.4 ソフトウェア詳細設計プロセス

2.4.4.1 ソフトウェア詳細設計

2.4.4.1.1 ソフトウェアコンポーネントの詳細設計

　開発者は，ソフトウェア品目の各ソフトウェアコンポーネントに対して詳細設計を行う。ソフトウェアコンポーネントをコーディングし，コンパイルし，テストできるソフトウェアユニットを含むような下位のレベルまで詳細化する。全てのソフトウェア要件は，ソフトウェアコンポーネントからソフトウェアユニットへ割り当てられていることを確実にする。詳細設計を文書化する。

2.4.5 ソフトウェア構築プロセス

2.4.5.1 ソフトウェア構築

2.4.5.1.1 ソフトウェアユニットとデータベースの作成及びテスト手順とテストデータの作成

　開発者は，次を作成し，文書化する。

　a) 各ソフトウェアユニット及びデータベース

　b) 各ソフトウェアユニット及びデータベースをテストするためのテスト手順及びデータ

2.4.6 ソフトウェア結合プロセス

2.4.6.1 ソフトウェア結合

2.4.6.1.2 ソフトウェア結合テストの実施

　開発者は，結合計画に従って，ソフトウェアユニット及びソフトウェアコンポーネントを結合し，集合体が作成されるごとにテストする。そうすれば，各集合体がソフトウェア品目の要件を満たしていること及び結合作業の終わりにソフトウェア品目が結合されていることが確実になる。結合及びテスト結果を文書化する。

出典：『共通フレーム2013 〜経営者，業務部門とともに取組む「使える」システムの実現』（独立行政法人情報処理推進機構編著，独立行政法人情報処理推進機構，2013）

　よって，**ウ**がソフトウェア構築プロセスで実施するタスクである。なお，『共通フレーム』における「ソフトウェア構築」とは，プログラミングのことを指す。

　アはソフトウェア詳細設計プロセス，**イ**はソフトウェア方式設計プロセス，**エ**はソフトウェア結合プロセスで実施するタスクである。

《答：ウ》

1.6 システム開発技術

問 62 2段階で実行するプログラミングモデル

出題年度	R3	R1	H30	H29	H28	H27	H26	H25	H24	H23	H22	H21
問題番号						問6						

　大量のデータを並列に処理するために，入力データから中間キーと値の組みを生成する処理と，同じ中間キーをもつ値を加工する処理との2段階で実行するプログラミングモデルはどれか。

ア 2相コミット　　　**イ** KVS
ウ MapReduce　　　**エ** マルチスレッド

解説

　これは**ウ**の**MapReduce**である。入力データから中間キーと値の組みを生成するMap処理と，同じ中間キーをもつ値を加工するReduce処理の2段階で処理を行う特徴があり，大量データの並列分散処理に適している。

　アの**2相コミット**は，分散データベースシステムにおいて，各サイトが同期を取ってトランザクションをコミットする手順である。

　イの**KVS**（Key-Value Store）は，データと，そのデータから何らかの方法で算出したキーを組みにして管理する方式である。キーを指定してデータの格納と参照を効率よく行える。

　エの**マルチスレッド**は，一つのプログラム（アプリケーション）の内部処理を複数に分けて並行実行するアーキテクチャである。なお，複数のプログラムを並行実行するのは，マルチプロセスである。

《答：ウ》

67

第1部　午前II対策

問 63	ペアプログラミングによる開発の進め方												
出題年度	R3	R1	H30	H29	H28	H27	H26	H25	H24	H23	H22	H21
問題番号				問10								

　ハードウェアの経験が豊富なプログラマAと，経験の少ないプログラマBがペアプログラミングの手法を利用して組込みシステムの開発を進める。ペアプログラミングによる開発の進め方として，適切なものはどれか。

ア　Aがデバイスドライバの開発を担当し，Bがアプリケーションの開発を担当する。

イ　Aがプロジェクトマネージャとして，プロジェクトの調整役になる。

ウ　AとBがエディタの画面を共有し，Bが記述したコードに対してAが助言する。

エ　ハードウェアとソフトウェアの切分けをシミュレーションで検証してから，AとBとで分担して開発する。

■**解説**■

　ウが適切である。**ペアプログラミング**は，二人一組になって1台のコンピュータの前でプログラムを作成する手法である。適当なタイミングで交代しながら，一人がコードを作成し，もう一人は隣でそれを見ながら助言やチェックを行う。したがって，初級プログラマBだけでなく，適宜交代して上級プログラマAもコード作成を行う。

　ペアプログラミングは，アジャイルソフトウェア開発の一種である，エクストリームプログラミング（Extreme Programming，XP）に特徴的なプラクティス（実践手段）の一つであり，生産性や品質向上の効果があるとされる。

　ア，イ，エは，適切でない。ペアプログラミングは，両者が異なる役割を担うものではない。

《答：ウ》

68

1.6　システム開発技術

問 64　プログラムの正当性を検証する手法

出題年度	R3	R1	H30	H29	H28	H27	H26	H25	H24	H23	H22	H21
問題番号		問8										

　プログラム実行中の特定の時点で成立すべき変数間の関係や条件を記述した論理式を埋め込んで，そのプログラムの正当性を検証する手法はどれか。

　ア　アサーションチェック　　　　**イ**　コード追跡
　ウ　スナップショットダンプ　　　**エ**　テストカバレッジ分析

解説

　これは**ア**の**アサーションチェック**である。例えばJavaにはアサーション機能があり，プログラムソース中に"assert 条件式；"の形で，その時点で成立すべき条件式を書くことができる。プログラムを実行して，その条件式が真と評価されれば何も起こらないが，偽と評価されればアサーションエラーを発生する。

　イの**コード追跡**は，プログラム実行時にどの命令が実行されていったか，時系列に追うデバッグ手法である。

　ウの**スナップショットダンプ**は，プログラム実行時の指定したタイミングで，その時点の変数やレジスタの値を書き出す手法である。

　エの**テストカバレッジ分析**は，多くのテストケースについてプログラム内部における処理実行経路を解析し，テストの網羅率を分析する手法である。

《答：ア》

問 65 テストの進捗状況とソフトウェアの品質

出題年度	R3	R1	H30	H29	H28	H27	H26	H25	H24	H23	H22	H21
問題番号		問11										

ソフトウェアのテスト工程において，バグ管理図を用いて，テストの進捗状況とソフトウェアの品質を判断したい。このときの考え方のうち，最も適切なものはどれか。

- ア テスト工程の前半で予想以上にバグが摘出され，スケジュールが遅れたので，スケジュールの見直しを行い，数日遅れでテスト終了の判断をした。
- イ テスト項目がスケジュールどおりに消化され，かつ，バグ摘出の累積件数が増加しなければ，ソフトウェアの品質は高いと判断できる。
- ウ テスト項目消化の累積件数，バグ摘出の累積件数及び未解決バグの件数が変化しなくなった場合は，解決困難なバグに直面しているかどうかを確認する必要がある。
- エ バグ摘出の累積件数の推移とテスト項目の未消化件数の推移から，テスト終了の時期をほぼ正確に予測できる。

解説

ウが適切である。これは図のような状況である。解決困難なバグに直面していると，テスト項目の消化が進まず，新たなバグは発見されず，バグの解決も進まないので，全ての指標が変化しなくなる。テストが順調に進めば，最終的にテスト項目消化累積件数はテスト項目総件数に達し，バグ摘出累積件数は変化しなくなり，未解決バグ件数は減少に転じて0に近づく。

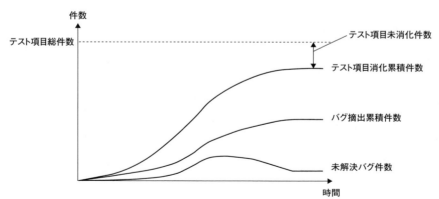

アは適切でない。予想以上にバグが摘出されたのは，テスト以前の工程（要件定義～プログラミング）の品質が不十分であったことが原因の可能性が高い。そのままテストを続行す

るのでなく，前工程に問題がなかったか確認する必要がある。

イは適切でない。バグ摘出の累積件数が増加しないのは，バグが全くないことを意味するので，通常あり得ない。増加のペースが想定より少なければ，テスト項目設計に問題があって，バグを十分摘出できていない可能性が高い。テスト項目に漏れがないか確認する必要がある。

エは適切でない。テスト工程の終盤には，バグ摘出の累積件数の増加ペースが落ちて，テスト項目の未消化件数が0に近づく。しかし，最終盤に解決困難なバグが摘出される可能性もあり，テスト終了の時期を正確に予想できるとは限らない。

《答：ウ》

問 66 流れ図の実行順序

出題年度	R3	R1	H30	H29	H28	H27	H26	H25	H24	H23	H22	H21
問題番号		問11					問10				問11	

次の流れ図において，

① → ② → ③ → ⑤ → ② → ③ → ④ → ② → ⑥

の順に実行させるために，①においてmとnに与えるべき初期値aとbの関係はどれか。ここで，a，bはともに正の整数とする。

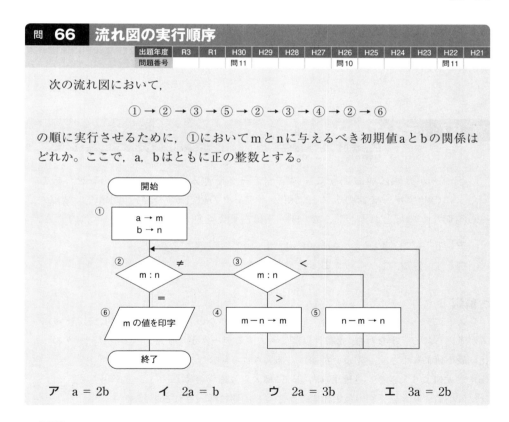

ア　$a = 2b$　　イ　$2a = b$　　ウ　$2a = 3b$　　エ　$3a = 2b$

解説

各選択肢の関係を満たす，適当なaとbの値で考えればよい。

アの例として，(a, b) = (2, 1) とする。①で (m, n) = (2, 1) となり，m > nで②→③→④に進むので，不適切である。

第1部　午前Ⅱ対策

イの例として，(a, b) = (1, 2) とする。①で (m, n) = (1, 2) となり，m < nで②→③→⑤に進む。n − m = 2 − 1 = 1を新たなnとして，(m, n) = (1, 1) となって②に戻り，m = nで⑥に進んで終了するので，不適切である。

ウの例として，(a, b) = (3, 2) とする。①で (m, n) = (3, 2) となり，m > nで②→③→④に進むので，不適切である。

エの例として，(a, b) = (2, 3) とする。①で (m, n) = (2, 3) となり，m < nで②→③→⑤に進む。n − m = 3 − 2 = 1を新たなnとして，(m, n) = (2, 1) となって②に戻り，m > nで③→④に進む。m − n = 2 − 1 = 1を新たなmとして，(m, n) = (1, 1) となって②に戻り，m = nで⑥に進んで終了するので，適切である。

この流れ図は，ユークリッドの互除法によって2数a，bの最大公約数mを求めるものである。aとbの大小を比較して，大きい方から小さい方を引いて差を求める。以後，その差と小さかった方の大小を比較して同じことを繰り返し，両者が等しくなったときの値が最大公約数である。

《答：エ》

問 67　テストの網羅性

出題年度	R3	R1	H30	H29	H28	H27	H26	H25	H24	H23	H22	H21
問題番号		問7							問7			

データが昇順に並ぶようにリストへデータを挿入するサブルーチンを作成した。このサブルーチンのテストに用いるデータの組合せのうち，網羅性の観点から適切なものはどれか。ここで，データは左側から順にサブルーチンへ入力する。

ア 1, 3, 2, 4　　　　**イ** 3, 1, 4, 2

ウ 3, 4, 2, 1　　　　**エ** 4, 3, 2, 1

■ 解説 ■

リストにデータを挿入する場合，同じ値のデータがないとすると，内部的には三つのケースが考えられる。すなわち，2番目以降に入力するデータが，リスト内の既存データの

(a) 最小値より小さく，先頭（左端）に挿入される場合

(b) 最大値より大きく，最後尾（右端）に挿入される場合

(c) 最小値より大きくかつ最大値より小さく，中間に挿入される場合

である。この三つを全てテストできるテストデータを選ぶ。

	ア	イ	ウ	エ
1番目 ↓	❶	❸	❸	❹
2番目 ↓	❶③ ↑右端	❶③ ↑左端	③❹ ↑右端	❸④ ↑左端
3番目 ↓	❶❷③ ↑中間	①❸❹ ↑右端	❷③❹ ↑左端	❷③④ ↑左端
4番目	①❷③❹ ↑右端	①❷③④ ↑中間	❶②③④ ↑左端	❶②③④ ↑左端

ア～エのそれぞれについて，データが挿入される過程をトレースすると，図のようになる（黒丸数字はそのときに挿入されたデータで，矢印が挿入位置）。このうち**イ**が，左端，中間，右端への挿入を全てテストしているので，テストケースとして適切である。

《答：イ》

問 68　ブラックボックステストのテストケース設計

出題年度	R3	R1	H30	H29	H28	H27	H26	H25	H24	H23	H22	H21
問題番号			問9			問8		問8				

　ブラックボックステストにおけるテストケースの設計に関する記述として，適切なものはどれか。

ア　実データからテストデータを無作為に抽出して，テストケースを設計する。

イ　実データのうち使用頻度が高いものを重点的に抽出して，テストケースを設計する。

ウ　プログラムがどのような機能を果たすのかを仕様書で調べて，テストケースを設計する。

エ　プログラムの全ての命令が少なくとも1回は実行されるように，テストケースを設計する。

解説

ウが適切である。**ブラックボックステスト**は，プログラムの内部構造を意識せず，外部仕様に基づいて機能を満たすかどうかテストする方法である。テストケースは，外部仕様書に基づいて，様々なケースについて漏れがないよう網羅して設計する必要がある。

　ア，イは適切でない。形式的にはブラックボックステストであるが，めったに発生しない処理（レアケース）について，テストケースから漏れて，バグを見落とす可能性が高い。

　エは適切でない。これは**ホワイトボックステスト**のテストケース設計手法で，プログラム

第1部　午前Ⅱ対策

の内部構造に沿って，内部の命令が正しく実行されるかどうかテストする。テストケースの設計方法によって幾つかの手法があり，全命令が少なくとも1回は実行されるようにテストする手法は，**命令網羅**（C0カバレッジ）である。

《答：ウ》

問 69　実験計画法

出題年度	R3	R1	H30	H29	H28	H27	H26	H25	H24	H23	H22	H21
問題番号						問10		問10				

学生レコードを処理するプログラムをテストするために，実験計画法を用いてテストケースを決定する。学生レコード中のデータ項目（学生番号，科目コード，得点）は二つの状態をとる。テスト対象のデータ項目から任意に二つのデータ項目を選び，二つのデータ項目がとる状態の全ての組合せが必ず同一回数ずつ存在するように基準を設けた場合に，次の8件のテストケースの候補から，最少で幾つを採択すればよいか。

データ項目 テストケースNo.	学生番号	科目コード	得点
1	存在する	存在する	数字である
2	存在する	存在する	数字でない
3	存在する	存在しない	数字である
4	存在する	存在しない	数字でない
5	存在しない	存在する	数字である
6	存在しない	存在する	数字でない
7	存在しない	存在しない	数字である
8	存在しない	存在しない	数字でない

　ア　2　　　　イ　3　　　　ウ　4　　　　エ　6

■解説■

実験計画法は，システム品質を維持しつつ効率的にテストを実施するための方法論である。テストすべき独立なデータ項目が複数あるとき，その全ての組合せをテストすると，テストケース数は各データ項目がとり得る状態の数の積になる。データ項目の個数や，とり得る状態の数が増えると，テストケース数が急激に増える。本問では，二つの状態をとり得る三つのデータ項目があるので，全ての組合せをテストすると，本来は$2^3=8$とおりのテストデータが必要である。

74

テストケース No.	データ項目 学生番号	科目コード	得点
1	存在する	存在する	数字である
4	存在する	存在しない	数字でない
6	存在しない	存在する	数字でない
7	存在しない	存在しない	数字である

ここで，この4つのテストケースに絞ってみると，二つのデータ項目の組（学生番号，科目コード）だけに着目すれば，（存在する，存在する），（存在する，存在しない），（存在しない，存在する），（存在しない，存在しない）の4つの組合せを網羅していることが分かる。データ項目の組（学生番号，得点），（科目コード，得点）に着目しても，4つの組合せを網羅している。

これを**直交表**といい，データ項目数と状態数に応じたものが多数作られている。データ項目が三つで，とり得る状態が二つのものは，**L4直交表**という。

《答：ウ》

問 70 エラー埋込み法

出題年度	R3	R1	H30	H29	H28	H27	H26	H25	H24	H23	H22	H21
問題番号				問9								

ソフトウェアの潜在エラー数を推定する方法の一つにエラー埋込み法がある。100個のエラーを意図的に埋め込んだプログラムを，そのエラーの存在を知らない検査グループがテストして30個のエラーを発見した。そのうち20個は意図的に埋め込んでおいたものであった。この時点で，このプログラムの**埋込みエラーを除く残存エラー数**は幾つと推定できるか。

ア 40　　　イ 50　　　ウ 70　　　エ 150

解説

エラー埋込み法には，本来のエラーと故意に埋め込んだエラーの発見率は等しいとの前提がある。すなわち，次の関係が成り立つ。

（本来のエラーの総数）：（本来のエラーの発見数）
　　＝　（埋込みエラーの総数）：（埋込みエラーの発見数）

埋込みエラーの総数は100個，埋込みエラーの発見数は20個である。発見したエラーの総数は30個であるから，本来のエラーの発見数は10個である。よって，

（本来のエラーの総数）：10 ＝ 100：20

が成り立ち，本来のエラーの総数は50個となる。本来のエラーのうち未発見の残存エラー

第1部　午前Ⅱ対策

数は，50 − 10 = 40個と推定される。

《答：ア》

1.6.6 ソフトウェア結合・ソフトウェア適格性確認テスト

問 71 リグレッションテストの役割

出題年度	R3	R1	H30	H29	H28	H27	H26	H25	H24	H23	H22	H21
問題番号		問9										

　組込みシステムのソフトウェア開発におけるリグレッションテストの役割として，適切なものはどれか。

ア　実行タイミングや処理性能に対する要件が満たされていることを検証する。

イ　ソフトウェアのユニットに不具合がないことを確認する。

ウ　ハードウェアの入手が困難な場合に，シミュレータを用いて検証する。

エ　プログラムの変更によって，想定外の影響が出ていないかどうかを確認する。

解説

　エが適切である。例えば，システムXの機能Aの改良や修正のため，Xを構成するプログラムの一部であるモジュールMを変更したとする。もし，変更対象外の機能BもモジュールMを用いて処理しているとすれば，変更の影響を受けて機能Bに不具合が生じることがある。そこで，モジュールMを変更したら機能Aだけでなく，機能Bを含む他の機能についても，正常に動作するか確認する必要がある。これは組込みシステムに限らず，業務システムでも同様である。退行テスト，回帰テストともいう。

　アは，システムテストの役割である。

　イは，ユニットテスト（単体テスト）の役割である。

　ウは，シミュレータはテスト手段であり，テスト手法としての名称ではないと考えられる。

《答：エ》

1.6 システム開発技術

1.6.7 システム結合・システム適格性確認テスト

問 72 全数検査

出題年度	R3	R1	H30	H29	H28	H27	H26	H25	H24	H23	H22	H21
問題番号			問10			問9		問9				問9

　製品を出荷前に全数検査することによって，出荷後の故障品数を減少させ，全体の費用を低減したい。次の条件で全数検査を行ったときに低減できる費用は何万円か。ここで，検査時に故障が発見された製品は修理して出荷するものとする。

〔条件〕
(1) 製造する個数：500個
(2) 全数検査を実施しなかった場合の，出荷個数に対する故障品の発生率：3%
(3) 全数検査における，製造個数に対する故障品の発見率：2%
(4) 全数検査を実施した場合の，出荷個数に対する故障品の発生率：1%
(5) 検査費用：1万円／個
(6) 出荷前の故障品の修理費用：50万円／個
(7) 出荷後の故障品の修理費用：200万円／個

ア 1,000　　**イ** 1,500　　**ウ** 2,000　　**エ** 2,250

■ **解説** ■

　問題の条件から，製造個数や修理個数を，全数検査実施の有無で分けてまとめると，次のようになる。

	全数検査なし	全数検査あり
製造する個数	500個	500個
製造した時点で，故障のある製品個数	15個	15個
出荷以前に全数検査で故障を発見し，修理する個数	―	10個
故障が発見されず出荷され，出荷後に修理する個数	15個	5個

　ここから検査や修理にかかる費用を求めると，次のようになる。

	全数検査なし	全数検査あり
検査費用合計（1万円／個）	―	500万円
出荷前の故障修理費用合計（50万円／個）	―	500万円
出荷後の故障修理費用合計（200万円／個）	3,000万円	1,000万円
検査費用・修理費用合計	3,000万円	2,000万円

77

第1部　午前Ⅱ対策

よって，全数検査によって低減できる費用は3,000万円 − 2,000万円 = 1,000万円となる。

《答：ア》

問 73　システム適格性確認テスト

出題年度	R3	R1	H30	H29	H28	H27	H26	H25	H24	H23	H22	H21
問題番号						問11						

　共通フレームにおけるシステム開発プロセスのアクティビティであるシステム適格性確認テストの説明として，最も適切なものはどれか。

ア　システムが運用環境に適合し，利用者の用途を満足しているかどうかを，実運用環境又は擬似運用環境において評価する。

イ　システムが業務運用時に使いやすいかどうかを定期的に評価する。

ウ　システムの投資効果及び業務効果の実績を評価する。

エ　システム要件について実装の適合性をテストし，システムの納入準備ができているかどうかを評価する。

解説

「共通フレーム2013」には次のようにあり，**エ**がシステム適格性確認テストの説明である。

---

2 テクニカルプロセス

2.3 システム開発プロセス

2.3.6 システム適格性確認テストプロセス

目的　システム適格性確認テストプロセスは，各システム要件について，実装の適合性がテストされ，システムの納入準備ができていることを確実にすることを目的とする。

出典：『共通フレーム2013 ～経営者，業務部門とともに取組む「使える」システムの実現』（独立行政法人情報処理推進機構編著，独立行政法人情報処理推進機構，2013）

　その他はいずれも，3「運用・サービスプロセス」の3.1「運用プロセス」に含まれ，**ア**は3.1.2「運用テスト及びサービスの提供開始」，**イ**は3.1.8「業務運用の評価」，**ウ**は3.1.9「投資効果及び業務効果の評価」のアクティビティの説明である。

《答：エ》

78

1.6　システム開発技術

問 74　探索的テスト技法

出題年度	R3	R1	H30	H29	H28	H27	H26	H25	H24	H23	H22	H21
問題番号				問11								

探索的テスト技法の説明はどれか。

ア　起こり得る全ての条件と，それに対して実行すべき動作とを組み合わせた表に基づいてテストする技法

イ　経験に基づいて，起こりがちなエラーを推測してテストケースを決定する技法

ウ　経験や推測から重要と思われる領域に焦点を当ててテストし，その結果を基にした新たなテストケースを作成して，テストを繰り返す技法

エ　システムの取り得る状態と，状態を遷移させる事象又は条件を示した図に基づいてテストする技法

■解説■

ウが，**探索的テスト技法**の説明である。これは経験ベーステスト技法の一種で，テスト実施時にテスト内容を決めながらテストを進める。エラーの可能性が低い箇所は簡単にテストを済ませ，不具合のありそうな箇所を重点的にテストするなど，メリハリを付けた対応ができる。そのためには，テスト担当者に十分な経験や知識が必要となる。

ウォータフォールモデルなどに基づく旧来のテスト技法では，仕様書どおりに動くかどうかという観点で，テスト項目書を事前に作成した上で，テストを網羅的に行う。この技法では，仕様書に明記されていないケースや，例外的なケースのテスト項目が漏れることがある。逆に，不具合のなさそうな箇所も丁寧にテストするので，無駄が生じることがある。

アは，決定表（デシジョンテーブル）によるテスト技法の説明である。

イは，エラー推測テスト技法の説明で，経験ベーステスト技法の一種である。

エは，状態遷移図又は状態遷移表によるテスト技法の説明である。

《答：ウ》

79

第1部 午前Ⅱ対策

問 75 人工知能に関するテスト手法

出題年度	R3	R1	H30	H29	H28	H27	H26	H25	H24	H23	H22	H21
問題番号		問12										

　ある通信販売事業者は，人工知能技術を利用して人間のように受け答えする，Webのチャットをインタフェースとしたユーザサポートシステムを開発している。テスト工程では，次の方法でテストする手法を採用した。このような，人工知能に関するテスト手法を何というか。

〔テストの方法〕
・判定者は，このシステムと人間の二者を相手に自然言語によるチャットを行う。このとき，判定者はどちらがこのシステムで，どちらが人間なのかは知らされていない。
・判定者が一連のチャットを行った後に，チャットの相手のどちらがこのシステムで，どちらが人間かを判別できるかどうかを確認する。

　ア　実験計画法　　　イ　チューリングテスト
　ウ　ファジング　　　エ　ロードテスト

■解説■

　これは，**イ**の**チューリングテスト**である。提唱者である英国の数学者アラン・チューリングにちなむ。判定者が人間及びシステムを相手にやり取りを行って，システムの方を人間であると判定したら，システムが人間並みの振舞いができたと判断する。

　アの**実験計画法**は，テストすべき独立した条件が複数あるとき，条件の全ての組合せをテストすることなく，テストケースの網羅性を確保しながら，効率的にテストする方法論である。

　ウの**ファジング**は，検査対象のシステムに問題を引き起こしそうな様々なデータを大量に送り込み，その応答や挙動を監視することで脆弱性を検出する手法である。

　エの**ロードテスト**は，コンポーネントやシステムの振舞いを測定する性能テストの一種である。負荷（例えば，同時実行ユーザ数やトランザクションの数）を増加させ，コンポーネントやシステムがどの程度の負荷に耐えられるか判定する。

《答：イ》

1.6.8 受入れ支援

問 76 カークパトリックモデルの4段階評価

出題年度	R3	R1	H30	H29	H28	H27	H26	H25	H24	H23	H22	H21
問題番号						問12						

新システムの受入れ支援において，利用者への教育訓練に対する教育効果の測定を，カークパトリックモデルの4段階評価を用いて行う。レベル1（Reaction），レベル2（Learning），レベル3（Behavior），レベル4（Results）の各段階にそれぞれ対応したa～dの活動のうち，レベル2のものはどれか。

a 受講者にアンケートを実施し，教育訓練プログラムの改善に活用する。

b 受講者に行動計画を作成させ，後日，新システムの活用状況を確認する。

c 受講者の行動による組織業績の変化を分析し，ROIなどを算出する。

d 理解度確認テストを実施し，テスト結果を受講者にフィードバックする。

ア a **イ** b **ウ** c **エ** d

解説

カークパトリックモデルの4段階評価は，経営学者カークパトリックが提唱した教育評価の測定手法である。

aがレベル1（Reaction，反応），dがレベル2（Learning，学習），bがレベル3（Behavior，行動），cがレベル4（Results，業績）の活動である。レベル1，2のアンケートや理解度確認テストは，教育訓練プログラムの実施中や終了直後に容易に実施できる。レベル3，4は中長期の活動で，継続的な取組みが必要であり，教育訓練プログラム以外の影響も受けるため評価が難しい面がある。

《答：エ》

第1部　午前Ⅱ対策

1.6.9 保守・廃棄

問 77　全国に分散しているシステムの保守

出題年度	R3	R1	H30	H29	H28	H27	H26	H25	H24	H23	H22	H21
問題番号					問12			問12				

　全国に分散しているシステムの保守に関する記述のうち，適切なものはどれか。

ア　故障発生時に遠隔保守を実施することによって駆付け時間が不要になり，MTBFは長くなる。

イ　故障発生時に行う是正保守によって，MTBFは長くなる。

ウ　保守センタを1か所集中から分散配置に変えて駆付け時間を短縮することによって，MTTRは短くなる。

エ　予防保守を実施することによって，MTTRは短くなる。

■解説■

　ウが適切である。保守センタを各地に配置すれば，保守センタから現場に駆け付ける時間を短縮できるので，MTTR（平均修復時間，平均修理時間）は短くなる。なお，**MTTR**は，故障発生から修理完了までの平均時間である。作業員が現場で修理作業に当たった時間だけでなく，作業に着手するまでに要した準備時間や移動時間も含む。

　アは適切でない。故障が発生してから保守を実施しても，**MTBF**（平均故障間動作時間，平均故障間隔）は変わらない。遠隔保守を実施すると，保守センタから現場に駆け付ける時間が不要となるので，MTTRは短くなる。

　イは適切でない。既に故障が発生しているので，機器を修理しても，MTBFは変わらない。

　エは適切でない。予防保守（機器の定期点検，老朽化した機器の予防交換など）を実施すれば，故障の未然防止につながるため，MTBFが短くなる。それでも故障が発生すれば，修理が必要となり，MTTRは変わらない。

《答：ウ》

82

1.6 システム開発技術

問 78 FMEA

出題年度	R3	R1	H30	H29	H28	H27	H26	H25	H24	H23	H22	H21
問題番号				問12								

故障の予防を目的とした解析手法であるFMEAの説明はどれか。

ア 個々のシステム構成要素に起こり得る潜在的な故障モードを特定し，それらの影響度を評価する。

イ 故障を，発生した工程や箇所などで分類し，改善すべき工程や箇所を特定する。

ウ 発生した故障について，故障の原因に関係するデータ，事象などを収集し，"なぜ"を繰り返して原因を掘り下げ，根本的な原因を追究する。

エ 発生した故障について，その引き金となる原因を列挙し，それらの関係を木構造で表現する。

解説

アが，**FMEA**（Failure Mode and Effects Analysis）の説明である。JIS C 5750-4-3:2011には，次のようにある。

---

4 概要

4.1 はじめに

　FMEAは，システムの性能（直接の組立品及び全体のシステム又はあるプロセスの性能）に関する潜在的故障モード並びにそれらの原因及び影響を明確にすることを目的とした，システムの解析のための系統的な手順である。ここでいうシステムとは，ハードウェア若しくはソフトウェア（それらの相互作用を含む。）又はプロセスを表すものとして使用する。システムの解析は，故障モードの除去又は軽減が最もコスト有効度の高いものになるように開発サイクルの中でなるべく早期に実施する。この解析は，システムを構成要素の性能を定義付ける機能ブロック図として表せば，すぐに開始できる。

（以下略）

出典：JIS C 5750-4-3:2011（ディペンダビリティマネジメント―第4-3部：システム信頼性のための解析技法―故障モード・影響解析（FMEA）の手順）

　イは，特定の手法の説明ではないと考えられる。なお，分類結果を件数の多い順に並べて，重点的に対応すべきものを分析するなら，**パレート分析**の説明である。

　ウは，**なぜなぜ分析**の説明である。

　エは，**FTA**（Fault Tree Analysis）の説明である。

《答：ア》

第1部　午前Ⅱ対策

1.7 ソフトウェア開発管理技術

■年度別出題数

年度	R3	R1	H30	H29	H28	H27	H26	H25	H24	H23	H22	H21
出題数	1	1	1	1	1	1	1	1	1	1	1	1

■出題傾向（平成21年度以降）

小分類	出題数	出題傾向・出題実績のある用語等
開発プロセス・手法	10	開発モデル，ユースケース駆動開発，スクラム，KPT手法，ドメインエンジニアリング，マッシュアップ
知的財産適用管理	1	特許権。平成21年度の出題のみ。なお，中分類「システム企画」でも特許権の出題がある
構成管理・変更管理	1	構成管理ツール。平成22年度の出題のみ

問 79 ユースケース駆動開発

出題年度	R3	R1	H30	H29	H28	H27	H26	H25	H24	H23	H22	H21
問題番号					問13		問13					

ユースケース駆動開発の利点はどれか。

ア 開発を反復するので，新しい要求やビジネス目標の変化に柔軟に対応しやすい。

イ 開発を反復するので，リスクが高い部分に対して初期段階で対処しやすく，プロジェクト全体のリスクを減らすことができる。

ウ 基本となるアーキテクチャをプロジェクトの初期に決定するので，コンポーネントを再利用しやすくなる。

エ ひとまとまりの要件を1単位として設計からテストまでを実施するので，要件ごとに開発状況が把握できる。

■解説■

　エがユースケース駆動開発の利点である。ユースケースとは，システムを外部から見たとき，そこに含まれる個々の機能要件である。**ユースケース駆動開発**ではユースケース単位で設計からテストを行うため，プロジェクト管理がしやすくなり，ユースケースごとに進捗状況を把握できるなどの利点がある。

84

1.7 ソフトウェア開発管理技術

アは**アジャイル開発**，イは**スパイラルモデル**，ウは**アーキテクチャ中心設計**の利点である。

《答：エ》

問 80　スクラムでプロセス改善を促進するアクティビティ

出題年度	R3	R1	H30	H29	H28	H27	H26	H25	H24	H23	H22	H21
問題番号			問13									

　スクラムを適用したアジャイル開発において，スクラムチームで何がうまくいき，何がうまくいかなかったのかを議論し，継続的なプロセス改善を促進するアクティビティはどれか。

ア　スプリントプランニング　　**イ**　スプリントレトロスペクティブ
ウ　スプリントレビュー　　　　**エ**　デイリースクラム

解説

スクラムは，少人数のチームで，スプリント（イテレーション）と呼ばれる1か月以下に設定したサイクルで，開発対象の決定，設計，テスト，稼働を繰り返して，システム全体の開発を進める手法である。

これは，**イのスプリントレトロスペクティブ**である。スプリントで実施したことを，スクラムチーム内で振り返り，開発プロセスやコミュニケーションの活動の改善案を考えて実施する。

アのスプリントプランニングは，スクラムチームによるスプリントにおける作業計画の作成である。

ウのスプリントレビューは，スプリントの終わりに，スクラムチームから関係者に対して成果物を説明する場である。次のスプリントで何をするべきかフィードバックを得るために行う。

エのデイリースクラムは，スクラムチーム内で現在の状況を共有するため，毎日時間を決めて行う短いミーティングである。日次ミーティング，スタンドアップミーティング（立ったまま短時間で行うのが望ましいことから）ともいう。

《答：イ》

第1部　午前Ⅱ対策

問 81　KPT手法

出題年度	R3	R1	H30	H29	H28	H27	H26	H25	H24	H23	H22	H21
問題番号		問13										

　アジャイル開発手法の一つであるスクラムを適用したソフトウェア開発プロジェクトにおいて，KPT手法を用いてレトロスペクティブを行った。KPTにおける三つの視点の組みはどれか。

ア　Kaizen，Persona，Try　　　　**イ**　Keep，Problem，Try
ウ　Knowledge，Persona，Test　　**エ**　Knowledge，Practice，Team

解説

　KPT手法は，**イ**のKeep，Problem，Tryの三つの視点で振り返りを行う方法である。これはシステム開発に限らず，様々な場面で用いることができる。

- Keep…良かったこと，維持すること，引き続き取り組むこと
- Problem…悪かったこと，課題，問題点
- Try…試すこと，Keepに対する改善案，Problemに対する解決案

　スクラムは，少人数のチームで，スプリント（イテレーション）と呼ばれる1か月以下に設定したサイクルで，開発対象の決定，設計，テスト，稼働を繰り返して，システム全体の開発を進める手法である。レトロスペクティブは，スプリントで実施したことを，スクラムチーム内で振り返り，開発プロセスやコミュニケーションの改善案を考えて実施する活動である。

《答：イ》

1.7 ソフトウェア開発管理技術

問 82 ソフトウェア開発の効率向上

出題年度	R3	R1	H30	H29	H28	H27	H26	H25	H24	H23	H22	H21
問題番号				問13		問13		問13				

　銀行の勘定系システムなどのような特定の分野のシステムに対して，業務知識，再利用部品，ツールなどを体系的に整備し，再利用を促進することによって，ソフトウェア開発の効率向上を図る活動や手法はどれか。

　　ア　コンカレントエンジニアリング　　　　**イ**　ドメインエンジニアリング
　　ウ　フォワードエンジニアリング　　　　　**エ**　リバースエンジニアリング

解説

　これは**イ**の**ドメインエンジニアリング**である。同業種の企業には似た業務があるので，業務システムにも共通点が多くなるはずである。そこでドメイン（業務の分野や領域）を対象に，知識を蓄積するとともに，ソフトウェアの再利用を図ることにより，ソフトウェア開発効率を高める手法である。

　アの**コンカレントエンジニアリング**は，設計，開発，生産などの工程をできるだけ並行して進めることである。

　ウの**フォワードエンジニアリング**は，リバースエンジニアリングで得た既存ソフトウェアの仕様を生かして，新たなソフトウェアを開発することである。

　エの**リバースエンジニアリング**は，既存ソフトウェアのオブジェクトコードやソースプログラムを解析して，仕様やアルゴリズムを調べ，必要ならドキュメント化することである。

《答：イ》

第1部　午前Ⅱ対策

1.8 ・ システム戦略

■年度別出題数

年度	R3	R1	H30	H29	H28	H27	H26	H25	H24	H23	H22	H21
出題数	1	1	2	2	1	1	2	1	2	2	1	3

■出題傾向（平成21年度以降）

小分類	出題数	出題傾向・出題実績のある用語等
情報システム戦略	13	目標復旧時間，IT投資評価，NRE，業務モデル作成，BRM（Business Reference Model），機能情報関連図，エンタープライズアーキテクチャ，プログラムマネジメント，品質機能展開
業務プロセス	2	ソフトシステムズ方法論，UML。平成25年度以降の出題なし
ソリューションビジネス	1	カスタマーエクスペリエンス。令和3年度の出題のみ
システム活用促進・評価	3	Business Intelligence，データサイエンス力，ディープラーニング

問 83　目標復旧時間

出題年度	R3	R1	H30	H29	H28	H27	H26	H25	H24	H23	H22	H21
問題番号						問17				問17		

BCP策定に際して，目標復旧時間となるものはどれか。

ア　災害時に代替手段で運用していた業務が，完全に元の状態に戻るまでの時間

イ　災害による業務の停止が深刻な被害とならないために許容される時間

ウ　障害発生後のシステムの縮退運用を継続することが許容される時間

エ　対策本部の立上げや判定会議の時間を除く，待機系への切替えに要する時間

■ 解説 ■

イが**目標復旧時間**となる。**BCP**（**事業継続計画**：Business Continuity Plan）は「事業の中断・阻害に対応し，かつ，組織の事業継続目的と整合した，製品及びサービスの提供を再開し，復旧し，回復するように組織を導く文書化した情報」，目標復旧時間（RTO：Recovery Time Objective）は，「中断・阻害された事業活動を規定された最低限の許容できる規模で再開するまでの優先すべき時間枠」（JIS Q 22301:2020（事業継続マネジメントシステム要求

88

1.8　システム戦略

事項)) である。

　ア，ウ，エに当てはまる用語は，特にないと考えられる。

《答：イ》

問 84　IT投資評価のKPI

出題年度	R3	R1	H30	H29	H28	H27	H26	H25	H24	H23	H22	H21
問題番号				問14								

　IT投資を，投資目的によって表のように分類した。IT投資評価のKPIのうち，戦略的投資に対するKPIの例はどれか。

分類	投資目的
業務効率投資	業務の効率向上，業務の生産性向上など
情報活用投資	ナレッジの共有，管理精度の向上など
戦略的投資	競争優位の確立，ビジネスの創出など
IT基盤投資	ITコスト削減，システム性能向上など

　ア　システムの障害件数　　　　イ　新製品投入後の市場シェア
　ウ　提案事例の登録件数　　　　エ　連結決算処理の所要日数

解説

　KPI（Key Performance Indicator：重要業績評価指標）は，業務プロセスの達成度を評価する指標のうち，特に重要なものをいう。これに対し，KGI（Key Goal Indicator：重要目標達成指標）は，事業の達成度を評価する指標のうち，特に重要なものをいう。

　イが，戦略的投資に対するKPIの例である。新製品投入後の市場シェアが大きいほど，競争優位の確立のために実施した投資の評価が高いと言える。

　アは，IT基盤投資に対するKPIの例である。システムの障害件数の減少幅が大きいほど，システム性能向上のために実施した投資の評価が高いと言える。

　ウは，情報活用投資に対するKPIの例である。提案事例が多く登録されるほど，ナレッジ（知識）の共有のために実施した投資の評価が高いと言える。

　エは，業務効率投資に対するKPIの例である。連結決算処理の所要日数が短縮できれば，業務の効率向上のために実施した投資の評価が高いと言える。

《答：イ》

第1部　午前Ⅱ対策

問 **85**	**NRE（Non-Recurring Expense）**													
出題年度	R3	R1	H30	H29	H28	H27	H26	H25	H24	H23	H22	H21
問題番号			問16									

NRE（Non-Recurring Expense）の例として，適切なものはどれか。

ア　機器やシステムの保守及び管理に必要な費用

イ　デバイスの設計，試作及び量産の準備に掛かる経費の総計

ウ　物理的な損害や精神的な損害を受けたときに発生する，当事者間での金銭のやり取り

エ　ライセンス契約に基づき，特許使用の対価として支払う代金

■ **解説** ■

　イが**NRE**の例である。Recurは「再発する」，「繰り返す」などの意味である。NREで「繰り返さない費用」という意味になり，特に工業製品の量産開始までの開発費を指す。デバイスの設計，試作，量産の準備に掛かる費用は，最初に一度だけ発生するのでNREである。量産開始後に繰り返し発生する製造費用と対比して用いられることが多い。

　アは，機器やシステムを使い続ける限り，継続的に発生する費用なので，NREではない。

　ウは，一時的な支出であるが，工業的な費用でないので，NREではない。

　エは，製品の量産開始時やその後に必要となる費用であり，NREではない。

《答：イ》

90

1.8 システム戦略

問 **86**	バランススコアカードを用いたIT投資評価手法												
出題年度		R3	R1	H30	H29	H28	H27	H26	H25	H24	H23	H22	H21
問題番号				問17									

IT投資の評価手法のうち，バランススコアカードを用いた手法を説明したものはどれか。

ア IT投資の効果をキャッシュフローから求めた正味現在価値を用いて評価することによって，他の投資案件との比較を容易にする。

イ IT投資をその性質やリスクの共通性によってカテゴリに分類し，カテゴリ単位での投資割合を評価することによって，経営戦略とIT投資の整合性を確保する。

ウ 財務，顧客，内部業務プロセスなど複数の視点ごとにIT投資の業績評価指標を設定し，経営戦略との適合性を評価することで，IT投資効果を多面的に評価する。

エ 初期投資に対する価値に加えて，将来において選択可能な収益やリスクの期待値を，金融市場で使われるオプション価格付け理論に基づいて評価する。

解説

ウが，バランススコアカードを用いた評価手法である。**バランススコアカード**は，財務に限らない四つの視点で企業業績を評価するフレームワークである。IT投資に適用すると，次のように多面的に投資効果を評価できる。

- 財務の視点…収益増加やコスト削減への貢献度
- 顧客の視点…新規顧客獲得や顧客満足度向上への貢献度
- 内部業務プロセスの視点…製品の品質向上や業務効率化への貢献度
- 学習と成長の視点…従業員の能力や士気向上への貢献度

アは，**ディスカウントキャッシュフロー**（DCF）を用いた評価手法である。

イは，**IT投資ポートフォリオ**を用いた評価手法である。

エは，**リアルオプション**を用いた評価手法である。

《答：ウ》

91

第1部　午前Ⅱ対策

問 87　機能情報関連図

出題年度	R3	R1	H30	H29	H28	H27	H26	H25	H24	H23	H22	H21
問題番号					問17		問17			問16		

エンタープライズアーキテクチャ（EA）における，ビジネスアーキテクチャ
の成果物である機能情報関連図（DFD）を説明したものはどれか。

ア　業務・システムの処理過程において，情報システム間でやり取りされる情
報の種類及び方向を図式化したものである。

イ　業務を構成する各種機能を，階層化した3行3列の格子様式に分類して整
理し，業務・システムの対象範囲を明確化したものである。

ウ　最適化計画に基づき決定された業務対象領域の全情報（伝票，帳票，文書
など）を整理し，各情報間の関連及び構造を明確化したものである。

エ　対象の業務機能に対して，情報の発生源と到達点，処理，保管，それらの
間を流れる情報を，統一記述規則に基づいて表現したものである。

■解説■

エンタープライズアーキテクチャ（EA）は，「社会環境や情報技術の変化に素早く対応で
きるよう『全体最適』の観点から業務やシステムを改善する仕組みであり，組織全体として
業務プロセスや情報システムの構造，利用する技術などを，整理・体系化したもの」（経済産
業省）である。

EAの代表的なフレームワークが，1999年にアメリカ連邦政府が導入した**FEAF**（Federal
Enterprise Architecture Framework）で，次の4階層の体系（アーキテクチャ）から成る。

- 政策・業務体系（ビジネスアーキテクチャ）…業務の企画立案，処理過程，情報及び情
  報の流れを示すモデル
- データ体系（データアーキテクチャ）…情報処理に必要となるデータ及びデータ間の関
  係を示すモデル
- 適用処理体系（アプリケーションアーキテクチャ）…業務・システムの構成について，
  情報システムの面から示すモデル
- 技術体系（テクノロジアーキテクチャ）…技術基盤（ハードウェア，ソフトウェアなど）
  及びセキュリティ基盤の構成を示すモデル

エが**機能情報関連図**（データフロー図，DFD）の説明である。対象業務の処理過程と情
報の流れを明確化するもので，政策・業務体系策定の成果物として，機能構成図を基に作成
される。

アは**情報システム関連図**の説明である。適用処理体系策定の成果物として作成される。

イは**機能構成図**の説明である。最初にユーザ側の業務を分析するのに用いられ，機能情報関連図を作成するための資料となる。

ウは**情報体系整理図**（UMLクラス図）の説明である。政策・業務体系で行われた機能の論理化の成果を踏まえて，データ体系策定の最初の成果物として，情報の抽象化を行う。

《答：エ》

問 88　データサイエンス力

出題年度	R3	R1	H30	H29	H28	H27	H26	H25	H24	H23	H22	H21
問題番号				問17								

ビッグデータを有効活用し，事業価値を生み出す役割を担う専門人材であるデータサイエンティストに求められるスキルセットを表の三つの領域と定義した。データサイエンス力に該当する具体的なスキルはどれか。

データサイエンティストに求められるスキルセット

ビジネス力	課題の背景を理解した上で，ビジネス課題を整理・分析し，解決する力
データサイエンス力	人工知能や統計学などの情報科学に関する知識を用いて，予測，検定，関係性の把握及びデータ加工・可視化する力
データエンジニアリング力	データ分析によって作成したモデルを使えるように，分析システムを実装，運用する力

- **ア** 扱うデータの規模や機密性を理解した上で，分析システムをオンプレミスで構築するか，クラウドコンピューティングを利用して構築するか判断し設計できる。
- **イ** 事業モデルやバリューチェーンなどの特徴や事業の主たる課題を自力で構造的に理解でき，問題の大枠を整理できる。
- **ウ** 分散処理のフレームワークを用いて，計算処理を複数サーバに分散させる並列処理システムを設計できる。
- **エ** 分析要件に応じ，決定木分析，ニューラルネットワークなどのモデリング手法の選択，モデルへのパラメタの設定，分析結果の評価ができる。

解説

エが，データサイエンス力に該当するスキルである。決定木分析やニューラルネットワークは人工知能の知識であり，モデルへのパラメタ設定や分析結果の評価は，データ加工・可視化する力である。

ア，ウは，データエンジニアリング力に該当するスキルである。オンプレミスとクラウドコンピューティングのどちらで構築するか判断し設計することや，並列処理システムを設計

第1部　午前Ⅱ対策

することは，分析システムを実装する力である。

イは，ビジネス力に該当するスキルである。課題を自力で理解し，問題の大枠を整理することは，ビジネス課題を整理・分析する力である。

《答：エ》

問 **89**	ディープラーニング												
出題年度		R3	R1	H30	H29	H28	H27	H26	H25	H24	H23	H22	H21
問題番号			問17										

ディープラーニングに該当するものはどれか。

ア　従来の集合教育に，eラーニングや動画配信などのICT技術を活用した教育を組み合わせて，より深い理解を狙う。

イ　深層心理学の理論をコンピュータ上のプログラムに実装して，人の行動特性分析や性格診断を行う。

ウ　多次元データベースにおけるデータ分析の過程で，集計結果を下位レベルに掘り下げてデータ内容を確認し，更に精緻な分析を行う。

エ　多層構造のニューラルネットワークにおいて，大量のデータを入力することによって，各層での学習を繰り返し，推論や判断を実現する。

解説

エが**ディープラーニング**（深層学習）に該当する。**ニューラルネットワーク**（NN）を基盤として，複数の中間層を持つディープニューラルネットワークを利用する。ニューラルネットワークは，脳内で神経細胞（ニューロン）が様々な信号を受け渡しながら情報伝達や学習を行う仕組みを，コンピュータ上でモデル化する人工知能の概念である。

アは，ICT教育に該当する。

イは，Webでの適性検査等であるが，特に決まった用語はないと考えられる。

ウは，ドリルダウンに該当する。

《答：エ》

1.9 システム企画

1.9 ・ システム企画

■年度別出題数

年度	R3	R1	H30	H29	H28	H27	H26	H25	H24	H23	H22	H21
出題数	3	3	2	2	3	3	3	3	2	4	3	7

■出題傾向（平成 21 年度以降）

小分類	出題数	出題傾向・出題実績のある用語等
システム化計画	14	システム管理基準，企画プロセス，ビジネスモデルキャンバス，システム化計画，データモデル，PBP法，正味現在価値（NPV）法。平成28年度以降は，1問のみ出題
要件定義	12	BABOK，CRUD分析，プライバシバイデザイン，要件定義プロセス，機能要件，非機能要件，UML（ユースケース図，アクティビティ図等）
調達計画・実施	12	アウトソーシング，WTO政府調達協定，グリーン購入法，情報システム・モデル取引・契約書，ランニングロイヤリティ，グラントバック，実費償還型契約。平成27年度以降，出題が増加

問 90　システム化計画承認後の実施作業

出題年度	R3	R1	H30	H29	H28	H27	H26	H25	H24	H23	H22	H21
問題番号						問15						問12

　共通フレームによれば，システム化計画が承認された後に実施する作業はどれか。

　　ア　現行システムの内容，流れの調査及び課題の分析，抽出
　　イ　システム稼働時期の設定と全体開発スケジュールの作成
　　ウ　システム化の対象となる利害関係者の要件の抽出
　　エ　システム実現のための費用と実現時の効果の予測

■解説■

『共通フレーム2013』から選択肢に関連する箇所を引用すると，以下のとおりである。

95

第1部　午前Ⅱ対策

---

2 テクニカルプロセス

2.1 企画プロセス

2.1.1 システム化構想の立案プロセス

2.1.1.2 システム化構想の立案

2.1.1.2.3 現行業務，システムの調査分析

　　企画者は，現行業務に関する組織，技術などについての情報や資料を収集し，業務の内容，流れを調査し，業務上の課題を分析，抽出する。同時に業界における業務面，管理面の評価を行う。また，現行システムが存在する場合，その資産，実現方法等を調査し，要件定義を行う際の参考とする。

2.1.2 システム化計画の立案プロセス

2.1.2.2 システム化計画の立案

2.1.2.2.12 全体開発スケジュールの作成

　　企画者は，対象となったシステム全体の開発スケジュールの大枠を作成する。（後略）

2.1.2.2.14 費用とシステム投資効果の予測

　　企画者は，システム実現時の定量的，定性的効果予測を行う。また，開発，運用，保守に関する期間，体制，工数の大枠を予測し，システム実現のための費用を見積る。費用と効果を対比させ，システムへの投資効果と時期などを明確にする。

2.1.2.3 システム化計画の承認

2.2 要件定義プロセス

2.2.3 要件の識別

2.2.3.1 要件の抽出

　要件定義者は，利害関係者の要件を引出す。

出典：『共通フレーム2013 〜経営者，業務部門とともに取組む「使える」システムの実現』（独立行政法人情報処理推進機構編著，独立行政法人情報処理推進機構，2013)

　ウが，要件定義プロセスで実施する作業で，システム化計画の承認より後に実施する。

　アはシステム化構想の立案，**イ**，**エ**はシステム化計画の立案で実施する作業で，いずれもシステム化計画の承認より前に実施する。

《答：ウ》

1.9 システム企画

問 91　PBPによる投資効果評価

出題年度	R3	R1	H30	H29	H28	H27	H26	H25	H24	H23	H22	H21
問題番号									問14			

　IT投資案件において，投資効果をPBP（Pay Back Period）で評価する。投資額が500のとき，期待できるキャッシュインの四つのシナリオa～dのうち，最も投資効率が良いものはどれか。

a

年目	1	2	3	4	5
キャッシュイン	100	150	200	250	300

b

年目	1	2	3	4	5
キャッシュイン	100	200	300	200	100

c

年目	1	2	3	4	5
キャッシュイン	200	150	100	150	200

d

年目	1	2	3	4	5
キャッシュイン	300	200	100	50	50

ア a　　**イ** b　　**ウ** c　　**エ** d

解説

　PBP法（回収期間法）は，投資額の回収に要する（キャッシュフロー累計額が0以上になる）期間の長短によって投資効率を評価する手法である。キャッシュフローは，一定期間（一般には一会計年度）におけるキャッシュ（現金及び，預金等の現金同等物）の増減額である。

　投資額が500なので，0年目のキャッシュフローを−500として，1年ごとのキャッシュフロー累計額は次のようになる。最も投資効率が良いのは，投資額を2年目で回収できる**シナリオd**である。

シナリオ ＼ 年目	0	1	2	3	4	5
a	−500	−400	−250	−50	200	500
b	−500	−400	−200	100	300	400
c	−500	−300	−150	−50	100	300
d	−500	−200	0	100	150	200

《答：エ》

第1部　午前Ⅱ対策

問 92　正味現在価値法での投資効果評価

出題年度	R3	R1	H30	H29	H28	H27	H26	H25	H24	H23	H22	H21
問題番号							問14			問12		

　投資効果を現在価値法で評価するとき，最も投資効果の大きい（又は損失の小さい）シナリオはどれか。ここで，期間は3年間，割引率は5%とし，各シナリオのキャッシュフローは表のとおりとする。

単位　万円

シナリオ	投資額	回収額		
		1年目	2年目	3年目
A	220	40	80	120
B	220	120	80	40
C	220	80	80	80
投資をしない	0	0	0	0

ア A　　　**イ** B　　　**ウ** C　　　**エ** 投資をしない

■ 解説 ■

　貨幣価値は，物価や利子率の変動（インフレ・デフレ），資金の運用により，年月とともに変化する。割引は，発生時期の異なる金額の価値を比較するため，過去や未来の貨幣価値を現在の価値に換算することである。

　割引率は，毎年一定の割合で貨幣価値が下がるとして，1年当たりの減少率として設定する値である。割引率5%なら，現在の10,000円と1年後の10,500円の価値が等しいと考える。逆に，1年後の10,000円の現在価値は $10,000 \div 1.05 \fallingdotseq 9,524$ 円である。2年後の10,000円の現在価値は $10,000 \div 1.05^2 \fallingdotseq 9,070$ 円，3年後の10,000円の現在価値は $10,000 \div 1.05^3 \fallingdotseq 8,638$ 円となる。

　正味現在価値（NPV：Net Present Value）は，年ごとのキャッシュフローの現在価値を求めて，合計したものである。各シナリオのNPVは，次のようになる。

- シナリオA：$-220 \times 10,000 + 40 \times 9,524 + 80 \times 9,070 + 120 \times 8,638 = -56,880$ 円
- シナリオB：$-220 \times 10,000 + 120 \times 9,524 + 80 \times 9,070 + 40 \times 8,638 = 14,000$ 円
- シナリオC：$-220 \times 10,000 + 80 \times 9,524 + 80 \times 9,070 + 80 \times 8,638 = -21,440$ 円
- 投資をしない：0円

よって，**シナリオB**が，最も投資効果が大きい。

《答：イ》

1.9 システム企画

第1部
第1章
午前II演習

問 93　BABOKのソリューション要求

出題年度	R3	R1	H30	H29	H28	H27	H26	H25	H24	H23	H22	H21
問題番号						問14		問14				

　BABOKでは，要求をビジネス要求，ステークホルダ要求，ソリューション要求及び移行要求の4種類に分類している。ソリューション要求の説明はどれか。

ア　経営戦略や情報化戦略などから求められる要求であり，エンタープライズアナリシスの活動で定義している。

イ　新システムへのデータ変換や要員教育などに関する要求であり，ソリューションのアセスメントと妥当性確認の活動で定義している。

ウ　組織・業務・システムが実現すべき機能要求と非機能要求であり，要求アナリシスの活動で定義している。

エ　利用部門や運用部門などから個別に発せられるニーズであり，要求アナリシスの活動で定義している。

解説

　BABOK（ビジネスアナリシス知識体系：Business Analysis Body Of Knowledge）は，ビジネスアナリシスのプラクティスを集めたグローバルスタンダードで，IIBA（International Institute of Business Analysis）が作成している。要求の分類スキームは，次のとおりである。

ビジネス要求

　　企業の目的および目標またはニーズを概要レベルで表現した要求。プロジェクトを開始した理由，プロジェクトが達成しようとする目標，成功度を測定するメトリクスなどを記述する。ビジネス要求が扱うのは，個々のグループやステークホルダではなく，全体としての組織のニーズである。ビジネス要求はエンタープライズアナリシスを通して作成し，定義する。

ステークホルダ要求

　　特定のステークホルダや特定のステークホルダのクラスのニーズについて表現した要求。そのステークホルダにどんなニーズがあり，ソリューションとどのようにかかわるかを記述する。ステークホルダ要求には，ビジネス要求とさまざまなクラスのソリューション要求との間をつなぐ架け橋としての役目もある。ステークホルダ要求は，要求アナリシスを通して作成し，定義する。

ソリューション要求

　　ビジネス要求とステークホルダ要求に適合するソリューションの特徴について記述した要求。要求アナリシスを通して作成し，定義する。サブカテゴリに分かれる

99

第1部　午前Ⅱ対策

ことも多く，特に要求がソフトウェアソリューションを記述する場合には，ほとんどが次に示すサブカテゴリ（機能要求と非機能要求）に分かれる。

移行要求

　現在の状態から，企業の望む未来の状態への移行を円滑に進めるために，ソリューション要求が備えておくべき能力を記述した要求。この能力は，移行の完了後に不要となる。移行要求が他の要求と異なるのは，そもそも一時的な存在であることと，既存のソリューションと新しいソリューションの両方が定義されるまで作成できないことである。移行要求には通常，既存システムからのデータ変換，新システムの移行までに訓練すべきスキル，その他，未来の状態への移行に関連する変更が含まれる。移行要求はソリューションのアセスメントと妥当性確認を通して作成し，定義する。

出典：『ビジネスアナリシス知識体系ガイド（BABOKガイド）Version 2.0』(IIBA日本支部，2009)

　よって，**ウ**がソリューション要求の説明である。

　アはビジネス要求，**イ**は移行要求，**エ**はステークホルダ要求の説明である。

　なお，『ビジネスアナリシス知識体系ガイド（BABOKガイド）Version 3.0』が平成27年（2015年）に発行されている。

《答：ウ》

問 **94**	**要件の識別で実施する作業**												
出題年度	R3	R1	H30	H29	H28	H27	H26	H25	H24	H23	H22	H21
問題番号			問14									

　共通フレーム2013によれば，要件定義プロセスの活動内容には，利害関係者の識別，要件の識別，要件の評価，要件の合意などがある。このうちの要件の識別において実施する作業はどれか。

　ア　システムのライフサイクルの全期間を通して，どの工程でどの関係者が参画するのかを明確にする。

　イ　抽出された要件を確認して，矛盾点や曖昧な点をなくし，一貫性がある要件の集合として整理する。

　ウ　矛盾した要件，実現不可能な要件などの問題点に対する解決方法を利害関係者に説明し，合意を得る。

　エ　利害関係者から要件を漏れなく引き出し，制約条件や運用シナリオなどを明らかにする。

100

■解説■

『共通フレーム2013』から，要件定義プロセスの選択肢に関連する箇所を引用すると，次のとおりである。

---

2 テクニカルプロセス

2.2 要件定義プロセス

2.2.2 利害関係者の識別

2.2.2.1 利害関係者の識別

　要件定義者は，システムのライフサイクルの全期間を通して，システムに正当な利害関係をもつ個々の利害関係者又は利害関係者の種類を識別する。

2.2.3 要件の識別

2.2.3.1 要件の抽出

　要件定義者は，利害関係者の要件を引出す。

2.2.3.2 制約条件の定義

　要件定義者は，既存の合意，管理上の決定及び技術上の決定の避けられない影響からもたらされるシステムソリューション上の制約条件を定義する。

2.2.3.3 代表的活動順序の定義

　要件定義者は，予想される運用シナリオ及び支援シナリオ，並びに環境に対応するすべての要求されるサービスを識別するために，代表的な活動順序を定義する。

2.2.4 要件の評価

2.2.4.1 導出要件の分析

　要件定義者は，導出された要件の全集合を分析する。

　注記1　分析には，矛盾している，漏れている，不完全な，あいまいな，一貫性のない，
　　　　　調和がとれていない又は検証できない要件を識別すること及び優先順位を付
　　　　　けることを含む。

2.2.5 要件の合意

2.2.5.1 要件の問題解決

　要件定義者は，要件に関する問題を解決する。

2.2.5.2 利害関係者へのフィードバック

　要件定義者は，ニーズ及び期待が適切に把握され，実現されていることを確実にするために，分析された要件を該当する利害関係者へフィードバックする。

　注記　矛盾した，非現実的な，実現不可の利害関係者要件を解決するための提案を説
　　　　　明し，合意を得る。

出典：『共通フレーム2013 ～経営者，業務部門とともに取組む「使える」システムの実現』（独立行政法人情報処理推
　　進機構編著，独立行政法人情報処理推進機構，2013)

第1部　午前Ⅱ対策

よって，**エ**が要件の識別において実施する作業である。

アは利害関係者の識別，**イ**は要件の評価，**ウ**は要件の合意において実施する作業である。

《答：エ》

問 95　プライバシバイデザイン

出題年度	R3	R1	H30	H29	H28	H27	H26	H25	H24	H23	H22	H21
問題番号					問14							

プライバシバイデザイン（Privacy by Design）の説明はどれか。

ア　製品の開発工程で，利用者の個人情報が漏えいした場合に発見する方策を用意しておくこと

イ　製品の設計工程で，利用者の個人情報が適切に扱われるように考慮したシステムを設計すること

ウ　製品の設計工程で，利用者の個人情報が漏えいしないように管理する規則を策定すること

エ　製品の利用者の利便性を高めるために，登録した個人情報が他のサービスでも利用できるようにすること

■ 解説 ■

イが**プライバシバイデザイン**の説明である。提唱者のCavoukianは，次のように述べている。

　私は，長期間，プライバシの世界におけるさまざまな進展を見てきた。私は，ほんの20年前には誰も予測できなかったような，プライバシの世界の変化を見てきた。そして，それらの変化に伴い，とりわけ，急速に展開するバイオメトリクス，RFID，オンライン・ソーシャル・ネットワーク，クラウドコンピューティング，プライバシやその権利を効果的に行使することに対して新たな課題を突き付けてきている。（中略）

　1990年代においても，プライバシの保護のためには，規則や政策だけではもはや十分ではない時代になっていたことは私にとっては明らかであった。情報技術がますます複雑になり，相互に接続されるようになると，私の見解では，システムの設計にプライバシ権を組み込まなければ不十分であった。そこで，プライバシをテクノロジ自体に埋め込み，さまざまなプライバシ強化技術を通してそれをデフォルトとする「プライバシバイデザイン」という概念を開発した。当時はこのようなアプローチは，かなり議論を呼ぶものであると思われたが，現在では主流になっている。

出典："Privacy by Design ... Take the Challenge"（A. Cavoukian，2009）
（堀部政男 監訳，一般財団法人日本情報経済社会推進協会 編訳）

1.9 システム企画

また，その実現方法として，以下の七つの基本原則が提唱されている。

---

1. 事後的（リアクティブ）ではなく事前的（プロアクティブ），是正でなく予防
2. デフォルトとしてのプライバシ
3. 設計に組み込まれるプライバシ
4. 全ての機能性—ゼロサムでなく，ポジティブサム
5. エンドツーエンドのセキュリティ—全てのライフサイクル保護
6. 可視性と透明性—公開の維持
7. 利用者のプライバシ尊重—利用者中心主義の維持

出典："Privacy by Design The 7 Foundational Principles"（A. Cavoukian, 2009）
※日本語訳は筆者による

　ア，ウ，エの説明に該当する用語は，特にないと考えられる。

《答：イ》

問 96　業務要件定義に用いる図

出題年度	R3	R1	H30	H29	H28	H27	H26	H25	H24	H23	H22	H21
問題番号		問14										

　UMLの図のうち，業務要件定義において，業務フローを記述する際に使用する，処理の分岐や並行処理，処理の同期などを表現できる図はどれか。

　ア　アクティビティ図　　　イ　クラス図
　ウ　状態マシン図　　　　　エ　ユースケース図

解説

　これは**ア**の**アクティビティ図**で，アクティビティ（業務や処理）の実行順序や条件分岐などの流れを表現するダイアグラムである。フローチャートを起源としており見た目も似ているが，同期バーを用いて並行処理を表現できる点がフローチャートとの違いである。

　イの**クラス図**は，クラスの内部構造と，クラス間の静的な関係を表す図である。

　ウの**状態マシン図**は，システムの状態が，事象の発生によってどのように遷移するか表した図である。

　エの**ユースケース図**は，ユーザや外部システムと，業務の機能を分離して表現することで，ユーザを含めた業務全体の範囲を明らかにするために使用される図である。

《答：ア》

103

第1部　午前II対策

問 97　グリーン購入法

出題年度	R3	R1	H30	H29	H28	H27	H26	H25	H24	H23	H22	H21
問題番号					問15							

グリーン購入法において，"環境物品等"として規定されているものはどれか。

ア　ISO 14001認証を取得した企業が製造又は提供する製品・サービス
イ　IT活用による省エネなど，グリーンITに関わる製品・サービス
ウ　環境への負荷低減に資する原材料・部品又は製品・サービス
エ　コーズリレーテッドマーケティング対象の，環境配慮の製品・サービス

■解説■

ウが，"環境物品等"として規定されているものである。**グリーン購入法**（正式名称「国等による環境物品等の調達の推進等に関する法律」）は2000年に制定された法律で，国や地方公共団体が環境物品等の調達推進や需要転換を推進することで，環境への負荷の少ない持続的発展が可能な社会の構築を図ることを目的としている。

この法律で「環境物品等」として規定されているのは，次の三つである。

- 再生資源その他の環境への負荷の低減に資する原材料又は部品
- 環境への負荷の低減に資する原材料又は部品を利用していること，使用に伴い排出される温室効果ガス等による環境への負荷が少ないこと，使用後にその全部又は一部の再使用又は再生利用がしやすいことにより廃棄物の発生を抑制することができることその他の事由により，環境への負荷の低減に資する製品
- 環境への負荷の低減に資する製品を用いて提供される等環境への負荷の低減に資する役務

《答：ウ》

問 98　ランニングロイヤリティ

出題年度	R3	R1	H30	H29	H28	H27	H26	H25	H24	H23	H22	H21
問題番号		問15										

知的財産権使用許諾契約の中で規定する，ランニングロイヤリティの説明はどれか。

ア　技術サポートを受ける際に課される料金
イ　特許技術の開示を受ける際に，最初に課される料金
ウ　特許の実施実績に応じて額が決まる料金
エ　毎年メンテナンス費用として一定額課される料金

104

1.9 システム企画

■ 解説 ■

ロイヤリティ（実施料）は，特許権者が自己の特許発明について，他人に実施権を許諾する場合に，当該実施権者から受け取る対価である。一般に，イニシャルロイヤリティとランニングロイヤリティに分けられ，一方のみが支払われることもあれば，両者を併用することもある。

イは，**イニシャルロイヤリティ**の説明である。これは，実施数量によらない定額の一時金で，特許発明の実施権を許諾した時点で，研究開発費の補償や技術開示の対価として支払われる。

ウは，**ランニングロイヤリティ**の説明である。これは，特許発明を実施した数量（製造個数や販売個数）に比例して支払われる実施料で，一般に製品単価に実施料率と数量を乗じて算出される。

ア，エは，ロイヤリティの説明ではない。

《答：ウ》

問 99 グラントバック

出題年度	R3	R1	H30	H29	H28	H27	H26	H25	H24	H23	H22	H21
問題番号		問16		問15								

グラントバックの説明はどれか。

ア 異なる分野で特許技術をもつ事業者同士が技術供与協定を締結し，互いに無償で特許の実施権を許諾すること

イ 自社固有のビジネスモデルに関してビジネスモデル特許を取得した上で，無償で広くその利用を許諾すること

ウ ライセンスを受けた者が特許技術を改良して，新たに取得した特許について，ライセンスを与えた者へ譲渡する義務を課すこと

エ ライセンスを受けた者が特許技術を改良して，新たに取得した特許は，ライセンスを与えた者に実施権が許諾されること

■ 解説 ■

エが，**グラントバック**の説明である。Aが持つ特許XについてBにライセンス（実施許諾）を与えた場合に，AがBに対して特許Xの改良を許すことがある。グラントバックは，Bが特許Xを改良した新たな発明を行い，特許Yを取得したときに，BがAに対して特許Yのライセンスを与えることである。これは義務でなく，当事者間の契約によって決めることができる。

アは，**クロスライセンス**（相互実施権）の説明である。

イは，**特許無償開放**の説明である。

第1部　午前II対策

ウは，**アサインバック**の説明である。

《答：エ》

問 100　実費償還型契約

出題年度	R3	R1	H30	H29	H28	H27	H26	H25	H24	H23	H22	H21
問題番号				問16		問16						

システム開発における発注者とベンダとの契約方法のうち，実費償還型契約はどれか。

ア　委託業務の進行中に発生するリスクはベンダが負い，発注者は注文時に合意した価格を支払う。

イ　インフレ率や特定の製品の調達コストの変化に応じて，あらかじめ取り決められた契約金額を調整する。

ウ　契約時に，目標とするコスト，利益，利益配分率，上限額を合意し，目標とするコストと実際に発生したコストの差異に基づいて利益を配分する。

エ　ベンダの役務や技術に対する報酬に加え，委託業務の遂行に要した費用の全てをベンダに支払う。

■ **解説** ■

エが**コスト プラス定額フィー契約**で，完全な実費償還型契約である。掛かった費用を全て回収でき，役務や技術に対する報酬が確実に利益となるので，ベンダにとってリスクの少ない契約である。

アは**完全定額契約**である。委託業務の開始後に費用が増えても，発注者は注文時に合意した価格を払えばよいのでリスクがなく，ベンダがリスクを負う契約形態である。

イは**経済価格調整付き定額契約**である。発注者，ベンダ双方にとって，外部環境の変化による費用増減のリスクをある程度回避できる。

ウは**コスト プラス インセンティブ フィー契約**で，広い意味では実費償還型契約の一種である。実際に発生した費用が目標費用を下回ったら，その差額の一部をインセンティブとして発注者からベンダに支払う契約である。目標費用を下回った分を発注者，ベンダで分け合う形となり，双方にメリットがある。

《答：エ》

第2部 第**1**章
午後I対策

午後I試験の攻略法

午後I試験は，様々なシステムを題材にした記述式試験である。試験対策として，まず出題形式や出題傾向を把握しておくことが重要である。

午後I試験攻略のポイント　1.1
午後I問題の解き方　1.2

アクセスキー　**7**
（数字のなな）

第2部　午後Ⅰ対策

1.1 午後Ⅰ試験攻略のポイント

　午後Ⅰは，様々な分野の「情報システム」及び「組込みシステム・IoTを利用したシステム」（以下第2部において「組込み・IoTシステム」という）を題材とした記述式試験である。システムアーキテクトの主要業務であるシステム方式設計及びアプリケーション設計・開発のスキルの有無を判断する内容となっている。

1.1.1 午後Ⅰ試験の出題形式

● 出題形式

　午後Ⅰ試験では4問出題され，2問を選択して，90分で解答する。4問のうち3問は情報システム，1問は組込み・IoTシステムがテーマである。出題形式は次のとおりである。

システムアーキテクト試験午後Ⅰの出題形式

問題番号	問1	問2	問3	問4
必須／選択	2問選択			
内容	情報システム			組込み・IoTシステム
分量	各問5〜6ページ			
配点	50点×2問（100点満点）			

● 問題の選択方法

　情報システムのエンジニアなら，問1〜問3（情報システム）から2問を選択するのが無難であろう。もっとも，問4（組込み・IoTシステム）も上流工程の設計に関する問題であり，詳細な技術知識を要求されるものでないため，内容によっては解答することができる。

　組込みシステムのエンジニアでも，少なくとも1問は情報システムを選択しなければならない。したがって，問4（組込み・IoTシステム）を含めて2問選択してもよいし，問1〜問3（情報システム）から2問を選択してもよい。

　問題文の1行目に，何に関する記述か，問題のテーマが記載されている。このテーマだけでは業務分野が判断できない場合，次の数行に対象の業務分野について記載されている。問題選択時には，まず，問題のテーマとその後の数行を読み，経験や知識のある業務分野であれば，その問題を選択するとよい。

　以下，本章では令和元年度 午後Ⅰ 問2（p.109〜p.114に掲載）から例を示す。問題の冒頭でシステム開発に関する問題であることと製造業が対象の業務分野であることが分かる。

108

[問2] 容器管理システムの開発に関する次の記述を読んで，設問1～3に答えよ。

D社は，化学品を製造・販売するメーカである。

経験や知識のある業務分野が出題されていなかった場合は，設問を読んでみて，何が問われているかがイメージできる設問が多く出されている問題を選択するとよい。問題を選択したら，**解答用紙の問題選択欄に○を付ける**ことを忘れないようにしよう。午後Ⅰの場合，2問以上解く時間の余裕はないため，**一旦問題を選んだら迷わない**ことが大切である。また，問題の選択に10分以上かけないよう注意したい。

● 問題文の構成

午後Ⅰ試験の問題文は，最初に業務や機能の概要説明があり，次に，それに関する詳細な情報や業務フロー図，システムフロー図，データ項目などの説明があり，最後に，システムの追加要件や課題の説明がある構成になっている場合が多い。

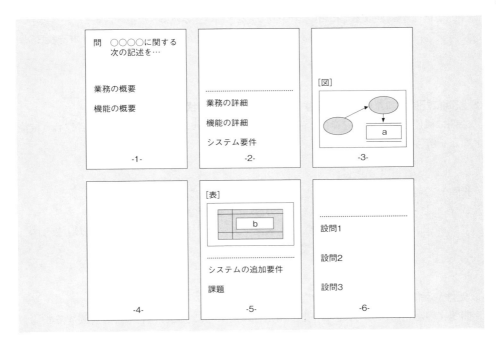

問題文において，システム化対象の業務の説明の後，対象システムの説明が行われている場合，**業務と機能との対応関係を理解する**と解答が考えやすい。

第2部　午後Ⅰ対策

　また，問題文は〔　〕でくくられた見出しのある幾つかの部分に分かれている。その中を区分する場合は(1)のように括弧でくくられた番号が，さらに区分する場合は①などの丸付きの番号が用いられている。これらの見出しや番号を利用して，「〔容器管理システムの処理概要〕について」のような，設問で指定された問題文の対象箇所を素早く見つけ出せるようにしておくとよい。

● 設問の出題形式

　各問につき3～5の設問があり，各設問に2～3の小問があることが多い。設問は以下のような形式で出題される。記述式で解答する場合の文字数は20～40字程度である。

① 理由や狙いを指定文字数内で記述する

　処理に関する説明，運用方法の採用理由や開発方針の狙いなどを指定された文字数以内で解答する形式は，一番多く出題されている。以下は，この出題形式の例である。

> **設問2**
> 　　(1) 容器回収処理において，HTによる個別読込み時に，数が一致するケースと不一致になるケースがある。それらはどのようなときに起きるか，**それぞれ30字以内で述べよ。**

② 設問に記述された内容に合致する機能名，項目名，状態名を列挙する

　設問に機能や項目名を定義した背景や理由が記述され，その記述内容の条件に合う機能名などを解答する形式も多く出題されている。以下は，この出題形式の例である。

> **設問1**　容器管理システムの処理について，(1)，(2)に答えよ。
> 　　(1) 容器倉庫へ入庫可能な**容器の容器状態区分の値を全て答えよ。**
> 　　(2) 本文中の下線①で用いる，**製品マスタに登録されている情報は何か。表1中**の属性名を用いて全て答えよ。

③ 処理や機能を説明する記述内の空欄を埋める

　問題文の記述内にアルファベットで指定された空欄に，処理内容などを記述する設問も毎年のように出題されている。以下は，この出題形式の例である。

110

1.1 午後Ⅰ試験攻略のポイント

設問3

  (2) 積込・出荷処理について，[a   ]に入れる適切な字句を答えよ。

  (3) 使用期限警告処理について，[b   ]，[c   ]に入れる適切な字句を答えよ。ここで，[b   ]は本文中の容器状態区分の値を答えよ。また，[c   ]は**表1**中の属性名を用いて述べよ。

● **時間配分**

　午後Ⅰ試験の試験時間は，90分である。**試験用紙への受験番号の記入，問題選択に10分程度**かかるため，**1問にかけられる時間は40分程度**になる。午後Ⅰは問題文を読み，理解するのに時間がかかるが，1問の全問を正解しても，60点以上とされる合格ラインには到達しないため，1問目の解答の途中でも40分を過ぎたら2問目に取り掛かる方がよい。

　1問当たり40分の解答時間のうち，15 〜 20分は問題文を読み，理解する時間に充てることになる。読む時間が遅いと，解答を考える時間が短くなるため，日頃から技術書などを読み，文章を読むスピードを上げておくとよい。読むスピードに苦手意識があっても，日頃から文章を読み慣れていると，問題に取り組みやすくなる。文章を読むトレーニングは，Webのページではなく，紙に印刷された文章を読むようにすることで，試験対策になる。

1.1.2 午後Ⅰ試験の出題傾向

　午後Ⅰ試験の過去問題を分析し，情報システムの問題と組込み・IoTシステムの問題の出題傾向を確認しておこう。

● **情報システムの問題**

　開発プロセス別の出題分布の推移を次ページに示す。**システム構築とシステム改善・変更に関する問題が多く出題されている**。また，近年の傾向として，**設計，テストなどの特定の開発フェーズに絞った問題はあまり出題されなくなっている**。

　また，業務分野別の出題分布の推移を次ページに示す。特定の業務分野に偏った出題傾向は見られないが，情報処理試験の傾向として，工数管理，案件管理などをテーマにしたIT企業の社内システムに関する問題が定期的に出題されている。多くの受験者が日頃業務で使用している社内システムと類似したシステムに関する問題が出題されるため，解答しやすい問題である。

111

第2部　午後Ⅰ対策

情報システムの開発プロセス別の出題分布の推移

システム種別	開発プロセス	R3	R1	H30	H29	H28	H27	H26	H25	H24	H23	H22	H21	計
情報システム	システム構築・再構築	問3	問3	問2,問3	問1		問1	問2		問1,問3		問1	問2	11問
	システム設計・開発		問2								問2	問2	問1	4問
	システム導入				問3	問2	問3	問3	問1					5問
	システム改善・変更・移行	問1,問2		問1	問2	問1,問3	問2	問1	問3		問3	問3		11問
	その他（災害対策，開発アプローチなど）		問1							問2	問2	問1	問3	5問

情報システムの対象業務分野別の出題分布の推移

システム種別	業務分野	R3	R1	H30	H29	H28	H27	H26	H25	H24	H23	H22	H21	計
情報システム	製造		問1,問2		問2	問2			問3		問2	問1		7問
	金融				問1		問1		問2			問2	問3	5問
	流通・物流・サービス	問2	問3	問3		問1	問2	問2		問1,問3		問1,問2		10問
	社内システム（IT企業）			問1			問3			問3		問3		4問
	社内システム（一般企業）	問1,問3			問3	問3		問1,問3	問1	問1				8問
	Webサービス				問2						問2			2問

● 組込み・IoTシステムの問題

　全て，システム構築・再構築を内容とする問題である。近年は，IoT（モノのインターネット），AI（人工知能）が関連する出題が増えている。

　業務分野別に出題分布の推移を見ると，以下のようになる。一般人に身近なシステムから，特定業種向けで馴染みのないシステムまで，様々なシステムが出題されている。ただし，そのシステムの開発に携わった経験がなくても解けるよう，必要な説明は与えられている。

組込み・IoTシステムの対象業務分野別の出題分布の推移

業務分野	R3	R1	H30	H29	H28	H27	H26	H25	H24	H23	H22	H21	計
生活・医療・教育					問4		問4	問4		問4			4問
流通・運輸・産業		問4	問4	問4					問4		問4		5問
公共・安全	問4					問4						問4	3問

112

1.2 午後Ⅰ問題の解き方

1.2 · 午後Ⅰ問題の解き方

令和元年度 午後Ⅰ問2を題材に，問題の解き方について順を追って解説する。

問 容器管理システムの開発に関する次の記述を読んで，**設問1～3**に答えよ。
- -

　D社は，化学品を製造・販売するメーカである。製造した化学品を，様々な形状・容量の瓶（以下，容器という）に充填し，製品として顧客へ出荷する。顧客が製品を使用し，空になった容器は，D社が回収して再利用している。

　現在は，生産管理システムから受領する製造計画に基づいて化学品を充填し，販売管理システムで製品の販売管理を行っている。このたび，顧客サービスの向上，容器の管理強化及び作業の効率向上のために，容器管理システムを新規に開発することにした。

〔現行業務の概要〕

　現行業務の概要は，次のとおりである。

(1)　充填

　　・D社の化学品は見込生産で，日ごとに生産する総量を，生産管理システムで製造計画として決定している。化学品は，製造の最終工程のラインで，化学品ごとに一意に定められた容器種の容器に充填されて，製品となる。"容器種"とは，どのような形状と容量の容器かを表す。

　　・充填に必要な容器は，製造計画に従って，容器倉庫から出庫される。同じ容器種が，異なる化学品の充填に用いられることもある。

　　・製品コード，化学品名，ロット番号，充填日を印刷した製品ラベルを生産管理システムから出力し，製品の容器に貼る。

　　・製品ラベルが貼られた製品を，製品倉庫に入庫・保管する。入庫時に，販売管理システムに入庫登録を行う。

(2)　ピッキング

　　・製品倉庫では，受注した製品の出荷準備のために，販売管理システムから，ピッキングリストを出力する。

　　・倉庫作業者は，ピッキングリストの指示に従って，製品ラベルを目視確認しながら出荷すべき製品を集める。

　　・倉庫作業者は，ピッキングされた製品を，出荷場所に移動する。移動時に，販売管理システムに出庫登録を行う。

113

第2部　午後Ⅰ対策

(3)　積込・出荷
　　・出荷場所では，出荷のために手配された配送のトラック便ごとに，販売管理システ
　　　ムから，積込リスト及び出荷伝票を出力する。
　　・出荷作業者は，積込リストの指示どおり製品がそろっているかどうかのチェックと，
　　　配送業者が積込リストの指示どおり積込みを行ったかどうかの検品を行う。
　　　検品に合格したトラック便から出発し，顧客に製品を納品する。
　　・出荷作業者は，出荷実績を計上するために，出荷場所の端末から，出荷した製品の
　　　情報を販売管理システムに入力する。
(4)　容器回収
　　・配送業者は，顧客が空になった容器を保管していた場合，容器返却書を起票して容
　　　器を回収し，D社の容器回収場所へ持ち帰る。
　　・回収作業者は，容器回収場所で，回収された容器と容器返却書の照合を行う。
(5)　容器洗浄・検査
　　・回収された容器は洗浄され，検査担当者が検査を行う。
　　・検査に合格した容器は，再利用が可能になり，次の化学品の充填に利用されるまで，
　　　容器倉庫に保管される。

〔関連部門からの要望〕
　容器管理システムを開発するに当たり，関連部門から次のような要望が出された。
(1)　容器一つ一つが，今どのような状態にあるのかを管理できるようにしてほしい。
(2)　作業者が行っている入力などの作業の負担を軽減してほしい。
(3)　顧客が誤って使用期限を過ぎた製品を使ってしまわないように，顧客の下に使用期限
　　間際の製品があれば，その期限の1週間前を過ぎたら，システムで警告を出せるよう
　　にしてほしい。

〔容器管理システムの開発方針〕
(1)　容器管理システムは，購入，容器倉庫での保管，充填，製品倉庫での保管，出荷，回収，
　　検査などの容器利用サイクルの状態を，容器単位に管理する。
(2)　容器一つ一つの管理を行う手段として，無線通信方式のICタグ（以下，RFタグという）
　　を採用する。
(3)　容器倉庫，製造の最終工程のライン及び容器回収場所に，ゲート型のRFタグリーダ
　　ライタ（以下，ゲートアンテナという）を設置する。
(4)　製品倉庫，出荷場所，容器回収場所及び容器洗浄場所に，ハンディ型のRFタグリー
　　ダライタ（以下，HTという）を導入する。HTは，バーコードの読取りもできる機種と

114

する。

(5) 容器管理システムとして，容器購入処理，容器保管処理，充填処理，容器回収処理，容器洗浄・検査処理，及び容器状態検索処理の各機能を新規に開発する。

(6) ピッキング処理，積込・出荷処理，製品在庫管理処理，及び使用期限警告処理は，現行の販売管理システムの改修で対応する。

〔D社で採用したRFタグ及び関連する機器などの説明〕

(1) RFタグの通信距離は数メートルである。

(2) RFタグのデータレイアウトを，図1に示す。

RFタグ番号は，RFタグの製造時に書き込まれるタグ固有の番号であり，書換えはできない。容器情報領域は，RFタグを容器に貼付する際に書き込み，書込みロックを掛ける。書込みロックが掛けられた領域は，ロックを外さない限り値を変更できない。製品情報領域は，書込みが可能で，RFタグ購入時はクリアされている。

(3) ゲートアンテナは，ゲートを通過するRFタグを一括で読み書きできる。RFタグの一括読み書きでは，環境によって数％程度の漏れが発生することを事前検証で確認している。書込みについては，エラーを訂正する機能を備えているので，書込み時の異常は考慮しなくてよい。

(4) HTはRFタグを個別に読み書きでき，バーコードの読取りも可能である。

(5) D社は，容器の誤使用を防ぐために，RFタグへの書き込み処理では，対象項目がクリアされていない場合は書き込みできないよう，プログラムでガードする。

RFタグ番号	容器情報領域		製品情報領域				
	容器種コード	容器番号	製品コード	ロット番号	充填日	受注伝票番号	（予備）

図1　RFタグのデータレイアウト

〔容器管理システムの処理概要〕

容器管理システムの処理概要は，次のとおりである。

なお，容器一つ一つが，今どのような状態にあるかの管理を行うために，容器状態管理ファイルを設ける。

(1) 容器購入処理

・容器の購入時に，RFタグに容器種コード，容器番号を書き込み，容器に貼付して，容器倉庫へ運ぶ。RFタグに書き込む際，容器種コード，容器番号をキーにして容器状態管理ファイルに登録し，容器状態区分を"未使用"にする。

第2部　午後Ⅰ対策

(2)　容器保管処理
・化学品の充填が可能になった容器を容器倉庫に入庫する。その際に，ゲートアンテナでRFタグを読み込んで，容器状態管理ファイルによるチェックを行い，充填可能な状態であることを確認する。その後，入庫処理を行い，それぞれの容器について，容器状態管理ファイルの容器状態区分を"容器倉庫入庫"にする。
・容器の出庫は，製造計画で決定した化学品の当日分の生産総量と製品マスタに登録されている情報を用いて，①どの容器が何個必要かを計算し，出庫指示を出す。
出庫時に，ゲートアンテナでRFタグを読み込んで，それぞれの容器について，容器状態管理ファイルの容器状態区分を"容器倉庫出庫"にする。

(3)　充填処理
・製造の最終工程で，製品がゲートアンテナを通過する際に，一つ一つのRFタグの製品情報領域へ製品コード，ロット番号，充填日の書込みを行う。この際，容器状態管理ファイルの容器状態区分を"充填済"にする。
・製品は製品倉庫に運ぶ。

(4)　容器回収処理
・容器回収場所のゲートアンテナで，回収した容器のRFタグを一括して読み込む。
・容器返却書に記載された容器返却数をシステムに入力して，RFタグの読込み件数とのチェックをシステムで行い，数が一致したら，それぞれの容器について，容器状態管理ファイルの容器状態区分を"回収"にする。
・数が不一致の場合は，まず，容器返却数のシステムへの入力が正しいことを確認して，その後，HTによる個別の読込みに切り替える。個別読込み時に，容器状態管理ファイルの容器状態区分を"回収"にする。個別読込み件数と容器返却書に記載された容器返却数が不一致の場合は，エラー処理を行う。

(5)　容器洗浄・検査処理
・回収した容器は，容器洗浄場所で洗浄され，検査担当者が再利用の可否についての検査を行った後，RFタグの製品情報領域をクリアする。検査に合格した容器は容器倉庫へ運び，不合格となった容器は廃棄する。検査結果によって，容器状態管理ファイルの容器状態区分を"合格"又は"廃棄"にする。
・廃棄した容器に貼付してあったRFタグは，容器からはがして，再利用できるように，HTを用いて，②ある処理を行う。

(6)　容器状態検索処理
・容器状態管理ファイルの情報を任意の条件で検索する。
容器管理システムで使用する主要なファイルを表1に示す。

1.2 午後Ⅰ問題の解き方

表1　容器管理システムで使用する主要なファイル

ファイル名	主な属性（下線は主キーを示す）
製品マスタ	製品コード，化学品名，容器種コード，容器一個当たり標準充填量，製品使用可能日数
容器状態管理ファイル	容器種コード，容器番号，容器状態区分，製品コード，ロット番号，充填日，受注伝票番号，顧客コード

〔販売管理システムの改修〕
　容器管理システムの新規開発に伴い，販売管理システムを，次のとおり改修する。
(1)　ピッキング処理
　　・ピッキングリストへバーコードを印字し，HTでピッキング指示データを受ける。
　　・ピッキング指示データに基づき，HTで，ピッキング対象となる容器のRFタグを読み込む。ピッキング指示データとRFタグ情報をチェックし，製品コードが合っていればRFタグへ受注伝票番号を書き込み，容器状態管理ファイルの容器状態区分を"ピッキング済"にする。合っていなければエラー処理を行う。
(2)　積込・出荷処理
　　・積込リストへバーコードを印字し，HTで積込指示データを受ける。
　　・HTで，積込対象となる製品のRFタグを読み込み，積込指示データとRFタグ情報をチェックする。③データ内容及び数が合っていれば，検品を完了して出荷する。この際，容器状態管理ファイルの容器状態区分を"出荷"にする。合っていなければエラー処理を行う。
　　・HTの検品を完了した実績データを取り込んで，[　　a　　]。
(3)　製品在庫管理処理
　　・製品倉庫への入庫時に，HTでRFタグを読み，読み込んだデータで入庫実績を計上できるようにする。この際，容器状態管理ファイルの容器状態区分を"製品倉庫入庫"にする。
　　・製品倉庫からの出庫時に，HTでRFタグを読み，読み込んだデータで出庫実績を計上できるようにする。この際，容器状態管理ファイルの容器状態区分を"製品倉庫出庫"にする。
(4)　使用期限警告処理
　　・顧客の下にある，使用期限が過ぎそうな製品及び使用期限が過ぎた製品を，容器管理システムの容器状態検索処理を利用して次の条件で検索し，顧客に警告を発することができるようにする。
　　条件：容器状態管理ファイルの容器状態区分の値が"[　　b　　]"で，[　　c　　]が本

117

第2部　午後Ⅰ対策

日日付の1週間後より前の日付である容器

設問1　容器管理システムの処理について，(1)，(2)に答えよ。

(1)　容器倉庫へ入庫可能な容器の容器状態区分の値を全て答えよ。

(2)　本文中の下線①で用いる，製品マスタに登録されている情報は何か。**表1**中の属性名を用いて全て答えよ。

設問2　〔容器管理システムの処理概要〕について，(1)，(2)に答えよ。

(1)　容器回収処理において，HTによる個別読込み時に，数が一致するケースと不一致になるケースがある。それらはどのようなときに起きるか，それぞれ30字以内で述べよ。

(2)　本文中の下線②のある処理とは何か。30字以内で述べよ。

設問3　〔販売管理システムの改修〕について，(1)〜(3)に答えよ。

(1)　本文中の下線③のデータ内容を，**表1**中の属性名を用いて全て答えよ。

(2)　積込・出荷処理について，　　a　　に入れる適切な字句を答えよ。

(3)　使用期限警告処理について，　　b　　，　　c　　に入れる適切な字句を答えよ。ここで，　　b　　は本文中の容器状態区分の値を答えよ。また，　　c　　は**表1**中の属性名を用いて述べよ。

1.2.1 問題文の構成

　問題文を読む際，問題文がどのような構成で書かれているかを把握しながら読むとよい。何がどこに書かれているかを把握することで解答のヒントを探しやすくなる。令和元年度 午後Ⅰ問2の場合，以下のような構成になっている。

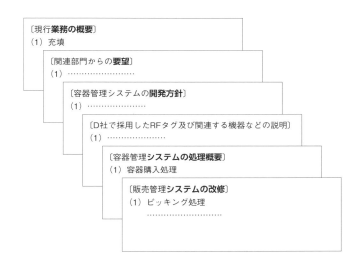

　問題文は，対象業務の概要説明から始まり，関連部門からの要望，システムの開発方針とシステムで利用する要素技術の説明として，RFタグに関する説明が記載されている。後半部分で，業務に対応するシステムの処理の説明の後，連携する他システムの改修内容が順を追って記述されている。

　この理解を踏まえて，個々の設問の解答を考えていく。ほとんどの試験問題は，**問題文に記述されている順番で設問が出題**されている。また，時間配分としては設問も含めて，**20分以内に問題文を読み終える**ことを目標にしたい。

1.2.2 問題の解き方の例

　各設問は，問題文に記述された順番に沿って出題される場合が多いため，設問を解き始める場合，設問1から順番に解答していけばよい。

第2部 午後Ⅰ対策

設問1

設問1 容器管理システムの処理について，(1)，(2) に答えよ。
(1) 容器倉庫へ入庫可能な容器の**容器状態区分の値を全て答えよ。**
(2) 本文中の下線①で用いる，**製品マスタ**に登録されている情報は何か。**表1中の属性名**を用いて**全て答えよ。**

解説(1)

設問1 (1) は，容器倉庫へ入庫可能な容器の**容器状態区分の値を全て解答する**。値を全て解答する設問の場合，まず**解答の候補を洗い出し**，候補それぞれが解答の条件に合っているかどうかをチェックすると解答に漏れがなくなる。このため，まず，容器状態区分の値を問題文から探して列挙する。列挙した後，それぞれの値について，容器倉庫へ入庫可能かを見ていく。状態名は〔容器管理システムの処理概要〕に，「容器状態区分を“未使用”にする。」のような表現で記載されているため，見落としなく列挙するように注意したい。なお，本書では，表などを用いて丁寧に説明しているが，試験では問題文に記号で印を付けたり下線を引いたりして短時間に候補をチェックする工夫をした方がよい。

問題文の記載箇所	容器状態区分の値	容器倉庫への入庫の可否
(1) 容器購入処理	**未使用**	**未使用のため**容器倉庫へ入庫可能
(2) 容器保管処理	容器倉庫入庫	容器倉庫入庫の状態は，容器倉庫に入庫が完了しているため，改めて入庫できない
	容器倉庫出庫	出庫の次のプロセスは充填処理のため，入庫できない
(3) 充填処理	充填済	充填済みの容器は入庫できない
(4) 容器回収処理	回収	容器洗浄が完了していないため入庫できない
(5) 容器洗浄・検査処理	**合格**	検査に合格した**容器は再利用されるため，入庫可能**
	廃棄	不合格になった容器は廃棄されるため入庫されない

これらの検討結果から解答は，「**未使用，合格**」である。

解説(2)

設問1 (2) は，本文中の下線①で用いる，製品マスタに登録されている情報は何か，**表1中の属性名を用いて全て解答する**。まず，下線①の記述内容を確認する。

120

1.2 午後Ⅰ問題の解き方

・容器の出庫は，**製造計画で決定した化学品の当日分の生産総量と製品マスタに登録されている情報を用いて**，①どの容器が何個必要かを計算し，出庫指示を出す。

次に，解答の候補になる製品マスタを確認する。主な属性に記載されている属性名が解答の候補である。

表1 容器管理システムで使用する主要なファイル（抜粋）

ファイル名	主な属性（下線は主キーを示す）
製品マスタ	製品コード，化学品名，**容器種コード，容器一個当たり標準充填量，**製品使用可能日数

どの容器かは，容器種コードで分かる。何個必要かは，以下の計算式で求めることができる。

当該製品の当日分の生産総量 ÷ 容器一個当たり標準充填量

したがって，解答は「**容器種コード，容器一個当たり標準充填量**」である。なお，解答するに当たって，設問に「**表1**中の属性名を用いて」と指定されていることに気を付けたい。

設問2

設問2 〔容器管理システムの処理概要〕について，(1)，(2)に答えよ。
　　　(1) 容器回収処理において，HTによる個別読込み時に，**数が一致するケースと不一致になるケース**がある。それらはどのようなときに起きるか，**それぞれ30字以内**で述べよ。
　　　(2) 本文中の下線②のある処理とは何か。**30字以内**で述べよ。

解説(1)

設問に，「〔容器管理システムの処理概要〕について」と記載されているため，問題文の中で重点的に見る箇所は，〔容器管理システムの処理概要〕である。設問2 (1)は，HTによる個別読込み時に，数が一致するケースと不一致になるケースがあり，それぞれどのよう

121

第2部　午後Ⅰ対策

な場合に発生するかを解答する。「容器回収処理において」と記載されているため，まず，容器回収処理の記述から，HTによる個別読込みがどのような場合に発生するかを問題文で確認する。

---

(4) 容器回収処理
・容器回収場所のゲートアンテナで，回収した容器のRFタグを一括して読み込む。
・（　～略～　）
・**数が不一致の場合**は，まず，容器返却数のシステムへの入力が正しいことを確認して，その後，**HTによる個別の読込みに切り替える。**（　～略～　）**個別読込み件数と容器返却書に記載された容器返却数が不一致の場合は，エラー処理を行う。**

　この記述から，個別読込み処理は，一括読込みで数が一致しなかった場合に実施されることが分かる。この記述だけでは，個別読込み件数と容器返却書に記載された容器返却数が一致するケースと不一致になるケースがどのような場合かが分からないため，さらに問題文からRFタグの読込みに関する記述を探す。〔D社で採用したRFタグ及び関連する機器などの説明〕に以下のような記述がある。

---

(3) ゲートアンテナは，ゲートを通過するRFタグを一括で読み書きできる。RFタグの一括読み書きでは，**環境によって数%程度の漏れが発生する**ことを事前検証で確認している。

　ゲートアンテナでの読込みで漏れがあった場合，HTによる個別読込みに切り替わる。HTによる個別読込み時に一括読込みで漏れた容器の分も読み込めた場合，数が一致すると考えられる。個別読込みを行う前に，容器返却数のシステムへの入力が正しいことを確認しているため，もし，数が一致しなかった場合，容器返却書に記載されている容器返却数が間違っていたと考えられる。したがって解答は，一致するケースが「**RFタグの一括読込みで読込み漏れが発生したとき**」であり，不一致になるケースが「**容器返却書の容器返却数と実際の容器の数が違っているとき**」である。
　なお，設問に，「それぞれ30字以内で述べよ。」と記載されている。文字数の指定がある場合，文字数が少ないと減点される可能性があるため，**指定文字数の80%以上の文字数を目安に書くようにしたい。**

122

1.2 午後Ⅰ問題の解き方

解説（2）

設問2（2）は，本文の下線②のある処理を解答する。「ある処理」は容器洗浄・検査処理の一部であるため，その処理内容を確認する。

---

(5) 容器洗浄・検査処理
   ・（　～略～　）
   ・廃棄した容器に貼付してあったRFタグは，**容器からはがして，再利用できるように，HTを用いて**，②ある処理を行う。

この記述から「②ある処理」はRFタグを再利用するための処理であることが分かる。また，再利用するためにはRFタグ内のデータを初期状態にする必要があると考えられる。したがって，RFタグに書き込まれるデータに関する記述を問題文から探す。ここでのキーワードは「RFタグ」であるため，このキーワードに注目して，RFタグをどのように処理するのかを意識して読み解いていくとよい。〔D社で採用したRFタグ及び関連する機器などの説明〕にRFタグのデータレイアウトに関する以下の記述がある。

---

(2) RFタグのデータレイアウトを，**図1**に示す。
   RFタグ番号は，RFタグの製造時に書き込まれるタグ固有の番号であり，書換えはできない。**容器情報領域は，RFタグを容器に貼付する際に書き込み，書込みロックを掛ける。書込みロックが掛けられた領域は，ロックを外さない限り値を変更できない。**

RFタグを再利用するとは，RFタグを別の容器に貼り替えることであるため，容器情報領域のデータを書き換える必要がある。したがって解答は，「**書込みロックを外して，容器情報領域をクリアする処理**」である。

設問3

設問3 〔販売管理システムの改修〕について，(1) ～ (3) に答えよ。
   (1) **本文中の下線③のデータ内容を，表1中の属性名を用いて全て答えよ。**
   (2) 積込・出荷処理について，[a]に入れる適切な字句を答えよ。
   (3) 使用期限警告処理について，[b]，[c]に入れる適切な字句を答えよ。ここで，[b]は**本文中の容器状態区分の値**を答えよ。また，[c]は**表1中の属性名を用いて**述べよ。

123

第2部　午後Ⅰ対策

解説(1)

　設問3 (1)は，問題文の下線③のデータ内容を，**表1中の属性名を用いて**解答する問題である。まず，下線③にどのような内容が書かれているか，問題文を確認する。下線③は，〔販売管理システムの改修〕の(2)積込・出荷処理の中に記載されている。

> (2) 積込・出荷処理
> ・(　～略～　)
> ・HTで，積込対象となる製品のRFタグを読み込み，積込指示データとRFタグ情報をチェックする。③データ内容及び数が合っていれば，検品を完了して出荷する。

　この記述からデータ内容とはRFタグの情報と積込指示データとの間に違いがないかをチェックするための項目が解答になることが分かる。したがって，まずRFタグの項目を確認する。
　積込時のRFタグには，以下の情報が格納されている。

RFタグ番号	容器情報領域		製品情報領域				
	容器種コード	**容器番号**	**製品コード**	**ロット番号**	**充填日**	**受注伝票番号**	（予備）

図1　RFタグのデータレイアウト

　次に，**表1中の属性名で解答する**ように指示されているため，**表1**も確認する。

表1　容器管理システムで使用する主要なファイル

ファイル名	主な属性（下線は主キーを示す）
製品マスタ	<u>製品コード</u>, 化学品名, **容器種コード**, 容器一個当たり標準充填量, 製品使用可能日数
容器状態管理ファイル	<u>容器種コード</u>, <u>容器番号</u>, 容器状態区分, **製品コード**, **ロット番号**, **充填日**, **受注伝票番号**, 顧客コード

　解答候補を全て洗い出して検討するため，**図1**と**表1**の両方に含まれる項目を確認する。以下の項目が解答の候補である。

124

> 容器種コード，容器番号，製品コード，ロット番号，充填日，受注伝票番号

ピッキングした製品が，積込対象の製品であるかどうかを確認することがチェックの目的であるため，RFタグの「**受注伝票番号，製品コード**」が積込指示データと合っているかをチェックすると考えられる。これが解答である。

解説（2）

設問3（2）は，積込・出荷処理について，　a　　に入れる適切な字句を解答する問題である。空欄の穴埋め問題は，まず，問題文から空欄の文章を探し，記述内容を確認するところから始める。空欄aに関する記述は以下のようになっている。

> ・HTの検品を完了した実績データを取り込んで，　a　　。

この記述から，実績データを取り込んだ後の処理が解答になると考えられる。実績データを販売管理システムに登録することで，出荷処理が完了するため，解答は「**出荷実績を計上する**」である。

解説（3）

設問3（3）は，使用期限警告処理について，　b　，　c　　に入れる適切な字句を解答する問題である。また，bは**容器状態区分の値**を解答する。cは**表1中の属性名を用いて**解答する。b，cの記述は，以下のような内容である。

> （4）使用期限警告処理
> 　・顧客の下にある，使用期限が過ぎそうな製品及び使用期限が過ぎた製品を，容器管理システムの容器状態検索処理を利用して次の条件で検索し，顧客に警告を発することができるようにする。
> 　　条件：容器状態管理ファイルの容器状態区分の値が"　b　"で，　c　　が**本日日付の1週間後より前の日付である容器**

この記述から，bとcは使用期限の警告を顧客に発する条件を作成するための情報であることが分かる。bは容器状態区分の値を解答する。警告を発する対象の製品は，顧客先

125

第2部　午後Ⅰ対策

にある製品になるため，その状態は「**出荷**」である。これがbの解答である。

次にcであるが，「本日日付の1週間後より前の日付である容器」の記述から，日付又は日数に関する内容が解答になることが分かる。また，どのような条件で警告をするかは〔関連部門からの要望〕にその説明が記載されている。

(3) 顧客が誤って使用期限を過ぎた製品を使ってしまわないように，顧客の下に使用期限間際の製品があれば，**その期限の1週間前を過ぎたら**，システムで警告を出せるようにしてほしい。

使用期限は，充填日から製品マスタの製品使用可能日数が経過した日である。また，問題文に「　　c　　が本日日付の1週間後より前の日付である容器」と記載されているため，cの解答は，「**充填日から製品使用可能日数後の日付**」である。なお，同様の内容であればこれ以外の記述でも正解とみなされるが，解答には必ず**表1**の属性名を用いるようにしよう。

最後に，午後Ⅰ試験における解答のポイントをまとめておく。

- ●「全て答えよ。」の設問は，問題文から解答の候補を洗い出してから解答を考える

- ● 設問の指示を守って解答する
  - （例）「表1中の属性名を用いて」

- ● 設問で指定された文字数の80%以上の文字数を目安に解答する
  - （例）「30字以内で述べよ。」→ 24字以上を目安に解答

- ● 設問で問題文の特定の箇所（「本文中の下線②」など）が指定されている場合
  - ① 特定の箇所の内容を確認する
  - ② 特定の箇所の周辺の記述からキーワード（「RFタグ」など）を見つけ出す
  - ③ そのキーワードに関連する記述から解答を考えていく

- ● 空欄補充の問題は，空欄周辺の問題文の記述内容を確認し，何を解答する問題なのかを把握してから解答を考える

1.2 午後Ⅰ問題の解き方

1.2.3 IPAによる出題趣旨・採点講評・解答例・解答の要点

令和元年度 午後Ⅰ 問2について，IPAの公表した出題趣旨・採点講評・解答例・解答の要点は以下のとおりである。

出題趣旨

　顧客サービスの向上，社内での管理強化及び作業効率化などのために，新規システムの開発や既存システムの改善が行われることが多く，システムアーキテクトには，その際に，システム要件を定義し，システム方式の設計を行う能力が求められる。

　本問では，化学品メーカでの，化学品を充填する容器の管理システムを題材として，新規のシステム開発や既存システムの改善における，システム要件の定義及びシステム方式の設計について，具体的な記述を求めている。業務課題・利用者の要望などを踏まえて，システム機能構造やシステム方式を定義し設計していく能力を問う。

採点講評

　問2では，化学品メーカでの，化学品を充填する容器の管理システムを例にとり，新規のシステム開発や既存システムの改修における，システム要件の定義及びシステム方式の設計について出題した。問題文をしっかり理解した上で，設問に答えれば正解を導けるよう出題したが，設問を見て，問題文のどこかを引用して答えればよいという誤った判断をした結果，正解を導けなかったと思われる受験者が多かった。

　設問2 (1)は，正答率が低かった。HTによる個別読込みで読み込んだ結果，一致するケースと不一致になるケースを問うたが，ゲートアンテナでの一括読込みで数が一致するケースと不一致になるケースと勘違いした解答が多かった。

　設問3 (1)は，正答率が低かった。HTで受けた積込指示データとHTで読み込んだRFタグ情報のチェックであるから，RFタグのデータレイアウトにない属性は正解にはならない。一般論で解答するのではなく，問題文をよく読めば正解が導けたはずである。

　設問3 (3)は正答率が高かったが，顧客の下にある容器の容器状態区分は何かを理解できていないと思われる解答が散見された。また，製品使用可能日数について，化学品が充填されて製品になることを理解せずに勝手な解釈をしたと思われる解答も見受けられた。

　システムアーキテクトとして，業務要件を十分に理解した上で，システム要件を決めていくことができるように心掛けてほしい。

127

第2部　午後Ⅰ対策

設問		解答例・解答の要点		備考
設問1	(1)	未使用，合格		
	(2)	容器種コード，容器一個当たり標準充填量		
設問2	(1)	一致するケース	RFタグの一括読込みで読込み漏れが発生したとき	
		不一致になるケース	容器返却書の容器返却数と実際の容器の数が違っているとき	
	(2)	書込みロックを外して，容器情報領域をクリアする処理		
設問3	(1)	受注伝票番号，製品コード		
	(2)	a	出荷実績を計上する	
	(3)	b	出荷	
		c	充填日から製品使用可能日数後の日付	

128

第2部
午後Ⅰ対策

第2章

午後Ⅰ演習（情報システム）

システムアーキテクト試験午後Ⅰ攻略の近道は，過去問分析と過去問
演習である。過去3年分を目安に，どのような問題が出題されている
かを確認しながら過去問を解いてみるとよい。また，時間配分を練習
するために，タイマをセットして過去問を解くこともよいトレーニン
グになる。

演習

アクセスキー **d**
（小文字のディー）

第2部　午後Ⅰ対策

演習1　企業及び利用者に関する情報の管理運用の見直し

令和3年度 春期 午後Ⅰ問1（標準解答時間40分）

問　企業及び利用者に関する情報の管理運用の見直しに関する次の記述を読んで，**設問1〜3**に答えよ。

A研究所は，地域の中小企業などの産業支援を目的にする，地方公共団体が設立した試験研究機関である。

〔A研究所の事業概要〕

A研究所は，産業支援事業の一環として，特別な試験機器，設備などが必要になる試験について，企業から委託を受けてA研究所が試験を行う依頼試験事業（以下，依頼試験という）を行っている。それとは別に，試験機器，設備などを時間単位で貸し出し，企業自らが試験を行う機器・設備利用事業（以下，機器・設備利用という）を行っている。A研究所は，これら二つの事業を主要な産業支援事業（以下，主要事業という）にしており，その他に技術相談，技術セミナーの開催，独自の研究などを行っている。

主要事業は，A研究所が所在する地域の中小企業の利用が中心であるが，その他の地域の企業，大企業，法人登記していない個人事業者などによる利用も可能である。

主要事業は有料で提供しており，利用料金には，一般料金と，中小企業及び個人事業者向けの優遇料金がある。一般料金と優遇料金のどちらを適用するかについては，株式会社・社団法人などの法人種別，業種，資本金及び従業員数でA研究所が判断している。過去の料金体系では，A研究所を所管する地方公共団体の区域内に本店，支店などの事業所が所在する場合，料金を安くする制度があったが，別の助成制度の提供に伴い，現在は廃止されている。

〔現行業務の概要〕

現在の主要事業の基本的な業務の流れは，次のとおりである。

(1)　問合せ，相談

A研究所が提供する事業全般に関する問合せ，試験内容などに関する相談などを受け付ける。A研究所では，総合窓口を用意しており，初めてA研究所を利用する場合などは，まず総合窓口の職員が概要を確認し，適切な専門部署につないでいる。問合せ，相談内容は，主要事業を管理する情報システム（以下，事業管理システムという）に登録している。

(2)　企業情報及び事業所情報の登録（新規利用の企業などの場合）

130

利用者がA研究所を初めて利用する場合，総合窓口で名刺を提示してもらい，事業管理システムの企業マスタに利用者が所属する企業が既に登録されているかどうかを企業の商号又は名称（以下，企業名という）などで検索し，確認する。未登録の企業だった場合は，利用者に企業登録用紙への記入を依頼し，企業名，所在地，法人種別，業種，資本金，従業員数などの情報（以下，企業情報という）を確認の上，企業マスタに登録する。利用者が所属企業の資本金，従業員数などが分からない場合，総合窓口の職員が代わりに公表情報を調べて登録するケースがある。

企業情報を新規に登録すると，事業管理システムで企業を一意に識別する企業コードが付与される。また，企業情報が登録済でも，利用者が所属する事業所が未登録の場合は，同じ企業コードで枝番だけを変更し，事業所名，所在地，代表電話番号などの情報（以下，事業所情報という）を入力して企業マスタに登録する。その際，企業名などの既に企業マスタに登録済の属性情報は入力不要にしている。個人事業者の場合も，企業情報として登録し，法人種別には"個人"を設定する。

なお，企業情報を新規に登録する際に，入力された内容を基に，適用料金区分として，中小企業及び個人事業者向けの料金を適用する"優遇"か，それ以外の"一般"かを，事業管理システムが自動判断して登録する。

(3)　利用者情報の登録及び利用者カードの発行（新規利用者の場合）

企業マスタに事業所情報が登録済で，利用者がA研究所を初めて利用する場合は，利用者に利用者登録用紙の記入を依頼し，名刺及び本人確認できる身分証を提示してもらい，総合窓口の職員が利用者の氏名，連絡先などの情報（以下，利用者情報という）を，登録済の事業所情報に関連づけて利用者マスタに登録する。その際，事業管理システムで利用者を一意に識別する利用者コードが付与される。

利用者情報の登録が完了すると，主要事業の受付時などに使用するバーコード付きのプラスチックの利用者カードを発行する。大企業などでは様々な部署がA研究所を利用するケースがあり，誰が利用したのかを識別して管理したいことから，企業単位ではなく，利用者個人ごとに利用者カードを発行している。そのため，同じ企業に所属する者であっても，他の利用者の利用者カードを借りて利用することは禁止している。一方で，利用者カードが本人のものであるかどうかを，受付時に厳密には確認していない。

(4)　試験内容などの決定

専門部署の職員は，利用者からより詳しい内容を聞き取り，試験内容などの詳細を決定する。専門部署での受付時に利用者カードを提示してもらい，決定した試験内容などを事業管理システムに登録する。

なお，利用者カードの持参を忘れた場合は，総合窓口に案内し，名刺及び本人確認

第2部　午後Ⅰ対策

できる身分証を提示してもらい，利用者カードを再発行している。再発行すると，古い利用者カードを無効にし，使用できないようにする。

(5) 見積書及び申込書の作成

省略。

(6) 申込手続

省略。

(7) 試験実施

省略。

(8) 報告書の納品（依頼試験の場合）

依頼試験の場合，依頼内容に応じた試験結果を報告書にまとめ，利用者に対して納品する。報告書の宛名は企業名にしている。納品は，来所してもらい手渡しするか，報告書を郵送で提出する。郵送の場合の送付先は，利用者が所属する事業所の所在地にしている。

〔現行の事業管理システムにおける企業及び利用者に関する情報の管理運用〕

現行の事業管理システムでは，企業及び利用者に関する情報をマスタで管理している。現行の事業管理システムで使用している主なマスタを表1に示す。企業情報を利用者に確認したり，職員が公表情報を調べたりする作業負荷を軽減するため，企業マスタで管理する属性の一部は，信用調査会社から年に1回，企業データベース（以下，企業DBという）を購入し，登録している。購入したデータは，A研究所を過去に利用したことがない企業も含めて企業マスタに登録・更新している。ただし，費用面の都合から，購入する企業DBは，A研究所が所在する区域内に本店が所在する企業だけとしており，本店以外の事業所情報及び個人事業者の情報は購入していない。

表1　現行の事業管理システムで使用している主なマスタ

マスタ名	主な属性（下線は主キーを示す）
企業マスタ	<u>企業コード，企業コード枝番</u>，本支店区分，業種[1]，法人種別[1]，企業名（漢字）[1]，企業名（カナ）[1]，代表者氏名[1]，資本金[1]，従業員数[1]，適用料金区分，事業所名，郵便番号[1]，所在地[1]，代表電話番号[1]
利用者マスタ	<u>利用者コード</u>，企業コード，企業コード枝番，氏名，電話番号，ファックス番号，電子メールアドレス
利用者カードマスタ	<u>利用者カード番号</u>，利用者コード，状態区分

注[1]　企業DBに存在する項目

132

〔企業及び利用者に関する情報の管理運用に対する改善要望〕

　現行の企業及び利用者に関する情報の管理運用に対して，利用者及びA研究所職員から次に示す改善要望が挙がっている。

(1)　利用者からの改善要望

　　　・A研究所を頻繁に利用しないので，利用者カードを忘れてくることが多い。その都度，利用者カードの再発行が必要になり，手続が面倒である。

(2)　総合窓口の職員からの改善要望

　　　・A研究所が所在する区域外に本店がある企業など，企業DBに含まれない企業の利用が多く，企業情報の登録作業が負荷になっている。

　　　・現在，事業所単位で企業マスタに登録しているので，本店の情報は登録されているが，支店などの事業所情報を新規に登録しなければならないケースが多い。事業所別で情報を管理しているのは，過去の料金体系時の経緯であり，現在の料金体系では企業マスタとして事業所別の情報を管理する必要性がない。

　　　・利用者カードの発行，再発行に手数料を取っていないので，利用者カードの媒体や発行手続に係る費用が負担になっている。プラスチックの利用者カードは順次廃止し，電子化したいが，電子化後も利用者カードの発行の考え方，使用ルールは現在の運用を踏襲したい。

(3)　専門部署の職員からの改善要望

　　　・企業名が変更になったり，屋号などの正式な企業名ではない情報で登録されていたりすることから，同一企業であるにもかかわらず別企業として企業マスタに登録されているデータが散見され，検索，集計などの際に問題がある。

〔企業に関する情報の管理運用の見直し〕

　現行の事業管理システムの老朽化に伴い，マスタで管理する情報の変更を含めて事業管理システムを刷新することにした。刷新に当たっては，前述の改善要望を踏まえて，企業に関する情報の管理運用を次のとおり見直すことにした。

・国税庁法人番号公表サイトで提供されている企業名，本店又は主たる事務所の所在地，及び1法人に一つ指定される法人番号から構成される基本3情報（以下，法人情報という）の提供サービスを利用し，全国の法人情報の全件データ及び日次で取得した法人情報の差分データを用いて，企業マスタに登録・更新する。

　　なお，提供される法人情報は，法人登記し，法人番号が指定された法人全てが対象である。また，法人番号が指定されない個人事業者などは対象外である。法人情報以外の電話番号，代表者氏名，支店の情報などは提供されない。

・企業マスタは法人情報の利用に伴い，事業所単位ではなく企業単位で情報を管理するこ

第2部　午後Ⅰ対策

とし，登録済の企業情報は，システム刷新時にできる限り法人情報に名寄せする。一方で，事業所情報は，利用者マスタで管理する。

・上記によって，企業情報の登録作業はある程度軽減され，誤った企業名での登録や重複登録は減る見込みである。また，①特定の属性情報を利用するに当たり，企業情報を確認したり，調べたりする作業負荷が増えないよう，企業DBを引き続き購入する。

・②企業に関する情報が企業マスタに登録されていないケースを想定して，企業情報の新規登録機能は引き続き残すことにする。

〔利用者に関する情報の管理運用の見直し〕

　企業に関する情報の管理運用の見直しと同時に，利用者に関する情報の管理運用も次のとおり見直すことにした。

・総合窓口における利用者情報の新規登録手続を簡便化するため，利用者がA研究所のホームページからオンラインで利用者情報を事前登録できる機能を提供する。その際，法人に所属する利用者の場合は，企業情報の入力をできる限り簡略化し，かつ所属企業との関連づけができるよう，　　a　　の入力を求める。

・オンラインでの登録の場合，なりすましによる不正登録を防止するため，仮登録の状態にする。利用者は，依頼試験又は機器・設備利用の際には一度は来所が必要になるので，初回の来所時に身元を確認してから本登録にする。

・プラスチックの利用者カードを廃止して，利用者コードから生成するQRコードを利用した利用者カードに変更し，スマートフォンなどでいつでも表示可能にする。本登録の際に，利用者の電子メールアドレスに利用者マスタの情報から生成したURLを送付し，そのURLにアクセスするとQRコードが表示される。このとき，③電子化前の利用者カードの使用ルールを踏襲し，URLにアクセスする都度，利用者の電子メールアドレス又は携帯電話のショートメッセージサービスにワンタイムのPINを送付し，PINを入力しないとQRコードが表示できない仕組みにする。

設問1　〔現行業務の概要〕について，利用者カードに印字されているバーコードに必ず含まれる情報を**表1**中の属性名を用いて答えよ。また，その属性をバーコードに含めている利用者カードに対する業務の管理運用上の理由を35字以内で述べよ。

設問2　〔企業に関する情報の管理運用の見直し〕について，(1) ～ (3)に答えよ。

　(1) 企業マスタは事業所単位ではなく企業単位で情報を管理することにした一方で，利用者マスタ上で事業所情報を引き続き管理することにしたのは，主要事業の業務の流れ上どのような用途で利用することを想定したからか。20字以内

で述べよ。

(2) 法人情報を利用することにしたが，本文中の下線①のように，作業負荷が増えないよう，企業DBを引き続き購入することにした理由を，**表1**中の属性名を用いて35字以内で述べよ。

(3) 本文中の下線②のケースとして二つのケースが考えられる。一つは，法人登記した直後で法人情報がまだ提供されていない企業が利用するケースである。もう一つのケースを15字以内で述べよ。

設問3 〔利用者に関する情報の管理運用の見直し〕について，(1) ～ (3)に答えよ。

(1) システム刷新後の利用者マスタで新たに必要になる情報が二つある。一つは，これまで企業マスタで管理していた事業所情報である。もう一つの情報を25字以内で述べよ。

(2) オンラインでの利用者情報の登録について， ___a___ に入れる字句を答えよ。

(3) 本文中の下線③の使用ルールとは何か。30字以内で述べよ。

第2部　午後Ⅰ対策

解答と解説

令和3年度 春期 午後Ⅰ 問1

IPAによる出題趣旨・採点講評・解答例・解答の要点

出題趣旨（IPA公表資料より転載）

　近年，民間企業，官公庁において，様々なデータのオープン化，Webサービスによる公開が進められている。システムアーキテクトには，これらを活用した新たなサービスの開発，自社での効果的な利活用を企画，具現化する能力が求められる。

　本問では，試験研究機関における企業及び利用者に関する情報の管理運用の見直しを題材として，国税庁法人番号公表サイトで提供されている法人番号などの情報の活用も含めたマスタの設計見直し，セキュリティ対策を考慮したデータの管理方法を定義し，設計していく能力を問う。

採点講評（IPA公表資料より転載）

　問1では，試験研究機関での主要な産業支援事業を管理する情報システムを題材に，法人番号の活用を含めたシステム刷新に伴う企業及び利用者に関する情報の管理運用の見直しについて出題した。全体として正答率は平均的であった。

　設問1は，正答率が低かった。特に属性名については，"利用者コード"と誤って解答した受験者が多かった。"利用者コード"とすると，再発行時に古い利用者カードを無効にすることができない。〔現行業務の概要〕の記述をよく読んで，利用者カードの管理運用を理解して，正答を導き出してほしい。

　設問2（2）は，正答率がやや低かった。"代表電話番号"，"代表者氏名"など，適用料金区分を判断する上で関係のない情報を誤って解答した受験者が多かった。なぜ企業情報を確認したり，調べたりする必要があるのかをしっかり理解してほしい。

設問			解答例・解答の要点	備考
設問1		情報	利用者カード番号	
		理由	再発行の際，古い利用者カードを使用できないようにしたいから	
設問2	(1)		報告書の送付先として利用すること	
	(2)		適用料金区分を判断するための情報は，法人情報には含まれないから	
	(3)		個人事業者が利用するケース	
設問3	(1)		利用者が，仮登録か本登録かを識別する情報	
	(2)	a	法人番号	
	(3)		他の利用者の利用者カードを借りて利用することの禁止	

演習1　企業及び利用者に関する情報の管理運用の見直し

問題文の読み方のポイント

　企業及び利用者に関する情報の管理運用の見直しがテーマの問題である。

　地域の中小企業などの産業支援を目的とする試験研究機関（A研究所）の事業が題材になっている。現行業務への改善要望を反映させた，見直し後の業務運用や保持するデータの変化などについて問われている。産業支援に直接携わっている受験者は少ないと考えられるが，解答を導くために必要となる具体的な業務内容は，問題文に詳しく説明されているので，産業支援に関する専門知識は不要である。

　問題文は，〔A研究所の事業概要〕，〔現行業務の概要〕，〔現行の事業管理システムにおける企業及び利用者に関する情報の管理運用〕，〔企業及び利用者に関する情報の管理運用に対する改善要望〕，〔企業に関する情報の管理運用の見直し〕，〔利用者に関する情報の管理運用の見直し〕の六つの部分から構成されている。細かな表現が多く含まれているため，問題文から抜け漏れなく手掛かりを発見する必要がある。データの変化については，データベースの基礎知識があれば解答できたと考えられる。

設問1

ポイント

　設問1は，利用者カードに印字されているバーコードに関する設問である。バーコードに必ず含まれている情報と，情報をバーコードに含めている理由を解答する。バーコードに含まれている情報については「表1中の属性名を用いて」と指示されているので，属性名を勝手に変更しないように注意する必要がある。理由については，「業務の運用管理上」と限定されているため，理由を検討する際に視点を誤らないようにしたい。

解説

　〔現行業務の概要〕の「(4) 試験内容の決定」には，次のような記述がある。

　専門部署の職員は，利用者からより詳しい内容を聞き取り，試験内容などの詳細を決定する。専門部署での受付時に利用者カードを提示してもらい，決定した試験内容などを事業管理システムに登録する。

　なお，利用者カードの持参を忘れた場合は，総合窓口に案内し，名刺及び本人確認できる身分証を提示してもらい，利用者カードを再発行している。再発行すると，古い利用者カードを無効にし，使用できないようにする。

　利用者カードの管理運用として，利用者カードの持参を忘れた場合，本人確認をした後，利用者カードを再発行していることが分かる。

137

第2部　午後Ⅰ対策

〔現行業務の概要〕の「(3) 利用者情報の登録及び利用者カードの発行 (新規利用者の場合)」の最後の部分には，次のように説明されている。

利用者情報の登録が完了すると，主要事業の受付時などに使用するバーコード付きのプラスチックの利用者カードを発行する。大企業などでは様々な部署がA研究所を利用するケースがあり，誰が利用したのかを識別して管理したいことから，企業単位ではなく，利用者個人ごとに利用者カードを発行している。そのため，同じ企業に所属する者であっても，他の利用者の利用者カードを借りて利用することは禁止している。一方で，利用者カードが本人のものであるかどうかを，受付時に厳密には確認していない。

利用者カードは，利用者個人ごとに発行していて，利用者本人の利用者カードの使用に限定している。ただし，利用者カードの利用時に，本人の利用者カードであることを，厳密に確認していないことが分かる。

表1には，利用者カードマスタの主な属性が，次のように示されている。

マスタ名	主な属性
利用者カードマスタ	利用者カード番号，利用者コード，状態区分

利用者カードには，"利用者カード番号"が含まれている。利用者カード番号が主キーであり，利用者カード番号を使えば，利用者カードそのものを識別できることが分かる。"状態区分"にどのような情報が格納されているかについては，問題文に明記されていないが，「古い利用者カードを無効にし，使用できないようにする」という説明がされていることから，利用者カードの有効／無効のような情報を保持していると予想できる。

専門部署の受付時に利用者カードを提示することになっているが，利用者本人の厳密な確認は行っていない。一方，一人の利用者に対するカードは1枚に限定するという業務運用ルールがあり，利用者カードを提示したときに，バーコードから利用者カード番号を読み取れば，利用者カードの有効性を判断することが可能になる。したがって，バーコードに必ず含まれている情報は，「**利用者カード番号**」，情報をバーコードに含めている理由は，「**再発行の際，古い利用者カードを使用できないようにしたいから**」となる。

演習1　企業及び利用者に関する情報の管理運用の見直し

設問2

ポイント

設問2は，企業情報の管理運用の見直しに関する設問である。管理運用の見直し後，企業に関する情報は，国税庁法人番号サイトで提供されている情報を基に登録するように変更される。ただし，提供されている情報は，企業名，本店又は主たる事務所の所在地，1法人に一つ指定される法人番号の3属性（法人情報）だけのため，現状の管理運用で使用している情報と比較すると不足している。不足している情報をどのように補うかを読み取ることが必要である。

解説(1)

従来は，企業コード枝番を利用して，事業所情報を企業マスタで管理していたが，企業マスタを企業単位で管理することに変更される。ただし，事業所情報は，破棄するのではなく，利用者マスタで継続して管理する。利用者に紐づけて事業所情報を保持するということである。

〔現行業務の概要〕の「(3) 利用者情報の登録及び利用者カードの発行（新規利用者の場合）」には，次のような記述がある。

大企業などでは様々な部署がA研究所を利用するケースがあり，誰が利用したのかを識別して管理したいことから，企業単位ではなく，利用者個人ごとに利用者カードを発行している。

〔現行業務の概要〕の「(8) 報告書の納品（依頼試験の場合）」には，次のような記述がある。

依頼試験の場合，依頼内容に応じた試験結果を報告書にまとめ，利用者に対して納品する。報告書の宛名は企業名にしている。納品は，来所してもらい手渡しするか，報告書を郵送で提出する。郵送の場合の送付先は，利用者が所属する事業所の所在地にしている。

大企業などでは，複数の部署がA研究所を利用していて，依頼試験の報告書は手渡しするか，利用者が所属する事業所へ郵送することになっている。事業所情報は報告書の郵送に利用していることが分かる。したがって，事業所情報を利用する用途は，「**報告書の送付先として利用すること**」となる。

解説(2)

下線①は次のようになっている。

139

第2部　午後Ⅰ対策

・また，①特定の属性情報を利用するに当たり，企業情報を確認したり，調べたりする作業
　負荷が増えないよう，企業DBを引き続き購入する。

　法人情報だけでは不足する情報を手作業で入力するのではなく，作業負荷を削減するために
企業DBを引き続き購入し，企業DBの情報を活用することによって，不足する情報を補ってい
るということである。表1の属性名を用いて解答することに注意しなければならない。
　〔A研究所の事業概要〕の最後の段落には，次のような記述がある。

　主要事業は有料で提供しており，利用料金には，一般料金と，中小企業及び個人事業者
向けの優遇料金がある。一般料金と優遇料金のどちらを適用するかについては，株式会社・
社団法人などの法人種別，業種，資本金及び従業員数でA研究所が判断している。過去の
料金体系では，A研究所を所管する地方公共団体の区域内に本店，支店などの事業所が所
在する場合，料金を安くする制度があったが，別の助成制度の提供に伴い，現在は廃止さ
れている。

表1には，企業マスタの主な属性として，

マスタ名	主な属性
企業マスタ	企業コード，企業コード枝番，本支店区分，業種[1]，法人種別[1]，企業名（漢字)[1]，企業名（カナ)[1]，代表者氏名[1]，資本金[1]，従業員数[1]，（以下省略）

注[1]　企業DBに存在する項目

と，説明されている。注記にあるように「1)」で示されている属性が企業DBから引用している属
性である。一般料金を適用するのか，法人料金を適用するかの判断材料となる法人種別，業種，
資本金，従業員数は，法人情報になく，企業DBにある情報である。したがって，企業DBを引
き続き購入する理由は，「**適用料金区分を判断するための情報は，法人情報には含まれないから**」
となる。

解説（3）

　下線②は次のようになっている。

演習1　企業及び利用者に関する情報の管理運用の見直し

・②企業に関する情報が企業マスタに登録されていないケースを想定して，企業情報の新
　規登録機能は引き続き残すことにする。

　企業マスタに登録されない二つのケースがあると説明されている。一つは設問文で示されて
いる「法人登記した直後で法人情報がまだ提供されていない企業が利用するケース」の場合であ
り，もう一つのケースを解答する。
　〔企業に関する情報の管理運用の見直し〕の箇条書きの1点目には，次のような記述がある。

　なお，提供される法人情報は，法人登記し，法人番号が指定された法人全てが対象である。
また，法人番号が指定されない個人事業者などは対象外である。法人情報以外の電話番号，
代表者氏名，支店の情報などは提供されない。

　法人情報として入手可能な企業は，法人番号が指定された法人に限られている。個人事業者
は法人番号が指定されないため，法人情報として提供されないことが分かる。したがって，企
業マスタに登録されないケースのもう一つは，「**個人事業者が利用するケース**」となる。

設問3

ポイント

　設問3は，利用者情報の管理運用の見直しに関する設問である。管理運用の見直しによって，
利用者マスタには，従来の企業マスタで保持していた事業所情報が追加されたり，新たに必要
となる情報が追加されたりする。利用者情報の取扱いについて，問題文を詳細に読み解いて，
新旧の手順を比較しながら解答を導く必要がある。

解説(1)

　システム刷新後に利用者マスタで新たに必要となる情報が二つあると説明されている。一つ
は設問文で示されている「企業マスタで管理していた事業所情報」であり，もう一つの情報を解
答する。問題文を確認すると，事業所情報のようにシステム刷新前に存在していた情報で，利
用者マスタに移動する情報は事業所情報以外にはないことが分かる。システムの刷新により追
加で必要となる情報を検討する。
　〔利用者に関する情報の管理運用の見直し〕の箇条書きの2点目には，次のような記述がある。

第2部

第2章

午後Ⅰ演習（情報システム）

141

第2部　午後Ⅰ対策

> ・オンラインでの登録の場合，なりすましによる不正登録を防止するため，仮登録の状態にする。利用者は，依頼試験又は機器・設備利用の際には一度は来所が必要になるので，初回の来所時に身元を確認してから本登録にする。

　オンラインでの利用者登録では，なりすましによる不正登録を防止するために，一旦仮登録の状態にしておき，A研究所へ来所した際に本登録に切り替えるということである。利用者の情報として，仮登録なのか本登録なのかを識別するための情報が必要になることが分かる。したがって，利用者マスタに必要になるもう一つの情報は，「**利用者が，仮登録か本登録かを識別する情報**」となる。

解説（2）

　システム刷新後は，総合窓口における利用者情報の新規登録手続を簡便化するために，利用者がA研究所のホームページからオンラインで利用者情報を事前登録できるようになる。法人に所属する利用者の場合，事前登録に際して，企業情報の入力をできる限り簡略化し，かつ利用者が所属する企業との関連付けを行えるようにするための情報を解答する。
　〔企業に関する情報の管理運用の見直し〕の箇条書きの1点目には，次のような記述がある。

> ・国税庁法人番号公表サイトで提供されている企業名，本店又は主たる事務所の所在地，及び1法人に一つ指定される法人番号から構成される基本3情報（以下，法人情報という）の提供サービスを利用し，全国の法人情報の全件データ及び日次で取得した法人情報の差分データを用いて，企業マスタに登録・更新する。
> 　なお，提供される法人情報は，法人登記し，法人番号が指定された法人全てが対象である。また，法人番号が指定されない個人事業者などは対象外である。法人情報以外の電話番号，代表者氏名，支店の情報などは提供されない。

　法人情報の提供サービスによって，企業名，本店又は主たる事務所の所在地，法人番号が利用でき，提供される法人情報は，法人登記している全ての法人が対象であることが分かる。法人番号は1法人に一つ指定されるため，法人を一意に識別する情報となっている。法人登記している全ての法人を企業マスタに登録するので，利用者が事前登録のときに法人番号を指定すれば，企業名や本店又は主たる事務所の所在地を企業マスタから参照できる。したがって，空欄aは，「**法人番号**」となる。

演習1　企業及び利用者に関する情報の管理運用の見直し

解説（3）

〔利用者に関する情報の管理運用の見直し〕の箇条書きの3点目に下線③が含まれている。

・プラスチックの利用者カードを廃止して，利用者コードから生成するQRコードを利用した利用者カードに変更し，スマートフォンなどでいつでも表示可能にする。本登録の際に，利用者の電子メールアドレスに利用者マスタの情報から生成したURLを送付し，そのURLにアクセスするとQRコードが表示される。このとき，③電子化前の利用者カードの使用ルールを踏襲し，URLにアクセスする都度，利用者の電子メールアドレス又は携帯電話のショートメッセージサービスにワンタイムのPINを送付し，PINを入力しないとQRコードが表示できない仕組みにする。

　本登録の際に，利用者の電子メールアドレス又は携帯電話のショートメッセージサービスにワンタイムのPINを送付して，PINを入力するとQRコードが表示されることを利用している。利用者の電子メールアドレスや携帯電話のショートメッセージにワンタイムのPINを送付するため，利用者本人だけがPINを参照できるということになる。

　〔企業及び利用者に関する情報の管理運用に対する改善要望〕の「（2）総合窓口の職員からの改善要望」の箇条書きの3点目には，次のような記述がある。

・利用者カードの発行，再発行に手数料を取っていないので，利用者カードの媒体や発行手続に係る費用が負担になっている。プラスチックの利用者カードは順次廃止し，電子化したいが，電子化後も利用者カードの発行の考え方，使用ルールは現在の運用を踏襲したい。

　利用者カードの電子化後も使用ルールは現在の運用を踏襲するということが説明されている。電子化前の利用者カードの使用ルールは，〔現行業務の概要〕の「（3）利用者情報の登録及び利用者カードの発行（新規利用者の場合）」に，次のようにある。

　利用者情報の登録が完了すると，主要事業の受付時などに使用するバーコード付きのプラスチックの利用者カードを発行する。大企業などでは様々な部署がA研究所を利用するケースがあり，誰が利用したのかを識別して管理したいことから，企業単位ではなく，利用者個人ごとに利用者カードを発行している。そのため，同じ企業に所属する者であっても，他の利用者の利用者カードを借りて利用することは禁止している。

143

第2部　午後Ⅰ対策

　現行の業務では，他の利用者の利用者カードを借りることを禁止している。利用者の電子メールアドレス又は携帯電話のショートメッセージサービスにワンタイムのPINを送付して，PINを参照できるのを本人に限定することによって，自身の利用者カードだけを使用できるようにすると考えられる。したがって，使用ルールは，「**他の利用者の利用者カードを借りて利用することの禁止**」となる。

演習2 配達情報管理システムの改善

令和3年度 春期 午後Ⅰ問2（標準解答時間40分）

問 配達情報管理システムの改善に関する次の記述を読んで，設問1，2に答えよ。

K社は全国に2,000の営業所を持つ運送会社である。このたび，宅配便サービスの差別化及び再配達率の改善を図るために，既存システムである配達情報管理システム（以下，配達システムという）の改善を行うことにした。

〔現在の業務の概要〕

K社での集荷から配達までの業務の流れを図1に示す。K社では，届け先の個人又は企業（以下，届け先顧客という）の住所での受取，配達先の営業所での受取（以下，営業所受取という）に対応している。依頼主は送付伝票を記載する際に配達予定日，配達予定時間帯及び受取場所を指定できる。

配達システムでは届け先顧客に配達予定連絡サービスを提供している。配達予定連絡サービスでは，送付伝票に配達予定日，配達予定時間帯が明記されており，かつ届け先顧客の電子メールアドレスが配達システムに登録されていた場合に，その日付と時間帯を該当の届け先顧客に通知する。

荷受け，配達先の営業所到着，配達開始，配達完了の各タイミングで送付伝票の伝票番号のバーコードを携帯情報端末（以下，配達端末という）で読み取ると，配達システムに，個々の荷物がどのような状況にあるのかを示すステータス（以下，配達状況という）が登録される。

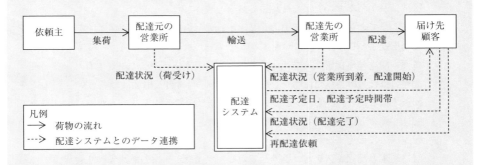

図1　集荷から配達までの業務の流れ

営業所での主な業務とその作業内容を次に示す。

(1) 集荷・輸送業務
・配達員が個人又は企業の依頼主を訪問し、集荷する。
・集荷時には、送付伝票を貼り付け、送付伝票のバーコードを配達端末で読み取り、配達状況を"荷受け"にする。
・配達システムに送付伝票の依頼主名、届け先顧客名、郵便番号、住所、電話番号、配達予定日及び配達予定時間帯を登録すると、配達システムが配達予定日及び配達予定時間帯を配達予定連絡サービスの対象の届け先顧客に通知する。
・荷受け後、配達元の営業所から配達先の営業所に、配達業務の時間帯に合わせて輸送する。

(2) 仕分業務
・配達先の営業所には、1日複数回荷物が輸送されてくる。仕分担当者は荷物の到着後に送付伝票のバーコードを配達端末で読み取り、配達状況を"営業所到着"にする。到着した荷物は当日に再配達する荷物と併せて仕分けする。荷物の仕分け後、配達員に次の便で配達するよう依頼する。
・配達先の営業所受取を指定された場合は営業所倉庫に保管する。

(3) 配達業務
・各配達員の担当区域は、営業所ごとに管理されており、配達システムには登録されていない。配達員は自分の担当区域を把握しており、担当区域外に配達することはない。
・配達員は配達時に配達端末を携帯する。
・配達業務は午前1便、午後2便の計3便行う。各便の出発時刻は決まっており、担当区域にかかわらず、全配達員共通である。
・各便の全ての荷物に対して引渡し又は不在の場合の対応を実施したら当該便の配達業務を完了とし、営業所に帰還する。
・各便の配達順序は営業所を出発する前に配達員があらかじめ決定する。
・配達員は仕分けされた荷物を自動車、リアカー付き自転車又は台車（以下、これらを配達車両という）を利用して配達する。配達車両に荷物を積み込む際に配達端末で配達状況を"配達開始"にする。配達にどの配達車両を使用するかは配達員が判断し、配達端末に入力する。
・配達端末は配達システムと連携している。配達員が、次の配達先の送付伝票のバーコードを読み取ると、配達システムが蓄えている過去の配達実績情報及び現在の交通情報に基づいて、使用する配達車両に応じた推奨移動経路と配達到着予想時刻を配達端末に提示する。
・配達員は荷物の引渡しまでを担当する。届け先顧客に荷物の引渡しを終えたタイミ

ングで，配達端末で配達状況を"配達完了"にする。届け先顧客に引き渡す際には社名と氏名を名乗っている。

・配達時に届け先顧客が不在の場合，配達員は不在連絡票を投かんする。

・1便目，2便目の配達業務完了後は配達車両から荷物を降ろさない。3便目の配達業務完了後に配達車両から荷物を降ろし，営業所倉庫に保管する。

・配達時の移動経路，移動時間及び駐停車時の時間を配達端末が自動的に記録し，配達実績情報として配達システムに保存する。

(4) 再配達受付業務

・営業所の再配達受付担当者は，不在連絡票を受け取った届け先顧客から再配達の依頼を電話で受け付ける。受取場所の変更は受け付けない。再配達を受け付ける際は，届け先顧客から再配達希望日，再配達希望時間帯を確認する。ただし，再配達希望日が当日で，かつ再配達希望時間帯の受付締切時刻経過後は，再配達希望は受け付けない。

・再配達希望日が配達日当日の場合は，配達員に再配達希望時間帯を指示し，当日中に再配達してもらう。

〔宅配便サービスの改善要望〕

宅配便サービスの改善に当たって依頼主と届け先顧客に要望をヒアリングした結果は，次のとおりである。

(1) 依頼主

・依頼主が誰なのかを届け先顧客に通知してほしい。

・配達が完了したことを依頼主に通知してほしい。

(2) 届け先顧客

・午前中（9時〜12時）などは配達予定時間帯の幅が広く，配達予定連絡が来ても待ち時間にストレスを感じる。待ち時間を減らしてほしい。

・帰宅して不在連絡票を確認しなくても再配達依頼できるようにしてほしい。

・荷物が届く前でも再配達依頼時と同様に配達日，配達時間帯などを変更できるようにしてほしい。また受取場所の変更もできるようにしてほしい。

・配達員として誰が来るのかが分かるようにしてほしい。

〔改善後の配達システムの新機能〕

宅配便サービスの改善要望を踏まえ，K社情報システム部のL課長は次の(1)〜(5)の新機能を配達システムに追加することにした。

(1) 配達予定時刻計算機能

第2部　午後Ⅰ対策

配達員から配達端末を用いて連携された情報を基に，推奨移動経路で移動した場合の各受取場所への配達予定時刻を計算する。

(2)　配達予定情報通知機能

配達先の営業所を出発したタイミングで，配達予定時刻と①ある情報を配達予定情報として届け先顧客に通知する。

(3)　不在連絡票通知機能

配達員が不在連絡票を投かんし，配達状況を"不在連絡済"にしたタイミングで，不在連絡票の内容を届け先顧客に通知する。

(4)　配達完了通知機能

配達員が荷物を引渡し，配達状況を"配達完了"にしたタイミングで，配達完了のお知らせを依頼主と届け先顧客に通知する。

(5)　配達条件変更機能

配達希望日，配達希望時間帯及び受取場所（以下，配達条件という）の変更を配達先の営業所の担当者が電話で受け付ける。ただし，配達状況が"配達完了"又は"不在連絡済"の荷物については受け付けない。配達条件の変更を受け付ける際は，配達条件を確認し，配達システムに入力する。配達システムは，入力された配達条件に基づいて配達状況を変更する。

受取場所を配達先の営業所以外へ変更する場合は，配達日を翌日以降に指定してもらう。また，　　a　　の場合，かつ　　b　　の場合においては，配達条件の変更を受け付けない。

入力された配達条件は，配達条件変更通知として配達端末に表示される。変更後の受取場所として配達先の営業所が指定された場合は，配達状況を"営業所倉庫保管"として，営業所帰還時に荷物を降ろすことを配達員に指示する。変更後の配達希望時間帯が当該便の配達時間帯でない場合は，配達状況を"営業所戻り"とし，当該便では荷物の配達を行わないことを配達員に指示する。

〔配達システム改善後の配達業務の概要〕

配達システム改善後の配達業務の主な変更点は次のとおりである。

・配達員は営業所出発前に，配達時に使用する配達車両に加えて配達員の氏名を配達端末で配達システムに入力し，あらかじめ決めておいた配達順序の順番に送付伝票のバーコードを読み取り，配達状況を"配達開始"にする。

・次の配達先に荷物を届ける前に送付伝票のバーコードを読み取る。その際に配達条件変更機能によって配達条件が変更されていた場合は配達端末にその内容が表示されるので，その内容に従い，必要に応じて届け先顧客と調整する。配達条件変更通知がなかった場

演習 2　配達情報管理システムの改善

合は送付伝票に記載された受取場所に届ける。

・配達端末で配達状況を入力するケースとして次の二つを追加する。受取場所に配達員の担当区域外を指定されていた場合は，配達員が，配達状況を"担当区域外"にする。不在連絡票を投かんした場合は，配達員が，配達状況を"不在連絡済"にする。

・配達員が配達状況を"担当区域外"にした場合又は配達システムが配達状況を" c "に変更していた場合には，営業所に帰還した際に，これまでの配達業務では行わなかった作業を実施する。

設問1　〔改善後の配達システムの新機能〕について，(1) ～ (3)に答えよ。

(1) 各受取場所への配達予定時刻を計算するために，配達端末から配達システムに連携している情報が二つある。どのような情報か，それぞれ15字以内で述べよ。

(2) 改善要望を満たすために通知する，本文中の下線①の情報とは何か。二つ挙げ，それぞれ10字以内で答えよ。

(3) 本文中の a ， b に入れる適切な内容をそれぞれ20字以内で述べよ。

設問2　〔配達システム改善後の配達業務の概要〕について，(1) ～ (3)に答えよ。

(1) 配達員が，配達状況を入力するケースを追加することで実現できる改善要望は何か。30字以内で述べよ。

(2) 受取場所を配達員の担当区域外に指定された場合に，配達状況の変更を，配達員自身が実施している理由は何か。30字以内で述べよ。

(3) 本文中の c に入れる適切な配達状況を答えよ。また，この配達状況に変更された場合に現在行っていない作業を配達員が営業所で行う必要がある。どのような作業を行うのか，作業内容を35字以内で述べよ。

149

第2部　午後Ⅰ対策

解答と解説

令和3年度 春期 午後Ⅰ 問2

IPAによる出題趣旨・採点講評・解答例・解答の要点

出題趣旨（IPA公表資料より転載）

　顧客やサービス利用者の利便性を向上させるために，新サービスを提供するに当たり，新しい業務プロセスを設計することがある。システムアーキテクトには，要望を基にシステム要件を定義し，情報システムと業務プロセスを設計していく能力が求められる。

　本問では，宅配便サービスを題材として，現行の業務，既存の情報システムを理解した上で，顧客やサービス利用者から求められている改善要望を基に，新しい機能を定義して業務プロセスや情報システムを設計する能力を問う。

採点講評（IPA公表資料より転載）

　問2では，宅配便サービスを題材に，現行業務，既存の情報システムを正しく把握した上での顧客やサービス利用者から求められている機能の設計について出題した。全体として正答率は平均的であった。

　設問1 (1)は，正答率がやや低かった。配達予定時刻を計算するために，配達員が配達端末を用いて配達システムに連携している情報を問う問題であったが，配達端末を用いて連携していない情報を誤って解答した受験者が多かった。一般論で解答するのではなく，本文中の記述及び設問の内容から，配達システムにどのような情報を連携する必要があるのかを理解して，正答を導き出してほしい。

　設問1 (3)は，正答率がやや低かった。配達条件の変更を受け付けられない場合の条件を問う問題であったが，配達状況が"配達完了"や"不在連絡済"など，成立しない条件を誤って解答した受験者が多かった。本文中の記述から，複合条件としては成立しないことに気付いてほしい。システムアーキテクトは現行業務を踏まえた上で，システム改善後の機能を設計することを心掛けてほしい。

設問			解答例・解答の要点	備考
設問1	(1)	①	あらかじめ決めた配達順序	
		②	配達時に使用する配達車両	
	(2)	①	配達員の氏名	
		②	依頼主名	
	(3)	a	配達希望日が当日	
		b	配達希望時間帯の受付締切時刻経過後	
設問2	(1)		不在連絡票を確認しなくとも再配達依頼ができること	
	(2)		各配達員の担当区域は配達システムに登録されていないから	
	(3)	c	営業所倉庫保管	
		作業内容	当日の配達業務完了前に荷物を降ろし，営業所倉庫に保管する作業	

150

演習2　配達情報管理システムの改善

問題文の読み方のポイント

　配達情報管理システムの改善がテーマの問題である。

　全国に2,000の営業所を展開する運送会社（K社）の宅配便サービスが題材になっている。現在の業務の説明に続き，依頼主，届け先顧客からの改善要望が示されている。配達システムへの新機能の追加によって，配達業務の改善を図っている。

　問題文は，〔現在の業務の概要〕，〔宅配便サービスの改善要望〕，〔改善後の配達システムの新機能〕，〔配達システム改善後の配達業務の概要〕の四つの部分から構成されている。宅配便サービスの説明は分かりやすく，実際に利用する機会も多いため，業務内容を理解することは容易であったと考えられる。ただし，業務内容が細かく説明されていて，かつ宅配システムで取り扱う情報が数多いため，問題文を丁寧に読む必要がある問題となっている。

設問1

ポイント

　設問1は，改善後の配達システムの新機能に関する設問である。配達システムで使用する情報と配達条件を変更する機能について解答する。設問は(1)〜(3)に分かれていて，四つの情報の内容（名称）と配達条件に関する二つの空欄の内容が問われている。解答字数は少ないが，ある程度の時間を掛けて，現行の業務内容と改善後の業務内容を対比しながら，抜け漏れなく問題を読まないと解答を導けないと考えられる。

解説(1)

　各受取場所への配達予定時刻を計算するために必要となる情報を2点解答する。〔宅配便サービスの改善要望〕の「(2)届け先顧客」に列挙されている要望の1点目に，

> ・午前中（9時〜12時）などは配達予定時間帯の幅が広く，配達予定連絡が来ても待ち時間にストレスを感じる。待ち時間を減らしてほしい。

と示されている。配達予定時刻を顧客に通知することによって，顧客は具体的な待ち時間が認識でき，顧客のストレス軽減に寄与できると考えられる。

　受取場所は，〔現在の業務の概要〕の「(3)配達業務」の5点目に，

> ・各便の配達順序は営業所を出発する前に<u>配達員があらかじめ決定する</u>。

と説明されているので，配達順序は配達システムには登録されておらず，<u>配達員が決定した配</u>

151

第2部　午後Ⅰ対策

達順序を，自身の配達端末に入力しているものと考えられる。〔現在の業務の概要〕の「(3)配達業務」の7点目に，次のように説明されている。

・配達端末は配達システムと連携している。配達員が，次の配達先の送付伝票のバーコードを読み取ると，配達システムが蓄えている過去の配達実績情報及び現在の交通情報に基づいて，使用する配達車両に応じた推奨移動経路と配達到着予想時刻を配達端末に提示する。

〔改善後の配達システムの新機能〕の「(1)配達予定時刻計算機能」には，

配達員から配達端末を用いて連携された情報を基に，推奨移動経路で移動した場合の各受取場所への配達予定時刻を計算する。

のように説明されており，使用する配達車両に応じた推奨移動経路で移動した場合の，届け先住所への配達予定時刻であることが分かる。配達車両は，〔現在の業務の概要〕の「(3)配達業務」の6点目の箇条書きにある，

・配達員は仕分けされた荷物を自動車，リアカー付き自転車又は台車（以下，これらを配達車両という）を利用して配達する。配達車両に荷物を積み込む際に配達端末で配達状況を"配達開始"にする。配達にどの配達車両を使用するかは配達員が判断し，配達端末に入力する。

という記述から，自動車やリアカー付き自転車などがあり，配達車両によって経路が異なるものと考えられ，配達車両の情報は配達端末が保持していることが分かる。配達端末が保持している，配達順序と配達車両の情報を配達システムに連携すれば，各受取場所への配達予定時刻を計算することができる。したがって，配達端末から配達システムに連携している二つの情報は，「**あらかじめ決めた配達順序**」，「**配達時に使用する配達車両**」となる。

解説（2）

改善要望を満たすために通知する情報を2点解答する。〔改善後の配達システムの新機能〕に下線①が含まれている。

演習2　配達情報管理システムの改善

　　宅配便サービスの改善要望を踏まえ，K社情報システム部のL課長は次の(1)〜(5)の新
機能を配達システムに追加することにした。
(　〜略〜　)
(2)　配達予定情報通知機能
　　　配達先の営業所を出発したタイミングで，配達予定時刻と①ある情報を配達予定情
　　報として届け先顧客に通知する。

顧客がもつ改善要望のうち，届け先顧客へ通知する情報に関する要望は，〔宅配便サービスの
改善要望〕に示されている，次の改善要望と考えられる。

(1)　依頼主
　　・依頼主が誰なのかを届け先顧客に通知してほしい。
　　・配達が完了したことを依頼主に通知してほしい。
(2)　届け先顧客
　　・午前中(9時〜12時)などは配達予定時間帯の幅が広く，配達予定連絡が来ても待ち
　　　時間にストレスを感じる。待ち時間を減らしてほしい。
　　(　〜略〜　)
　　・配達員として誰が来るのかが分かるようにしてほしい。

依頼主に関する情報は，〔現在の業務の概要〕の「(1)集荷・輸送業務」の箇条書きの3点目に，
次の説明がある。

・配達システムに送付伝票の依頼主名，届け先顧客名，郵便番号，住所，電話番号，配達
　予定日及び配達予定時間帯を登録すると，配達システムが配達予定日及び配達予定時間
　帯を配達予定連絡サービスの対象の届け先顧客に通知する。

依頼主名は，配達システムに登録されていることが分かる。配達員に関する情報は，〔配達シ
ステム改善後の配達業務の概要〕の箇条書きの1点目に，

153

第2部　午後Ⅰ対策

> ・配達員は営業所出発前に，配達時に使用する配達車両に加えて<u>配達員の氏名を配達端末</u>
> <u>で配達システムに入力し</u>，あらかじめ決めておいた配達順序の順番に送付伝票のバーコー
> ドを読み取り，配達状況を"配達開始"にする。

と説明されているので，配達システムに，配達員の氏名が保持されていることが分かる。したがっ
て，届け出顧客に通知する二つの情報は，「**依頼主名**」，「**配達員の氏名**」となる。

解説（3）

　再配達に関して，配達条件を受け付けない場合の条件を2点（空欄aとb）解答する。〔改善後
の配達システムの新機能〕の「(5) 配達条件変更機能」に，空欄aとbも含め，次のように説明さ
れている。

> 　配達希望日，配達希望時間帯及び受取場所（以下，配達条件という）の変更を配達先の営
> 業所の担当者が電話で受け付ける。ただし，<u>配達状況が"配達完了"又は"不在連絡済"の</u>
> <u>荷物については受け付けない</u>。配達条件の変更を受け付ける際は，配達条件を確認し，配
> 達システムに入力する。配達システムは，入力された配達条件に基づいて配達状況を変更
> する。
> 　<u>受取場所を配達先の営業所以外へ変更する場合は，配達日を翌日以降に指定してもらう</u>。
> また，　　 a 　　の場合，かつ　　 b 　　の場合においては，配達条件の変更を受け付けない。

　解答を検討する際に着目しないといけない箇所に下線を追加している。配達状況が"配達完
了"と"不在連絡済"の場合は受け付けず，受取場所を配達先の営業所以外へ変更する場合も空
欄aとbの条件に該当しない。空欄aとbで検討する条件は，配達前であって，かつ配達先を配
達先の営業所以外へ変更しないときについて，再配達を受け付けない場合となる条件を検討す
る。
　荷物の配達について，〔現在の業務の状況〕の「(4) 再配達受付業務」の最初の箇条書きに，

> ・営業所の再配達受付担当者は，不在連絡票を受け取った届け先顧客から再配達の依頼を
> 電話で受け付ける。受取場所の変更は受け付けない。再配達を受け付ける際は，届け先
> 顧客から再配達希望日，再配達希望時間帯を確認する。ただし，<u>再配達希望日が当日で，</u>
> <u>かつ再配達希望時間帯の受付締切時刻経過後は，再配達希望は受け付けない</u>。

演習2　配達情報管理システムの改善

と説明されている。したがって，配達を受け付けない条件は「**配達希望日が当日**」かつ「**配達希望時間帯の受付締切時刻経過後**」の場合となる。

設問2

ポイント

　設問2は，配達システム改善後の配達業務によって実現できる改善要望，改善後の配達業務で配達員が新たに行うことになる作業などについて解答する。設問1と同様，現行の業務内容と改善後の業務内容を対比しながら，漏れなく問題を読んで解答を導く必要がある。新たに行うことになる作業については，解答字数が35文字と多く設定されているため，作業内容の説明を記述してもよいと考えられる。

解説(1)

　配達員が，配達状況を入力するケースを追加することで実現できる改善要望を解答する。配達システム改善後の配達員による配達状況の入力については，〔配達システム改善後の配達業務の概要〕の箇条書きの3点目に，次のように説明されている。

・配達端末で配達状況を入力するケースとして次の二つを追加する。受取場所に配達員の担当区域外を指定されていた場合は，配達員が，配達状況を"担当区域外"にする。<u>不在連絡票を投かんした場合は，配達員が，配達状況を"不在連絡済"にする</u>。

〔宅配便サービスの改善要望〕の「(2) 届け先顧客」の箇条書きの2点目に，次のような説明がある。

・帰宅して<u>不在連絡票を確認しなくても再配達依頼できる</u>ようにしてほしい。

　配達員が，配達状況を"不在連絡済"に変更することで，配達システム上で「配達したが，顧客が不在で荷物を持ち帰った」という情報が確認できるため，配達システムから"不在連絡済"を届け先顧客に通知すれば，届け先顧客が実際に帰宅していなくても「荷物の配達があったが，不在のため配達員が持ち帰った」ということが分かるようになる。したがって，配達状況を入力するケースを追加することで実現できる改善要望は，「**不在連絡票を確認しなくとも再配達依頼ができること**」となる。

第2部　午後Ⅰ対策

解説（2）

　受取場所が配達員の担当区域外に指定されたとき，配達状況の変更を配達員自身が実施している理由を解答する。受取場所の変更は，届け先顧客が配達員に直接伝えるのではなく，配達システムに登録された情報によって配達員に知らされることになる。配達システムは変更先の受取場所の情報を保持していることが分かる。しかし，配達員自身が"担当区域外"と変更する必要があり，<u>配達システムの機能として"担当区域外"であるという情報を設定できない</u>ということである。〔現在の業務の概要〕の「(3)配達業務」の最初の箇条書きに，次のように説明されている。

・<u>各配達員の担当区域は，営業所ごとに管理されており，配達システムには登録されていない。</u>配達員は自分の担当区域を把握しており，担当区域外に配達することはない。

　配達員の担当区域は，配達員が把握していて，配達システムには登録されていないことが分かる。〔配達システム改善後の配達業務の概要〕には，配達業務の変更点が示されているが，<u>配達員の担当区域については触れられていない</u>ため，配達システムが改善されても，配達員の担当区域は配達システムに登録されないままであると考えられる。したがって，受取場所が配達員の担当区域外に指定されたとき，配達状況の変更を配達員自身が実施している理由は，「**各配達員の担当区域は配達システムに登録されていないから**」となる。

解説（3）

　　　c　　に入れる配達状況と，配達員が配達状況を"担当区域外"にした場合又は配達システムが配達状況を"　　c　　"に変更していた場合に配達員が新たに営業所で行う作業を解答する。配達員が，配達状況を"担当区域外"に指定した荷物は，別の配達員が該当する荷物を配達することとなる。〔現在の業務の概要〕の「(2)仕分業務」には，次のような説明がある。

・配達先の営業所には，1日複数回荷物が輸送されてくる。<u>仕分担当者は荷物の到着後に送付伝票のバーコードを配達端末で読み取り，配達状況を"営業所到着"にする。到着した荷物は当日に再配達する荷物と併せて仕分けする。荷物の仕分け後，配達員に次の便で配達するよう依頼する。</u>
・配達先の営業所受取を指定された場合は営業所倉庫に保管する。

　営業所の仕分担当者は，荷物を仕分けて，配達員に配達の指示を出すことと，営業所受取の荷物を営業所に保管する役割を担っていることが分かる。〔現在の業務の概要〕の「(3)配達業務」

156

の最初の箇条書きには,

> ・各配達員の担当区域は,営業所ごとに管理されており,配達システムには登録されていない。配達員は自分の担当区域を把握しており,担当区域外に配達することはない。

と説明されている。配達員は他の配達員の担当区域を把握していないと考えられる。配達状況を"担当区域外"にした荷物は,変更先の地域を担当する配達員へ渡す必要があり,再仕分けが必要になる。〔改善後の配達システムの新機能〕の「(5)配達条件変更機能」に,次のような説明がある。

> 配達条件の変更を受け付ける際は,配達条件を確認し,配達システムに入力する。配達システムは,入力された配達条件に基づいて配達状況を変更する。
> 　(　〜略〜　)
> 　入力された配達条件は,配達条件変更通知として配達端末に表示される。変更後の受取場所として配達先の営業所が指定された場合は,配達状況を"営業所倉庫保管"として,営業所帰還時に荷物を降ろすことを配達員に指示する。

　配達条件の変更を配達システムに入力すると,配達システムが配達状況を変更していることが分かる。荷物の受取場所が配達先の営業所になった場合も,配達システムが配達状況を変更している。解説(3)の最初の引用に下線を付けたとおり,営業所受取を指定された荷物の仕分けも,仕分担当者が行っていることが分かるため,配達状況が,配達システムによって"営業所倉庫保管"に変更された場合も,当該荷物は再仕分けすることになる。したがって,空欄cは,「営業所倉庫保管」であり,配達員が新たに営業所で行う作業は,「当日の配達業務完了前に荷物を降ろし,営業所倉庫に保管する作業」となる。

第2部　午後 I 対策

演習3　融資りん議ワークフローシステムの構築

令和3年度 春期 午後 I 問3（標準解答時間40分）

問　融資りん議ワークフローシステムの構築に関する次の記述を読んで，**設問1～3**に答えよ。

X銀行は，メインフレーム上で顧客情報，預金情報及び融資情報を管理するシステム（以下，基幹システムという）を利用してきた。

このたび，紙の帳票を回付していた融資りん議をペーパレス化するための融資りん議ワークフローシステム（以下，WFシステムという）を，基幹システムとは別に新規に構築することにした。

〔現状の融資りん議の業務〕

X銀行での融資りん議の業務の流れは次のとおりである。

(1)　融資申込受付業務：顧客は，営業店の窓口に融資案件（以下，案件という）の申込書を提出する。申込書を受け付けた営業店（以下，担当営業店という）の担当者（以下，案件担当者という）は，基幹システムで案件番号を発番し，基幹システムの顧客番号とともに申込書に記載する。取引実績のない新規顧客の場合には，基幹システムで顧客番号を発番してから記載する。

(2)　りん議書作成業務：案件担当者は，案件番号を発番した日を作成基準日としてりん議書を作成する。りん議書には，融資対象の顧客の担保不動産の評価データ（以下，担保明細という）を記載した不動産担保評価帳票を，不動産担保評価システム（以下，担保評価システムという）から出力して必ず添付する。資金使途及び返済財源を確認し，基幹システムにある信用格付，財務分析結果及び過去のりん議結果を調査し，必要な検討をした上で，案件情報をりん議書に記載する。りん議書には基幹システムと担保評価システム以外の情報も必要であり，りん議書を作成するために複数のシステムを操作する。

(3)　りん議書回付業務：案件担当者は，業務規程に従い回付経路を記載した回付書を添付して，りん議書を承認者へ回付する。承認者はりん議書に対して意見を付し，承認又は差戻しの判断をする。承認されたりん議書は決裁者へ回付される。決裁者は案件担当者，承認者の意見を踏まえ，融資の決裁，却下，又は差戻しの判断をする。決裁者が決裁又は却下の判断をすると，りん議が完了する。承認者及び決裁者は，可能な限り最新の情報を基に判断をする。りん議書の修正が必要な場合，承認者又は決裁者は修正せずに案件担当者に差し戻した後，案件担当者がりん議書を修正して

再度回付する。申込書を受け付けてからりん議書の回付の開始までの標準的な所要日数及び回付されてから承認及び決裁の判断までの標準的な所要日数を踏まえ，回付の開始，承認及び決裁の期限（以下，目標期日という）を定めている。

担保明細は必要に応じて評価替えしている。承認者及び決裁者は，判断の際に融資対象の顧客の担保明細が更新されていないか，担保評価システムの評価日を確認する。りん議書には最新の不動産担保評価帳票を添付する必要があるので，担保明細が更新されている場合は案件担当者に差し戻す。

融資希望金額が担当営業店の決裁可能金額を超える案件の場合，回付経路には担当営業店に加え本部が含まれる。担当営業店内での承認の後に本部に回付され，本部で承認・決裁される。

〔現状の問題点〕

情報システム部のY課長は，WFシステム構築に当たり融資部にヒアリングをし，次の問題点を抽出した。

・回付経路に本部が含まれる場合，担当営業店で作成したりん議書一式を本部に送付し，本部での決裁完了後に担当営業店に決裁書類一式を返送する流れとなっている。担当営業店と本部ではお互いの処理状況が分からず，本部ではどの顧客のどの案件をいつまでに決裁する必要があるかが本部に回付されるまで分からないので，担当営業店内での回付状況を踏まえて承認・決裁の体制を整えておくことができていない。

・目標期日の到来に気付かず期限を超過することがある。

・りん議書が案件ごとの管理となっているので，同一顧客の別案件の調査で確認した延滞発生などによる顧客の信用格付の変化に，案件担当者が即座に気付けない。

〔WFシステムの概要〕

Y課長はヒアリング結果を基にして，WFシステムを次のように設計した。

りん議書作成に必要な主なデータは複数の既存システムにある。これらのデータは，引き続き既存システムで管理する。①WFシステムは，既存システムの機能をサービスとして利用し，りん議書作成に必要なデータを一括で取得できる方式にした。

WFシステムの主な機能は次のとおりである。

(1) 融資申込の受付機能

顧客から受領した申込書を案件担当者がWFシステムに取り込むと，WFシステムは基幹システムから案件番号と顧客番号を取得し，案件データを作成して受付を完了する。この時点で案件ステータスは"受付"になる。WFシステムは案件の進行状況をりん議の完了まで管理する。

第2部　午後Ⅰ対策

(2)　りん議書の作成機能

　　案件一覧画面で案件担当者が案件番号を選択すると，りん議書入力画面に遷移し，案件ステータスは"作成中"になる。りん議書入力画面の起動時に，WFシステムは必要なデータを複数の既存システムから一括で取得し，WFシステムに保存した後，りん議書入力画面に案件データとともに表示する。案件担当者は，必要に応じて不足している情報を入力し，りん議書をWFシステムに保存する。

(3)　りん議書の回付機能

　　案件担当者は，りん議書に回付経路を設定する。回付経路にはりん議書を処理する担当者（以下，回付先担当者という）の順番を定義する。回付経路の最初の回付先担当者には，案件担当者が自動的に設定される。最後の回付先担当者が決裁者，途中の回付先担当者は承認者になる。②ある条件を満たすりん議書の回付経路に本部の回付先担当者が含まれていない場合，WFシステムは案件担当者に修正を要求する。

　　りん議書に対し，処理が求められている案件担当者又は回付先担当者を処理者という。

　　案件担当者が回付の開始の操作をすると案件ステータスは"回付中"となり，りん議書を修正できなくなる。回付経路に本部の回付先担当者が含まれている場合，WFシステムは，顧客情報と融資期日を本部の回付先担当者に電子メールで通知する。

　　WFシステムは，回付経路に沿ってりん議書を順次回付し，回付したことを次の処理者に電子メールで通知する。

　　承認者は，りん議書審査画面でWFシステムに保存されたりん議書を閲覧し，承認又は差戻しの操作をする。承認者が承認の操作をするとWFシステムはりん議書を次の回付先担当者に回付する。差戻しの操作をするとWFシステムは案件担当者にりん議書を差し戻し，案件ステータスは"作成中"に戻り，案件担当者がりん議書を修正することができるようになる。

　　決裁者は，りん議書審査画面でWFシステムに保存されたりん議書を閲覧し，決裁，却下又は差戻しの操作をする。決裁者が決裁の操作をすると案件ステータスは"決裁"になる。却下の操作をすると案件ステータスは"謝絶"になる。決裁者が差戻しの操作をした場合，WFシステムは承認者が差戻しの操作をした時と同じ処理をする。

　　りん議書審査画面起動時にはWFシステムが担保評価システムに担保明細の最新情報を問い合わせる。担保評価システムの情報が，③ある条件に該当する場合，WFシステムは承認者が差戻しの操作をした時と同じ処理をする。

(4)　アラーム通知機能

　　WFシステムは，顧客の信用格付の更新があったことや目標期日までの残り日数が3営業日以下になっていることを，処理者に通知する。

160

演習3　融資りん議ワークフローシステムの構築

　　　顧客の信用格付の更新があったことは，りん議書入力画面及びりん議書審査画面起動時に画面上で通知する。そのために，アラーム通知機能は，　a　　にある最新の信用格付を問い合わせ，WFシステムに保存した案件ファイルの信用格付と比較する。

　　　目標期日までの残り日数が3営業日以下になっていることは，りん議書入力画面及びりん議書審査画面起動時に画面上で通知するだけでなく，日次で処理者に電子メールで通知する。

　　　WFシステムの主要なファイルを表1に示す。

表1　WFシステムの主要なファイル

ファイル	主な属性（下線は主キーを示す）
案件	<u>案件番号</u>，顧客番号，店番，融資希望金額，融資期日，融資期間，資金使途，返済財源，金利，貸出方法，返済方法，信用格付，財務分析番号，案件ステータス
回付経路	<u>案件番号</u>，<u>回付通番</u>，回付先店番，回付先担当者，目標期日
案件状況管理	<u>案件番号</u>，<u>処理通番</u>，処理者，処理開始日時，処理開始時案件ステータス，処理完了日時，処理完了時案件ステータス，処理者判断，処理者意見
店	<u>店番</u>，店名，郵便番号，住所，決裁可能金額
財務分析	<u>財務分析番号</u>，<u>決算年度</u>，財務分析結果
担保評価	<u>案件番号</u>，<u>担保明細番号</u>，担保評価額，担保物件，評価日

〔追加要望への対応〕

　Y課長が，WFシステムの設計内容のレビューを融資部に依頼したところ，大規模な顧客では複数の案件のりん議が並行することがあり，その場合はりん議の優先順位を協議するので，同一顧客で進行中の他の案件の内容を参照しやすくしてほしいという追加要望が提示された。

　Y課長は追加要望を実現するために，④案件ファイルの当該案件番号を持つレコード以外の該当レコードを抽出する条件を検討した。その上で，該当レコードの案件番号をりん議書入力画面とりん議書審査画面に追加し，案件番号を選択することで必要な案件情報を参照できるようにした。

設問1　本文中の下線①によって，ある業務の一部の作業が不要になる。不要になる作業を30字以内で述べよ。

設問2　〔WFシステムの概要〕について，(1)～(4)に答えよ。

第2部　午後Ⅰ対策

(1) 本文中の下線②の条件を表1中のファイル名と属性を用いて40字以内で述べよ。

(2) 本文中の下線③の条件を表1中のファイル名と属性を用いて40字以内で述べよ。

(3) アラーム通知機能によって解決される現状の問題点は二つある。一つは，同一顧客の別案件の調査で確認した延滞発生などによる顧客の信用格付の変化に，案件担当者が即座に気付けないことである。もう一つの問題点を25字以内で述べよ。

(4) 　　a　　に入れる字句を10字以内で答えよ。

設問3 〔追加要望への対応〕について，本文中の下線④の条件は三つある。一つは"案件番号が当該案件の案件番号と異なること"である。他の二つの条件を，表1中の案件ファイルの属性を用いてそれぞれ35字以内で述べよ。

162

演習3　融資りん議ワークフローシステムの構築

解答と解説

令和3年度 春期 午後Ⅰ 問3

IPAによる出題趣旨・採点講評・解答例・解答の要点

出題趣旨 (IPA公表資料より転載)

　デジタルトランスフォーメーションの一環としてペーパレス化が進められている。システムアーキテクトには，既存業務のペーパレス化に当たり，業務及び情報システムの両面の課題を分析した上で，要件を定義し最適な処理方式を検討する能力が求められる。

　本問では，銀行の融資りん議業務のペーパレス化を実現するために導入するワークフローシステムの新規構築を題材として，現行業務の課題を正しく把握した上で，システム化後の新業務を定義し，処理方式を検討する能力を問う。

採点講評 (IPA公表資料より転載)

　問3では，銀行の融資りん議業務のペーパレス化を実現するワークフローシステム（以下，WFシステムという）の新規構築を題材に，現行業務の課題を正しく把握した上でのシステム化後の新業務の定義と処理方式の検討について出題した。全体として正答率は平均的であった。

　設問1は，正答率がやや低かった。システム全体に影響するアーキテクチャの決定事項に関する問題であったが，一部の業務に限定して解答した受験者が多かった。システムアーキテクトは，情報システム全体を俯瞰して検討する立場であることを認識してほしい。

　設問2 (2) は，正答率が低かった。業務要件を踏まえ，WFシステムのデータと外部システムである担保評価システムのデータを比較する際のシステム上の判断基準を問う問題であったが，WFシステム内のデータ同士を比較している解答や，担保評価システムのデータを判定する条件を明確にしていない解答が多かった。複数のシステムが連携して業務を実現するケースが増えてきており，そのような中でも業務と情報システムの機能及びデータの関係を正確に把握して設計することを心掛けてほしい。

設問		解答例・解答の要点	備考
設問1		りん議書を作成するために複数のシステムを操作する作業	
設問2	(1)	案件ファイルの融資希望金額が店ファイルの決裁可能金額を超えている場合	
	(2)	担保評価ファイルの評価日より担保評価システムにある評価日が新しい場合	
	(3)	目標期日の到来に気付かず期限を超過すること	
	(4)	a	基幹システム	
設問3		① 顧客番号が当該案件の顧客番号と同一であること ② 案件ステータスが"受付"，"作成中"又は"回付中"であること	

163

第2部　午後Ⅰ対策

問題文の読み方のポイント

本問は，融資りん議ワークフローシステムの構築に関する問題である。他システム（基幹システムや担保評価システム）は存在するが，手作業で行っている融資りん議業務を新たにシステム化する内容である。他システムは変更しないので，現行業務とシステム要件を対比しながら読んで理解する。

設問1

ポイント

WFシステムで実現される機能が，現状の業務ではどのように行われているか，本文中から探して把握する。

解説

〔現状の融資りん議の業務〕(2)には，次のようにある。

（　〜略〜　）りん議書には基幹システムと担保評価システム以外の情報も必要であり，りん議書を作成するために複数のシステムを操作する。

〔WFシステムの概要〕には，次のようにある。

（　〜略〜　）
　りん議書作成に必要な主なデータは複数の既存システムにある。これらのデータは，引き続き既存システムで管理する。①WFシステムは，既存システムの機能をサービスとして利用し，りん議書作成に必要なデータを一括で取得できる方式にした。

WFシステムでは既存システムのデータを一括で取得できるので，案件担当者が既存システムを操作する必要がなくなる。よって解答は，「**りん議書を作成するために複数のシステムを操作する作業**」となる。

設問2

ポイント

(1)と(2)は，現状の融資りん議の業務要件をWFシステムに当てはめて，ファイル（データベース）に対する抽出条件を考える。(3)と(4)は，現状の業務とWFシステムに関する本文の記述を

164

見比べる。

解説(1)

〔現状の融資りん議の業務〕(3)には，次のようにある。

> 融資希望金額が担当営業店の決裁可能金額を超える案件の場合，回付経路には担当営業店に加え本部が含まれる。担当営業店内での承認の後に本部に回付され，本部で承認・決裁される。

〔WFシステムの概要〕(3)には，次のようにある。

> (　～略～　)②ある条件を満たすりん議書の回付経路に本部の回付先担当者が含まれていない場合，WFシステムは案件担当者に修正を要求する。

つまり，融資希望金額が担当営業店の決裁可能金額を超えている案件で，回付経路に本部の回付担当者が含まれていない場合，WFシステムは案件担当者に修正を要求する必要がある。

表1には次のようにあり，融資希望金額は案件ファイル，決裁可能金額は店ファイルの属性である。

ファイル	主な属性(下線は主キーを示す)
案件	案件番号，顧客番号，店番，融資希望金額，(　～略～　)
店	店番，店名，郵便番号，住所，決裁可能金額

よって解答は，「**案件ファイルの融資希望金額が店ファイルの決裁可能金額を超えている場合**」となる。

解説(2)

〔現状の融資りん議の業務〕(3)には，次のようにある。

第2部 午後Ⅰ対策

（ 〜略〜 ）
担保明細は必要に応じて評価替えしている。承認者及び決裁者は，判断の際に融資対象の顧客の担保明細が更新されていないか，担保評価システムの評価日を確認する。りん議書には最新の不動産担保評価帳票を添付する必要があるので，担保明細が更新されている場合は案件担当者に差し戻す。

〔WFシステムの概要〕(3)には，次のようにある。

（ 〜略〜 ）担保評価システムの情報が，③ある条件に該当する場合，WFシステムは承認者が差戻しの操作をした時と同じ処理をする。

表1には次のようにあり，主キーが｛案件番号，担保明細番号｝なので，一つの案件には一つ又は複数の担保物件が存在しうる。

ファイル	主な属性（下線は主キーを示す）
担保評価	案件番号，担保明細番号，担保評価額，担保物件，評価日

担保物件の評価日は，担保評価システム上のものが常に最新である。当該案件の担保それぞれについて，担保評価システム上とWFシステム上の評価日を比較して，前者の評価日の方が新しければ差戻しを行うことになる。
よって解答は，「**担保評価ファイルの評価日より担保評価システムにある評価日が新しい場合**」となる。

解説（3）
〔現状の問題点〕には，次のようにある。

・目標期日の到来に気付かず期限を超過することがある。
・りん議書が案件ごとの管理となっているので，同一顧客の別案件の調査で確認した延滞発生などによる顧客の信用格付の変化に，案件担当者が即座に気付けない。

166

〔WFシステムの概要〕(4)には，次のようにある。

> WFシステムは，顧客の信用格付の更新があったことや目標期日までの残り日数が3営業日以下になっていることを，処理者に通知する。

よって解答は，「**目標期日の到来に気付かず期限を超過すること**」となる。

解説(4)
〔現状の融資りん議の業務〕(2)には，次のようにある。

> (～略～)資金使途及び返済財源を確認し，基幹システムにある信用格付，財務分析結果及び過去のりん議結果を調査し，必要な検討をした上で，案件情報をりん議書に記載する。(～略～)

よって解答は，「**基幹システム**」となる。

設問3

ポイント
問題文から条件を読み取って，ファイル(データベース)に対する抽出条件を考える。

解説
〔追加要望への対応〕に，「同一顧客で進行中の他の案件の内容を参照しやすくしてほしい」とあるので，「同一顧客」，「進行中」，「他の案件」を抽出するための条件を考える。

①同一顧客の抽出条件
〔現状の融資りん議の業務〕(1)に「取引実績のない新規顧客の場合には，基幹システムで顧客番号を発番」とあるので，顧客番号によって顧客を一意に特定できる。案件ファイルに属性"顧客番号"があるので，顧客番号が同一であることを条件として，当該顧客の全ての案件を抽出できる。
よって，一つ目の解答は「**顧客番号が当該案件の顧客番号と同一であること**」となる。

②進行中の抽出条件
〔WFシステムの概要〕より，案件には案件ステータスがある。審査が進行中のときは"受付"，"作

167

第2部　午後Ⅰ対策

成中"，"回付中"のいずれかで，審査が完了すると"決裁"，"謝絶"のいずれかになる。

　よって，二つ目の解答は「**案件ステータスが"受付"，"作成中"又は"回付中"であること**」となる。

③他の案件の抽出条件

　案件ファイルで当該案件の顧客番号を検索すると，当該案件自身も抽出される。当該案件を除外する必要があるので，設問にあるように"案件番号が当該案件の案件番号と異なること"を抽出条件とする必要がある。

演習4　サービスデザイン思考による開発アプローチ

演習4 サービスデザイン思考による開発アプローチ

令和元年度 秋期 午後Ⅰ 問1（標準解答時間40分）

問 サービスデザイン思考による開発アプローチに関する次の記述を読んで，**設問1**〜**4**に答えよ。

総合家電メーカのR社は，"健康"をテーマとした製品として，体組成計，活動量計，ランニングウォッチなどの健康機器を製造，販売している。

〔新製品に係る取組〕

R社は，人々が重視する価値が"モノ"から"コト"へとシフトしている近年の状況を踏まえて，自社の製品を通じた人々の生活のディジタル化の取組を推進しており，スマートフォン用のアプリケーションソフトウェア（以下，スマホアプリという）を開発している。スマホアプリの利用者は，体組成計で測定した体重，体脂肪率，筋肉量などのデータをスマートフォンに転送して，測定結果の履歴を閲覧することができる。スマホアプリは，体組成計の購入者のうち，個人情報，趣味・嗜好，健康に関するアンケートに回答した者に対して，無料で提供している。

R社は，体組成計の新製品を半年後に発売することを決定した。併せて，現在提供しているスマホアプリを刷新して，日々の健康に関わる活動データ（以下，健康活動ログという）を登録できる新たなスマホアプリ（以下，健康管理アプリという）にすることにした。健康活動ログには，体組成計から取得するデータに加えて，活動量計で計測する歩数，脈拍，睡眠時間などの活動量，食事内容，運動記録などが含まれる。また，健康管理アプリは，これまでの個人に限定した利用に加えて，利用者同士のコミュニティ活動にも利用できる方針にした。具体的には，健康管理アプリの利用者が記録した健康活動ログをインターネット上のコミュニティ（以下，オンラインコミュニティという）で共有し，お互いの記録にコメントを付けたり，オンラインコミュニティ内で順位を競い合ったり，専門家が有料で指導したりといった，多様な方法でコミュニティ活動ができることを目指すことにした。

R社は，健康管理アプリとオンラインコミュニティを融合したサービス（以下，新サービスという）を活用してビジネスを拡大するために，自社でオンラインコミュニティを運営し，次に示す関連部署で新サービスの開発，運営を行うことにした。

(1) 健康増進事業部

従来から行っていた体組成計，活動量計を含む健康機器の商品企画，開発に加えて，新たにオンラインコミュニティを企画，運営し，利用者が継続的にコミュニティ活動を行うことを支援する。

第2部　午後Ⅰ対策

(2)　ディジタル戦略部

　　R社が提供するスマホアプリ，Webサイトなどの開発を行い，その一環として健康管理アプリ及びオンラインコミュニティサイトの開発，サービス開始後の追加開発などを行う。

(3)　営業推進部

　　従来から行っていた健康機器の販売促進に加えて，新たにオンラインコミュニティを利用し，R社の商品，有料サービスなどの販売促進活動を行う。

(4)　マーケティング部

　　従来から行っていた健康機器の購入者情報，アンケート情報，市場調査結果などの管理，分析に加えて，新たにオンラインコミュニティで得られる新サービスの利用者情報，健康活動ログなどのうち，利用許諾を得たデータを分析し，マーケティング施策を検討する。

　　R社は，健康増進事業部とディジタル戦略部から担当者を集めたプロジェクトチーム（以下，PTという）を立ち上げ，新サービスの企画，開発を行うことにした。

〔新サービスの開発方針〕

　現在提供しているスマホアプリは，利用者のスマートフォン内でデータを管理，閲覧するだけのものであったので，体組成計との無線通信の方式，機能の実用性など，提供する“モノ”としての品質を重視した開発を行っていた。一方で，新サービスの開発では，従来のスマホアプリの機能の提供にとどまらず，利用者の体験価値に着目し，新サービスを通じて利用者の健康意識を高め，生活習慣の改善などの健康づくりにつながることを重視することにした。また，新サービスとして提供する機能を一度に全て開発するのではなく，実際の利用者からのフィードバック内容を分析し，改善と軌道修正を繰り返すことで，段階的に新サービスの機能を拡充させ，利用者が継続的にコミュニティ活動を行えることを目指すことにした。

　これらの方針に基づき，利用者の視点を中心にサービス及び業務を設計する“サービスデザイン思考”のアプローチによる開発を行うことにした。

〔新サービスを利用するペルソナの作成〕

　新サービスは，R社の従来の商品企画，開発とは異なるので，新サービスで提供する機能は，ふだんから健康機器の開発などに関わっている提供者側の視点だけでなく，想定される利用者の人物像を念頭において，利用者側の視点から具体的に考え出す必要があった。

　そこでPTは，まず，想定される基本機能を列挙した。さらに，PT内だけでは想定できない利用者の潜在的ニーズを抽出するために，R社の体組成計の主な購入者層である“健康意識の高い20代女性”と，体組成計の購入者数に占める割合は低いものの新たなターゲット層

170

としたい"健康に問題意識を持つ40代男性"を，仮想的な利用者であるペルソナとして分析することにした。

ペルソナは，実際に体組成計を購入，利用している代表的な人物像に近づけるために，PTのメンバの想像だけで作成するのではなく， a に協力を依頼し，より具体的な人物像を設定した。新サービスを利用するペルソナを**表1**に示す。

表1 新サービスを利用するペルソナ

人物設定	ペルソナA	ペルソナB
性別，年齢	女性，27歳	男性，41歳
職業	製造業の広報担当	ソフトウェア開発会社の課長
家族構成	独身，独り暮らし	妻，長女（12歳）の3人家族
趣味	ランニング，スイーツ店巡り	ゴルフ，酒（特に日本酒）
食生活	昼食は外食がほとんどで，金曜日以外の平日の夕食は自炊することが多い。	昼食は社内の食堂，夕食は顧客や部下との飲み会が多い。
健康状態と意識	健康診断結果は全て"異常なし"。体重の増減に敏感になっており，その都度食事量をコントロールしている。	健康診断でメタボリックシンドロームと判定され，生活習慣の改善を勧められている。改善したい意識はあるものの，なかなか継続しない。

〔カスタマジャーニマップの作成〕

①PTのメンバに加えて，社内のペルソナに近い人物を集めて議論し，それぞれのペルソナがどのように体組成計及び新サービスを利用し，その際，どのような思考・感情を持つかなどを時系列で整理したカスタマジャーニマップを作成した。カスタマジャーニマップで挙がった主な内容を**表2**に示す。

表2 カスタマジャーニマップで挙がった主な内容

フェーズ	計測	記録	閲覧・分析	コミュニティ活動
接点	・体組成計（A，B） ・ランニングウォッチ（A） ・活動量計（B）	・健康管理アプリ（A，B） ・ランニングウォッチ専用のスマホアプリ（A）	・健康管理アプリ（A，B）	・オンラインコミュニティ（A，B） ・SNS（A）

利用者の行動	・毎朝，体組成計で計測する(A，B)。 ・ランニングウォッチでランニングの距離，時間などを計測する(A)。 ・活動量計を装着して，歩数などの活動量を計測する(B)。	・体組成計からデータを転送する(A，B)。 ・活動量計からデータを転送する(B)。 ・ランニングの記録を健康管理アプリに登録する(A)。 ・食事の摂取カロリを健康管理アプリに登録する(A，B)。	・健康管理アプリから各種データの履歴，推移などを確認する(A，B)。	・ランニングの記録にコメントを記載し，SNSにも同じ内容を共有する(A)。 ・同じ目標を持つ仲間同士，オンラインコミュニティ上で競い，励まし合う(B)。
思考・感情	・計測する時間帯によって体重や体脂肪率が異なることが多く，食事や運動による効果が分かりにくい(B)。	・ランニングウォッチから直接健康管理アプリにデータを転送できるようにしたい(A)。 ・摂取カロリを簡単に登録したい(A，B)。	・活動量などから摂取カロリをどの程度にすべきなのかを知りたい(B)。 ・摂取カロリが目安を越えたかどうかを知りたい(A，B)。	・ランニングの記録は共有したいが，体重など一部のデータは共有したくない(A)。 ・生活習慣について専門家の指導が欲しい(B)。

注記　表2の括弧内A，Bは，それぞれペルソナA，ペルソナBのカスタマジャーニマップで挙がった内容であることを示す。

〔新たな機能の抽出〕

　PTでは，当初想定していた新サービスの基本機能に加えて，カスタマジャーニマップによる分析結果を基に，機能を新たに抽出した。新たに抽出した機能を表3に示す。また，健康増進事業部と営業推進部からの提案で，ある狙いから健康ポイントに関する機能を提供することにした。健康ポイントは，オンラインコミュニティの利用頻度，目標の達成，順位などに応じて付与する。また，獲得したポイントは，R社の商品，オンラインコミュニティ上の有料サービスなどの購入時に使えることにした。

表3　新たに抽出した機能

対象	機能ID	機能概要
健康管理アプリ	A-1	活動量計との定期的なデータ連携機能
	A-2	AI画像認識技術を利用した食事品目の自動認識，及び摂取カロリの入力支援機能。実績のある他社製の技術を活用する。
	A-3	一般的な基礎代謝計算式に基づき，年齢と身長，体組成計の計測データから基礎代謝量を自動計算する機能

演習4　サービスデザイン思考による開発アプローチ

	A-4	基礎代謝量及び当日の ┃ b ┃ から計算した消費カロリの推計と，体重の増減目標を踏まえた摂取カロリ目安の通知機能
	A-5	計測時間帯（朝，昼，夜）ごとのデータ推移の分析機能
	A-6	R社製ランニングウォッチとの連携機能
オンラインコミュニティ	B-1	健康ポイントの管理機能
	B-2	主要SNSへの自動投稿機能と健康ポイント付与機能
	B-3	オンラインコミュニティへの投稿による健康ポイント付与機能
	B-4	膨大な健康活動ログとAI分析技術を利用した無料の生活習慣改善助言機能
	B-5	保健師，栄養士などの専門家による有料の生活習慣改善指導サービス機能
	B-6	健康管理アプリからオンラインコミュニティにアップロードするデータを任意に選択できる機能

〔新サービスの機能のリリース方針〕

　新製品の体組成計の発売日に合わせて短期間で新サービスをリリースする必要があるので，PTは，開発機能に優先順位を設定し，初期リリースの機能を絞り込むことにした。

　まず，利用者情報及び健康活動ログの管理，情報セキュリティ対策，プライバシー管理など，新サービスを提供する上での必須機能を初期リリースの対象とした。一方で，一定量のデータの蓄積と有効性検証を行わないと誤った情報の提供をしかねない機能については，初期リリースの対象外とした。

　その他の機能については，機能が新サービスの開発方針である ┃ c ┃ に寄与するかどうかの観点で分析し，優先順位を設定し，優先順位の高い順に，開発量が開発期間及び予算内に収まる機能を初期リリースの対象とした。

　その上で，短期間で開発可能で，変更がしやすいシステム構造を採用することにした。

設問1 〔新サービスを利用するペルソナの作成〕について，代表的な人物像に近いペルソナにするために協力を依頼した部署はどこか。本文中の ┃ a ┃ に入れる部署名を答えよ。また，その部署に協力を依頼した理由を35字以内で述べよ。

設問2 〔カスタマジャーニマップの作成〕について，本文中の下線①のような議論を行った狙いを40字以内で述べよ。

設問3 〔新たな機能の抽出〕について，(1) ～ (3)に答えよ。
　(1) 健康増進事業部と営業推進部が提案した健康ポイントに関する機能には，それ

173

第2部　午後Ⅰ対策

ぞれ狙いがある。一つは，営業推進部の狙いとして，ポイントを利用してR社
の商品，有料サービスなどを多くの利用者に使ってもらうことである。もう一
つの健康増進事業部の狙いを30字以内で述べよ。

(2) **表3**中のA-4の機能について，計算根拠のデータになる，[　　b　　]に入れる
字句を答えよ。

(3) **表3**中のB-6の機能を新たに抽出した理由を，30字以内で述べよ。

設問4　〔新サービスの機能のリリース方針〕について，(1) ～ (3)に答えよ。

(1) 一定量のデータの蓄積と有効性検証を行わないと誤った情報の提供をしかねな
い機能として初期リリースの対象外とした機能はどれか。**表3**中の機能IDを
用いて答えよ。

(2) 優先順位の設定の観点として，本文中の[　　c　　]に入れる観点を15字以内で
答えよ。

(3) 短期間で開発可能で，変更がしやすいシステム構造を採用することにした，新
サービスの開発方針上の理由は何か。30字以内で述べよ。

演習4　サービスデザイン思考による開発アプローチ

解答と解説

令和元年度 秋期 午後Ⅰ 問1

IPAによる出題趣旨・採点講評・解答例・解答の要点

出題趣旨（IPA公表資料より転載）

　ディジタル化の取組などによって，新たなサービスを提供する際，システムアーキテクトには，機能の実用性などの"モノ"としての品質だけでなく，サービス利用者の"体験価値"にも着目して，要件を定義する能力が求められる。

　本問では，健康管理を行うスマートフォン用のアプリケーションソフトウェア及びオンラインコミュニティを開発するプロジェクトを題材として，"サービスデザイン思考"のアプローチを適用したサービス及び業務の設計，機能リリースの方針などを決定することについて，システムアーキテクトとしての実践的な能力を問う。

採点講評（IPA公表資料より転載）

　問1では，スマートフォン用のアプリケーションソフトウェア及びオンラインコミュニティの開発を例にとり，サービスデザイン思考による開発アプローチについて出題した。全体として，正答率は高かった。

　設問1は，部署名については正答率が高かった。一方で，理由についてはペルソナの作成に当たってアンケート情報が必要になるにもかかわらず，アンケート情報を管理していることが理由として記載されていない解答が散見された。

　設問2は，正答率が低かった。PTのメンバはふだんから健康機器の開発などに関わっており，提供者側の視点で考えがちになってしまうので，利用者が本当に必要なものが何なのかを，利用者側の視点で考える必要があることに気付いてほしかったが，ペルソナ及びカスタマジャーニマップの作成に関する解答が多かった。

　設問4 (2)は，何に寄与するかどうかの観点として，新サービスの開発方針として記載されている"利用者の健康づくり"と解答してほしかったが，"利用者の体験価値"や"サービスデザイン思考"といった解答が散見された。開発アプローチとして重視することではなく，新サービスとして重視する観点から解答する必要があることに気付いてほしかった。

　システムアーキテクトとして，本問で挙げたようなペルソナ分析，カスタマジャーニマップの作成などを通じて，サービスデザイン思考による開発アプローチを実践できるようになってほしい。

設問			解答例・解答の要点	備考
設問1		a	マーケティング部	
		理由	体組成計の購入者情報及びアンケート情報を管理しているから	
設問2			利用者側の視点から新サービスで必要とされる具体的な機能を考え出すため	
設問3	(1)		利用者に継続的にコミュニティ活動を行ってもらうこと	
	(2)	b	活動量	
	(3)		利用者によっては，一部のデータは共有したくないから	
設問4	(1)		B-4	
	(2)	c	利用者の健康づくり	
	(3)		段階的に新サービスの機能を拡充させることにしたから	

175

第2部　午後Ⅰ対策

問題文の読み方のポイント

　本問は，デザイン思考による開発アプローチに関する問題である。対象のアプリケーションは健康に関するユーザの活動をサポートするスマホアプリである。このアプリケーションを開発するに当たって，デザイン思考のアプローチを用いている。デザイン思考の開発アプローチとは，ユーザからの視点でどのような機能をどのように使いたいかを整理し，その結果を基にサービス及び業務を設計する開発手法である。また，ユーザからの視点ということで，この開発手法はスマホアプリなどエンドユーザが使用するシステムの開発との親和性が高い。問題文は，対象業務の説明，新サービスの開発方針，デザイン思考によるプロセス（ペルソナの作成，カスタマジャーニマップの作成），新機能とそのリリース方針の説明という構成で記載されている。「デザイン思考による開発アプローチ」については，問題文を読み進めることで理解することができるため，この開発手法の経験がなくても解答することができる。また，このような新しい手法に関する問は，比較的難度が低い傾向があるため，未知の開発手法だからという理由だけで解答する問の選択肢から外さない方がよい。

設問1

ポイント

　設問1は，〔新サービスを利用するペルソナの作成〕に関する設問である。解答に当たっては，〔新サービスを利用するペルソナの作成〕に加え，〔新製品に係る取組〕に記載されている関連部署の説明も理解することがポイントである。

解説

　設問1は，代表的な人物像に近いペルソナにするために協力を依頼した部署と，依頼した理由を解答する。ペルソナを作成するに当たり，協力を依頼する部署は，利用者の具体的な情報を保有している必要がある。〔新製品に係る取組〕に記載されている以下の四つの部署が解答の候補になると考えられるため，それぞれの部署が利用者の具体的な情報を持っているかどうかを分析する。

部署名	利用者の具体的な情報を持っているか
健康増進事業部	商品企画，開発及びコミュニティの企画，運営を行っている部署のため，利用者の具体的な情報を持っていない。
ディジタル戦略部	アプリ，Webサイトの開発を行っている部署のため，利用者の具体的な情報を持っていない。
営業推進部	販売促進を行っている部署のため，利用者の具体的な情報を持っていない。
マーケティング部	**購入者情報，アンケート情報，市場調査結果などの管理**，分析を行っている部署のため，利用者の具体的な情報を持っている。

176

演習4　サービスデザイン思考による開発アプローチ

マーケティング部は，購入者情報，アンケート情報など，利用者の具体的な情報を管理している。したがって，解答はaが「**マーケティング部**」，理由が「**体組成計の購入者情報及びアンケート情報を管理しているから**」となる。

設問2

ポイント

設問2は，カスタマジャーニマップに関する設問である。ペルソナとは，想定される利用者の人物像のことであり，カスタマジャーニマップとは，そのペルソナが対象のサービスをどのように利用するかを整理したものである。ペルソナ，カスタマジャーニマップという用語を知らない場合でも，問題文に説明があるため，これを注意深く読むことで解答にたどり着くことができる。

解説

設問2は，〔カスタマジャーニマップの作成〕において，本文中の下線①のような議論を行った狙いを解答する問題である。まず，下線①の内容を確認する。

①PTのメンバに加えて，社内のペルソナに近い人物を集めて議論し，

つまり，社内のペルソナに近い人物を集めて議論を行った狙いを解答する必要がある。次にペルソナの作成，検討に関する記述の中から解答のヒントを探す。〔新サービスを利用するペルソナの作成〕に以下のような記述がある。

新サービスで提供する機能は，ふだんから健康機器の開発などに関わっている提供者側の視点だけでなく，想定される利用者の人物像を念頭において，**利用者側の視点から具体的に考え出す必要があった。**

この記述から，下線①の狙いは，利用者の視点から具体的に機能を探すことであることが分かる。したがって，解答は「**利用者側の視点から新サービスで必要とされる具体的な機能を考え出すため**」である。

設問3

ポイント

設問3は，〔新たな機能の抽出〕に関する問題である。主に，なぜその機能を抽出したのかを問う問題が出題されている。機能を抽出した狙いや理由は，当該機能の説明を読むだけでは解

177

第2部　午後I対策

答できない場合が多いため，設問の中のキーワードから関連する記述を見つけ出して解答のヒントにすることがポイントである。

解説（1）

設問3（1）は，健康ポイントに関する機能に対する健康増進事業部の狙いを解答する。まず，「表3　新たに抽出した機能」から健康ポイントに関する機能が何かを確認する。

表3　新たに抽出した機能（抜粋）

対象	機能ID	機能概要
オンライン コミュニティ	B-1	健康ポイントの管理機能
	B-2	主要SNSへの自動投稿機能と健康ポイント付与機能
	B-3	オンラインコミュニティへの投稿による健康ポイント付与機能

また，健康増進事業部の狙いとして〔新製品に係る取組〕に以下のように記載されている。

（1）　健康増進事業部

従来から行っていた体組成計，活動量計を含む健康機器の商品企画，開発に加えて，新たにオンラインコミュニティを企画，運営し，**利用者が継続的にコミュニティ活動を行うことを支援する。**

オンラインコミュニティでの活動によってポイントがたまっていくと，さらにためて，他のサービスの利用に使用したいと考える利用者が多く存在すると考えられる。これが継続的なコミュニティ活動を支援することにつながる。したがって，解答は「**利用者に継続的にコミュニティ活動を行ってもらうこと**」である。

解説（2）

設問3（2）は，**表3**中のA-4の機能について，計算根拠のデータになる字句を解答する問題である。まず，問題文からA-4の機能を確認する。

表3　新たに抽出した機能（抜粋）

対象	機能ID	機能概要
健康管理 アプリ	A-4	基礎代謝量及び**当日の**　　b　　から計算した消費カロリの推計と，体重の増減目標を踏まえた摂取カロリ目安の通知機能

演習4　サービスデザイン思考による開発アプローチ

この記述から計算根拠のデータは，"当日"取得できるデータであることが分かる。新たに抽出した機能の機能概要には，これ以外の情報がないため，問題文から健康管理アプリに関連する記述を探していくと，〔新製品に係る取組〕に健康アプリで取得するデータに関する記述がある。

> R社は，体組成計の新製品を半年後に発売することを決定した。併せて，現在提供しているスマホアプリを刷新して，**日々の健康に関わる活動データ（以下，健康活動ログという）**を登録できる新たなスマホアプリ（以下，**健康管理アプリ**という）にすることにした。健康活動ログには，体組成計から取得するデータに加えて，活動量計で計測する歩数，脈拍，睡眠時間などの活動量，食事内容，運動記録などが含まれる。

健康活動ログに含まれる活動量計で計測する歩数，脈拍，睡眠時間などの活動量は，日々の活動の記録であり，当日取得できるデータであると考えられる。したがって，解答は「**活動量**」である。

解説（3）

設問3（3）は，**表3**中のB-6の機能を新たに抽出した理由を解答する問題である。まず，B-6の機能を確認する。

表3　新たに抽出した機能（抜粋）

対象	機能ID	機能概要
オンラインコミュニティ	B-6	健康管理アプリからオンラインコミュニティにアップロードするデータを任意に選択できる機能

B-6は，アップロードするデータをユーザが取捨選択できる機能である。新たな機能の抽出は，カスタマジャーニマップによる分析を基にしているため，データのアップロードに関する記述がないかを〔カスタマジャーニマップの作成〕から探す。**表2**の「コミュニティ活動」の「思考・感情」欄に以下のような記述がある。

・ランニングの記録は**共有したい**が，**体重など一部のデータは共有したくない**（A）。

この記述から，利用者にはアップロードしたいデータ項目とアップロードしたくないデータ項

179

第2部　午後Ⅰ対策

目が存在することが分かる。したがって，解答は「**利用者によっては，一部のデータは共有し
たくないから**」である。

設問4

ポイント

　設問4は，〔新サービスの機能のリリース方針〕に関する問題であるが，リリース方針を読むだ
けでは解答にたどり着けない。問題文の機能の説明とリリース方針の記述の中から解答のヒン
トを探していく。

解説（1）

　設問4（1）は，一定量のデータ蓄積と有効性検証を行わないと誤った情報の提供をしかねな
い機能として初期リリースの対象外とした機能を**表3**中の機能IDで解答する問題である。解答
の候補は**表3**中に列挙されている機能である。このうち大量の蓄積したデータを活用する機能は，
以下の二つであると考えられる。

表3　新たに抽出した機能（抜粋）

対象	機能ID	機能概要
健康管理 アプリ	A-2	AI画像認識技術を利用した食事品目の自動認識，及び摂取カロ リの入力支援機能。**実績のある他社製の技術を活用する。**
オンライン コミュニティ	B-4	膨大な健康活動ログとAI分析技術を利用した無料の**生活習慣改 善助言機能**

　どちらの機能も大量の蓄積したデータを活用するものであるが，A-2は実績のある技術を活
用すると記載されている。しかし，生活習慣の改善の助言は，利用者の体質などによって効果
的であったりなかったりする可能性が高い。したがって，解答は「**B-4**」の機能である。なお，**表
3**中の機能IDで解答するように注意すること。

解説（2）

　設問4（2）は，優先順位の設定の観点を解答する問題である。〔新サービスの機能のリリース
方針〕には，新サービスの開発方針に寄与するかどうかの観点で分析すると記載されているため，
〔新サービスの開発方針〕の記述内容を確認する。

演習4　サービスデザイン思考による開発アプローチ

> 新サービスの開発では，従来のスマホアプリの機能の提供にとどまらず，利用者の体験価
> 値に着目し，新サービスを通じて**利用者の健康意識を高め，生活習慣の改善などの健康づ**
> **くりにつながることを重視する**ことにした。

　この記述から，利用者の健康意識を高め，生活習慣の改善などの健康づくりにつながること
が優先順位の設定の観点であることが分かる。したがって，解答は「**利用者の健康づくり**」であ
る。

解説（3）

　設問4（3）は，短期間で開発可能で，変更がしやすいシステム構造を採用することにした，
新サービスの開発方針上の理由を解答する問題である。このため（2）と同様に，〔新サービスの
開発方針〕の記述内容を確認する。

> 新サービスとして提供する機能を一度に全て開発するのではなく，**実際の利用者からの**
> **フィードバック内容を分析し，改善と軌道修正を繰り返すことで，段階的に新サービスの**
> **機能を拡充させ**，利用者が継続的にコミュニティ活動を行えることを目指すことにした。

　この記述から，利用者からのフィードバック内容を反映し，段階的にサービスの機能を充実
させることが新サービス開発方針上の理由であることが分かる。したがって，解答は「**段階的に**
新サービスの機能を拡充させることにしたから」である。

181

第2部　午後Ⅰ対策

演習5　レンタル契約システムの再構築

令和元年度 秋期 午後Ⅰ 問3（標準解答時間40分）

問　レンタル契約システムの再構築に関する次の記述を読んで，**設問1〜5**に答えよ。

K社は，法人顧客（以下，顧客という）に測定機器（以下，機器という）をレンタルする会社である。K社は，レンタル業務で利用しているレンタル契約システムの老朽化に伴い，新たな業務システム（以下，新システムという）を構築することにした。

〔現在のレンタル業務の内容〕

K社では，レンタル契約システムと物流在庫管理システムを利用し，レンタル業務をしている。現在のレンタル業務に関わる部門の業務内容は，次のとおりである。

(1)　機器管理部門

機器管理部門では，機器を検査点検してレンタル可能な状態に整備（以下，校正という）する。機器の校正には，有効期限（以下，校正有効期限という）があり，機器ごとに物流在庫管理システムで管理している。校正有効期限を超えてレンタルすることはない。K社では，顧客へレンタルする際，機器を出荷する前に必ず校正し，校正した証明である校正証明書類を提示している。機器ごとに校正に必要な日数が異なっており，校正が完了するまで出荷しない。

(2)　営業部門

営業部門では，主要な業務として，次の業務を行っている。

① 見積業務

顧客からレンタルの問合せを受け，K社で取扱可能な機器かどうかを確認する。取扱可能な機器である場合は，物流在庫管理システムを利用してレンタル可能な機器の在庫状況を確認する。レンタル可能な在庫があった場合は，レンタル料金を試算し，見積書を作成して顧客に送付する。見積書の情報は，見積番号，機器名，型番，台数，レンタル開始希望日，レンタル期間，レンタル終了予定日，レンタル料金などである。レンタル期間は，5日から6か月未満の期間（以下，短期レンタルという）か，6か月以上の期間（以下，長期レンタルという）である。在庫がない場合は，購買部門に購入を依頼して別途対応する。取扱不可能な機器である場合は，顧客に断りの連絡をする。

② 受注業務

顧客との見積の合意を受け，見積書の情報から注文書兼注文請書を作成して顧客に送付する。顧客から押印済みの書類を受領した後，注文書の情報をレンタル契約システムに入力して受注情報を登録する。受注情報から決裁書を作成し，責任者が

182

決裁する。

③ 引当業務

　K社では，レンタル開始希望日の15日前から受注情報への機器の割当て（以下，引当という）を開始する。引当の際は，物流在庫管理システムを利用して在庫状況を確認し，レンタル可能な機器がある場合は，その機器に受注情報を登録する。レンタル可能な機器がない場合は，当該受注情報に引当する機器として購買部門に購入を依頼し，購入後に引当する。

　なお，説明書などの付属品が欠けている機器はレンタルしない。ただし，付属品が欠けている状態でレンタルすることを顧客と合意した場合は，レンタルしてもよいことにしている。

④ 出荷業務

　レンタル開始希望日に合わせて出荷日を決定し，出荷日の前日に機器の出荷を倉庫に依頼する。倉庫への出荷依頼は，物流在庫管理システムを利用して出荷情報を登録することで行う。出荷情報は，出荷する機器，出荷日，出荷先の住所などである。出荷後，顧客へ機器を納入した日の翌日をレンタル開始日としてレンタル契約システムに登録する。

⑤ 満了業務

　K社は，短期レンタルの場合，レンタル期間満了時にレンタルを終了する。長期レンタルの場合，レンタル期間が満了する月（以下，レンタル期間満了月という）の3か月前の第一営業日に，レンタルを延長するか又は終了するかを確認するための満了案内確認書を封書で顧客に送付する。顧客は，レンタル期間満了月の1か月前の第一営業日までに延長するか又は終了するかを封書でK社に送付する。期日までに顧客から終了する旨の通知がない場合は，延長扱いとする。延長する場合，延長料金を算出し，レンタル契約システムを利用して延長情報を登録する。延長した結果，校正有効期限を超過する場合の校正方法は，顧客と別途調整する。終了する場合，物流在庫管理システムに引取情報を登録し，引取手続をする。

⑥ 引取業務

　レンタルが終了して顧客から引き取った機器は，倉庫で簡単な点検を行い，機器の状態を確認する。正常な場合，物流在庫管理システムにレンタル可能な機器として登録する。異常があった場合は，修理を依頼する。説明書などの付属品が欠けている機器の場合，条件付の機器として物流在庫管理システムに登録し，販売業者から付属品を取り寄せた後，レンタル可能な機器として再登録する。

⑦ 請求業務及び契約変更業務

　省略。

第2部 午後 I 対策

(3) 購買部門

購買部門では，営業部門から購入を依頼された機器の購買業務をする。対象の機器を購入するかどうかを審議し，購入することになった場合，販売業者に発注する。販売業者から納品された後，物流在庫管理システムにレンタル可能な機器として登録する。レンタルの受注が決まっている機器の場合，営業担当者に連絡する。

〔新システムへの要望〕

営業部門及び購買部門から，新システムに対して次のような要望が出された。

(1) 営業部門からの要望

・見積書と注文書兼注文請書を新システムで印刷できるようにしてほしい。

・紙で回付している決裁をシステム化してほしい。

・新システムで，レンタル可能な機器を検索して引当（以下，自動引当という）してほしい。自動引当は，決裁が下りた受注情報を対象としてほしい。原則，引当は自動引当だけとするが，例外として営業担当者が，機器の状態を個別に確認し，引当する場合がある。そのため，営業担当者が機器を検索して引当（以下，手動引当という）する機能も設けてほしい。

・新システムに登録する出荷情報及び引取情報を物流在庫管理システムに連携してほしい。

・業務の効率向上のために，新システムで自動的に延長処理をしてほしい。その場合，延長するレンタル期間は，当初のレンタル期間と同じとする。ただし，満了案内確認書で顧客からレンタルを終了する旨の通知があった場合は，毎月15日までに営業担当者が必要な処理をする。

・満了案内確認書を新システムで自動的に顧客に送付してほしい。

(2) 購買部門からの要望

・購買業務に必要な機能を設けてほしい。

〔新システムの設計〕

K社では，新システムへの要望を踏まえ，新システムの機能を次のように設計している。新システムの機能概要を表1に示す。

184

演習5　レンタル契約システムの再構築

表1　新システムの機能概要

機能名	機能概要
見積	見積情報を登録，変更，照会する機能。見積情報から見積書を出力できる。
受注	受注情報を登録，変更，照会する機能。受注情報から注文書兼注文請書を出力できる。登録した受注情報を決裁申請することで，決裁機能に連携する。
決裁	受注情報及び購入情報を決裁する機能。
自動引当	レンタル可能な機器を自動引当する機能。対象の受注情報を抽出し，物流在庫管理システムと連携し，該当する機器を引当する。自動引当できなかったときは，当該受注情報を営業担当者へ通知する。
手動引当	自動引当の対象とならない機器を手動引当する機能。物流在庫管理システムと連携し，引当対象とする機器を一覧表示できる。一覧から個々の機器の状態を表示し，引当できる。
出荷	物流在庫管理システムに出荷情報を連携する機能。出荷後，顧客へ機器を納入した日を物流在庫管理システムから受け取り，その翌日をレンタル開始日として受注情報に反映する。
満了案内	満了案内確認書を顧客に電子メールで送付する機能。毎月第一営業日に満了案内対象の受注情報を抽出し，送付する。
延長及び終了	満了対象の受注情報を延長又は終了する機能。毎月15日の夜間に延長対象の受注情報を抽出し，延長処理をする。終了する場合，引取情報を物流在庫管理システムに連携する。
購入	購入情報を登録，変更，照会する機能。購入情報は，購入機器名，購入台数，販売業者名，購入希望日などである。また，受注情報を識別する番号を任意に登録できるようにし，ある機能で利用する。登録した購入情報を決裁申請することで，決裁機能に連携する。

設問1 自動引当機能について，(1)，(2)に答えよ。

(1) 引当可能な機器の条件を校正の観点から二つ挙げ，それぞれ30字以内で述べよ。

(2) 自動引当は，三つの条件を全て満たす受注情報を対象として抽出する。条件の一つは，まだ引当されていないことである。ほかの二つの条件を，それぞれ25字以内で述べよ。

設問2 手動引当機能について，(1)，(2)に答えよ。

(1) 自動引当の対象とならない機器とは，どのような機器か。15字以内で述べよ。

(2) 個々の機器の状態を表示する理由を25字以内で述べよ。

設問3 満了案内機能について，満了案内確認書を顧客に電子メールで送付するために，満了案内対象の受注情報を抽出する。対象となる受注情報の抽出条件を二つ挙げ，

第2部 午後I対策

それぞれ25字以内で述べよ。

設問4 延長及び終了機能について,延長処理を毎月15日の夜間とした理由を35字以内で述べよ。

設問5 購入機能について,受注情報を識別する番号を利用する,ある機能とは何か。**表1**中の機能名を用いて答えよ。また,利用する目的を25字以内で述べよ。

演習5　レンタル契約システムの再構築

解答と解説

令和元年度 秋期 午後Ⅰ 問3

IPAによる出題趣旨・採点講評・解答例・解答の要点

出題趣旨（IPA公表資料より転載）

　既存の情報システムを再構築する際，システムアーキテクトには，業務の効率向上や拡張性を考慮し，業務部門の要望をシステム要件として設計する能力が必要である。

　本問では，レンタル契約システムの再構築を題材として，現行業務を正しく理解・把握し，業務部門の要望から情報システムに求められている機能を設計することについて，具体的な記述を求めている。業務要件を正しく理解し，求められている情報システムを設計する能力を問う。

採点講評（IPA公表資料より転載）

　問3では，レンタル契約システムの再構築を例にとり，現在の業務を正しく理解・把握した上で業務に関わる部門の要望から情報システムに求められている機能を設計することについて出題した。

　設問1 (1)は，現在の業務において，校正有効期限を超えてレンタルすることがない点と，機器ごとに校正に必要な日数があり完了するまで出荷しない点から，条件を導き解答してほしかったが，問題文を引用しただけの，条件としてふさわしくない解答が多かった。問題文中の背景及び設問の内容から，機能を設計する上での条件をきちんと整理し，理解してほしかった。

　設問4は，営業部門の要望において，レンタルを終了する際，毎月15日までに営業担当者が必要な処理をすることがポイントであるが，"15日前までに引当てするから"という誤答が見受けられた。これは，引当ての条件であって，延長処理を毎月15日の夜間とした理由とは直接関係がない。営業部門の要望を正しく理解し解答してほしかった。

　設問5は，機能に関して"見積"や"受注"という誤答が見受けられた。購買部門の要望と新システムの機能概要をきちんと整理し，理解してほしかった。

　システムアーキテクトとして，業務要件を十分に理解した上で，それを実現するシステムの機能設計が行えるように心掛けてほしい。

設問			解答例・解答の要点	備考
設問1	(1)	①	・出荷までに校正が完了する機器	
		②	・レンタル終了予定日が校正有効期限を超えない機器	
	(2)	①	・決裁が下りていること	
		②	・レンタル開始希望日まで15日以内であること	
設問2	(1)		付属品が欠けている機器	
	(2)		機器の状態を顧客と合意する必要があるから	
設問3		①	・レンタル期間が6か月以上であること	
		②	・3か月後がレンタル期間満了月であること	
設問4			延長しない場合は毎月15日までに営業担当者が必要な処理をするから	
設問5		機能	自動引当機能	
		利用する目的	購入した機器を対象の受注情報に引当すること	

187

第2部 午後I対策

問題文の読み方のポイント

本問は，レンタル契約システムの再構築に関する問題である。問題文は，〔現在のレンタル業務の内容〕，〔新システムへの要望〕，〔新システムの設計〕の三つのパートに分かれている。設問は各機能の検討項目や課題への対応に関するものがほとんどである。システムアーキテクトとして，実現する機能の課題とその対応を検討する能力を問う問題になっている。通常，設問数が3問程度のところ，本問は5問であるため，解答する分量が多くなると感じられるかもしれないが，他の問題と比較して解答する分量にあまり差はない。

設問1

ポイント

設問1は，自動引当機能に関する問題である。設問では，引当可能な機器の条件と，対象として抽出する受注情報の条件を解答する。解答のヒントは問題文にあるが，「校正の観点から」などの条件に沿った解答を作成する必要がある。

解説（1）

設問1（1）は，引当可能な機器の条件を校正の観点から二つ解答する問題である。「校正」は，レンタル機器の点検・整備のことを表す用語として用いられている。問題文の中から校正に関する記述を探すと，〔現在のレンタル業務の内容〕にある。

---

(1) 機器管理部門

機器管理部門では，**機器を検査点検してレンタル可能な状態に整備（以下，校正という）**する。機器の校正には，有効期限（以下，校正有効期限という）があり，機器ごとに物流在庫管理システムで管理している。**校正有効期限を超えてレンタルすることはない**。K社では，顧客へレンタルする際，機器を出荷する前に必ず校正し，校正した証明である校正証明書類を提示している。機器ごとに校正に必要な日数が異なっており，**校正が完了するまで出荷しない**。

この記述から，校正の観点での機器の条件は，レンタル期間中に校正有効期限を超えないことと，校正が完了していることであることが分かる。したがって，解答は「**出荷までに校正が完了する機器**」と「**レンタル終了予定日が校正有効期限を超えない機器**」である。

解説（2）

設問1（2）は，「まだ引当されていないこと」以外の受注情報に対する抽出条件を二つ解答する。受注情報に関する記述は〔現在のレンタル業務の内容〕にある。

188

演習5　レンタル契約システムの再構築

(2)　営業部門

②　受注業務

　顧客との見積書の合意を受け，見積書の情報から注文書兼注文請書を作成して顧客に送付する。顧客から押印済みの書類を受領した後，注文書の情報をレンタル契約システムに入力して**受注情報を登録**する。受注情報から決裁書を作成し，**責任者が決裁する。**

③　引当業務

　K社では，**レンタル開始希望日の15日前から受注情報への機器の割当て（以下，引当という）を開始**する。

　この記述から受注情報の抽出条件は，責任者による決裁が下りていることと，レンタル開始日の15日前以降の日付であることが分かる。したがって，解答は「**決裁が下りていること**」と「**レンタル開始希望日まで15日以内であること**」である。

設問2

ポイント

　設問2は，手動引当機能に関する問題である。手動引当を行う場合の条件や営業の対応方法に関する問題である。ほぼ問題文に解答が記載されているため，解答のヒントを問題文から素早く見つけ出せるかがポイントである。

解説（1）

　設問2（1）は，自動引当の対象とならない機器を解答する。まず，解答のヒントがないか，自動引当と手動引当の機能を確認する。

表1　新システムの機能概要（抜粋）

機能名	機能概要
自動引当	レンタル可能な機器を自動引当する機能。対象の受注情報を抽出し，物流在庫管理システムと連携し，該当する機器を引当する。自動引当できなかったときは，当該受注情報を営業担当者へ通知する。
手動引当	自動引当の対象とならない機器を手動引当する機能。物流在庫管理システムと連携し，引当対象とする機器を一覧表示できる。一覧から個々の機器の状態を表示し，引当できる。

189

第2部　午後 I 対策

　この説明内に自動引当の対象にならない条件は記載されていないため，引当業務に関連する問題文の記述を確認する。〔現在のレンタル業務の内容〕に自動引当の対象にならない機器の条件が記載されている。

---

(2)　営業部門
　③　引当業務
　（　〜略〜　）
　　なお，説明書などの**付属品が欠けている機器はレンタルしない**。ただし，付属品が欠けている状態でレンタルすることを顧客と合意した場合は，レンタルしてもよいことにしている。

　この記述から付属品が欠けている機器はレンタルしない方針のため，自動引当の対象にならないことが分かる。したがって，解答は「**付属品が欠けている機器**」である。

解説（2）

　設問2（2）は，手動引当機能において，個々の機器の状態を表示する理由を解答する。設問2（1）と同じく，〔現在のレンタル業務の内容〕に解答のヒントが記載されている。

---

(2)　営業部門
　③　引当業務
　（　〜略〜　）
　　なお，説明書などの付属品が欠けている機器はレンタルしない。ただし，**付属品が欠けている状態でレンタルすることを顧客と合意した場合は，レンタルしてもよい**ことにしている。

　この記述から付属品が欠けている状態を営業担当者が顧客に説明し，合意を得られた場合，機器をレンタルできる。つまり，引当処理が行えることが分かる。付属品が欠けている機器は，自動引当の対象にはならないため，手動引当の機能を用いることになる。引当を行う際，営業は顧客の合意を得る必要がある。このため，手動引当機能に個々の機器の状態を表示する機能が備わっていると考えられる。したがって，解答は「**機器の状態を顧客と合意する必要があるから**」である。

演習5　レンタル契約システムの再構築

設問3

ポイント

設問3は，満了案内機能に関する問題である。満了案内機能がどのような機能かを確認するとともに，満了業務についても確認することで解答を導き出すことができる。

解説

設問3は，満了案内確認書を顧客に電子メールで送付するために，満了案内対象の受注情報を抽出するための条件を二つ解答する問題である。まず，対象の機能を確認する。

表1　新システムの機能概要（抜粋）

機能名	機能概要
満了案内	満了案内確認書を顧客に電子メールで送付する機能。毎月第一営業日に満了案内対象の受注情報を抽出し，送付する。

この記述から，毎月第一営業日に満了案内対象の受注情報を抽出していることが分かる。ただし，この記述だけでは抽出条件が分からない。次に，抽出条件が記載されている箇所を満了案内に関する記述から探す。〔現在のレンタル業務の内容〕に満了案内確認書を送付する条件に関する記述がある。

(2)　営業部門
　⑤　満了業務
　　　K社は，短期レンタルの場合，レンタル期間満了時にレンタルを終了する。**長期レンタルの場合，レンタル期間が満了する月（以下，レンタル期間満了月という）の3か月前の第一営業日に**，レンタルを延長するか又は終了するかを確認するための満了案内確認書を封書で顧客に送付する。

この記述から，満了案内確認書を送付する条件は，長期レンタルであることとレンタル期間満了月が3か月後であることの二つであることが分かる。また，長期レンタルは6か月以上の期間であることが，問題文の〔現在のレンタル業務の内容〕(2)営業部門　①見積業務に記載されている。したがって，解答は「**レンタル期間が6か月以上であること**」，「**3か月後がレンタル期間満了月であること**」である。

191

第2部　午後Ⅰ対策

設問4

ポイント

設問4は，延長及び終了機能に関する設問である。その機能がなぜそのように定義されたかを問う問題である。機能を理解するだけでなく，〔新システムへの要望〕も確認する必要がある。

解説

設問4は，延長及び終了機能について，延長処理を毎月15日の夜間とした理由を解答する問題である。延長及び終了機能は以下のように定義されている。

表1　新システムの機能概要（抜粋）

機能名	機能概要
延長及び終了	満了対象の受注情報を延長又は終了する機能。毎月15日の夜間に延長対象の受注情報を抽出し，延長処理をする。終了する場合，引取情報を物流在庫管理システムに連携する。

機能概要には，毎月15日の夜間に延長処理をするとだけ記載されており，その理由は記載されていない。このため，延長処理に関する記述を問題文から探す。〔新システムへの要望〕に延長処理に関する記述がある。

---

(1)　営業部門からの要望
　　（　～略～　）
・業務の効率向上のために，新システムで自動的に延長処理をしてほしい。その場合，延長するレンタル期間は，当初のレンタル期間と同じとする。ただし，満了案内確認書で顧客からレンタルを終了する旨の通知があった場合は，**毎月15日までに営業担当者が必要な処理をする。**

この記述から，毎月15日までに営業担当者がレンタル終了のための処理を完了させることが分かる。レンタルを終了する場合は延長処理を行わないため，終了処理が完了した後である毎月15日の夜間に延長処理を行うことにしたと考えられる。したがって，解答は「**延長しない場合は毎月15日までに営業担当者が必要な処理をするから**」である。

192

演習5　レンタル契約システムの再構築

設問5

ポイント

　本設問は，購入機能に関する問題であるが，受注から引当に至る業務の流れを理解して解答に当たる必要がある。

解説

　設問5は，購入機能について，受注情報を識別する番号を利用する，ある機能と，それを利用する目的を解答する問題である。まず，購入機能を確認する。

表1　新システムの機能概要（抜粋）

機能名	機能概要
購入	購入情報を登録，変更，照会する機能。購入情報は，購入機器名，購入台数，販売業者名，購入希望日などである。また，**受注情報を識別する番号を任意に登録できるようにし，ある機能で利用する**。登録した購入情報を決裁申請することで，決裁機能に連携する。

　次に，受注情報に関連する記述を問題文から探す。〔現在のレンタル業務の内容〕にその記述がある。

(2)　営業部門
　　③　引当業務
　　（　～略～　）レンタル可能な機器がない場合は，**当該受注情報に引当する機器として購買部門に購入を依頼し，購入後に引当する。**
(3)　購買部門
　　（　～略～　）販売業者から納品された後，物流在庫管理システムにレンタル可能な機器として登録する。**レンタルの受注が決まっている機器の場合，営業担当者に連絡する。**

　これらの記述から，受注の際にレンタル可能な機器がない場合，営業担当者はその機器の購入を購買部門に依頼し，納品された後に購入のきっかけになった受注に対して引当を行っていることが分かる。これを新システム上で構築する際，受注情報を識別する情報を使って，自動引当を行うようにしたと考えられる。したがって解答は，機能が「**自動引当機能**」，利用する目的が「**購入した機器を対象の受注情報に引当すること**」である。

193

第2部　午後Ⅰ対策

演習6　システムの改善

平成30年度 秋期 午後Ⅰ 問1（標準解答時間40分）

問　システムの改善に関する次の記述を読んで，**設問1～3**に答えよ。

A社は，従業員2,000名を抱えるシステムインテグレータである。このたび，新中期計画において，情報技術の進展と競争激化に対応するために，人材開発の高度化が打ち出された。A社の人材開発部と情報システム部は，この新中期計画を受けて，現在稼働中の目標管理システム，受講管理システム及び資格管理システム（以下，現行システムという）の機能の改善と連携の強化を行うことにした。

〔現行システムの概要〕

現行システムの概要は次のとおりである。また，現行システムで管理している主な情報を**表1**に示す。

(1)　目標管理システム

A社では，目標管理システムを使って，半年ごとの社員の業績及び能力開発の目標と実績を管理している。社員が設定した目標は，上司と協議して決定され，半年ごとにその達成状況の評価が行われている。能力開発の目標設定では，その期に受講予定の講座や取得を目指す資格について合意し，社員の能力開発に役立てる。

目標設定は，4月中旬及び10月中旬に行う。社員が目標を目標管理システムに入力し，その後，上司と画面を見ながら協議し，合意した内容で目標を決定する。達成状況の評価は，9月下旬及び3月下旬に行う。社員が実績を目標管理システムに入力し，その後，上司と画面を見ながら協議し，合意した内容で達成状況の評価を決定する。

なお，A社の組織変更は4月1日と10月1日に行われる。人事異動は，毎月1日に発令され，昇進は年に1回，4月1日に発令される。

(2)　受講管理システム

A社では，年間約100講座の研修を開催している。各講座は，それぞれ年に数回開催され，社員は年間10日の受講を目標にしている。

・講座の情報として，講座基本情報と，開催スケジュール情報をもつ。開催スケジュール情報は，その講座の開催回ごとに，開催日，開催場所などの属性をもつ。

・社員が講座を申し込むと，受講履歴情報が作成される。受講履歴情報は，申込状況，受講状況及び受講結果に関する情報をもつ。

・社員が講座を修了すると，修了履歴情報が作成される。

・講座の開催に当たり，受講者に講座実施案内の電子メール（以下，案内メールという）

194

演習6　システムの改善

を送付し，受講者名簿，名札，座席表などの出力を行う。
・社員の社員番号，漢字氏名，かな氏名，生年月日，所属及び役職の情報（以下，社員基本情報という）は，人事部が，別途稼働している人事システムで管理している。人事異動で社員基本情報が変更される場合は，本人に内示された後，発令日の3営業日前の業務開始前に人事システムから変更情報が連携され，直ちに更新している。
・年度末に，受講管理システムから，社員個人別に過去3年間の年間受講日数一覧表を出力し，年間目標の達成状況を確認している。

(3)　資格管理システム

　　A社では，資格の取得を上位役職への昇進の必要条件としている。このため，社員は資格を取得すると，資格管理システムで登録申請を行い，合格証書の写しを人事部に送付する。人事部では，合格証書の写しを確認し，登録申請を承認する。

　　1年間に登録される件数は約700件であり，そのうち約6割が会社で団体申込みを行っている情報技術関連の資格である。

表1　現行システムで管理している主な情報

システム	情報名	主な属性（下線は主キーを示す）
目標管理		（省略）
受講管理	講座基本	<u>講座番号</u>，講座名，開講目的，講座概要，講座日数
	開催スケジュール	<u>講座番号</u>，<u>開催回</u>，開催日，開催場所，講師名
	受講履歴	<u>講座番号</u>，<u>開催回</u>，<u>社員番号</u>，進捗ステータス，申込日，受講結果
	修了履歴	<u>社員番号</u>，<u>講座番号</u>，<u>開催回</u>，成績
	社員基本	<u>社員番号</u>，漢字氏名，かな氏名，生年月日，所属，役職
資格管理	取得資格	<u>社員番号</u>，<u>資格名</u>，取得日

〔実施している研修の概要〕

　A社では新入社員を対象にした新入社員研修のほか，昇進した際に受講する昇進時研修，特定分野のスキル向上を目的としたスキル研修を実施している。

　新入社員研修は，4月1日から5月末日まで実施される。昇進時研修は，4月上旬に実施される。昇進者は，3月中旬の役員会で決定され，3月20日までに昇進者本人に昇進が内示されて，その全員が昇進時研修の受講対象者となる。

　新入社員研修及び昇進時研修は，受講対象者による申込みを行わず，人事部から情報を入手し次第，人材開発部で受講者を登録する。

　スキル研修は，4月中旬から受講申込みを募集し，6月から翌年2月までの間に開催する。募集の受付は，各講座の定員に達したとき，又は各講座の開催5週間前に一旦締め切るが，

第2部　午後Ⅰ対策

定員に満たないときは，開催1週間前まで受け付ける。スキル研修は，毎年，数講座を入れ替えている。それ以外の講座については，プログラムや教材の部分的な改訂を行っているが，講座日数などの大きな変更は行っていない。

〔現在の講座の運用〕

　講座の開催に当たっては，受講管理システムを用いて次のような運用を行っている。

・業務の調整及び講座の受講準備を促すために，開催5週間前に，受講者に案内メールを送付する。ただし，新入社員研修では，受講者である新入社員に入社式で詳細を説明するので，案内メールは送付しない。

・開催5週間前を過ぎて申込みがあった場合は，翌営業日に案内メールを送付する。

・開催3営業日前に，開催準備作業として，受講者名簿，名札及び座席表を出力する。

・講座を受講し，その講師が修了と判定した場合は，修了履歴に登録される。

・開催1週間前を過ぎてからの申込みは受け付けないが，部長から特別に要請があれば，例外的に受講者の追加や変更を認めている。この場合，開催準備作業後であれば，追加や変更が行われた時点で受講者名簿及び名札を再出力するが，①再出力する受講者名簿や名札に，開催日時点の正しい所属が表示されないことがあり，手作業で修正している。

・昇進時研修においては，上記の内容では対応できない運用があるので，特別な措置として，運用タイミングの変更を行っている。

〔システム改善の要望〕

　情報システム部のB課長が，経営層及び人材開発部にヒアリングを行ったところ，次のような要望が提示された。

・情報技術の進展に備え，社員を特定分野の専門家として育成するために，社員ごとに主たる専門分野とそのレベルを設定し，社員基本情報に追加したい。

・各講座の講座基本情報にも，受講対象とする社員の専門分野とそのレベルを設定し，社員の専門分野とそのレベルに合致した講座を推奨講座として，受講を推奨できるようにしたい。一つの講座が複数の専門分野を対象とすることもある。

・半年に1回実施している目標設定面談において，上司が部下に受講を促すことができるように，目標確認画面から，当該社員の受講履歴一覧，修了履歴一覧，当期推奨講座一覧及び取得資格一覧を参照できるようにしたい。

・取得資格の登録業務の効率向上を図るために，団体申込みを行っている情報技術関連の資格については，資格試験を実施する主催者(以下，試験主催者という)から送付される出願及び合否の電子データを取り込むことができるようにしたい。

・現行システムにおける手作業は，できるだけ削減したい。

〔機能改善と連携の強化についての要件〕

　B課長は機能改善と連携の強化についての要件を，次のように整理した。この際に，現行システムの問題点の解決を図ることに加えて，②システムの利用シーンを想定して，システム改善の要望にはなかった新たな要件の追加を行っている。

・社員基本情報に，専門分野とレベルの二つの属性を追加する。

・新たに，講座番号，専門分野を主キーとし，その他の属性としてレベルをもつ，講座レベル情報を設ける。

・現在，開催1週間前を過ぎてから申込みを受け付けた際に行っている手作業を，受講管理システムで行う。そのために，人事システムから連携される社員基本情報に適用開始日を加えて，1人の社員について複数件の情報を保持できるようにする。

・資格管理システムで，試験主催者から送付される電子データを取り込んで，合格者の情報を登録できるようにする。ここで，試験主催者から送付される情報は，受験番号が主キーであり，属性として漢字氏名，生年月日，試験の合否区分をもっている。

・受講管理システムから受講履歴情報及び修了履歴情報を，資格管理システムから取得資格情報を，目標管理システムへ連携して，目標管理システムの画面でそれらの情報を一覧で参照できるようにする。

・目標管理システムで，推奨講座の中で当該社員が修了していない講座の一覧を，当期推奨講座一覧として，**表2**に示す手順で表示する。半年ごとの目標設定時に，当期推奨講座一覧を見ながら上司と当期に受講する講座について協議し，その場で合意した場合は，当期推奨講座一覧の当該講座を選択することによって，受講管理システムに連携し，申込手続を行うことができるようにする。

表2　当期推奨講座一覧の表示手順

項番	手順
1	社員基本情報から，当該社員の ┃ a ┃，┃ b ┃ を取得する。
2	講座レベル情報から，項番1で取得した ┃ a ┃，┃ b ┃ をもつ全ての講座を取得する。
3	┃ c ┃ 情報から，当該社員の ┃ d ┃ を取得し，それらの講座を項番2で取得した講座から除いて，該当する講座基本情報の属性を一覧に表示する。

〔要望の追加〕

　B課長が整理した要件について，関係者に確認を行ったところ，"情報技術の急速な進展に対応するために，今後は，年度ごとに，講座の改廃，講座内容・講座日数の変更が行わ

第2部　午後Ⅰ対策

れることを前提に，新設講座や変更があった講座を識別できるようにしてほしい”という追加要望が提示された。

　これを受けて，B課長は追加する要件を次のように整理した。

・講座基本情報に，登録日，適用開始日及び廃止日の属性を追加する。
・③適用開始日を講座基本情報の主キーに加える。
・講座情報を表示する画面で，新設講座は赤色で，変更があった講座は青色で表示して，他の講座と区別できるようにする。

設問1　〔現在の講座の運用〕について，(1)～(3)に答えよ。

(1) 昇進時研修において，対応できない運用とは何か。25字以内で述べよ。

(2) (1)で対応できない運用のために，特別な措置として行っている運用タイミングの変更の内容を，35字以内で述べよ。

(3) 本文中の下線①で，正しい所属が表示されないのは，どのような受講者が，どのようなタイミングに開催される講座を受講したときか。受講者に関する条件を20字以内で，講座開催のタイミングに関する条件を30字以内で述べよ。

設問2　〔機能改善と連携の強化についての要件〕について，(1)～(3)に答えよ。

(1) 本文中の下線②で，システムの利用シーンを想定して追加した新たな要件とは何か。30字以内で述べよ。

(2) **表2**中の　　　a　　　～　　　d　　　に入れる適切な字句を答えよ。

(3) 資格管理システムにおいて，試験主催者から送付される情報を取り込む際に留意しなければならないシステム上の課題は何か。30字以内で述べよ。

設問3　〔要望の追加〕の下線③について，適用開始日を講座基本情報の主キーに加えない場合，現行システムのどの機能にどのような不具合が発生するか。機能を25字以内で，不具合の内容を40字以内で述べよ。

演習6　システムの改善

解答と解説

平成30年度 秋期 午後Ⅰ 問1

IPAによる出題趣旨・採点講評・解答例・解答の要点

出題趣旨（IPA公表資料より転載）

　利用者の利便性を向上させるために，情報システムの機能向上を図ったり，複数のシステムを連携させて機能的な結びつきを強めたりすることが行われるが，その際に利用者のニーズをくみ取り，システムの要件を決定することは，システムアーキテクトの重要な業務である。

　本問では，人材開発関連3システムの機能の改善と連携の強化を題材として，現行システムの課題と改善策，及び利用者の追加要望への対応について，具体的な記述を求めている。現行システムを理解した上で，機能向上，連携の強化，利用者の利便性の向上，将来想定されるシステムの改善などを，システム要件としてまとめていく能力を評価する。

採点講評（IPA公表資料より転載）

　問1では，受講管理など人材開発に関する業務システムを例にとり，現行システムの機能の改善と連携の強化について出題した。

　設問1（3）は正答率が低かった。異動発令日の3営業日前に社員基本情報が更新されてしまうので，それ以降月末までに開催される講座で名簿の再出力を行うと，翌月の異動後の所属が出力されてしまうことに気付いてほしかったが，逆に異動しているのに名簿が旧所属のままのケースがあるとした誤った解答が多かった。

　設問2（1）は，正答率が低かった。追加した新たな要件を問うているので，要件に書かれているシステムでの対応が，利用者のどの要望を満たすためかを，きちんと理解すれば正解が導けたはずである。

　設問3は，正答率が低かった。適用開始日を主キーに加えない場合は，履歴で管理できないので，年度ごとに変更が行われる講座内容・講座日数について，古い情報が失われてしまう。その時に正しく機能しなくなるのは，過去3年間の受講日数の算出が必要な年間受講日数一覧であることに気づいてほしかった。

　全体を通して，問題文をしっかり理解した上で，自分の言葉で答えるよう出題したが，問題文のどこかを引用して答えればよいと誤った解釈をした結果，正解に至らなかった受験者が多かったように見受けられた。

　システムアーキテクトとして，利用者の要望を十分に理解した上で，システムの利用シーンを想定して，システム要件を決めていくことができるように心掛けてほしい。

第2部　午後 I 対策

設問		解答例・解答の要点	備考
設問1	(1)	開催5週間前に案内メールを送付する運用	
	(2)	人事部から情報を入手し次第，受講者に案内メールを送付する。	
	(3)	受講者　人事異動の発令を受けた社員	
		タイミング　異動発令日の3営業日前から前日までに開催される講座	
設問2	(1)	当期推奨講座一覧から受講管理システムに連携すること	
	(2)	a　専門分野	順不同
		b　レベル	
		c　修了履歴	
		d　修了した講座	
	(3)	主キーが異なる二つの情報を，どう照合するかという課題	
設問3		機能　過去3年間の年間受講日数一覧表を出力する機能	
		不具合の内容　講座日数の変更が行われたときに年間受講日数が正しく計算できない不具合	

問題文の読み方のポイント

　午後 I 問1は，システムインテグレータの目標管理システム，受講管理システム及び資格管理システムの改善に関する問題である。情報処理技術者試験では，定期的にシステムインテグレータ又はシステム開発会社の内部システムに関連する問が出題されている。本問もその業務分野の問題である。受験者の多くがシステムインテグレータやシステム開発会社に所属していると考えられるため，本年の問の中で一番取り組みやすい問であった。また，要件を整理するに当たって検討が必要な業務課題に関連する設問が出題されており，受験者の上流工程のスキルを測る問題である。

設問1

ポイント

　設問1は，〔現在の講座の運用〕に関する設問である。講座の運用に関する現在の状態，課題を正確に理解できているかを測る問題になっている。(1)と(2)は講座の運用に関する同一課題に対する問題であるため，両者の解答に整合性が求められる。また，現在の運用と現行システムに関する設問であるため，改善後の運用やシステムと混同しないように注意したい。

解説(1)

　設問1(1)は，昇進時研修において対応できない運用を解答する。〔現在の講座の運用〕には，対応できない運用があり，運用タイミングの変更を行っているという旨だけが記載されているため，問題文の昇進に関する記述を探す。〔実施している研修の概要〕に以下の記述がある。

200

演習6　システムの改善

> **昇進時研修は，4月上旬**に実施される。昇進者は，3月中旬の役員会で決定され，**3月20日**までに昇進者本人に昇進が内示されて，その全員が昇進時研修の受講対象者となる。

　昇進時研修が実施されるのは4月上旬にもかかわらず，受講者の決定は3月中旬であり本人への内示は3月20日までに行われる。〔現在の講座の運用〕の中では開催5週間前に受講者に案内メールを送付することになっているが，昇進試験においては，5週間前に受講者が決定していない。したがって，「**開催5週間前に案内メールを送付する運用**」が解答である。

解説（2）

　設問1 (2)では，(1)で対応できない運用のために，特別な措置として行っている運用タイミングの変更内容を解答する。開催5週間前にメールを送信することが対応できない運用であるため，メールの送信タイミングを変更することが解答になると考えられる。〔実施している研修の概要〕に，昇進時研修は人事部から情報を入手し次第，人材開発部で受講者を登録すると記載されており，同時に案内メールを送付することが運用タイミングの変更内容であると考えられる。したがって，「**人事部から情報を入手し次第，受講者に案内メールを送付する。**」が解答である。

解説（3）

　設問1 (3)は，開催準備作業後に受講名簿及び名札を再出力する際，開催日時点の正しい所属が表示されないのは，「どのような受講者」で「どのようなタイミング」かを解答する。開催までの任意のタイミングで再出力を行っており，講座開催側のタイミングの問題ではないと考えられるため，これ以外の理由で正しい所属が表示されない理由が記載されている箇所がないか探す。〔現行システムの概要〕(1)と(2)に以下のような記述がある。

> A社の組織変更は4月1日と10月1日に行われる。人事異動は，毎月1日に発令され，昇進は年に1回，4月1日に発令される。

> 人事異動で社員基本情報が変更される場合は，本人に内示された後，**発令日の3営業日前の業務開始前に人事システムから変更情報が連携され**，直ちに更新している。

　これらの記述から，正しい所属が表示されない受講者は，「**人事異動の発令を受けた社員**」であることが分かる。人事発令後の3営業日前に人事システムから変更情報が連携されるため，人事発令を受けた社員が受講日の3営業日前から人事発令前日に講座を受講した場合，現在の

201

第2部　午後Ⅰ対策

所属部署ではなく異動後の所属部署が受講者名簿に掲載されてしまう。したがって，「**異動発令日の３営業日前から前日までに開催される講座**」が解答である。

設問2

ポイント

　設問2は〔機能改善と連携の強化についての要件〕に関する問題である。この設問では，システムアーキテクトとして要件を作る能力，要件を導き出すためのシステム課題を見つけ出す能力が問われている。現行システムとその運用の理解を踏まえて解答を考えていく。

解説（1）

　設問2（1）は，システムの利用シーンを想定して追加した新しい要件を解答する問題である。システム要件は，利用者の要望からシステム実装する機能を整理してまとめたものである。設問は，要望には挙がっていないがその機能があるとより便利になる，又は業務が効率化できると考え，システムアーキテクトとして追加した要件を解答する問題である。さらに，問題文は要望に対応する形で要件が記述されているため，要望と要件に違いがある部分が追加した新しい機能であると考えられる。〔システム改善の要望〕に記載されている要望と〔機能改善と連携の強化についての要件〕に記載されている要件の間に差異がないかを確認する。目標設定時の利用シーンにおいて，要望と要件に違いがあることが分かる。

〔システム改善の要望〕
（　～略～　）
・半年に１回実施している目標設定面談において，上司が部下に受講を促すことができるように，目標確認画面から，当該社員の**受講履歴一覧，修了履歴一覧，当期推奨講座一覧及び取得資格一覧を参照できる**ようにしたい。

〔機能改善と連携の強化についての要件〕
（　～略～　）
・目標管理システムで，推奨講座の中で当該社員が修了していない講座の一覧を，当期推奨講座一覧として，**表2**に示す手順で表示する。半年ごとの目標設定時に，当期推奨講座一覧を見ながら上司と当期に受講する講座について協議し，その場で合意した場合は，当期推奨講座一覧の当該講座を選択することによって，**受講管理システムに連携し，申込手続を行うことができるようにする。**

利用部門からの要望は推奨講座一覧の参照のみであったが，要件では受講管理システムに連

携し，推奨講座をその場で申し込むことができる機能を記載している。これが利用シーンを想定して追加した要件である。したがって，解答は「**当期推奨講座一覧から受講管理システムに連携すること**」である。

解説（2）

設問 2（2）は，**表2**の当期推奨講座一覧の表示手順のaからdに入れるべき字句を解答する問題である。当該社員の当期推奨講座一覧とは，社員の専門分野とそのレベルに合致した講座のことである。また，受講済みの講座を推奨講座に表示しないようにする必要もある。これらを踏まえて，**表2**の手順1と2を確認すると「社員基本情報から，当該社員の　　a　　，　　b　　を取得する」と記載されているため，aとbは，社員基本情報の属性名であることが分かる。

社員基本情報にどのような項目が設定されているかを問題文から探す。社員基本情報の項目に関する記述は以下である。

〔機能改善と連携の強化についての要件〕
（　～略～　）
・社員基本情報に，**専門分野**と**レベル**の二つの属性を追加する。

したがって，この追加された二つの属性「**専門分野**」と「**レベル**」がaとbの解答であると考えられる。

次に，c，dであるが，手順3は受講済みの講座を取り除く手順が記載されていると考えられる。また，「　　c　　情報から当該社員の　　d　　を取得し，それらの講座を項番2で取得した講座から除いて」と記載されているため，cは受講済みの講座の情報であることが分かる。したがって，cは「**修了履歴**」である。修了履歴から取得するのは当該社員が受講し修了した講座の情報であると考えられるため，dの解答は「**修了した講座**」である。

解説（3）

設問 2（3）は，資格管理システムにおいて，試験主催者から送付される情報を取り込む際に留意しなければならないシステム上の課題を解答する。まず，問題文から試験主催者から送付される情報を取り込む機能の要件に関する記述を探す。〔機能改善と連携の強化についての要件〕に以下のような記述がある。

203

第2部　午後Ⅰ対策

・資格管理システムで，試験主催者から送付される電子データを取り込んで，合格者の情報を登録できるようにする。ここで，**試験主催者から送付される情報は，受講番号が主キーであり，属性として漢字氏名，生年月日，試験の合否区分をもっている。**

　取り込み元の資格管理システムの取得資格情報の主キーは社員番号であるが，試験主催者から送付される情報には社員番号はなく受講番号が主キーであり，個人を識別できる情報は漢字氏名と生年月日である。同姓同名で生年月日も同じ従業員が同じ試験で同じ合否結果であった場合，資格管理システムに取り込むことができない。これがシステム上の課題であると考えられる。したがって，解答は「**主キーが異なる二つの情報を，どう照合するかという課題**」である。

設問3

ポイント

　設問3は要望の追加に対する対応により検討した要件にどのような影響があるかを解答する問題である。システム構築を行う場合，要件の追加，変更は避けられない。また，変更による影響範囲の調査が不十分な場合，不具合の原因になることが多いため，これに対応する能力を測る問題である。

解説

　設問3は，〔要望の追加〕の下線③に書かれている「適用開始日を講座基本情報の主キーに加える」ことについて，適用開始日を講座基本情報の主キーに加えない場合，現行システムにどのような不具合が発生するか，不具合が発生する機能とその機能で起きる不具合の内容を解答する問題である。

　〔要望の追加〕に書かれている関係者からの要望は以下のようなものである。

情報技術の急速な進展に対応するために，今後は，**年度ごとに，講座の改廃，講座内容・講座日数の変更が行われること**を前提に，新設講座や変更があった講座を識別できるようにしてほしい

　また，この要望に対応するための追加要件は以下である。

204

・講座基本情報に，登録日，適用開始日及び廃止日の属性を追加する。
・③適用開始日を講座基本情報の主キーに加える。
・講座情報を表示する画面で，新設講座は赤色で，変更があった講座は青色で表示して，他の講座と区別できるようにする。

　今までは，1件の同一講座は講座基本情報に1レコードのみが存在していたが，この要件の追加により，同一講座のレコードが複数件講座基本情報に追加されることになる。つまり，講座の履歴情報も保存できるような要件が加わったことになる。設問は現行システムで発生する不具合を解答するように指示されているため，問題文の現行システムの説明から講座の変更履歴を保存することによって影響を受ける機能を探す。
　過去の受講履歴に関する以下のような機能があることが分かる。

〔現行システムの概要〕
（　～略～　）
(2) 受講管理システム
　　　（　～略～　）
　　　・年度末に，受講管理システムから，**社員個人別に過去3年間の年間受講日数一覧表を出力し**，年間目標の達成状況を確認している。

　この過去3年間の年間受講日数一覧表の出力に当たって，適用開始日が主キーになっていない場合，集計処理のアルゴリズムによっては，二重集計になったり，変更前の講座日数を集計するような不具合が発生したりする可能性がある。
　したがって，不具合が発生する機能は，「**過去3年間の年間受講日数一覧表を出力する機能**」であり，不具合の内容は「**講座日数の変更が行われたときに年間受講日数が正しく計算できない不具合**」である。

第2部 午後Ⅰ対策

演習 7 情報開示システムの構築

平成30年度 秋期 午後Ⅰ 問2（標準解答時間40分）

> **問** 情報開示システムの構築に関する次の記述を読んで，**設問1〜4**に答えよ。

F法人は，関東に所在する公的業務を行う団体である。このたび，個人，事業者などからの要望を踏まえて，インターネットからF法人が保有する文書を情報提供する情報開示システム（以下，新システムという）を構築することにした。

〔現行業務の概要〕

F法人は，保有する文書について，個人，事業者などからの開示請求に基づき情報開示を行っている。現在の開示請求から情報開示までの流れは，次のとおりである。

(1) 開示請求を行う文書の特定

開示請求を行う個人，事業者など（以下，開示請求者という）は，F法人の情報公開窓口（以下，窓口という）を訪れ，F法人が保有する文書の件名，分類などが記録された文書管理簿を閲覧し，開示請求を行う文書を特定する。文書管理簿については，インターネットから文書検索システムを利用して，文書件名のキーワード，文書作成年度などの条件を指定し，検索することもできる。

(2) 開示請求

開示請求者は，開示請求を行う文書を特定した後，開示請求書に(1)で特定した文書件名のほか，個人の場合は氏名，自宅の住所，電話番号及び携帯電話番号を，事業者の場合は事業者の名称，担当者の氏名，事業所の住所及び電話番号を必要事項として記入し，窓口に提出する。提出の際，開示請求に必要な手数料を納付する。

(3) 開示，不開示の決定

開示請求書を受け付けた窓口は，文書を所管する部署（以下，文書所管部署という）に請求内容を通知する。文書所管部署では，個別に文書の内容を確認し，開示，不開示又は一部開示を決定する。決定内容について，開示決定通知書を作成し，開示請求者に対して郵送で通知する。

(4) 開示実施申出書の提出

開示請求者は，開示決定通知書を受領した後，文書の閲覧，文書の写しの交付，電子データの交付などの開示方法を開示実施申出書に記載し，郵送で窓口に提出する。

(5) 開示実施

開示請求者は，開示実施申出書で指定した方法によって，文書の閲覧，文書の写しの受領，電子媒体による電子データの受領などを行う。文書の写し，電子媒体による

206

受領の場合，それぞれ指定の手数料を窓口に納付する。開示は来訪だけに対応しており，郵送などによる開示は行っていない。

なお，F法人では開示請求者に対して，開示後に必要に応じて電話で連絡することがある。

〔新システム構築の背景，目的及び整備方針〕

F法人では，開示請求の件数が毎年増加傾向にあり，窓口及び請求件数が多い文書所管部署では業務処理量の増加に伴う開示請求対応の事務が負担になっている。特に年度初めの4月，5月に年間の開示請求件数の約半数が集中しているので，通常業務が忙しい中，開示請求対応が重なり，開示までに多くの日数を要することがある。

開示請求は，特定種類の文書に対するものが全体の請求件数の約6割を占めている。F法人では，この特定種類の文書を現在約2,000件保有している。主に市場調査や営業目的で利用する事業者からの開示請求がほとんどであり，文書1件当たりの枚数が多いことから，開示の際は電子媒体で交付することが多くなっている。

開示請求者からは，開示請求手続の煩雑さ，訪問が必要なこと，各種手数料の負担，開示までに時間を要することへの不満が挙がっている。

そこでF法人では，現在の開示請求手続に加えて，開示請求なしでインターネットを利用して，手数料が不要で，場所や時間の制限がなく，初めての利用でも手続が簡単で即時に文書を取得できる新システムを構築することにした。

なお，新システムでは，まず，開示請求が多く開示可能な文書だけを対象に情報提供を行い，利用状況を見ながら順次取り扱う文書を増やしていく方針にした。

〔新システムに対する要望〕

多くの開示請求に対応している文書所管部署に確認したところ，新システムを用いた情報提供に関して，次の要望が挙げられた。

・開示請求の多い特定種類の文書は，他団体から提供を受けた情報を基にF法人が独自に加工，編集している文書である。情報提供元の団体と協議した結果，不特定多数の個人，事業者などに対して情報提供するのではなく，あらかじめ利用者登録した上で，特定された個人，事業者などに対して情報提供を行うようにしたい。

・従来の開示請求手続とは異なり，請求のたびに開示する文書の内容を確認しないので，①開示する情報に不備がないかどうかを，複数人で確認した上で，新システムに登録し，情報提供するようにしたい。

・現在の開示請求手続と同様に，必要に応じて情報提供先に電話で連絡することができるよう，連絡先に間違いがないことを確認したい。

- F法人の職員の所属，役職に応じた権限の管理ができるよう，所属，役職などの情報については，社内システムと同じ情報を取り扱えるようにしてほしい。人事異動などが発生した場合は，翌営業日中には新システムに情報を反映させてほしい。

〔新システムの方式検討〕

F法人では，現在運用している各情報システムのサーバ機器などを，F法人が契約するデータセンタ内に導入して運用している。新システムにおいても同様の形態にすることを検討したが，業務上の特性から業務処理量の変動が大きいことが予想されることと，将来の拡張に柔軟に対応できることから，クラウドサービスを利用することにした。

F法人の職員が新システムを利用する際は，費用対効果を考慮し，既設のインターネット回線を経由して，クラウドサービス上に構築する新システムにログインして利用することにした。また，F法人の職員向けの機能は，F法人が契約するデータセンタ内のプロキシサーバからのアクセスだけを許可する仕組みにした。新システム構築後の全体概要を図1に示す。

なお，F法人では近年，情報セキュリティ対策を強化しており，社内システムとインターネット上のシステムとの間を直接オンラインで連携することを禁止している。そこで，新システムと社内システムとの連携は，できる限り頻度を少なくした上で，新システムのシステム管理担当者が運用作業で実施することにした。

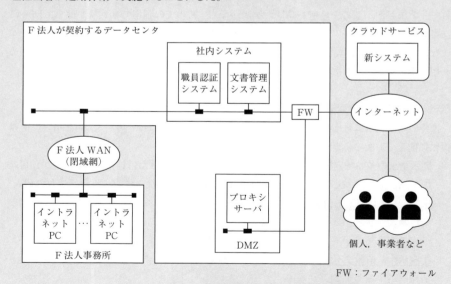

図1　新システム構築後の全体概要

〔新システムで提供する機能の概要〕

新システムに対する要望などを踏まえて，次に示す機能を提供することにした。

- 個人，事業者などが新システムを利用するために，IDの発行及びパスワードを設定する利用者登録機能を用意する。
- 現行の文書検索システムと同様に，インターネットから文書管理簿の検索を行えるようにする。検索の結果，新システムに登録されている文書については，直接新システムから電子ファイルをダウンロードできるようにする。現行の文書検索システムの機能は，新システムの機能の一部として統合する。
- 検索に必要な文書管理簿の情報については，F法人の社内システムである文書管理システムから文書管理簿データをダウンロードし，新システムに運用作業で取り込む登録機能を用意する。更新頻度は，1週間に1回とする。
- 新システムで情報提供する文書については，F法人の職員が，文書に対応する文書管理簿の情報を選択し，文書に付随するそのほかの情報を新システムの登録画面で入力し，登録する。登録された文書は，文書登録者の上司が内容を新システム上で確認し，承認すると，個人，事業者などに向けて公開される。
- 情報提供の機能とは別に，ある理由から，電子フォームを用いて開示請求ができる機能を提供する。その際，開示請求に掛かる手数料は別納とする。
- 職員の所属，役職などの情報については，F法人の社内システムである職員認証システムからデータをダウンロードし，新システムに運用作業で取り込む登録機能を用意する。職員認証システムでは，職員の所属，役職などの職員基本情報の更新は月1回程度である。一方で，②職員認証システムのパスワードは職員が随時変更できるので，パスワード情報は新システムに取り込まず，職員基本情報だけを反映し，新システムのパスワードについては職員が新システムで新たに設定し，管理することにする。
- 個人，事業者など，新システムの利用者の情報については，新規登録時に，現在の開示請求書で記入を求めている項目に加えて，電子メールアドレスを登録する。

〔利用者の新規登録手順及び連絡先の確認方式の検討〕

新システムの利用者を新規登録する際の連絡先の確認方式について，検討を行った。検討した，利用者の新規登録手順及び連絡先の確認方式案を**表1**に示す。

第2部 午後Ⅰ対策

表1 利用者の新規登録手順及び連絡先の確認方式案

案	方式
案1	新システムは，利用者が新規登録時に入力した電子メールアドレス宛てに，本登録用のURLを記載した電子メールを送信する。利用者が，受信した電子メールに記載されたURLから本登録用画面を開くと，新システムの利用者として本登録される。
案2	新システムは，利用者が新規登録時に入力した携帯電話番号宛てに，携帯電話会社が提供するショートメッセージサービスを利用して，本登録用の認証コードを記載したメッセージを送信する。利用者が，受信したメッセージに記載された認証コードを利用者登録画面上から正しく入力すると，新システムの利用者として本登録される。
案3	利用者が新規登録時に入力した住所宛てに，本登録用の認証コードを封書で送付する。利用者が，封書内の書類に記載された認証コードを新システムに所定の方法で正しく入力すると，新システムの利用者として本登録される。

　各案を比較した結果，案1の方式については，簡易に利用者の新規登録ができるが，③文書所管部署の要望を満たすことができないという評価になった。一方，案3の方式については，より厳格な連絡先の確認ができる点はよいが，利便性に欠け，新システムの目的にも合致しないという評価になった。

　そこで，案2の方式を採用することにした。ただし，新システムの利用者特性を踏まえると，このままでは問題が生じる場合があるので，ショートメッセージで本登録用の認証コードを通知する方式に加えて，利用者が新規登録時に入力した電話番号宛てに新システムが電話をかけて自動音声で本登録用の認証コードを読み上げる方式も選択できることにした。

設問1　本文中の下線①の要望に基づき，新システムで提供することにした機能は何か。25字以内で述べよ。

設問2　新システムでクラウドサービスを利用することを判断した理由の一つに，業務処理量の変動が大きいと予想したことが挙げられる。業務処理量の変動が大きいと予想した業務上の特性とは何か。30字以内で述べよ。

設問3　〔新システムで提供する機能の概要〕について，(1)，(2)に答えよ。

　　(1) 情報提供の機能とは別に，電子フォームを用いて開示請求ができる機能を提供することにした理由を40字以内で述べよ。

　　(2) 新システムにおけるパスワードについて，本文中の下線②のようにした運用上の理由を，25字以内で述べよ。

210

演習7　情報開示システムの構築

設問4　〔利用者の新規登録手順及び連絡先の確認方式の検討〕について，(1)〜(3)に答えよ。

(1) 本文中の下線③の文書所管部署の要望とは何か。30字以内で述べよ。

(2) 案3の方式を採用しないと評価した際に考慮した新システムの目的とは何か。35字以内で述べよ。

(3) 自動音声で本登録用の認証コードを読み上げる方式も選択できることにした理由を，新システムの利用者の特性を含めて35字以内で述べよ。

第2部　午後Ⅰ対策

解答と解説

平成30年度 秋期 午後Ⅰ 問2

IPAによる出題趣旨・採点講評・解答例・解答の要点

出題趣旨（IPA公表資料より転載）

　情報システムの新規構築によって，新たなサービスを提供する際，システムアーキテクトは，想定されるシステム利用者の特定やシステムに求められる機能要件，非機能要件などを，様々なユースケースを想定しながら検討する必要がある。

　本問では，情報開示システムの新規構築を題材として，現行業務や既存のシステム，IT環境上の制約を考慮し，適切な機能の実装，システム方式を設計することなどについて，具体的な記述を求めている。システムを取り巻く条件，制約などを正しく理解し，求められる情報システムを設計する能力を評価する。

採点講評（IPA公表資料より転載）

　問2では，情報開示システムを例にとり，業務要件，IT環境上の制約などを踏まえた機能要件，非機能要件の検討に関わる内容について出題した。

　設問3（1）は，新システムの情報提供の機能とは別に，電子フォーム機能を提供することにした理由を解答してほしかったが，新システム構築の背景，目的から引用するだけの解答が多かった。なぜ，情報提供の機能とは別に機能を用意したのかということを，問題文中の背景及び設問の内容から十分に読み取ってほしかった。

　設問3（2）は，運用上の理由を問うているにもかかわらず，社内システムとインターネット上のシステムとの間を直接オンラインで連携することを禁止しているから，といったシステム方式上の制約を理由として挙げている解答が目立った。また，運用上の理由として，職員基本情報の更新が月1回程度だから，という解答も散見された。これは，現在の職員認証システムの運用内容であって，新システムにおけるパスワードの運用方針には直接関係がない。関連システムの運用と新システムに求められる運用要件をきちんと整理，理解してほしかった。

　設問4（3）は，正答率が高かったが，携帯電話を利用できないからという内容だけの解答が散見された。利用者には事業者が多いという，新システムの利用者の特性も含めて解答してほしかった。

　システムアーキテクトとして，業務要件，非機能要件，制約事項などを幅広く十分に理解した上で，システム要件を定義できるよう心掛けてほしい。

設問		解答例・解答の要点	備考
設問1		登録された文書を上司が確認し，承認する機能	
設問2		年度初めに年間の開示請求件数の約半数が集中すること	
設問3	(1)	新システムでは，まず，開示請求が多く開示可能な文書だけを対象にするから	
	(2)	運用作業による連携頻度を少なくしたいから	
設問4	(1)	情報提供先に電話で連絡することができるようにすること	
	(2)	初めての利用でも手続が簡単で即時に文書を取得できること	
	(3)	利用者には事業者が多く，携帯電話番号を入力できない場合があるから	

212

演習7　情報開示システムの構築

問題文の読み方のポイント

　本問は，公共業務を行う団体の情報開示システムの構築に関する問題である。問題文は，現行の業務の説明の次に新システム構築に当たっての背景，整備方針，新システムに対する要望が記載されている。この要望に対応するための新システムの方式検討，機能の要望がその後に続いている。各設問では，新システムで構築する機能に関する問題や検討した方式に関する問題が出題されており，システムアーキテクトの問題としてはオーソドックスな構成である。しかし，公共の業務に詳しい受験者は多くないと思われることと，問題文の記載内容だけでは解答が難しい設問もあるため，やや難度が高い問であった。

設問1

ポイント

　設問1は，要望に対して実装することにした機能を解答する問題である。問題文に記載されている要望は設問に使用するために，やや曖昧な記述になっている。新システムの機能の記述から，要望に対応する機能を見つけ出すことがポイントである。

解説

　設問1は，本文中に記載されている「①開示する情報に不備がないかどうかを，複数人で確認した上で，新システムに登録し，情報提供するようにしたい」という要望に対して提供することにした機能を解答する。したがって，機能を説明している記述に解答のヒントがあると考えられるため，〔新システムで提供する機能の概要〕を中心に解答に関連する記述がないかを見てみる。また，①の業務実施のタイミングは開示文書の登録時又は開示時に行われると考えられるため，これらに関連する記述がないかを探す。

> ・新システムで情報提供する文書については，F法人の職員が，文書に対応する文書管理簿の情報を選択し，文書に付随するそのほかの情報を新システムの登録画面で入力し，登録する。登録された文書は，**文書登録者の上司が内容を新システム上で確認し，承認すると**，個人，事業者などに向けて公開される。

　この記述から要望に記載されている「複数人で確認した上」とは，新システムで提供する機能の説明に記載されている「**登録された文書を上司が確認し，承認する機能**」を使用して確認を行うことであると考えられる。これが解答である。

213

第2部　午後Ⅰ対策

設問2

ポイント

　設問2は，新システムのシステム構成に関する問題である。クラウドサービスを導入する理由となった業務の特徴を解答する。問題文から解答のヒントを探すことがポイントである。

解説

　設問2は，業務処理量の変動が大きいと予測した業務上の特性を解答する問題である。業務処理量に関する説明を問題文から探す。〔新システム構築の背景，目的及び整備方針〕に以下のような記述がある。

　　F法人では，開示請求の件数が毎年増加傾向にあり，窓口及び請求件数が多い文書所管部署では**業務処理量**の増加に伴う開示請求対応の事務が負担になっている。特に**年度初めの4月，5月に年間の開示請求件数の約半数が集中している**ので（　～略～　）

　業務上の特性とは，「**年度初めに年間の開示請求件数の約半数が集中していること**」であり，これが解答である。

設問3

ポイント

　設問3は〔新システムで提供する機能の概要〕に関する問題である。いずれも，その機能にした理由を問われている。機能を決定するには業務上，運用上，必要であるという理由，又は事情があるため，これを正しく理解する能力を問う設問である。

解説(1)

　設問3 (1) は，情報提供の機能とは別に，電子フォームを用いて開示請求ができる機能を提供することにした理由を解答する。新システムに対する要望は開示請求の機能についての記述がないため，これ以外で開示に関して記載されている箇所を探す。問題文の〔新システム構築の背景，目的及び整備方針〕に以下の記述がある。

　　そこでF法人では，現在の開示請求手続に加えて，開示請求なしでインターネットを利用して，手数料が不要で，場所や時間の制限がなく，初めての利用でも手続が簡単で即時に文書を取得できる新システムを構築することにした。

　　なお，新システムでは，まず，**開示請求が多く開示可能な文書だけを対象**に情報提供を行い，利用状況を見ながら順次取り扱う文書を増やしていく方針にした。

214

演習7　情報開示システムの構築

この記述から，全ての開示可能な文書が新システムからは利用できず，開示請求手続が必要な文書が残っていることが分かる。このため，開示請求の機能を新システムで提供することにしたと考えられる。したがって，解答は「**新システムでは，まず，開示請求が多く開示可能な文書だけを対象にするから**」である。

解説（2）

設問3（2）は，新システムにおけるパスワードについて，パスワード情報を新システムに取り込まず，職員が新システムで設定管理するような運用にした理由を解答する問題である。問題文では，パスワード及び新システムへのデータ取り込みに関連する記述は以下のようになっている。

〔新システムに対する要望〕
（　〜略〜　）
・F法人の職員の所属，役職に応じた権限の管理ができるよう，所属，役職などの情報については，社内システムと同じ情報を取り扱えるようにしてほしい。**人事異動などが発生した場合は，翌営業日中には新システムに情報を反映させてほしい。**

〔新システムの方針検討〕
（　〜略〜　）
なお，F法人では近年，情報セキュリティ対策を強化しており，**社内システムとインターネット上のシステムとの間を直接オンラインで連携することを禁止している。**そこで，**新システムと社内システムとの連携は，できる限り頻度を少なく**した上で，新システムのシステム管理担当者が運用作業で実施することにした。

〔新システムで提供する機能の概要〕
（　〜略〜　）
・職員の所属，役職などの情報については，F法人の社内システムである職員認証システムからデータをダウンロードし，新システムに運用作業で取り込む登録機能を用意する。職員認証システムでは，**職員の所属，役職などの職員基本情報の更新は月1回程度である。**

職員基本情報の更新頻度は月1回程度であるため，取り込み作業の頻度は基本情報だけであれば月1回程度であるが，職員のパスワード変更の頻度は随時であると考えられる。しかし，セキュリティ対策として社内システムとインターネット上のシステムをオンラインで連携すること

215

第2部　午後Ⅰ対策

は禁止されており，連携の頻度をできるだけ少なくすることが求められている。したがって解答は，「**運用作業による連携頻度を少なくしたいから**」である。

設問4

ポイント

　設問4は，〔利用者の新規登録手順及び連絡先の確認方式の検討〕に関する問題である。複数の新規登録手順案の中からどのような理由で方式案を採用したかを解答する。設問はどの方式を採用したかではなく，その方式を採用した理由を解答として記載する必要があるため，問題文の中の新システムに対する要望や目的が記載されている部分から解答のヒントを探していくとよい。

解説(1)

　設問4 (1)は，本文中の下線③に記載されている文書所管部署の要望を解答する。まず，文書所管部署の要望は，〔新システムに対する要望〕に記載されている。この中で利用者の新規登録に関する要望を確認すると，一つ目と三つ目の要望が利用者に関連するものである。三つ目の要望は以下のような内容である。

・現在の開示請求手続と同様に，**必要に応じて情報提供先に電話で連絡することができるよう，連絡先に間違いがないことを確認したい。**

　案1は新規登録時にメールアドレスのみを登録するため，登録した電話番号に間違いがないかどうかを確認することができない。したがって，③の文書所管部署の要望は，「**情報提供先に電話で連絡することができるようにすること**」であり，これが解答である。

解説(2)

　設問4 (2)は，案3の方式を採用しないと評価した際に考慮した新システムの目的を解答する。案3は利用書の新規登録認後に認証コードを封書で送付し，利用者は受け取った認証コードを新システムに登録することで登録が完了する手順である。案1，案2は即時で本登録が完了するが，案3は認証コードを送付する日数がかかる。そこが違いである。

　新システムの目的が記載されている箇所を確認する。〔新システム構築の背景，目的及び整備方針〕に，目的に関する以下のような記述がある。

216

演習7　情報開示システムの構築

　そこでF法人では，現在の開示請求手続に加えて，開示請求なしでインターネットを利用して，手数料が不要で，場所や時間の制限がなく，**初めての利用でも手続が簡単で即時に文書を取得できる**新システムを構築することにした。

　案3は認証コードを送付する日数がかかるため，即時に文書を取得することができない。したがって，案3の方式を採用しないと評価した際に考慮した新システムの目的は，「**初めての利用でも手続が簡単で即時に文書を取得できること**」であり，これが解答である。

解説

　設問4 (3)は，自動音声で本登録用の認証コードを読み上げる方式も選択できることにした理由を解答する。認証コードを読み上げる方式も選択できることにした経緯としては，問題文の新システムの利用者特性を踏まえると，携帯電話のショートメッセージだけで認証コードを通知すると問題が生じる場合があるためである。したがって，解答は新システムの利用者特性に関連する内容であると考えられる。

　問題文〔現行業務の概要〕(2)に開示請求に必要な情報に関する以下のような記述がある。

(2)　開示請求
　　開示請求者は，開示請求を行う文書を特定した後，開示請求書に(1)で特定した文書件名のほか，**個人の場合は氏名，自宅の住所，電話番号及び携帯電話番号を**，**事業者の場合は事業者の名称，担当者の氏名，事業所の住所及び電話番号**を必要事項として記入し，窓口に提出する。提出の際，開示請求に必要な手数料を納付する。

　個人の場合は携帯電話番号が必須事項になっているが，事業者の場合は携帯電話番号は登録の必須事項になっていないことが分かる。また，〔新システムの構築の背景，目的及び整備方針〕に個人と事業者の利用比率に関する記述がある。

　　開示請求は，特定種類の文書に対するものが全体の請求件数の約6割を占めている。F法人では，この特定種類の文書を現在約2,000件保有している。**主に市場調査や営業目的で利用する事業者からの開示請求がほとんど**であり，文書1件当たりの枚数が多いことから，開示の際は電子媒体で交付することが多くなっている。

　これらの記述から，事業者は携帯電話番号を所有していないケースがあることと，開示請求

217

第2部　午後Ⅰ対策

は事業者がほとんどを占めていることが分かる。つまり，案2においてショートメッセージのみ
で認証コードを通知した場合，ショートメッセージを受け取れない事業者が数多く出てくること
が考えられる。これが，新システムの利用者特性を踏まえると，携帯電話のショートメッセージ
だけで認証コードを通知すると生じる問題である。したがって，解答は「**利用者には事業者が多
く，携帯電話番号を入力できない場合があるから**」である。

演習8　ETCサービス管理システムの構築

演習8 ETC サービス管理システムの構築

平成30年度 秋期 午後Ⅰ 問3（標準解答時間40分）

問 ETCサービス管理システムの構築に関する次の記述を読んで、**設問1〜3**に答えよ。

K社は、法人向けの自動車リース会社である。K社は、自動車リースを契約している法人を対象に、有料道路の通行料金の支払に利用するETCカードのサービス（以下、ETCサービスという）を提供している。昨今のETCカード（以下、カードという）の利用者増加に伴い、業務及びシステムを改善することにした。

〔現在の業務の概要〕

K社では、法人顧客（以下、顧客という）がETCサービスの契約を締結すると、リース車両1台につきカードを1枚発行する。カード利用者は、有料道路の通行料金の支払手段として、カードを利用することができる。有料道路の事業者（以下、道路事業者という）は、K社のカードを利用した通行料金をK社に請求する。K社は、道路事業者から送られてくる通行記録を基に通行料金を顧客に請求する。現在のETCサービスの契約締結から請求までの業務の概要は、次のとおりである。これらの業務に関連するシステムは、ETCサービス契約システム、リース契約管理システム及びETCサービス請求システムである。

(1) ETCサービス契約締結業務

K社は、顧客からETCサービスの申込書を受領し、契約締結の手続をする。申込書に記載する情報は、リース契約番号、顧客名、顧客アルファベット名、住所、電話番号、代表者名及び口座振替に利用する顧客の預金口座情報である。ETCサービス契約システムに、申込書の情報を入力して登録する。リース契約管理システムを利用して、リース契約番号、顧客名、開始日及び満了日などのリース契約の情報とETCサービスの申込内容を照合し、契約を締結する。

(2) カード発行業務

K社は、顧客からカード発行依頼書を受領し、カード発行の手続をする。カード発行依頼書に記載された自動車登録番号から、リース契約管理システムを利用してリース契約とリース車両の情報を確認する。リース車両に対して利用中のカードがないことを台帳で確認し、カードの発行に必要な情報（以下、カード発行情報という）を書面で印刷会社に送付する。カード発行情報は、顧客アルファベット名、自動車登録番号、カードの色やデザインなどのカード種類、カード番号及びカード有効期限年月である。K社では、カードの有効期限を顧客のリース契約満了日の属する月の月末としている。カード発行業務で発行したカードについては、カード発行費の請求対象としている。

219

第2部 午後Ⅰ対策

(3) カード更新業務

K社は，カードの有効期限の2か月前までに有効期限更新の案内書を顧客に送付する。リース車両を継続利用してカードの有効期限の更新を希望する場合，顧客は，指定する期日までに更新依頼書をK社に送付する。指定する期日までにカードの更新を希望する旨の通知がなく，有効期限を迎えた場合は，カードを解約扱いとする。K社は，更新の希望があったカードについて，カード発行情報を書面で印刷会社に送付する。カード更新業務で発行したカードについては，カード発行費の請求対象としている。

(4) カード再発行業務

K社は，顧客からカード再発行依頼書を受領し，カードの再発行の手続をする。顧客は，カードの再発行を依頼する際，再発行の理由を"紛失"，"カード種類変更"，"磁気不良"及び"破損"の四つから一つ選択しカード再発行依頼書に記載する必要がある。K社は，カード再発行依頼書の確認後，それまで利用していたカードを無効にし，カード発行情報を書面で印刷会社に送付する。再発行の理由が"磁気不良"又は"破損"である場合，カード発行費の請求対象外としている。

(5) 請求業務

K社は，毎月，道路事業者から送付される通行記録に基づき，道路事業者に対して通行料金を立替払する。立替払した通行料金，カード発行費及びカード年会費をETCサービス請求システムに登録する。毎月月末にETCサービス請求システムを利用して請求書を発行し，顧客に請求する。カード発行費は，カード1枚につき500円とし，請求の対象となる月に発行したカードの代金を請求する。カード年会費は，現在有効であるカードを対象として，カード発行依頼書に基づいて初回にカードを発行した月に年会費を請求し，その後，1年ごとに請求する。請求書は，請求金額の合計を記載した請求書サマリとカード番号ごとの利用明細を記載した請求書明細から構成される。利用明細には，有料道路のインターチェンジ（以下，ICという）に入った日を利用日として，出入口のIC名，自動車登録番号，出口を通過した時刻（以下，出口時刻という）と通行料金を表示する。請求書サマリの請求金額欄の例を図1に，請求書明細の請求金額欄の例を図2に示す。

内訳	金額	消費税	請求金額	備考
通行料金	100,000円	税込み	100,000円	
カード発行費	5,000円	400円	5,400円	
カード年会費	10,000円	800円	10,800円	
		合計請求金額	116,200円	

図1　請求書サマリの請求金額欄の例

カード番号	12-123456-1234-1234-123		請求金額			2,200円
利用日	入口IC名	出口IC名	自動車登録番号		出口時刻	通行料金
2018/11/1	新木場IC	花輪IC	品川-100-あ-10-00		15:20	1,100円
2018/11/2	新木場IC	花輪IC	品川-100-あ-10-00		15:50	1,100円

図2　請求書明細の請求金額欄の例

〔システムの改善要望〕

業務部とシステム部から，現在の業務に関わる次のような改善要望が出された。

・リース契約管理システムを利用してリース契約とリース車両の情報を照合する作業を，システムで対応してほしい。

・カード発行業務で，顧客から発行依頼されたリース車両に対して利用中のカードがないことを確認する作業をシステムで対応してほしい。

・カード発行情報をシステムで印刷会社に連携してほしい。

・カード利用者は，いつでもカードを利用することができるが，顧客の営業日以外に有料道路のICに入ったことが分かる帳票（以下，利用日確認帳票という）を顧客向けのサービスとして提供したい。

・カード利用者は，どんな車両でもカードを利用することができるが，発行依頼されたリース車両以外の車両でカードを利用したことが確認できる帳票（以下，利用車両確認帳票という）を顧客向けのサービスとして提供したい。

〔改善後のシステムの内容〕

K社では，システム改善要望を踏まえETCサービス契約システムとETCサービス請求システムを統合したETCサービス管理システム（以下，新システムという）の機能とデータを次のように検討している。新システムの主要なデータを表1に示す。

表1　新システムの主要なデータ

データ名	主要な属性（下線は主キーを表す）
ETCサービス契約データ	<u>ETCサービス契約番号</u>，顧客名，顧客アルファベット名，住所，電話番号，代表者名，金融機関番号，支店番号，預金種目，口座番号，リース契約番号
カードデータ	<u>カード番号</u>，カード有効期限年月，ETCサービス契約番号，カード状態，自動車登録番号，カード種類，初回カード発行日，カード発行日，発行理由

(1)　契約管理機能

顧客から受領したETCサービスの申込書の情報を新システムに入力する。新シス

テムは，リース契約管理システムと連携して，入力した情報からリース契約情報を参照する。申込内容に問題がなければ，ETCサービス契約データにレコードを登録する。

(2) カード発行機能

顧客から受領したカード発行依頼書の情報を新システムに入力する。新システムは，リース契約管理システムと連携して，入力した情報からリース契約情報とリース車両情報を取得する。また，①カードデータのレコードのうちカード状態が"利用中"であるレコードを対象に，発行依頼されたリース車両に関するチェックを行う。チェック結果に問題がなければ，カードデータにレコードを登録する。その際，カード状態に"利用中"，初回カード発行日及びカード発行日に処理日，発行理由に"新規発行"を設定する。その後，カード発行情報をEDIで印刷会社に連携する。

(3) カード更新機能

新システムで有効期限更新の案内書を発行する。顧客から有効期限の更新を希望された場合，新システムに入力することによって，カード有効期限年月を算出してカードデータにレコードを登録する。その際，カード状態に"利用中"，初回カード発行日にそれまで利用していたカードに係るカードデータのレコードの初回カード発行日の値，カード発行日に処理日，発行理由に"更新発行"を設定する。また，それまで利用していたカードに係るカードデータのレコードのカード状態を"利用中"から"更新済み"に変更する。その後，カード発行情報をEDIで印刷会社に連携する。また，月末に，カードデータのレコードのうち，カード有効期限年月が当月であり，カード状態が"利用中"であるレコードのカード状態を"解約"に一括で変更する。

(4) カード再発行機能

顧客からのカード再発行依頼書の情報を新システムに入力する。新システムは，カード番号を新たに採番してカードデータにレコードを登録する。その際，カード状態に"利用中"，初回カード発行日にそれまで利用していたカードに係るカードデータのレコードの初回カード発行日の値，カード発行日に処理日，発行理由に再発行の理由を設定する。また，それまで利用していたカードに係るカードデータのレコードのカード状態を"利用中"から"無効"に変更する。その後，カード発行情報をEDIで印刷会社に連携する。

(5) 請求機能

毎月，道路事業者からEDIで連携される通行記録を新システムに一括で登録し，顧客ごとに通行料金を計算する。また，カード発行費及びカード年会費の請求の対象となるカードデータのレコードを抽出し，それぞれの請求金額を計算する。通行料金，カード発行費及びカード年会費の合計を合計請求金額として請求書を発行する。請求書のフォーマットは，現行業務と同じとする。EDIで連携される通行記録の主要な

項目を**図3**に示す。

カード 番号	カード 有効期限	通行料金	利用日	入口 IC名	出口 IC名	自動車 登録番号	出口 時刻

図3　通行記録の主要な項目

(6)　ETC利用情報レポート機能

　　通行記録から利用日確認帳票と利用車両確認帳票に必要なデータを抽出し，帳票を作成して顧客に送付する。利用日確認帳票を顧客に提供するために，ETCサービス契約申込時に，顧客からある情報を提供してもらい，新システムで保有する。

設問1　カード発行機能について，(1)，(2)に答えよ。

(1)　本文中の下線①のチェック内容を，**表1**の属性を用いて40字以内で述べよ。また，そのチェックを行う業務上の理由を25字以内で述べよ。

(2)　EDIで印刷会社に連携するカード発行情報を作成するために，リース契約管理システムから取得が必要なリース契約の情報を挙げよ。また，その情報の利用目的を20字以内で述べよ。

設問2　請求機能について，(1)，(2)に答えよ。

(1)　請求対象の月にカード年会費の徴収が必要なカードデータのレコードを抽出し，請求金額を計算する。顧客ごとのカードデータから，カード年会費の請求対象を抽出する際に用いる属性を**表1**中から二つ挙げ，その属性が満たすべき抽出条件をそれぞれ20字以内で述べよ。

(2)　カード発行費は，請求の対象となる月に発行したカードの件数から計算するが，請求対象外とするカードがある。どのようなカードか。**表1**の属性を用いて30字以内で述べよ。

設問3　ETC利用情報レポート機能について，(1)，(2)に答えよ。

(1)　利用日確認帳票を顧客に提供するために，ETCサービス契約申込時に，顧客から提供してもらう情報は何か。その情報を10字以内で述べよ。また，通行記録からどのような条件のデータを抽出するか。30字以内で述べよ。

(2)　利用車両確認帳票について，どのような条件の通行記録のデータを抽出するか。45字以内で述べよ。

第2部　午後Ⅰ対策

解答と解説

平成 30 年度 秋期 午後Ⅰ 問 3

IPAによる出題趣旨・採点講評・解答例・解答の要点

出題趣旨 (IPA公表資料より転載)

　業務の効率化や新規サービスの要望によって，業務システムを設計・構築する際，システムアーキテクトは，業務部門の要望をシステム要件として定義し，業務システムを設計する必要がある。

　本問では，ETCサービス管理システムの構築を題材として，現行業務を正しく理解・把握し，業務の効率化と新規サービスの要望から情報システムに求められている機能の設計について，具体的な記述を求めている。システム要件を正しく理解し，求められる情報システムを設計する能力を評価する。

採点講評 (IPA公表資料より転載)

　問3では，ETCサービス管理システムの構築を例にとり，業務とシステムを正しく理解・把握した上でシステムを更改する際の，機能設計について出題した。全体として，正答率は高かった。

　設問1 (1) では，現在の業務において，リース車両1台につきカードを1枚発行するので，利用中のカードが存在していないことをチェックしていることがポイントであるが，"有効期限をチェックする"という誤った解答が見受けられた。問題文中の業務の背景を読み取り，新システムで必要な機能を正しく理解・把握してほしかった。

　設問2 (1) では，初回にカードを発行した月に請求することがポイントであるが，"カード有効期限年月"や"カード発行日"という誤った解答が見受けられた。現行の業務を正しく把握してほしかった。

　設問3(1)は，正答率が高かった。一方で，利用日確認帳票についての解答を求めたにもかかわらず，利用車両確認帳票と混同し"自動車登録番号"と誤って解答した例も見受けられた。

　システムアーキテクトとして，業務要件を十分に理解した上で，システム要件を定義できるように心掛けてほしい。

設問			解答例・解答の要点	備考
設問1	(1)	チェック内容	カード発行依頼書に記載された自動車登録番号と一致するレコードがないこと	
		業務上の理由	1車両につきカードを1枚だけ発行するから	
	(2)	情報	リース契約の満了日	
		利用目的	カード有効期限年月を算出すること	
設問2	(1)	① 属性	カード状態	①，②は順不同
		抽出条件	"利用中"であること	
		② 属性	初回カード発行日	
		抽出条件	請求対象の月と同一の月であること	
	(2)	発行理由が"磁気不良"又は"破損"であるカード		
設問3	(1)	情報	顧客の営業日	
		データ	通行記録の利用日が顧客の営業日以外であるデータ	
	(2)	通行記録のカード番号と自動車登録番号の組合せが，カードデータの情報と異なるデータ		

224

演習8　ETCサービス管理システムの構築

問題文の読み方のポイント

　本問は，ETCサービス管理システムの構築に関する問題である。問題文は，最初に現行業務の説明があり，次にシステムの改善要望，最後に新システムに実装する各機能の説明という構成になっている。業務と機能は1対1に対応する形式で記述されているため，比較的読みやすい問題文の構成である。各設問は〔改善後のシステムの内容〕に記載されている各機能に関する内容になっており，対象業務と機能の説明を照らし合わせながら解答を考えていくとよい。

設問1

ポイント

　設問1は，カード発行機能に関する問題である。読み方のポイントでも説明したとおり，カード発行業務とカード発行機能の両方を読み解答を考えていく。

解説（1）

　設問1（1）は，本文中の下線①のチェック内容とそのチェックを行う業務上の理由を解答する。まず，下線①のチェック内容を確認する。

---

　①カードデータのレコードのうちカード状態が"利用中"であるレコードを対象に，発行依頼されたリース車両に関するチェックを行う。

　カード状態が「利用中」であるということは，当該のリース車両は既に登録済みでカードの有効期間内であることを意味する。また，当該車両のレコードが既に有効な状態で登録済みであることが分かる。新システムのデータ構造を見ると，属性「カード状態」が主キーに含まれていないため1台のリース車両にカード状態が「利用中」の複数のカードを登録することが可能である。そこで業務上の制約がないかを〔現在の業務の概要〕の（2）カード発行業務から探す。

　K社では，法人顧客（以下，顧客という）がETCサービスの契約を締結すると，**リース車両1台につきカードを1枚発行**する。
（　〜略〜　）
（2）カード発行業務
　　（　〜略〜　）カード発行依頼書に記載された自動車登録番号から，リース契約管理システムを利用して**リース契約とリース車両の情報を確認**する。**リース車両に対して利用中のカードがないこと**を台帳で確認し，（　〜略〜　）

225

第2部

第2章

午後I演習（情報システム）

第2部　午後Ⅰ対策

　この記述から，ETCカードはリース車両1台につき1枚であり，新システム構築前はこのチェックを手作業で行っていたことが分かる。したがって，チェック内容は「**カード発行依頼書に記載された自動車登録番号と一致するレコードがないこと**」であり，業務上の理由は「**車両1台につきカードを1枚だけ発行するから**」である。

　なお，設問に「**表1**の属性を用いて」と指定されているため，リース車両を一意に識別する属性名である「自動車登録番号」を解答に記載するよう注意する。

解説(2)

　設問1(2)は，EDIで印刷会社に連携するカード発行情報を作成するために，リース管理システムから取得が必要なリース契約の情報とその利用目的を解答する問題である。問題文の〔改善後のシステムの内容〕の(2)にあるカード発行機能の説明には，「カード発行情報をEDIで印刷会社に連携する。」とだけ記載されているため，〔現在の業務の概要〕の(2)カード発行業務の中でカード発行情報に関連する記述を確認する。

　(2)　カード発行業務
　　（　～略～　）カードの発行に必要な情報（以下，**カード発行情報**という）を書面で印刷会社に送付する。カード発行情報は，**顧客アルファベット名，自動車登録番号，カードの色やデザインなどのカード種類，カード番号及びカード有効期限年月**である。K社では，**カードの有効期限を顧客のリース契約満了日の属する月の月末**としている。

　カードの有効期限はリース契約満了日の属する月の末日であるため，リース契約情報から「**リース契約の満了日**」を取得する必要がある。その利用目的は「**カード有効期限年月を算出すること**」であり，これが解答である。

設問2

ポイント

　設問2は，請求機能に関する問題である。設問はカード年会費とカード発行費に関する内容であるため，これに関連する問題文の請求業務及び請求機能の説明を十分に理解して解答を考えていく。

解説(1)

　設問2(1)は，請求機能において顧客ごとのカードデータから，カード年会費の請求対象を抽出する際に用いる属性とその属性の抽出条件を解答する問題である。問題文の中からカード年会費の請求に関する記述を探すと，請求業務の説明に以下のような記述がある。

226

演習8　ETCサービス管理システムの構築

(5) 請求業務

（　～略～　）カード年会費は，**現在有効であるカードを対象**として，カード発行依頼
書に基づいて**初回にカードを発行した月に年会費を請求**し，その後，1年ごとに請求
する。

これらの記述から，「現在有効であるカード」と「初回発行月と請求月が同じ」が抽出条件であ
ると考えられる。次に，これらの条件を調べることができる属性を**表1**から探す。カードが有効
であるかどうかは，属性「カード状態」で調べることができる。また，初回発行月は，属性「初回
カード発行日」から求めることができる。したがって，属性「**カード状態**」の抽出条件は「**"利用中"
であること**」，属性「**初回カード発行日**」の抽出条件は「**請求対象の月と同一の月であること**」で
あり，これらが解答である。

解説（2）

設問2 (2) は，請求処理においてカード発行費の請求対象外とするカードがどのようなカード
かを解答する。請求の対象外になるカードに関する説明は，〔現在の業務の概要〕の (4) のカー
ド再発行業務の説明に記載されている。

(4) カード再発行業務

（　～略～　）再発行の理由が**"磁気不良"又は"破損"である場合，カード発行費の請
求対象外**としている。

この記述から発行理由が「磁気不良」又は「破損」である場合，カード発行費を請求しないこと
が分かる。解答には**表1**の属性を用いることが指定されているため，属性名「発行理由」を用いる。
また，どのようなカードかも解答する必要があるため，解答は「**発行理由が"磁気不良"又は"破
損"であるカード**」である。

設問3

ポイント

設問3は，ETC利用情報レポート機能に関する問題であるが，解答のヒントは〔システムの改
善要望〕に記載されている。設問の対象となる機能に関する記述だけでなく，対象機能に関連す
る記述を見落とさないようにしたい。

第2部　午後Ⅰ対策

解説（1）

　設問3（1）は，利用日確認帳票を顧客に提供するために，ETCサービス契約申込時に，顧客から提出してもらう情報と通行記録からの抽出条件を解答する。ポイントにも記載したとおり，利用日確認帳票とはどのような帳票かの説明は，〔システムの改善要望〕に以下のように記載されている。

> ・カード利用者は，いつでもカードを利用することができるが，**顧客の営業日以外に有料道路のICに入ったことが分かる帳票**（以下，利用日確認帳票という）を顧客向けのサービスとして提供したい。

　通行記録では利用日は記録されているが，その利用日が顧客の営業日であるかどうかはETCサービス管理システムでは分からないため，顧客から顧客の営業日情報を入手する必要がある。したがって解答は，顧客から提供してもらう情報が「**顧客の営業日**」であり，抽出条件は「**通行記録の利用日が顧客の営業日以外であるデータ**」である。

解説（2）

　設問3（2）は，利用車両確認帳票について，どのような条件の通行記録のデータを抽出するかを解答する問題である。利用車両確認帳票についても〔システムの改善要望〕に以下のように記載されている。

> ・カード利用者は，どんな車両でもカードを利用することができるが，**発行依頼されたリース車両以外の車両でカードを利用したことが確認できる帳票**（以下，利用車両確認帳票という）を顧客向けのサービスとして提供したい。

　カード発行依頼時にカードに対応する自動車登録番号が指定されているため，カードデータに登録されているカード番号と自動車登録番号の対応が分かる。通行履歴情報でカード番号と自動車登録番号が一致しているかどうかをチェックし，不一致の情報を抽出し，利用車両確認帳票を作成している。したがって，解答は「**通行記録のカード番号と自動車登録番号の組合せが，カードデータの情報と異なるデータ**」である。

228

演習9 生命保険会社のシステムの構築

平成29年度 秋期 午後Ⅰ 問1（標準解答時間40分）

問 生命保険会社のシステムの構築に関する次の記述を読んで，**設問1～4**に答えよ。

A社は，多くの個人保険の契約を保有する大手生命保険会社である。保険金などを顧客に支払った場合に支払調書を税務署に提出している。社会保障・税番号制度（以下，マイナンバー制度という）の導入に伴い，支払調書にマイナンバーの記載が必要になることから，マイナンバーを含むデータを処理するための専用の情報システム（以下，新システムという）を構築することにした。

〔現在の業務と関連システムの概要〕

A社では，顧客から保険金請求の連絡があった場合，保険金部で契約管理システムを利用して手続書類を印刷し，送付する。顧客から記入済みの手続書類の提出を受け，内容を確認して保険金を支払う。一定金額以上の保険金を支払った顧客については，契約管理システムを利用して支払調書を作成し，CDに格納して税務署に提出する。支払調書には，契約者の氏名，契約者の住所，受取人の氏名，受取人の住所，支払金額，支払年月日などが記載されている。

現在のシステム概念図を図1に示す。

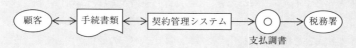

図1　現在のシステム概念図

〔マイナンバーに関する業務とシステム化の方針〕

マイナンバー制度導入後は，現在の支払調書に契約者及び受取人のマイナンバーを記載するマイナンバー記載欄が追加される。それに伴い，A社では，マイナンバーに関する業務とシステム化の方針を，次のように決定した。

・顧客のマイナンバーを取り扱う部署として，マイナンバー管理部を新設する。
・一定金額以上の保険金を支払った顧客については税務署に支払調書を提出する必要があるので，保険金請求の連絡を受けた際に，契約者及び受取人双方にマイナンバーの提供を依頼する。そのために，マイナンバー提供のお願い，マイナンバー申告書，マイナンバー申告書記入例，返信用の封筒などを含んだマイナンバーの提供に関する書類（以下，マイナンバー提供依頼書類という）をA社から顧客に送付する。

- 顧客からのマイナンバーの提供が遅れても，手続書類を確認でき次第，保険金を顧客に支払う。
- マイナンバーを含むデータは，新システムだけで扱うこととする。また，マイナンバー管理部だけが新システムを利用できることとし，業務はセキュリティレベルの高い執務室で行う。

〔マイナンバー制度導入後の業務概要〕
　A社では，マイナンバー制度導入後，現在の業務に加えて次のような業務を実施することを検討している。
(1)　マイナンバー取得業務
　　　契約管理システムで，顧客番号と顧客氏名を記載したマイナンバー申告書を印刷する。既に新システムにマイナンバーを登録済みの顧客のマイナンバー申告書は印刷しない。顧客番号は，A社の顧客を一意に特定する値であり，1人の顧客が複数の保険契約に関係している場合でも，顧客番号は一つである。
　　　保険金部は，保険金の支払に必要な手続書類に，マイナンバー提供依頼書類を同封して顧客に送付する。顧客は，送付されたマイナンバー申告書にマイナンバーを記入してA社に提出する。マイナンバー管理部は，顧客から提出されたマイナンバー申告書の内容に不備がないことを確認した後，新システムにマイナンバーを登録する。不備があった場合は，マイナンバー管理部で顧客に連絡し，対応する。
　　　顧客からマイナンバーが変更になった旨の連絡があった場合は，新システムで管理しているマイナンバーを即時削除し，再度マイナンバー提供依頼書類を顧客に送付する。支払調書を税務署に提出した後にマイナンバーの変更があっても，支払調書の再提出は行わない。
(2)　マイナンバー申告書進捗管理業務
　　　マイナンバー管理部は，マイナンバー申告書の状態（以下，申告書ステータスという）を新システムで照会し，進捗状況を管理する。
(3)　支払調書提出業務
　　　契約管理システムで作成した支払調書に，新システムでマイナンバーを追記して，毎月1回，CDに格納して税務署に提出する。まだマイナンバーが提供されていない場合又は書類に不備があった場合は，該当する契約者又は受取人のマイナンバー記載欄を空白で提出する。その後，マイナンバーが提供されたら，マイナンバーを記載した支払調書を，訂正支払調書として再度提出する。マイナンバーの誤登録によって，提出済みの支払調書を訂正する必要があった場合は，担当者が個別に確認して対応する。

(4) マイナンバー申告書督促業務

　　支払調書提出時までにA社にマイナンバー申告書が届かず，支払調書の契約者又は受取人のマイナンバー記載欄を空白で提出した場合は，対象の顧客にマイナンバー申告書の提出を督促する。新システムから督促対象の顧客リストを出力し，マイナンバー管理部から顧客に督促書類を送付する。その際，顧客に督促書類を送付したことを把握するために，新システムに督促履歴を登録する。

(5) マイナンバー削除業務

　　顧客から提供されたマイナンバーは，支払調書を最後に提出してから7年経過した際に新システムで一括削除する。また，提出後7年を経過した支払調書も削除する。

〔新システムの設計〕

　　マイナンバー制度導入後の業務を踏まえ，新システムの設計を次のように検討している。マイナンバー制度導入後のシステム概念図を**図2**に，新システムで利用する主要なデータを**表1**に示す。

(1) システム間連携機能

・マイナンバー提供依頼書類を送付した顧客の顧客番号，送付年月日，顧客氏名及び送付先住所をマイナンバー提供依頼書類情報として契約管理システムから受領し，申告書データに登録する。

・マイナンバーを登録又は削除した顧客の顧客番号を，契約管理システムに送信する。

・現在の支払調書情報に契約者及び受取人の顧客番号を追加した支払調書情報（以下，支払調書基本情報という）を，毎月1回契約管理システムから受領する。

(2) マイナンバー取得管理機能

・マイナンバー申告書に記入されている情報を用いて，登録画面からマイナンバーデータのレコードを登録する。

・マイナンバーデータのレコードを登録する際，①該当する顧客の支払調書データのレコードが存在し，最新のレコードのマイナンバーが空白である場合に，再度，支払調書データのレコードを作成し，登録する。支払調書データは，レコードを履歴で保存する。

(3) マイナンバー申告書進捗管理機能

・申告書データに申告書ステータスを保有し，画面から照会，変更する。申告書ステータスの値は，"取得中"，"不備対応中"，"登録済み"又は"削除済み"である。申告書ステータスの初期値は"取得中"である。不備があった場合は，画面から申告書ステータスの値を"不備対応中"にする。不備がなくマイナンバーが登録された場合は，申告書ステータスは"登録済み"になる。

(4) 支払調書提出機能

・契約管理システムから支払調書基本情報を受領後，支払調書番号を採番し，支払調書データのレコードを作成して，登録する。その際，契約者及び受取人のマイナンバーを設定する。登録した支払調書データのレコードから，税務署に提出する支払調書を格納したCDを作成する。

・支払調書データから訂正支払調書として税務署に提出するレコードを抽出し，訂正支払調書を格納したCDを作成する。

(5) マイナンバー申告書督促機能

・支払調書提出機能の処理完了後に，支払調書データの各支払調書番号について最新の履歴であるレコードを対象に，督促が必要な顧客番号を抽出する。抽出した顧客番号に該当する申告書データを参照し，②申告書ステータスが特定の値であるレコードを除外し，督促対象の顧客リストとして帳票に出力する。

・督促書類を送付した顧客については，画面から督促履歴情報を督促履歴データに登録する。

(6) 削除機能

・削除予定年月日を過ぎているマイナンバーデータのレコードを一括で削除し，対応する顧客の申告書ステータスを“削除済み”にする。

　なお，削除予定年月日は，マイナンバーデータのレコードを登録する際，システムで計算して設定する。また，削除予定年月日は，ある機能で変更する。

・マイナンバーデータのレコードを一括で削除する処理に加えて，画面から1件ずつ削除可能とする。

・提出後7年経過している支払調書データのレコードを一括で削除する。

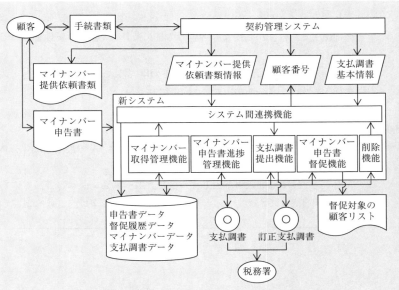

図2 マイナンバー制度導入後のシステム概念図

表1 新システムで利用する主要なデータ

データ名	主要な属性(下線は主キーを表す)
申告書データ	<u>顧客番号</u>, <u>送付年月日</u>, 申告書ステータス, 顧客氏名, 送付先住所
督促履歴データ	<u>顧客番号</u>, <u>督促履歴番号</u>, 送付年月日
マイナンバーデータ	<u>顧客番号</u>, マイナンバー, 取得年月日, 削除予定年月日
支払調書データ	<u>支払調書番号</u>, <u>履歴番号</u>, 提出年月日, 契約者顧客番号, 契約者氏名, 契約者住所, 契約者マイナンバー, 受取人顧客番号, 受取人氏名, 受取人住所, 受取人マイナンバー, 支払金額, 支払年月日

設問1 システム間連携機能について、マイナンバーを登録又は削除した顧客の顧客番号を契約管理システムに送信する目的を、35字以内で述べよ。

設問2 本文中の下線①で登録した支払調書データのレコードの利用目的を、25字以内で述べよ。

設問3 マイナンバー申告書督促機能について、(1),(2)に答えよ。

第2部　午後Ⅰ対策

(1) 支払調書データの最新の履歴であるレコードの中から，督促が必要な顧客番号を抽出する。督促が必要な顧客番号の抽出条件を，**表1**の属性を用いて35字以内で述べよ。

(2) 本文中の下線②で除外しているレコードの申告書ステータスの値を答えよ。また，除外している理由を35字以内で述べよ。

設問4 削除機能について，(1)，(2)に答えよ。

(1) 削除予定年月日を変更している機能を答えよ。また，その理由を35字以内で述べよ。

(2) 画面から1件ずつ削除可能とした目的は，二つある。一つは，誤登録時に再度登録可能とするためである。もう一つの目的を35字以内で述べよ。

解答と解説

平成 29 年度 秋期 午後 I 問 1

IPAによる出題趣旨・採点講評・解答例・解答の要点

出題趣旨 (IPA公表資料より転載)

制度対応に伴い，現在の業務を見直し，業務とシステムを設計・構築することがある。システムアーキテクトには，業務要件をもとにシステム要件を定義し，情報システムを設計していく能力が求められる。

本問では，マイナンバー制度導入に伴う情報システムの構築を題材として，業務とシステムを正しく理解・把握した上で，利用者から求められている機能を定義し，情報システムを設計する能力を問う。

採点講評 (IPA公表資料より転載)

問1では，マイナンバー制度導入に伴う情報システムの構築を例にとり，業務と情報システムを正しく理解・把握した上で利用者から求められている機能を定義して情報システムを設計する際の，機能設計について出題した。全体として，正答率は高かった。

設問1では，マイナンバー制度導入後の業務において，契約管理システムでは，マイナンバーを登録済みか未登録かによって顧客のマイナンバー申告書の印刷を制御することがポイントであるが，契約管理システムにない機能である"支払調書の印刷"という誤った解答が見受けられた。問題文中の業務の背景を読み取り各システムの機能配置を正しく理解・把握してほしい。

設問2は，正答率が高かった。一方で，作成しているレコードの利用目的の解答を求めたにもかかわらず，システム設計と混同し"履歴データを管理するため"と誤って解答した例も見受けられた。

設問3 (2) では，申告書ステータスの値を正しく解答している受験者の多くは，その理由も正しく理解していた。一方で，理由ではなく単純に申告書ステータスの説明だけを記載している解答も見受けられた。

設問4 (2) は，正答率が高かったが，"契約終了"や，"不具合"などの，利用者から求められている背景ではない解答があった。業務の背景を読み取り，利用者から求められている内容を解答してほしかった。

システムアーキテクトとして，業務要件を十分に理解した上で，システム要件を定義して情報システムを設計できるように心掛けてほしい。

設問			解答例・解答の要点	備考
設問1			契約管理システムでマイナンバー申告書の印刷を制御するため	
設問2			訂正支払調書を格納したCDを作成するため	
設問3	(1)		契約者マイナンバー又は受取人マイナンバーが空白である顧客番号	
	(2)	申告書ステータスの値	不備対応中	
		理由	A社にマイナンバー申告書が届いていない顧客を対象とするから	
設問4	(1)	機能	支払調書提出機能	
		理由	支払調書を提出してから7年後の日付を設定する必要があるから	
	(2)		顧客からマイナンバーの変更の連絡があった場合に削除するため	

第2部　午後I対策

問題文の読み方のポイント

　本問は，生命保険会社のシステムの構築に関する問題である。設問では，新システム（問内ではシステム名が記載されていないが，"マイナンバー管理システム"と呼ぶとよいであろう）の各機能について，その機能（又は処理）の目的や，なぜそのような処理を行うことにしたかの理由を解答する設問で構成されている。すなわち，マイナンバー制度の導入のために新システムを構築するに当たって，検討すべき課題に関する設問の解答によって，受験者の要件を理解する力と要件をシステム機能に反映する力を測っている。

　まず，問題文の前半に記載されている業務概要を理解し，後半のシステムの概要との関連付けを考えながら読み進めるとよい。本問は，問題文の記述から直接解答を導き出せる設問が少ないため，比較的難度は高い。保険業務システムを経験している受験者も少ないと思われるが，要件（業務）からシステム機能に変換するためには，何を検討しなければならないかという視点で設問を解いていけば，業務についての知識がなくても解答できる問題である。

設問1

ポイント

　設問1は，システム間連携機能に関する設問である。問題文には，システム間連携機能とだけ記載されており，どのシステムとの連携かはあえてはっきり示されていない。複数のシステムとの連携があるように考えてしまいそうであるが，**図2**を見れば，この問題では契約管理システムとのデータ連携をシステム間連携機能と呼んでいるのが分かる。ここまで理解できれば，設問の解答を考えやすくなる。

解説

　設問1は，システム間連携について，マイナンバーを登録又は削除した顧客の顧客番号を契約管理システムに送信する目的を解答する問題である。このため，契約管理システムで何を行っているかと，その中でマイナンバーの登録の有無がどのように作用するかを問題文から探す。〔マイナンバー制度導入後の業務概要〕の「(1)マイナンバー取得業務」に以下のような記述がある。

> **契約管理システムで，顧客番号と顧客氏名を記載したマイナンバー申告書を印刷する。**既に新システムにマイナンバーを登録済みの顧客のマイナンバー申告書は印刷しない。

　契約管理システムでマイナンバー申告書の印刷の要否を判断するには，新システムへのマイナンバーの登録の有無の情報が必要であることが分かる。したがって，**「契約管理システムでマイナンバー申告書の印刷を制御するため」**が解答である。

236

演習9　生命保険会社のシステムの構築

設問2

ポイント

　設問2は，新システムの機能について，その機能で生成したデータ（支払調書のデータのレコード）の利用目的を解答する問題である。つまり，そのデータを生成しなければならない理由を考えれば，解答となる目的を導き出せる。理由を考えるためには，設問1と同様に，業務で対象データがどのように使われるかに着目して問題文を読み進めるとよい。

解説

　設問2は，問題文〔新システムの設計〕の「(2) マイナンバー取得管理機能」の記述内の下線①で登録した支払調書データのレコードの利用目的を解答する。まず，下線①の内容を確認する。

> ・**マイナンバーデータのレコードを登録する際，**①該当する顧客の支払調書データのレコードが存在し，最新のレコードのマイナンバーが空白である場合に，再度，支払調書データのレコードを作成し，登録する。支払調書データは，**レコードを履歴で保存する。**

　この記述から，下線①で登録した支払調書データのレコードとは，レコードが存在し，かつマイナンバーが空白の場合に新たに登録されたレコードであることと，レコードは履歴で保存されていることが分かる。すなわち，新規登録レコードではなく，更新情報を保存するレコードで，レコードの更新タイミングはマイナンバーデータの登録のタイミングであることが分かる。
　次に，利用目的を考えるために，業務でこの支払調書データがどのように取り扱われているかを，問題文の業務概要から**支払調書**をキーワードに探す。
　〔マイナンバー制度導入後の業務概要〕の「(3) 支払調書提出業務」に以下のような記述がある。

> **契約管理システムで作成した支払調書に，新システムでマイナンバーを追記して，毎月1回，CDに格納して税務署に提出する。**まだマイナンバーが提供されていない場合又は書類に不備があった場合は，該当する契約者又は受取人のマイナンバー記載欄を空白で提出する。その後，マイナンバーが提供されたら，**マイナンバーを記載した支払調書を，訂正支払調書として再度提出する。**

　つまり，支払調書データのレコードを作成し登録する目的は，この「**訂正支払調書を格納したCDを作成するため**」である。これが解答である。

237

第2部　午後Ⅰ対策

設問3

ポイント

設問3は，マイナンバー申告書督促機能に関して，対象データの抽出条件やデータの設定値を問題である。問題文の機能説明を注意深く読むとともに，表1の記載内容も見落とさずに解答を考える必要がある。

解説（1）

設問3（1）は，支払調書データから督促が必要な顧客番号を抽出する際の抽出条件を解答する問題である。また，解答には**表1**の属性を用いることが指定されている。さらに，支払調書データは，問題文にデータを履歴で保存することが記載されており，設問に**最新の履歴であるレコードの中から**と記載されているため，抽出条件として解答する必要がない。

まず，問題文から督促を行う条件が記載されている箇所を，**督促**をキーワードに探す。〔マイナンバー制度導入後の業務概要〕の「(4) マイナンバー申告書督促業務」に**督促の条件**に関する記述がある。

> 支払調書提出時までにA社にマイナンバー申告書が届かず，**支払調書の契約者又は受取人のマイナンバー記載欄を空白で提出した場合**は，対象の顧客にマイナンバー申告書の提出を督促する。新システムから督促対象の顧客リストを出力し，マイナンバー管理部から顧客に督促書類を送付する。

督促を行う条件としては，契約者又は受取人のマイナンバーが空白（未登録）であることである。表1の属性を使用しなければならないため，**契約者マイナンバー，受取人マイナンバー**を解答の記述に含める。したがって，解答は「**契約者マイナンバー又は受取人マイナンバーが空白である顧客番号**」である。

解説（2）

設問3（2）は，本文中の下線②で除外しているレコードの申告書ステータスの値と**除外している理由**を解答する問題である。まず，下線②の記述内容を確認する。

> (5) マイナンバー申告書督促機能
> ・支払調書提出機能の処理完了後に，支払調書データの各支払調書番号について最新の履歴であるレコードを対象に，督促が必要な顧客番号を抽出する。抽出した顧客番号に該当する申告書データを参照し，②申告書ステータスが特定の値であるレコードを除外し，督促対象の顧客リストとして帳票に出力する。

238

つまり，設問3（1）で解答した条件で抽出したリストの中で，督促対象としない申告書ステータスが解答になる。申告書ステータス（解答の候補）は，〔新システムの設計〕（3）マイナンバー申告書進捗管理機能で定義されている。**取得中，不備対応中，登録済み，削除済み**が申告ステータスである。このうち，**登録済み，削除済み**は，抽出結果のリスト内に含まれないため，**取得中**と**不備対応中**が解答の候補であると考えられる。

取得中及び不備対応中の場合の対応について〔マイナンバー制度導入後の業務概要〕の（3）に以下の記述がある。

---

(3) 支払調書提出業務
（　～略～　）
まだ**マイナンバーが提供されていない場合又は書類に不備があった場合**は，該当する契約者又は受取人のマイナンバー記載欄を空白で提出する。その後，マイナンバーが提出されたら，マイナンバーを記載した支払調書を，訂正支払調書として再度提出する。

まだマイナンバーが提供されていない場合のステータスは取得中であり，書類に不備があった場合のステータスは不備対応中であると考えられる。不備対応中とは，マイナンバーは提供されているが，書類に不備がある状態である。督促を行う対象は，マイナンバーが提供されていない場合のみであるため，ステータスが「**不備対応中**」のデータを除外する必要がある。また，その理由は，「**A社にマイナンバー申告書が届いていない顧客を対象とするから**」である。

設問4

ポイント

設問4は，削除機能に関する問題であるが，問題文の削除機能の説明だけを読んでいても解答にたどり着けない。削除に関連する業務の内容を理解し，解答を考えていく必要がある。

解説（1）

設問4(1)は，削除予定年月日を変更している機能とその理由を解答する問題である。まず，〔新システムの設計〕の「(6)削除機能」を確認する。

・削除予定年月日を過ぎているマイナンバーデータのレコードを一括で削除し，対応する顧客の申告書ステータスを"削除済み"にする。
　なお，削除予定年月日は，マイナンバーデータのレコードを登録する際，システムで計算して設定する。また，**削除予定年月日は，ある機能で更新**する。

239

第2部　午後Ⅰ対策

> ・マイナンバーデータのレコードを一括で削除する処理に加えて，画面から1件ずつ削除可能とする。
> ・**提出後7年経過**している支払調書データのレコードを一括で削除する。

　この記述から，削除予定年月日は，マイナンバーデータ登録時にシステムで計算して設定されるが，ある機能で更新されること，つまり**削除機能では更新せず別の機能で削除予定年月日が更新される**ことと，**支払調書提出の7年後**が削除予定日として設定されることが分かる。これは，支払調書提出日が変わることによって，削除予定日も更新されることを意味している。

　支払調書は，マイナンバーの取得の有無にかかわらず提出され，マイナンバーが設定された後，訂正支払調書として再提出される。このとき，最新の提出年月日が変わるため，これに伴い削除予定年月日も更新される。したがって，削除予定年月日を変更している機能は**「支払調書提出機能」**であり，その理由は**「支払調書を提出してから7年後の日付を設定する必要があるから」**である。

解説(2)

　設問4(2)は，マイナンバーデータの削除を一括処理だけでなく画面から1件ずつ削除可能とした目的を解答する問題である。誤登録時の対応については，目的の一つ目として設問に記載されているため，誤登録時の対応以外の目的を考える。マイナンバーの削除に関する記述は，〔マイナンバー制度導入後の業務概要〕の(1)にある。

> (1) マイナンバー取得業務
> 　　（　～略～　）
> 　　顧客から**マイナンバーが変更になった旨の連絡があった場合は，新システムで管理しているマイナンバーを即時削除**し，再度マイナンバー提供依頼書を顧客に送付する。

　つまり，マイナンバーの変更連絡が顧客からあった場合，登録済みのマイナンバーを即時に削除する必要がある。したがって，解答は**「顧客からマイナンバーの変更の連絡があった場合に削除するため」**である。

240

演習10 生産管理システムの改善

平成29年度 秋期 午後Ⅰ 問2（標準解答時間40分）

問 生産管理システムの改善に関する次の記述を読んで，**設問1〜4**に答えよ。

F社は，工作機械や建設機械を構成する部品の製造販売を行う機械部品メーカである。このたび，生産管理部門，製造部門，経理部門から生産管理システムの改善要望を受け，システム改善プロジェクトを立ち上げた。

〔F社の生産形態〕

F社が販売する製品の生産形態には，顧客からの注文に対応する受注生産と，汎用部品や保守用部品を在庫として保持し，販売する見込生産がある。

〔製造工程の概要〕

製品の製造工程は，加工工程と組立工程から成っている。加工工程は，設備機械での切断，切削，ねじ切り，穴開け，検査などの作業工程で成り立っている。加工工程で製造する部品（以下，加工部品という）は，部品によって作業工程が異なる。組立工程では，加工部品や外部から購入した部品（以下，購入部品という）を使用し，製品別の組立ラインで製品を組み立てている。製造工程の概要を図1に示す。

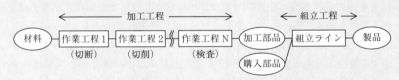

図1　製造工程の概要

〔現在の生産管理の業務内容〕

現在の生産管理に関わる部門の業務内容は，次のとおりである。

なお，現在の業務で利用している生産管理システム（以下，現行システムという）は，生産管理ソフトウェアパッケージ（以下，生産管理パッケージという）を利用している。

(1)　生産管理部門での業務

　　生産管理部門では，主要な業務として，次の二つの計画業務を行っている。

　　① 基準生産計画

　　　　受注生産の製品については，顧客からの注文情報を営業部門から入手する。ま

た，見込生産の製品については，販売計画及び製品在庫状況の情報を営業部門から入手する。これらの情報を基に，どの製品を，いつ，どれだけ生産するかという基準生産計画を月次で立案する。計画を立案する際には，工場側の状況も考慮している。

基準生産計画の立案結果は，生産管理部門が現行システムに登録している。注文情報，販売計画情報，製品在庫状況情報は，営業部門が主として利用している販売管理システムで管理しているが，現行システムとは連携していない。

② 資材所要量計画

資材所要量計画においては，基準生産計画を基に，現行システムを利用して次の業務を行っている。

- ・製品の組立オーダの決定と発行
- ・製品を構成する材料，購入部品及び加工部品（以下，材料，購入部品及び加工部品を資材という）の所要量の計算
- ・材料と購入部品の購買オーダ及び加工部品の加工オーダの決定と発行

(2) 購買部門での業務

購買部門では，生産管理部門から発行された購買オーダに基づく材料と購入部品の購買，及び購買した材料と購入部品の在庫管理を行っている。現行システムでは，発注，検収，材料と購入部品の在庫管理及び買掛金管理を行っている。

(3) 生産技術部門での業務

生産技術部門では，設計部門で設計された加工部品及び製品の製造方法として，加工工程と組立工程の中で，どのような作業工程を経て製造するかの工程手順を設定している。また，製造対象品の個々の作業工程の中での，作業標準，単位当たりの標準作業時間，使用する設備機械とその能力基準などの製造基準の設定を行い，それぞれ設計技術システムで管理している。また，製造現場の作業実態及び作業実績データを収集・分析し，製造基準の見直しや製造方法の改善を行っている。

(4) 製造部門での業務

製造部門では，生産管理部門から発行された組立オーダ及び加工オーダに対して，製造実施計画の立案，作業指示，製造作業，作業実績収集，作業進捗管理及び加工部品の在庫管理を行っている。

製造実施計画は週次で作成する。組立工程については，組立オーダごとに，1週間分の組立ライン別作業順序計画を日単位で立案している。加工工程については，加工オーダごとに，1週間分の各作業工程への加工オーダ割付けを日単位で行っている。製造実施計画に必要な製造基準の情報は，生産技術部門から入手し，製造部門のPCで管理している。

現行システムでは，製造実施計画の立案結果の登録，作業指示票の発行，作業実績の製造現場での入力，作業進捗管理及び加工部品の在庫管理を行っている。

　作業者及び設備機械の作業実績データを，作業進捗管理に利用するとともに，生産技術部門及び経理部門に提出している。

〔現行システムへの改善要望〕

　各部門からの改善要望として，次の要望が挙げられた。

(1)　生産管理部門からの要望

・基準生産計画立案の効率向上のために，現行の販売管理システムの注文情報，販売計画情報，製品在庫状況情報をシステム間で連携してほしい。

・基準生産計画の立案に当たっては，工場全体の稼働率の視点から，工場の設備機械，作業者などの生産能力とのバランスを調整する必要があるので，立案時にその調整をシステムで支援してほしい。

(2)　製造部門からの要望

・製造実施計画の立案に，大きな工数が掛かっている。設備機械や作業者などの資源の最適稼働を図るためにも，システムで支援してほしい。

・作業実績データは，生産技術部門及び経理部門にも提出しているが，提出用データの集計に手間が掛かっている。システム間で情報を連携してほしい。

(3)　経理部門からの要望

・現行の会計システムの原価計算処理で，加工費計算に作業実績データの中の作業時間実績が必要となる。これが会計システムに反映されるようにしてほしい。

〔改善後の生産管理システム〕

　改善要望を踏まえ，プロジェクトチームで，改善後の生産管理システム（以下，新システムという）の機能を整理し，機能の詳細について検討を行った。また，新システムでは，現行システムで利用している生産管理パッケージの中でまだ使用していない機能を，できるだけ活用することにした。

　加工工程はF社の生産に占める比率が高く，改善効果も大きいことから，新システムでの最も大きな変更である製造実施計画立案のシステム化は，加工工程を対象とした。組立工程については，人手で計画した作業日程の登録と変更の機能を設けた。

　新システムの機能概要と現行システムからの改善内容を表1に，新システムの機能構造を図2に示す。

表1　新システムの機能概要と現行システムからの改善内容

システム機能	機能概要	現行システムからの改善内容
基準生産計画	・販売管理システムとの情報連携 ・計画案設定 ・計画調整	・販売管理システムからの注文,販売計画,製品在庫状況の情報連携機能の追加 ・計画案設定機能の追加 ・計画案に対する人の介在による調整機能の追加
資材所要量計画	・基準生産計画の受付 ・組立オーダの決定と発行 ・資材所要量計算 ・加工オーダ,購買オーダの決定と発行	なし(現行システムを継続利用)
製造実施計画	・組立オーダ,加工オーダの受付 ・組立オーダ作業日程の登録,変更 ・加工オーダの作業日程計算 ・加工オーダの作業負荷の山積み,作業負荷調整 ・加工オーダ作業日程の確定,変更	・生産管理パッケージの製造実施計画機能の新規利用
工程管理	・作業日程の受付 ・作業指示票発行 ・作業実績収集と関連システムへの情報連携 ・作業進捗管理	・会計システム,設計技術システムへの情報連携機能の追加
基準情報管理	・部品表マスタのメンテナンス ・工程手順表マスタのメンテナンス ・設備機械マスタのメンテナンス	・生産管理パッケージの工程手順表マスタ及び設備機械マスタのメンテナンス機能の新規利用 ・設計技術システムとの情報連携機能の追加
購買管理	・購買先管理　・購買オーダ受付 ・発注　・検収　・買掛金管理	なし(現行システムを継続利用)
資材在庫管理	・資材入出庫　・棚卸し	なし(現行システムを継続利用)

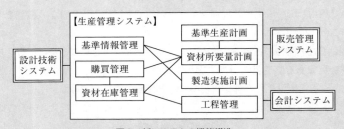

図2　新システムの機能構造

演習10　生産管理システムの改善

〔製造実施計画のシステム要件検討〕
　新システムで新規に利用する，製造実施計画機能の加工オーダの処理に関するシステム要件について，プロジェクトチームで検討を行った。

(1)　作業日程計算
　　作業日程計算に必要な製造基準は，工程手順表マスタに定義されている。
　　加工オーダの作業工程について，工程手順を参照する。次に，加工対象品の単位当たりの標準作業時間を基に，各作業工程の作業時間を見積もり，加工オーダの作業工程ごとの着手予定日，完了予定日を計算する。
(2)　作業負荷の山積み，作業負荷調整
　　全ての加工オーダの作業日程計算後，設備機械ごとに，その設備機械で加工対象となる各加工オーダの作業時間を日単位に累積していく。これを作業負荷の山積みという。
　　設備機械がもつ生産能力に対し，作業負荷がオーバした場合は，製造部門管理者の判断で，加工オーダの代替設備機械への振替，作業者のシフト調整などの負荷調整を行う。

設問1　基準生産計画について，(1)，(2)に答えよ。
　　(1)　現在の基準生産計画の立案において，計画の対象時期や生産リードタイムなどの時間的要素及び営業部門からの情報の他に考慮していることは何か。20字以内で述べよ。
　　(2)　新システムで追加する情報連携機能において，見込生産の製品の基準生産計画立案のために，販売管理システムから受け取るべき情報を，二つ答えよ。

設問2　新システムで利用する製造基準について，(1)，(2)に答えよ。
　　(1)　加工オーダの製造実施計画立案時の作業日程計算で参照される製造基準は，作業日程上の何を求めるために使用されるか。30字以内で述べよ。
　　(2)　一つの作業工程において，加工オーダの作業負荷の山積み，負荷調整を行うときに，工程手順表マスタと設備機械マスタを関連付けるために，工程手順表マスタの作業工程に定義しておくべき情報は何か。15字以内で述べよ。

設問3　製造実施計画における作業日程計算の過程で，加工工程の中の，一つの作業工程の所要作業時間を計算するために必要な情報を，二つ答えよ。

第2部 午後Ⅰ対策

設問4 新システムでは，作業実績データは，設計技術システムと会計システムに連携され，生産技術部門及び経理部門で活用される。二つの部門で何に活用されるか。それぞれ20字以内で述べよ。

246

演習10　生産管理システムの改善

解答と解説

平成29年度 秋期 午後Ⅰ 問2

IPAによる出題趣旨・採点講評・解答例・解答の要点

出題趣旨（IPA公表資料より転載）

　利用者からの要望によって，既存システムへの機能の追加や改善が行われることが多い。システムアーキテクトには，利用者からの要望をシステム要件として定義していく能力が求められる。

　本問では，生産管理システムの改善を題材として，利用者からの要望を正しく理解・把握し，機能の追加，改善及び生産管理システムと関連する他システムとの連携などについて，システム要件として定義していく能力を問う。

採点講評（IPA公表資料より転載）

　問2では，生産管理システムの改善について出題した。全体として，正答率は高かった。

　設問1（1）では，基準生産計画での工場側での考慮点について，工場側の生産能力や稼働率まで記述してほしかったが，単に工場側の状況とだけ記述した解答が見受けられた。

　設問2（2）では，作業工程と当該作業工程で使用する設備機械とのマスタ上での関係を正しく理解できていないと思われる解答が見受けられた。

　設問3では，設問で求めた二つの情報のうち，単位当たりの標準作業時間という解答は記述できていたが，作業時間を算出するために必要な加工対象の数量が記述できていない解答が多かった。

　設問4は，正答率が高かった。ただ，経理部門については，原価計算の中の加工費計算までの解答を記述してほしかったが，単に原価計算を行うというだけの解答が見受けられた。

　システムアーキテクトとして，業務要件を十分に理解した上で，システム要件を定義できるように心掛けてほしい。

設問		解答例・解答の要点	備考
設問1	(1)	設備機械，作業者などの生産能力の状況	
	(2)	① ・販売計画情報 ② ・製品在庫状況情報	
設問2	(1)	加工オーダの作業工程ごとの着手予定日，完了予定日	
	(2)	作業工程で使用する設備機械	
設問3	①	・加工対象の数量 ② ・単位当たりの標準作業時間	
設問4	生産技術部門	製造基準の見直しや製造方法の改善	
	経理部門	原価計算処理の加工費計算	

247

第2部　午後Ⅰ対策

問題文の読み方のポイント

　本問は，生産管理システムの改善に関する問題である。問題文の前半に生産管理システムに関連する業務の説明が記載されており，次に，現在の生産管理システムに対する改善要望があり，最後に，改善後の生産管理システムに関する説明が記載されている。また，設問は，主に，生産管理システムと連携する業務間での情報のやり取りに関するものが多い。

　製造業における生産管理に関連する問題は，システムアーキテクト試験午後Ⅰで頻出であるが，難度が高い場合が多い。本問は，その中でも取り組みやすい問題である。

設問1

ポイント

　設問1は，基準生産計画に関する設問である。基準生産計画は，生産管理部門の業務であり，問題文〔現在の生産管理の業務内容〕に説明が記載されている。この記述をよく読んで，基準生産計画作成の業務を理解するとともに，受注生産と見込生産の違いにも注意して解答を考えていく。

解説(1)

　設問1は，現在の基準生産計画の立案において，計画の対象時期やリードタイムなどの時間的要素及び営業部門からの情報の他に考慮していることを解答する問題である。まず，問題文〔現在の生産管理の業務内容〕の「(1) 生産管理部門での業務」の「①基準生産計画」に記載されている，基準生産計画の立案に関する説明を確認する。

---

① 基準生産計画

　受注生産の製品については，顧客からの注文情報を営業部門から入手する。また，見込生産の製品については，販売計画及び製品在庫状況の情報を営業部門から入手する。これらの情報を基に，どの製品を，いつ，どれだけ生産するかという基準生産計画を月次で立案する。計画を立案する際には，**工場側の状況も考慮**している。

　この記述から，計画の対象時期やリードタイムなどの時間的要素及び営業部門からの情報の他に考慮していることは，**工場側の状況**であることが分かる。解答としては，工場側の状況をより具体的に記述する必要がある。生産管理部門で考慮すべき工場側の状況とは，個々の製品の製造状況であると考えられる。したがって，解答は製品を製造するための「**設備機械，作業者などの生産能力の状況**」になる。

248

演習10　生産管理システムの改善

解説(2)

設問1 (2)は，新システムで追加する情報連携機能において，見込生産の製品の基準生産計画立案のために，販売管理システムから受け取るべき情報を解答する問題である。問題文〔現在の生産管理の業務内容〕の(1)の①の中で，基準生産計画の立案に関して，見込生産の製品については販売計画及び製品在庫状況の情報を入手するとの記述がある。この「**販売計画情報及び製品在庫状況情報**」が解答である。

設問2

ポイント

設問2は，新システムで利用する製造基準に関する問題である。新システムで利用する製造基準は，問題文の〔製造実施計画のシステム要件検討〕に記載されている。この箇所を注意深く読むことで解答を考えていく。

解説(1)

設問2 (1)は，追加オーダの製造実績計画立案時の作業日程計算で参照される製造基準は，作業日程上の何を求めるために使用されるかを解答する問題である。問題文〔製造実施計画のシステム要件検討〕の(1)に，新システムで利用する製造基準に関する記述がある。

---

(1)　作業日程計算

作業日程計算に必要な製造基準は，工程手順表マスタに定義されている。

加工オーダの作業工程について，工程手順を参照する。次に加工対象品の単位当たりの基準作業時間を基に，各作業工程の作業時間を見積もり，**加工オーダの作業工程ごとの着手予定日，完了予定日を計算**する。

この記述から，製造基準は，「**加工オーダの作業工程ごとの着手予定日，完了予定日**」を求めるためであることが分かる。これが解答である。

解説(2)

設問2 (2)は，一つの作業工程において，加工オーダの作業負荷の山積み，負荷調整を行うときに，工程手順表マスタと設備機械マスタを関連付けるために，工程手順表マスタの作業工程に定義しておくべき情報を解答する問題である。設問2 (1)と同様に，問題文の加工オーダの作業負荷の山積み，負荷調整を説明している箇所を確認する。

〔製造実施計画のシステム要件検討〕の(2)に以下の記述がある。

249

第2部　午後Ⅰ対策

(2) 作業負荷の山積み，作業負荷調整

全ての加工オーダの作業日程計算後，設備機械ごとに，その設備機械で加工対象となる各加工オーダの作業時間を日単位に蓄積していく。これを作業負荷の山積みという。

設備機械がもつ生産能力に対し，作業負荷がオーバした場合は，製造部門管理者の判断で，**加工オーダの代替設備機械への振替**，作業者のシフト調整などの負荷調整を行う。

この記述から，製造部門管理者が負荷調整を行うためには，振替可能な代替設備機械への振替などが行えるように「**各工程で使用する設備機械**」の情報が必要であることが分かる。これが解答である。

設問3

ポイント

設問3は，製造実施計算に必要な情報を解答する設問である。情報の受渡しに関連する問題文の内容を注意深く読むことで解答を考えていく。

解説

設問3では，製造実施計画における作業日程計算の過程で，加工工程の中の，一つの作業工程の所要作業時間を計算するために必要な情報を二つ解答する。作業工程の所要作業時間は，何を幾つ作る必要があるかと，その作業の生産性で求めることができる。

何を幾つ作る必要があるかは，「**加工オーダ**」で知ることができる。その作業の生産性は，問題文〔製造実施計画のシステム要件検討〕の「(1) 作業日程計算」にも記載されている「**単位当たりの標準作業時間**」である。この二つが解答である。

設問4

ポイント

設問4は，作業実績データが他の業務システムに連携され，どのように活用されるかを解答する問題である。設問にデータ連携対象のシステムと部門が記載されているため，これに関連する記述を問題文から探すことによって解答を考えていく。

解説

設問4は，作業実績データが，生産技術部門と経理部門でそれぞれ何に活用されているかを解答する。生産技術部門，経理部門それぞれに対して解答を考えていく。

250

演習10　生産管理システムの改善

・生産技術部門

　生産技術部門が作業実績データをどのように利用しているかは，問題文の〔現在の生産管理の業務内容〕の(3)に記載されている。

(3)　生産技術部門での業務

　　（　～略～　）

　　また，製造現場の作業実態及び作業実績データを収集・分析し，**製造基準の見直しや製造方法の改善を行っている。**

　この記述から，「**製造基準の見直しや製造方法の改善**」に作業実績データが活用されていると考えられる。

・経理部門

　〔現在の生産管理の業務内容〕には経理部門の説明はないが，〔現行システムへの改善要望〕の(3)に経理部門に関する記述がある。

(3)　経理部門からの要望

　　・現行の会計システムの**原価計算処理**で，**加工費計算**に作業実績データの中の作業時間実績が必要となる。これが会計システムに反映されるようにしてほしい。

　この記述から，「**原価計算処理の中の加工費計算**」に作業実績データが活用されていると考えられる。

251

第2部　午後Ⅰ対策

演習11 ソフトウェアパッケージ導入

平成29年度 秋期 午後Ⅰ 問3（標準解答時間40分）

問　ソフトウェアパッケージ導入に関する次の記述を読んで，**設問1～3**に答えよ。

K市は，寒冷地に所在する中核市である。K市の職員課では，市役所に勤務する約2,000人の職員の給与，福利厚生，人事管理，健康管理などに関する業務を15人の職員で対応している。職員課では，人事給与などに関する新たな業務システム（以下，新システムという）を構築することにした。

〔新システム構築の背景〕

職員課では，内部事務の情報化が始まった当時に，給与計算システムをメインフレーム上で構築し，その後，分散型システムへのダウンサイジング，制度改正などに伴う重なるシステム改修を経て現在に至っている。また，給与計算システムとは別に，採用から退職に至るまでの人事管理全般を担う人事システム，休暇申請などの申請届出と勤怠管理を担う庶務事務システムを，構築，運用している。

これらの現行の業務システムは，ソフトウェアパッケージを利用せずK市専用の情報システムとして開発した。近年はシステム維持費用の削減が課題となっており，現状について外部評価を行った。外部評価の主な指摘事項は次のとおりである。

(1)　サーバの使用率が終日低く，ハードウェア借料及び保守費用を削減する余地がある。サーバの使用率が低い理由は次のとおりである。

・給与計算システム及び人事システムは，主に職員課の職員しか利用しない。

・庶務事務システムは，最もアクセスが集中する時間帯が，前勤務日に時間外勤務などを行った職員が実績を申請する8時45分から12時であり，利用する時間帯が比較的分散している。

(2)　制度改正によるシステム改修が毎年発生しており，他の中核市と比較してシステム改修費用が多く掛かっている。K市の現行の複数の業務システムと同等の機能を提供している人事給与業務専用のソフトウェアパッケージ（以下，人事給与パッケージという）を導入して標準機能を基に運用している他市では，システム改修を行わずに，製品バージョンアップなどの人事給与パッケージの標準保守の中で，全国の地方自治体に共通する制度改正に対応している。

これらの指摘事項を踏まえて，K市では，現行の複数の業務システムを，人事給与パッケージを利用して再構築することにした。

〔現行業務の概要〕

　職員課では，地方公務員法，K市の条例，規則などに基づき，例月給与の計算・支給事務，採用事務，退職事務，人事異動事務などの幅広い人事給与関連業務を行っている。現行の業務システムを利用した毎日の勤怠管理と，職員課が毎月実施している主要事務の一つである例月給与の計算・支給事務の主な流れを**表1**に示す。

表1　現行の勤怠管理と例月給与の計算・支給事務の主な流れ

項番	作業内容	作業の主体	頻度
1	勤務時間は，一部の部署及び職種を除き8時45分から17時45分と決まっている。ほとんどの職員は8時30分から8時45分の間に出勤し，出勤時刻を紙の出勤簿に記録する。退勤時も同様に退勤時刻を出勤簿に記録する。	全職員	毎日
2	各課の所属長が出勤簿で各職員の出退勤時刻を確認する。	各課の所属長	
3	時間外勤務などの命令は，発生のたびに庶務事務システムで申請し，所属長が承認する。	時間外勤務などを行う職員及びその所属長	
4	時間外勤務などの実績報告を翌勤務日に庶務事務システムで申請し，所属長が承認する。		
5	各課の庶務担当者が前月の出勤簿の記録を庶務事務システムに入力，確定する。それによって，庶務事務システム上で当該課における前月分の勤怠実績の締め処理が行われる。	各課の庶務担当者	毎月
6	全ての課で締め処理が行われたかどうかを庶務事務システム上で確認し，未完了の課があれば，督促を行う。	職員課の給与担当者	
7	庶務事務システムから，勤怠実績データをファイル出力し，出力したファイルを給与計算システムに手動で登録する。	職員課の給与担当者	
8	財形貯蓄，団体扱いの保険料などの控除データを外部機関から電子媒体で受領し，給与計算システムに手動で登録する。	職員課の給与担当者	
9	給与計算システム上で給与計算のバッチ処理を実行し，処理が完了した後，各種手当及び控除が正しく計算されていることを確認する。主に手当の前提条件が変更になったり，支給額が前月と比較して大幅に異なったりする職員を中心に確認する。	職員課の給与担当者	
10	給与計算システムから口座振込データをファイル出力し，K市の指定金融機関に提出する。	職員課の給与担当者	
11	給与計算システムから給与支給明細書を印刷，仕分けし，各課の庶務担当者宛てに配送する。	職員課の給与担当者	
12	職員課から受領した給与支給明細書を各職員に配布する。	各課の庶務担当者	

〔フィット＆ギャップ分析の実施〕

　K市では，新システムの構築に際して入札を行い，その結果，構築事業者としてL社と契

第2部　午後Ⅰ対策

約することになった。L社は，多くの地方自治体で導入実績がある自社製品の人事給与パッケージ（以下，L社パッケージという）を利用し，新システムを構築することを提案していた。

職員課及びL社は，設計・開発に着手する前に，K市の現行業務に対するL社パッケージの適合性を評価するために，フィット＆ギャップ分析を実施した。職員課は，分析に当たって，人事給与パッケージ導入の背景，目的を踏まえて，カスタマイズを極力行わず，標準機能に合わせて現行業務を見直す前提で検討することにした。

L社パッケージの標準機能のうち，勤怠管理に係る機能の一部を**表2**に，例月給与の計算・支給事務に係る機能の一部を**表3**に示す。

なお，標準機能は，利用の有無をパラメタで簡易に設定することができる。

表2　L社パッケージの標準機能（勤怠管理に係る機能の一部）

標準機能	機能概要
出勤簿	1か月間の出勤日の出退勤時刻，休憩時間，休暇取得日などを入力，登録する機能。
打刻	出退勤時刻を簡易登録する機能。ポータル画面上で"出勤"ボタン又は"退勤"ボタンを押すと，ボタンを押した時刻を出退勤時刻として記録し，出勤簿に自動反映する。
出退勤時刻データの取込み	システム外で記録された出退勤時刻データのファイルを取り込む機能。タイムレコーダなどで出退勤時刻をシステム外で記録している場合に，当該出退勤時刻データのファイルを取り込み，出勤簿に自動反映する。
時間外勤務などの命令及び実績申請	時間外勤務，休日勤務，深夜勤務などの命令及び実績を申請し，承認する機能。
勤怠実績の締め処理	庶務担当者，所属長などの権限を有する利用者が，所属する職員全員の出勤簿の情報，各種承認状況を確認し，一括で前月分の勤怠実績の締め処理を行う機能。

表3　L社パッケージの標準機能（例月給与の計算・支給事務に係る機能の一部）

標準機能	機能概要
勤怠実績の自動連携	締め処理された勤怠実績データを給与計算用に自動連携する機能。締め処理が未完了で，連携されていない部署を確認できる。
例月給与の計算	人事上の給与情報，勤怠実績，各種手当の前提条件などに基づき当月の給与額を計算し，所得税，社会保険料などの法定控除，法定外控除額などを反映して支給額を計算する機能。
各種手当の計算	時間外勤務手当，住居手当，扶養手当，寒冷地手当などの各種手当を計算する機能。
法定外控除の管理，取込み	財形貯蓄，団体扱いの保険料などの法定外控除について，給与計算時に控除するために外部データのファイルを登録画面から取り込む機能。
支給額の確認	任意の月を複数選択し，各種手当，控除額に差がある職員の明細及び前提条件の変更内容を確認する機能。

電子給与支給明細書の交付	電子文書ファイルによる給与支給明細書を参照，ダウンロードする機能。
給与支給明細書の印刷	部署ごとに，庶務担当者，所属長などの権限を有する利用者が，所属する職員の給与支給明細書を印刷する機能。
口座振込データの作成	規定のフォーマットに基づく金融機関への給与の口座振込データを作成，ファイル出力する機能。

〔勤怠管理に係る標準機能の利用検討〕

　より正確で客観的な出退勤時刻を記録することと，①表1において毎月発生している，ある作業の負担を軽減するために，職員課ではL社パッケージの標準機能として提供される打刻機能の利用を検討した。その結果，一部の部署では庶務担当者以外の職員にPCが貸与されていないことと，予想される同時アクセス数が現行の業務システムと比較して多くなり，ハードウェア借料及び保守費用の削減が難しくなることが分かったので，新システムでは利用しないことに決めた。代わりに，現在職員証として利用している非接触ICカードを利用し，新たにICカード読取機能付のタイムレコーダを導入して，月に1回手動で出退勤時刻データを新システムに取り込むことにした。

〔例月給与の計算・支給事務に係る標準機能の利用検討〕

　L社パッケージと現行の例月給与の計算・支給事務とのフィット＆ギャップ分析を行った結果，一部の部署を除き電子給与支給明細書の交付を導入する方針とし，表3に示す標準機能については，全て利用することにした。また，標準機能の詳細を確認した結果，標準機能をそのまま利用した際に影響が大きい現行業務とのギャップの一つとして，寒冷地手当に関する機能が挙がった。現在の寒冷地手当支給に関する規則の主な内容は次のとおりである。

・寒冷地手当の支給対象期間（以下，支給対象期間という）の初日時点において，K市を含む寒冷地手当支給対象地域（以下，支給対象地域という）に在勤する職員に対して寒冷地手当を支給する。東京事務所などの支給対象地域以外の勤務地に勤務する職員に対しては支給しない。

・寒冷地手当は，職員が世帯主であるか否か，扶養親族があるか否かといった世帯の区分に応じた額を，支給対象期間の初月の例月給与に加えて一括して支給する。

・支給対象期間中に，世帯の区分の変更，支給対象地域をまたぐ異動などが生じた場合には，月割りで手当額を計算して，不足額を追加で支給（以下，追給という）又は支給済額を例月給与から控除（以下，返納という）する。

　なお，手当額は各月の1日時点の情報を基準に算出し，月途中の変更，異動などは考慮しない。

第2部 午後Ⅰ対策

　一方で，L社パッケージにおける寒冷地手当に関する標準機能の主な内容は次のとおりである。

・職員ごとに寒冷地手当の支給対象職員か否かを設定できる。

・支給対象期間をパラメタで設定できる。設定は月単位であり，日単位での設定には対応していない。

・支給対象地域区分及び世帯の区分に応じた手当額を，パラメタで設定できる。

・支給対象職員に対して支給対象期間の例月給与に含めて毎月支給する。日割りでの支給額の計算はできず，追給及び返納にも対応していない。

　現行業務とL社パッケージの標準機能とのギャップを踏まえて，K市では新システムの稼働までに，寒冷地手当支給に関する規則の内容の一部を変更することにした。これによって，②ある状況が発生した場合のための機能について，追加開発が不要になると判断した。

設問1 〔現行業務の概要〕及び〔フィット＆ギャップ分析の実施〕について，(1)，(2)に答えよ。

　(1) 職員課が，フィット＆ギャップ分析に当たって，カスタマイズを極力行わないことにした理由は何か。人事給与パッケージを利用することにした背景を踏まえて40字以内で述べよ。

　(2) **表1**中の職員課が実施している作業の中で，新システムの導入後は新システムの機能で代替できるようになる作業を，**表1**中の項番を用いて全て答えよ。

設問2 〔勤怠管理に係る標準機能の利用検討〕について，(1)，(2)に答えよ。

　(1) 本文中の下線①で負担を軽減できると想定した作業内容を35字以内で述べよ。

　(2) 打刻機能を利用することによって，予想される同時アクセス数が現行の業務システムと比較して多くなる理由を25字以内で述べよ。

設問3 〔例月給与の計算・支給事務に係る標準機能の利用検討〕について，(1)～(3)に答えよ。

　(1) **表3**の電子給与支給明細書の交付機能を利用することにした一方で，給与支給明細書の印刷機能も利用することにした理由を40字以内で述べよ。

　(2) 寒冷地手当支給に関する規則の内容の見直しについて，どのような内容に変更するのかを20字以内で述べよ。

　(3) 本文中の下線②は，どのような状況が発生した場合か。40字以内で述べよ。また，寒冷地手当支給に関する規則の内容を見直すことによって，どのような機能の追加開発が不要になるか。15字以内で述べよ。

演習11　ソフトウェアパッケージ導入

解答と解説

平成29年度 秋期 午後Ⅰ 問3

IPAによる出題趣旨・採点講評・解答例・解答の要点

出題趣旨（IPA公表資料より転載）

　業務システムの構築に際しては，品質向上，開発期間の短縮などのメリットが期待できることから，ソフトウェアパッケージを利用することが多い。システムアーキテクトには，ソフトウェアパッケージと業務要件とのフィット＆ギャップ分析を行い，その状況によってはソフトウェアパッケージを利用するメリットを生かすために現行業務の見直しを提言する，といった一連の能力が求められる。

　本問では，地方自治体における人事給与システムの構築を題材として，ソフトウェアパッケージを利用することのメリットを正しく理解し，利用者から求められている要件を整理する能力を問う。

採点講評（IPA公表資料より転載）

　問3では，人事給与などに関する業務システムを例にとり，ソフトウェアパッケージを利用した要件定義について出題した。

　設問1 (2) は正答率が低かった。新システムの標準機能を十分理解し，現在行っている事務について，新システムによって不要になるものと，引き続き残るものを適切に見極めてほしかった。

　設問2 (2) は，ほとんどの職員が毎朝同じ時間帯に出勤するという業務面の理由と，出勤時刻の打刻によってアクセスが集中することのシステム面の理由の両方に触れて解答してほしかったが，どちらか一方の記述しかない解答が多かった。

　設問3 (2) は，追給及び返納を廃止するといった解答が見受けられた。寒冷地手当の支給を一括支給から毎月支給に変更することによって，結果として追給及び返納が不要になるという業務上の関係を正しく理解してほしかった。

　システムアーキテクトとして，業務要件とソフトウェアパッケージのフィット＆ギャップ分析を行い，機能の選定，業務見直しの提言などができるよう心掛けてほしい。

設問		解答例・解答の要点	備考
設問1	(1)	制度改正に対して人事給与パッケージの標準保守で対応できるようにしたいから	
	(2)	7，11	
設問2	(1)	前月の出勤簿の記録を庶務事務システムに入力，確定する作業	
	(2)	毎朝の出勤時間帯にアクセスが集中するから	
設問3	(1)	PCが貸与されていない職員に給与支給明細書を印刷して配布するから	
	(2)	一括支給を毎月支給に変更する。	
	(3)	状況	支給対象期間中に，世帯の区分の変更，支給対象地域をまたぐ異動などが生じた場合	
		機能	追給及び返納の機能	

257

第2部　午後Ⅰ対策

問題文の読み方のポイント

　本問は，ソフトウェアパッケージの導入に関する問題である。対象のソフトウェアパッケージは，人事給与パッケージである。就業管理などの労務管理システムに関する問題は，業務が理解しやすいため，情報処理技術者試験の出題分野として頻出の問題である。また，今後はクラウドサービスでの導入という形が主流になっていくと予測されるが，パッケージの導入についても数年に一度は出題されている。

　パッケージの導入に関する問題では，パッケージの機能と現行業務との差（ギャップ）をどのように解決したかという設問があり，これに対しては，パッケージのカスタマイズを行わない解答を求められる場合が多い。この点を踏まえて，問題を読み進め解答を考えていく。

設問1

ポイント

　設問1は，〔現行業務の概要〕及び〔フィット＆ギャップ分析の実施〕に関する問題である。設問では，パッケージを導入することによるメリットとフィット＆ギャップ分析によって明らかになった業務の変化について問われている。〔現行業務の概要〕及び〔フィット＆ギャップ分析の実施〕だけでなく，導入の背景に関する説明にも注意して問題文を読むことがポイントである。

解説(1)

　設問1 (1)は，職員課が，フィット＆ギャップ分析に当たって，カスタマイズを極力行わないことにした理由を背景を踏まえて解答する問題である。問題文〔現行業務の概要〕と〔フィット＆ギャップ分析の実施〕の中には，カスタマイズを極力行わないことにした理由が記載されていない。設問にも，導入の背景を踏まえて解答せよとなっているため，導入の背景に関する記述の中に，カスタマイズに関連する内容が記載されていないかを探す。

　〔新システム構築の背景〕の(2)に以下の記述がある。

---

(2) **制度改正によるシステム改修が毎年発生しており，他の中核市と比較してシステム改修費用が多く掛かっている。**K市の現行の複数の業務システムと同等の機能を提供している人事給与業務専用のソフトウェアパッケージ（以下，人事給与パッケージという）を導入して標準機能を基に運用している**他市では，システム改修を行わずに**，製品バージョンアップなどの**人事給与パッケージの標準保守の中で**，全国の地方自治体に共通する制度改正に対応している。

　この記述から，制度改正によるシステムの改修が毎年発生していることと，製品の標準保守を利用すれば，システム改修を行わずにパッケージの標準保守で制度改正に対応できることが

分かる。したがって，解答は「**制度改正に対して人事給与パッケージの標準保守で対応できるようにしたいから**」である。

解説（2）

　設問1（2）は，**表1**の職員課が実施している作業の中で，新システムの導入後は新システムの機能で代替できるようになる作業を解答する問題である。解答を考えるに当たり，まず，職員課が実施している作業を洗い出す。**表1**の「作業の主体」欄に「職員課の給与担当者」と記載されている作業である6，7，8，9，10，11が解答の候補である。

　以下，それぞれの作業について，**表2**，**表3**に記載されているL社パッケージの標準機能と照らし合わせながら，代替可能かどうかを確認していく。

項番	代替可能か
6	勤務実績の締め処理機能によって締め処理は行われるが，督促の機能がないため，代替できない。
7	勤怠実績の自動連携機能を使うことによって**代替できる**。
8	法定外控除の管理，取込み機能はあるが，手動で登録する必要があるため代替できない。
9	確認作業は，パッケージでは代替できない。
10	8と同様に，口座振込データの作成機能ではデータ作成はできるが，K市の指定金融機関への提出作業が代替できない。
11	電子給与支給明細書の交付機能，給与支給明細書の印刷機能によって**代替できる**。

　以上により，「**7**」と「**11**」が解答である。

設問2

ポイント

　設問2は，〔勤怠管理に係る標準機能の利用検討〕に関する問題であるが，問題文の勤怠管理に関する現行業務の説明の中に解答のヒントがあるため，〔現行業務の概要〕の**表1**で勤怠管理に関する説明を注意深く読む必要がある。

解説（1）

　設問2（1）は，本文中の下線①で負担を軽減できると想定した業務内容を解答する問題である。下線①は，以下のような内容である。

　①表1において毎月発生している，ある作業の負担を軽減するために，職員課ではL社パッケージの標準機能として提供される**打刻機能**の利用を検討した。

第2部　午後Ⅰ対策

　つまり，勤怠管理に関する業務で**毎月発生**し，**打刻機能**に関する作業が解答になる。これを
ヒントに，〔現行業務の概要〕の**表1**の業務内容から該当する作業を探す。

表1　現行の勤怠管理と例月給与の計算・支給事務の主な流れ（抜粋）

項番	作業内容	作業の主体	頻度
5	各課の庶務担当者が前月の**出勤簿の記録を庶務事務システムに入力**，確定する。（　〜略〜　）	各課の 庶務担当者	**毎月**

　打刻機能は職員の出退勤時刻を記録する機能であるため，この機能を導入すれば，各課の庶
務担当者が毎月行っている出勤簿の記録の入力作業の負担が軽減できると考えられる。したがっ
て，解答は「**前月の出勤簿の記録を庶務事務システムに入力，確定する作業**」である。

解説（2）

　設問2（2）は，打刻機能を利用することによって，予想される同時アクセス数が現行の業務シ
ステムと比較して多くなる理由を解答する問題である。同時アクセス数が多くなるとは，システ
ムの利用が一時的に集中することを意味する。打刻機能について，一時的に利用が集中するよ
うな場合がないかを問題文から探す。

表1　現行の勤怠管理と例月給与の計算・支給事務の主な流れ（抜粋）

項番	作業内容	作業の主体	頻度
1	勤務時間は，一部の部署及び職種を除き**8時45分から17時45分**と決まっている。ほとんどの職員は**8時30分から8時45分の間に出勤**し，出勤時刻を紙の出勤簿に記録する。退勤時も同時に退勤時刻を出勤簿に記録する。	全職員	毎日

　ほとんどの職員が8時30分から8時45分の間に出勤するということは，打刻機能を導入した
場合，その時間帯にシステムの利用が集中することが予想される。したがって，解答は「**毎朝の
出勤時間帯にアクセスが集中するから**」である。

設問3

ポイント

　設問3は，〔例月給与の計算・支給事務に係る標準機能の利用検討〕に関する問題である。問
題文の寒冷地手当に関する規則とL社パッケージの標準機能を注意深く読むことで解答を導き
出すことができる。また，設問（2）と（3）は関連性があるため，（2）の解答を間違えると（3）の解

260

演習11　ソフトウェアパッケージ導入

答も同様に間違ってしまう。この関連性にも注意を払いたい。

解説(1)

　設問3 (1)は，**表3**の電子給与支給明細書の交付機能を利用することにした一方で，給与支給明細書の印刷機能も利用することにした理由を解答する問題である。まず，それぞれの機能を確認する。

表3　L社パッケージの標準機能（例月給与の計算・支給事務に係る機能の一部）（抜粋）

標準機能	機能概要
電子給与支給明細書の交付	電子文書ファイルによる給与支給明細書を参照，**ダウンロードする機能。**
給与支給明細書の印刷	部署ごとに，庶務担当者，所属長などの権限を有する利用者が，所属する職員の給与支給明細書を**印刷する機能。**

　電子給与支給明細書の交付機能を使うためには，各職員が自分の作業用PCを持っていることが前提になる。しかし，〔勤怠管理に係る標準機能の利用検討〕に，**一部の部署では庶務担当者以外の職員にPCが貸与されていない**と記述されている。したがって，給与支給明細書の印刷機能も利用することにした理由は，「**PCが貸与されていない職員に給与支給明細書を印刷して配布するから**」である。

解説(2)

　設問3 (2)は，寒冷地手当に関する規則の見直し内容を解答する問題である。パッケージの標準機能に合わせるために既存の規則を修正するため，規則とパッケージの標準機能との違いが解答になると考えられる。

　〔例月給与の計算・支給事務に係る標準機能の利用検討〕に記載されている規則とL社パッケージの標準機能を確認すると，規則では，寒冷地手当は支給対象期間の初月の例月給与に加えて一括支給するとなっているが，L社パッケージの寒冷地手当に関する標準機能では，毎月支給するようになっている。したがって，解答は「**一括支給を毎月支給に変更する**」ことである。

解説(3)

　設問3 (3)は，本文中の下線②が発生する状況と設問3 (2)の解答で変更した規則の見直しの結果，不要になる追加開発の機能を解答する問題である。まず，〔例月給与の計算・支給事務に係る標準機能の利用検討〕の寒冷地手当の支給に関する記述を確認する。

第2部　午後Ⅰ対策

・規則

・寒冷地手当は，職員が世帯主であるか否か，扶養親族があるか否かといった世帯の区分に応じた額を，支給対象期間の初月の例月給与に加えて一括して支給する。
・**支給期間中に，世帯区分の変更，支給対象地域をまたぐ異動などが生じた場合**には，月割りで手当額を計算して，不足額を追加で支給（以下，追給という）又は支給済額を例月給与から控除（以下，**返納**という）する。

・L社パッケージの標準機能

・支給対象地域区分及び世帯の区分に応じた手当額を，パラメタで設定できる。
・支給対象職員に対して支給対象期間の例月給与に含めて**毎月支給**する。日割りでの支給額の計算はできず，**追給及び返納にも対応していない**。

これらの記述から②が発生した状況とは，「**支給期間中に，世帯区分の変更，支給対象地域をまたぐ異動などが生じた場合**」であると考えられる。そして，毎月支給に変更したことにより，支給対象期間中の変更は，パラメタの設定変更で対応可能なため，開発不要な機能は「**追給及び返納の機能**」である。

演習12 仕入れ納品システムの変更

平成28年度 秋期 午後Ⅰ 問1（標準解答時間40分）

問 仕入れ納品システムの変更に関する次の記述を読んで，**設問1～3**に答えよ。

A社は，約500店舗を展開する中堅コンビニエンスストアである。このたび，他社との差別化を図るために，精肉を販売することを決定し，A社の仕入れ・納品の仕組み，及び取引先であるB社の商品加工ラインの仕組みを変更することになった。

〔現在の業務及びシステムの概要〕

A社では，商品を仕入れる取引先は，商品によって一意に決まっている。A社が取引先から仕入れる価格を原価，A社が店舗で販売する価格を売価という。また，商品1個当たりの原価を原単価，商品1個当たりの売価を売単価という。これらの単価及び取引先は商品マスタに登録されている。取引先での処理に必要なマスタ情報は，A社から取引先に送信され，共有されている。

現在の仕入れ納品システム（以下，現行システムという）を用いた，注文から検品に至る各業務の流れは次のとおりである。

(1) 注文業務
 ・店舗では，発注用端末を使って，商品ごとに数量を入力して発注データを作成する。
 ・店舗から本部への発注データの送信は随時可能である。本部では，毎日，発注データの締め処理を行い，商品マスタを用いて，それぞれの商品に対応した取引先及び納品予定日を決定して，注文ファイルに登録する。また，このとき，取引先ごとに商品別の合計数量を求めて，注文速報データを作成し，取引先に送信する。取引先は，注文速報データを基に，商品をそろえる。生鮮食品については，毎日8時に発注データを締めて取引先に送信し，当日17時までに，店舗に納品してもらう。

(2) 納品業務
 ・本部では，注文ファイルの注文データから，店番，納品予定日，取引先コードごとに，納品伝票データを作成する。生鮮食品については締め処理を行った当日が納品予定日になる。伝票番号は，伝票番号マスタに店舗別に格納されている最終伝票番号に1を加算して付与し，さらに，商品コード単位に行番号を付与した明細行を作り，納品明細データを作成する。1伝票には明細が複数行表示できるが，明細行が1伝票に収まらない場合は，伝票番号に1を加算して次の納品伝票データを作成した後で，納品明細データを作成する。1店舗の処理が終了すると，終了時の伝票番号を伝票番号マスタの最終伝票番号に格納する。

第2部　午後Ⅰ対策

　　　・納品伝票ファイル及び納品明細ファイルから取引先ごとに抽出したデータを，当該
　　　　取引先に送信し，取引先では，これらのデータを使って納品伝票を印刷する。
　　　・取引先では，納品伝票に記載された商品を記載された数量だけピッキングし，納品
　　　　伝票を付けて出荷し，店舗に納品する。
　(3)　検品業務
　　　・店舗では，商品の検品を行い，検品データを本部に送信する。A社では商品が発注
　　　　どおりに納品される確率が99.9%を超えているので，通常は，修正なしの情報をセッ
　　　　トして，検品データだけを本部に送信する。検品時に納品伝票と異なる数量が納品
　　　　された場合は，修正ありの情報をセットして検品データを本部に送信するとともに，
　　　　検品差異データを本部に送信する。商品が納品されなかった場合は，実納品数量に
　　　　0をセットした検品差異データを送信する。
　　　・本部では，納品伝票データ，納品明細データ，検品データ及び検品差異データを使っ
　　　　て納品金額を決定し，買掛金システムに渡す買掛金合計データ及び買掛金明細デー
　　　　タを作成する。
　　現行システムの主要ファイルを**表1**に示す。

表1　現行システムの主要ファイル

ファイル	主な属性（下線は主キーを示す）
発注	<u>店番</u>，<u>商品コード</u>，<u>作成日時</u>，数量
注文	<u>店番</u>，<u>商品コード</u>，<u>発注日</u>，納品予定日，取引先コード，数量
注文速報	<u>取引先コード</u>，<u>商品コード</u>，<u>発注日</u>，納品予定日，数量
納品伝票	<u>店番</u>，<u>伝票番号</u>，発注日，納品予定日，取引先コード，取引先名，原価合計，売価合計，納品日
納品明細	<u>店番</u>，<u>伝票番号</u>，<u>行番号</u>，商品コード，数量，原価，売価
検品	<u>店番</u>，<u>伝票番号</u>，納品日，修正有無
検品差異	<u>店番</u>，<u>伝票番号</u>，<u>行番号</u>，実納品数量
商品マスタ	<u>商品コード</u>，<u>適用開始日</u>，適用終了日，商品名，取引先コード，原単価，売単価，消費期限
店舗マスタ	<u>店番</u>，店舗名，住所，電話番号
取引先マスタ	<u>取引先コード</u>，取引先名，住所，電話番号，支払条件，口座情報
伝票番号マスタ	<u>店番</u>，最終伝票番号
買掛金合計	<u>店番</u>，<u>伝票番号</u>，取引先コード，納品日，原価合計
買掛金明細	<u>店番</u>，<u>伝票番号</u>，<u>行番号</u>，取引先コード，納品日，商品コード，数量，原価

〔変更の概要〕

　　これまでA社で扱ってきた商品は，商品ごとに原単価，売単価が一律に決まる商品（以下，

定貫商品という）だけであった。しかし，新たに扱う精肉については，100グラム当たりの単価は決まっているが，個包装ごとに内容量及び販売価格が異なる商品（以下，不定貫商品という）になる。

A社で扱っている肉類の商品は，取引先であるB社が購入，加工，包装，店舗別ピッキング及び配送を行っている。B社は，A社以外とも取引を行っており，地元のスーパマーケットには不定貫商品も納品している。

A社の情報システム部に所属するC氏は，次のような変更を行うことにした。

・精肉の商品には，大パックは300グラム，小パックは100グラムという目安の重量を設け，商品マスタに，大パック，小パックを別々の商品として登録する。
・商品マスタで，不定貫商品を取り扱うようにするために，ある属性を新たに追加する。また，既存の属性の二つについて，現在と別の意味をもたせる。
・B社では，納品明細データを基に，後述する計量値付機を使って，包装，計量，値札発行，値札貼付を行い，納品伝票データ及び納品明細データを更新する。
・B社は，更新した納品伝票データ及び納品明細データを用いて納品伝票を印刷するとともに，納品伝票データ及び納品明細データをA社に送信する。
・A社の本部では，B社から送信されてきた納品伝票データ及び納品明細データで，本部のファイルを更新する。

〔B社の商品加工ラインでの作業の概要と変更要件〕

B社では，商品加工ラインで，商品の加工，包装，値札発行，値札貼付，店舗別ピッキングを行っている。値札には，商品名の他，消費期限，売価，税込売価及びバーコードを印字する。バーコードには，商品コード及び原価・売価情報を含める。

現在，A社向けには，加工肉類などの定貫商品だけを扱っている。本部から送られてきた注文速報データを基に，値札発行機で，商品ごとに，当日A社から発注された数量分の枚数の値札を発行し，手作業で商品に貼付している。その後，店舗別に，値札が貼付された商品を，納品伝票に記載された数量分ピッキングしている。

B社では不定貫商品の加工に当たり，現在，他社に納品している不定貫商品で用いている計量値付機を使用することにした。計量値付機とは，パックした商品をベルトコンベアで流し，量り部分で計量し，それを基に値札を発行し，値札を自動貼付する機械である。不定貫商品の値札には，従来のA社向け定貫商品の値札に印字している項目に加え，販売する店舗の店舗名，100グラム当たりの金額，内容量を印字する。

PCで受信した納品明細データを計量値付機に送り，計量結果を反映させた納品明細データを送り返してもらい，PCの納品明細データ及び納品伝票データを更新する。計量値付機で行う作業は，次のとおりである。

(1) 事前作業として，注文速報データを基に，商品単位に，それぞれの目安重量に応じたパックを，当日Ａ社から発注された数量分準備する。
(2) ＰＣから，当該商品の商品コード，商品名，消費期限，100グラム当たりの金額を計量値付機に送る。
(3) 当該商品について，1店舗分の店番，店舗名，数量の情報を計量値付機に送る。
(4) 1パックずつベルトコンベアに流し，まず，量り部分で計量し，内容量及び売価を計算する。次に，消費税率を用いて税込売価を計算する。その結果を基に値札を発行し，ベルトコンベアを流れる商品に自動貼付する。
(5) 1店舗の数量分の作業が終了すると，計量結果データは計量値付機からＰＣに送信される。
(6) 一つの店舗の作業が終わったら，(3)～(5)を，全ての店舗が終わるまで繰り返す。
(7) 一つの商品の作業が終わったら，(2)～(6)を，全ての商品が終わるまで繰り返す。
定貫商品と不定貫商品の値札の例を図1に示す。

図1　定貫商品と不定貫商品の値札の例

また，Ｂ社では，不定貫商品をＡ社店舗に納品する際の店舗別ピッキングについて，①従来の定貫商品と同じ店舗別ピッキングでは，Ａ社の買掛金の処理に不都合を生じさせてしまうので，②店舗別ピッキングの方法を変更することにした。

〔買掛金システムに渡すデータの作成処理〕
　店舗から送られてくる検品データ，検品差異データと，Ａ社にある納品伝票データ，納品明細データを使って，買掛金システムに渡すデータを作成している。現在の処理の流れを表2に示す。

演習12 仕入れ納品システムの変更

表2 現在の処理の流れ

対象データ	処理内容
検品データ	納品伝票データと検品データを,店番,伝票番号をキーにしてマッチングさせ,一致したら,次の処理を行う。 ① 納品伝票データに納品日を格納し,納品伝票データから買掛金合計データを作成する。 ② 納品伝票データに関係する納品明細データから買掛金明細データを作成する。
検品差異データ	納品明細データと検品差異データを,店番,伝票番号,行番号をキーにしてマッチングさせ,一致したら,次の処理を行う。 ① 検品差異データの実納品数量で納品明細データの数量を書き換える。商品マスタ上の原単価,売単価に実納品数量を乗じて算出した原価,売価で納品明細データの原価,売価を書き換えるとともに,書換え前後の原価の差額,売価の差額を納品伝票データに反映する。 ② ①で書き換えた納品明細データの原価の差額を,対応する買掛金明細データ及び買掛金合計データに反映する。

今回,不定貫商品を扱うに当たって,検品業務において,不定貫商品の納品数量が異なるケースを想定して,③検品差異データに,実納品原価,実納品売価の二つの属性を追加する。実納品原価,実納品売価は,実際に納品された商品の原価,売価を商品単位に合計して算出する。また,不定貫商品の検品差異データが発生した場合を考慮し,表2の検品差異データの処理を,不定貫商品については表3のように変更する。

表3 不定貫商品の検品差異データの処理

対象データ	処理内容
検品差異データ	納品明細データと検品差異データを,店番,伝票番号,行番号をキーにしてマッチングさせ,一致したら,次の処理を行う。 ① 検品差異データの実納品数量で納品明細データの数量を書き換える。検品差異データの □ a □ , □ b □ で □ c □ データの □ d □ , □ e □ を書き換えるとともに,書換え前後の原価の差額,売価の差額を納品伝票データに反映する。 ② ①で書き換えた納品明細データの原価の差額を,対応する買掛金明細データ及び買掛金合計データに反映する。

設問1 〔変更の概要〕について,(1)~(3)に答えよ。

(1) 不定貫商品について,B社から納品伝票データ及び納品明細データを送信してもらうように変更したのはなぜか。その理由を25字以内で述べよ。

(2) 商品マスタに新たに追加する属性がある。その内容を20字以内で述べよ。

(3) 商品マスタの中に,従来と異なる意味をもたせる属性が二つある。新たにもた

267

第2部　午後Ⅰ対策

　　　　　　　　せる意味は，二つの属性に共通している。属性名を二つ答えよ。また，どのような意味をもたせるか，20字以内で述べよ。

設問2　〔B社の商品加工ラインでの作業の概要と変更要件〕について，(1)，(2)に答えよ。
　(1)　本文中の下線①で生じる不都合とは何か。その内容を40字以内で述べよ。
　(2)　本文中の下線②で，変更したピッキング方法を25字以内で述べよ。

設問3　〔買掛金システムに渡すデータの作成処理〕について，(1)，(2)に答えよ。
　(1)　本文中の下線③で，二つの属性を追加した理由を，35字以内で述べよ。
　(2)　**表3**中の　　a　　～　　e　　に入れる適切な字句を答えよ。

268

演習12　仕入れ納品システムの変更

解答と解説

平成28年度 秋期 午後Ⅰ 問1

IPAによる出題趣旨・採点講評・解答例・解答の要点

出題趣旨（IPA公表資料より転載）

　利用者の業務要件の変更に伴い，情報システムの変更を行う際に，その方式を構想し，設計に結び付けていくことが，システムアーキテクトの重要な業務である。

　本問では，コンビニエンスストアでの取扱商品変更に伴う仕入れ納品システムの変更を題材として，業務フローの変更，ファイルレイアウトの変更などについて具体的な記述を求めている。業務要件の変更内容を正しく理解し，情報システムを設計する能力を問う。

採点講評（IPA公表資料より転載）

　問1では，仕入れ納品システムの変更を例にとり，業務フロー，ファイルレイアウトの変更などについて出題した。

　設問1は，(1)，(2)の正答率が低く，(3)は正答率が高かった。(2)では，不定貫商品の処理が定貫商品の処理と異なるので，これを判断する区分が必要になることを問うたが，不定貫商品の処理に必要な属性を想定して，"内容量"といった誤った解答をしたものが散見された。

　設問2は，正答率が低かった。ピッキングという作業を，納品伝票の作成，値札発行，値札貼付を含む一連の作業と誤って解釈した解答，また，"数量"と"内容量"を混同した解答が目立った。(2)は不定貫商品に係るピッキング方法の変更を問うたもので，数量だけでなく，個々のパックの納品先を意識してピッキングを行う必要があることに気付いてほしかった。

　設問3は，(1)の正答率が低く，(2)は高かった。(1)では，定貫商品は実納品原価，実納品売価を商品マスタの単価と実納品数量から計算することができるが，不定貫商品は個包装ごとに原価，売価が異なるので，定貫商品と同じ方法では算出できないことに気付けば正解が導けたはずである。

　システムアーキテクトとして，業務要件の変更内容を十分に理解した上で，適切な処理の変更，ファイルの変更などが行えるように心掛けてほしい。

設問		解答例・解答の要点		備考
設問1	(1)	不定貫商品の価格を確定させる必要があるから		
	(2)	定貫商品か不定貫商品かを表す区分		
	(3)	属性名	① ・原単価 ② ・売単価	
		意味	100グラム当たりの金額を表す。	
設問2	(1)	実際に納品された商品の価格が，納品伝票に記載された価格と不一致となる。		
	(2)	値札に印字された店舗名を見てピッキングする。		
設問3	(1)	商品ごとに原価，売価が異なり，数量だけでは算出できないから		
	(2)	a	実納品原価	順不同
		b	実納品売価	
		c	納品明細	
		d	原価	順不同
		e	売価	

第2部　午後Ⅰ対策

問題文の読み方のポイント

　本問は，仕入れ納品システムの変更に関する問題である。設問では，変更処理に関する問題と変更に伴うスキーマの変更に関する問題が出題されている。問題文は，まず現在の業務とシステムの概要説明をした後，変更の概要についての説明と詳細説明があるという構成である。現状を理解した後，どのような点が変更点になっているかを理解しながら読み進めるとよい。

　設問では主に現行システムからの変更に関する点が出題されている。問いの対象システムはコンビニエンスストアの仕入れ納品システムであるため，商品や商品ラベルを目にする機会も多く，対象業務を理解しやすい問題である。問題文から解答を導き出せる設問も多いため，設問で何が問われているかに着目して各設問を解いていこう。

設問1

ポイント

　設問1は，〔変更の概要〕に関する設問である。問題を解くポイントは以下の2点である。

- 〔変更の概要〕に記載されている内容を把握する
- 変更の理由になった不定貫商品の既存商品（定貫商品）との取扱いの違い，及び違いによるシステムへの影響を考える

解説（1）

　設問1（1）は，不定貫商品に関してB社から納品伝票データと納品明細データを送信するように変更した理由を解答する。不定貫商品はシステム変更の理由になった新しい商品である。したがって，既存商品（定貫商品）との違いを考えると変更の理由が分かる。既存商品との違いは，〔変更の概要〕以下の問題文に記載されている。

> しかし，新たに扱う精肉については，100グラム当たりの単価は決まっているが，**個包装ごとに内容量及び販売価格が異なる商品（以下，不定貫商品という）**になる。

　つまり，不定貫商品は内容量によって販売価格が異なることがこの記載から読み取れる。これにより，〔現在の業務及びシステムの概要〕の「(2) 納品業務」に記載されているように，A社から納品伝票データと納品明細データをB社が受け取って納品業務を行うだけでは，販売価格に差異が発生する。したがって，この差異を解消するために**不定貫商品の価格を確定する**ことが解答である。

解説（2）

　設問1（2）は，変更によって商品マスタに追加する属性を解答する問題である。不定貫商品

の追加が変更点であるため，これに関連する商品マスタの属性を考える。既存商品（定貫商品）に新しい分類の商品（不定貫商品）が加わったため，追加する属性としては**定貫商品と不定貫商品の区別を表す属性**を商品マスタに追加する必要がある。

解説（3）

設問1（3）は，不定貫商品を取り扱うために，商品マスタの中に従来とは異なる意味をもたせる属性（二つ）とその意味を解答する問題である。このため，解答の候補は商品マスタの属性である。商品マスタの項目は，以下の8項目である。これらが解答の候補である。

表1　現行システムの主要ファイル（抜粋）

ファイル	主な属性（下線は主キーを示す）
商品マスタ	<u>商品コード</u>，<u>適用開始日</u>，適用終了日，商品名，取引先コード，原単価，売単価，消費期限

〔変更の概要〕の記述内容を基に定貫商品と不定貫商品との違いという観点から各属性を見てみる。

属性	定貫商品と不定貫商品との違い
商品コード	特別な説明がないため，意味に違いがない
適用開始日	同上
適用終了日	同上
商品名	同上
取引先コード	同上
原単価	定貫商品では商品ごとの単価であるが，不定貫商品では100グラム当たりの原単価になる
売単価	定貫商品では商品ごとの単価であるが，不定貫商品では100グラム当たりの売単価になる
消費期限	特別な説明がないため，意味に違いがない

したがって，上記の中で意味が異なるのは，「**原単価**」と「**売単価**」である。また，従来と異なる意味というのは，個々の商品の金額ではなく当該不定貫商品の「**100グラム当たりの金額**」である。

第2部　午後I対策

設問2

ポイント

　設問2は，〔B社の商品加工ラインでの作業の概要と変更要件〕に関する問題である。設問では，主に不定貫商品を取り扱うことによってピッキングの作業手順が変わる点を理解しているか（問題文から読み取れるか）が問われている。問題を解くに当たっては，今までの手順との違いに着目して問題文を読み進めるとよい。

解説（1）

　設問2（1）は，本文中の下線①で生じる不都合を解答する。まず，下線①の内容を確認しよう。

---

　①　従来の定貫商品と同じ店舗別ピッキングでは，A社の買掛金の処理に不都合を生じさせてしまう

　次に従来と同じピッキングとはどのような作業であるかを確認する。"ピッキング"をキーワードに問題文を探すと，〔B社の商品加工ラインでの作業の概要と変更要件〕に以下の記述を見つけることができる。

　現在，A社向けには，加工肉類などの定貫商品だけを扱っている。本部から送られてきた注文速報データを基に，値札発行機で，**商品ごとに**，当日A社から発注された数量分の枚数の値札を発行し，手作業で商品に貼付している。その後，**店舗別に**，値札が貼付された商品を，納品伝票に記載された数量分ピッキングしている。

　この記述から，従来は，商品ごとに値札を貼付し，値札を貼付された商品を店舗ごとにピッキングしていることが分かる。また，ここで貼付する値札は**図1**でも示されているとおり，定貫商品は納品する店舗にかかわらず同じ商品コードの商品の場合，同じ値札が貼付され個々の商品の区別を行わずにピッキングが行われている。このため，商品ごとに値札が異なる不定貫商品の場合，従来のやり方では，「**実際に納品された商品の価格が，納品伝票に記載された価格と不一致となる**」。これが解答である。

解説（2）

　設問2（2）は，本文中の下線②で変更したピッキング方法を解答する。設問2の解説（1）で記載したとおり，従来のピッキング方法は，個々の商品を区別せずにピッキングを行っている。不定貫商品は個々の商品をどの店舗に納品するかを確認しながらピッキングを行う必要があるた

272

め，値札が貼られた後，「**値札に印字された店舗名を見てピッキングする**」方法に変更する必要
がある。

設問3

ポイント

設問3は，問題文の〔買掛金システムに渡すデータの作成処理〕に関して，項目を追加した理
由と不定貫商品が追加された場合のデータの作成処理の変更内容を解答する問題である。定貫
商品と不定貫商品の違いを理解し，その違いによって影響を受ける処理内容を考える必要があ
る。

解説（1）

設問3（1）は，本文中の下線③で，二つの属性を追加した理由を解答する。
まず，③の記述を確認しよう。

> 今回，不定貫商品を扱うに当たって，検品業務において，不定貫商品の納品数量が異なるケー
> スを想定して，③検品差異データに，実納品原価，実納品売価の二つの属性を追加する。

この記述から，不定貫商品の納品数量が異なるケースに対応するために二つの属性を追加し
たことが分かる。つまり，実納品原価，実納品売価の属性がなかった場合に発生する問題点が
解答になると考えられる。問題文では，検品差異データという記述になっているが納品数量に
差異があった場合，この納品差異データに正しい数量がセットされ，数量を基に正しい原価，
売価を得ることができることが問題文から読み取れる。しかし，不定貫商品の場合，「**商品ごと
に原価，売価が異なり，数量だけでは算出できない**」という問題点がある。これが二つの属性
を追加した理由である。

解説（2）

設問3（2）は，**表3**の中で空欄になっている箇所（a～e）に入る字句を解答する問題である。
表3の処理内容には，**表2**の中の検品差異データに対する処理の流れは，不定貫商品の場合に
どのようになるかが記載されている。このため，まずそれぞれの処理内容で違いがある部分を
確認する。①の処理内容に違いがあることが分かる。

273

第2部 午後Ⅰ対策

表	処理内容
2	① 検品差異データの実納品数量で納品明細データの数量を書き換える。商品マスタ上の原単価，売単価に実納品数量を乗じて算出した原価，売価で納品明細データの原価，売価を書き換えるとともに，書換え前後の原価の差額，売価の差額を納品伝票データに反映する。
3	① 検品差異データの実納品数量で納品明細データの数量を書き換える。検品差異データの ［ a ］ ， ［ b ］ で ［ c ］ データの ［ d ］ ， ［ e ］ を書き換えるとともに，書換え前後の原価の差額，売価の差額を納品伝票データに反映する。

　網掛けの部分は，同じ処理内容が記載されている。**表2**の定貫商品の処理の流れは差異データの数量を基に計算を行って，納品明細データの更新を行っている。不定貫商品の場合，実納品数量を基にした計算により売価の差異で納品明細データを更新することができないため，新たに追加された二つの項目（実納品原価，実納品売価）を使用した処理の流れになる。また，cの後に"データ"という記載があるため，cは納品明細であることも予測できる。したがって，「検品差異データの ［a：実納品原価］ ， ［b：実納品売価］ で，［c：納品明細］ データの ［d：原価］ ，［e：売価］ を書き換える」という処理内容になる。

274

演習13 問合せ管理システムの導入

平成28年度 秋期 午後Ⅰ 問2（標準解答時間40分）

問 問合せ管理システムの導入に関する次の記述を読んで，**設問1～3**に答えよ。

D社は，産業用機械メーカである。全国にあるグループの販売会社数社を通じて，法人顧客に対してD社製品の販売・保守を行っている。D社グループでは，製品に関する顧客からの不具合の連絡，クレームなどを含む問合せ（以下，問合せという）をグループ全体で一元的に管理する問合せ管理システム（以下，新システムという）の導入を行うことにした。

〔新システム導入の目的〕

顧客からの問合せは，販売会社で受け付け，対応しており，受付内容及び対応内容の情報（以下，問合せ情報という）については，各販売会社で記録，管理している。しかし，現在は問合せへの対応状況が適切に管理されておらず，一部の対応が滞ることがある。また，問合せ情報をD社グループ内で共有できておらず，過去の対応内容を類似の問合せへの対応に生かすことができていない。製品製造元であるD社においても，問合せ情報が即時に販売会社から報告されていないので，問合せが急増している製品を早期に把握し，改善を図ることができていない。

そこで，D社グループ内で新システムを構築し，顧客サービスの向上と製品の品質改善につなげることにした。新システムは1年後に稼働する計画とした。

〔現在の問合せ対応業務の概要〕

現在の，各販売会社で行う問合せ対応業務の概要は，次のとおりである。

(1) 顧客は，購入したD社製品に問題が発生した場合，販売会社へ電話又は電子メール（以下，メールという）で連絡する。

(2) 連絡を受けた担当者は，顧客から問合せ内容の詳細を聞取りする。

(3) 担当者は，即時に解決可能な問合せの場合，聞取りと同時に解決に必要な対応を行う。即時に解決できない問合せの場合，一旦聞取りを終了し，販売会社内の製品技術者又はD社の製品部門に連絡して，対応策を相談する。相談した対応策に基づき，再度顧客に連絡し，解決に必要な対応を行う。

(4) 対応が完了した後，担当者は各販売会社所定の報告書を作成し，上司に報告する。報告書は，各販売会社の文書管理規程にのっとって管理する。

なお，解決困難な問合せの場合は，問合せ内容の聞取り終了から報告までに数週間掛か

第2部　午後Ⅰ対策

る場合がある。また，安全性に関わる重大な問題の場合は，品質問題報告書を作成し，聞取り終了した日の翌営業日までに，D社品質保証部門に報告している。

〔D社グループのIT戦略〕

　5年前に策定したD社グループのIT戦略では，グループ全体の経営を支える情報システムの最適化を目標として定め，社内LAN及びグループウェアを含む社内イントラネットシステムの統合を実現した。統合の際，ディレクトリサーバを用いたID管理基盤を導入し，それまで情報システムごとに個別管理していた利用者ID及びパスワードを一元管理している。また，多様な働き方に対応するために，社員に貸与するPCを利用して，自宅，外出先などから，インターネットVPN経由で社内システムへ安全にアクセスできる環境を構築した。当環境では，個人所有のPCなど，許可されていない端末からはアクセスできない対策が取られている。

　現在，新システムとは別に，D社グループ全体で基幹業務システムの再構築プロジェクトが進行しており，1年半後に新たな基幹業務システムの稼働を予定している。

　なお，D社では今年，IT戦略の見直しを行った。見直し後のIT戦略では，更なる経営効率向上を目指し，自社で構築・運用する情報システム（以下，自社運用システムという）を段階的に減らし，専門の事業者が提供するクラウドコンピューティングサービス（以下，クラウドサービスという）の活用を積極的に進めることにした。

〔販売会社からの新システムへの要望〕

　販売会社からの新システムへの要望は次のとおりである。

・問合せ対応の参考にするために，他の販売会社で受け付け，対応が完了した問合せ情報についても，製品型番，製品名，問合せ分類，フリーワード，受付年月日の期間指定などで検索することで，問合せ件名などの基本情報，受付内容及び対応内容を閲覧できるようにしてほしい。一方で，その他の情報については，必要がない限り問合せ受付元の販売会社以外には閲覧させないことを原則としてほしい。

・自社で登録した問合せ情報は，登録後も自社で修正できるようにしてほしい。一方で，自社で登録した問合せ情報を，他の販売会社が修正できないようにしてほしい。

・誤って同一の問合せを重複して登録することが想定されるので，自社で登録した問合せ情報を削除できるようにしてほしい。一方で，自社で登録した問合せ情報を，D社及び他の販売会社が削除できないようにしてほしい。

・担当者が問合せを受けた時に聞取りした相手である顧客側の担当者（以下，問合せ顧客という）の情報については，機密性が高いので，D社及び他の販売会社へ開示しないでほしい。D社が問合せ顧客の情報を必要とする場合は，担当者に連絡をもらえれば，問

合せ顧客に了解を得た上で，情報を伝えるようにする。

・新たに，利用者ID及びパスワードを覚えなくても済むようにしてほしい。

〔D社品質保証部門及び製品部門からの新システムへの要望〕

D社品質保証部門及び製品部門からの新システムへの要望は次のとおりである。

・販売会社からの要望に加えて，D社としては製品の品質改善のために，重大な問題に限らず，早期に問合せ情報を確認できるようにしてほしい。具体的には，どのような問題が発生しているのかを把握するために，問合せ件名，受付内容及び報告時点までの対応経緯だけでも直ちに確認できるようにしてほしい。問合せ内容，対応経緯などの修正が後から生じることは問題ない。

・受付内容の記入間違い時の訂正，D社が支援した内容の対応経緯への加筆などが想定されるので，販売会社が登録した受付内容及び対応内容を，販売会社が対応中でも対応が完了した後でも，D社が修正できるようにしてほしい。

・複雑な問題の場合，D社が直接顧客から問合せの詳細を聞取りしたいことがあるので，必要な情報を見られるようにしてほしい。

・製品マスタなどのマスタ情報は，基幹業務システム上で更新が発生するので，新システム上にも最新情報を反映するようにしてほしい。

〔新システムの構成〕

IT戦略に基づき，新システムは，クラウドサービスを活用して構築することを検討した。検討の中で，クラウドサービス上に構築する新システムを，社内LAN経由ではなくインターネット経由で直接利用した場合のリスクとして，外部からの不正アクセス，盗聴の他，社内システムでは認めていないシステムの利用方式で社員が新システムを利用できてしまうおそれがあるのではないかという意見が挙がった。

これらのリスクに対して，クラウドサービスと自社運用システムとの間を閉域網で接続し，インターネットから論理的に遮断して社内LAN経由でしか新システムを利用できない構成とすることによって，リスクを回避することにした。

検討した新システムの構成概要を図1に示す。

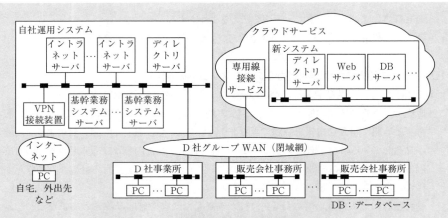

図1　新システムの構成概要

　新システムへの要望に基づき，新システムで構築するディレクトリサーバと自社運用システム上のディレクトリサーバとの連携，及び新システムで開発する業務アプリケーションプログラムと基幹業務システムの業務アプリケーションプログラムとの連携が必要になる。しかし，基幹業務システムとの連携は，基幹業務システム側での対応作業の負荷が高いことに加え，①ある理由で新システム稼働後の改修が発生する可能性が高いので，今回はディレクトリサーバの連携だけを行うことにした。基幹業務システムとの連携は新システム稼働後に改めて検討することにし，当面は人手での情報連携で運用することにした。

〔登録画面の設計〕
　新システムで管理する問合せ情報は，五つに分類し，その情報の種類ごとに画面領域を分割して問合せ情報を登録する画面（以下，登録画面という）を設計した。情報の種類ごとの主な属性を，表1に示す。

表1　情報の種類ごとの主な属性

情報の種類	主な属性
基本情報	問合せ件名，対応ステータス，問合せ分類，重要度，受付方法
受付内容	受付年月日，製品名，製品型番，製品シリアル番号，問合せ内容
対応内容	対応完了年月日，対応経緯，対応結果概要
問合せ顧客	問合せ顧客所属会社名，問合せ顧客氏名，問合せ顧客所属部署，問合せ顧客役職，問合せ顧客電話番号，問合せ顧客メールアドレス
担当者	担当者所属販売会社名，担当者氏名，担当者所属部署，担当者役職，担当者電話番号，担当者メールアドレス

基本情報の対応ステータスは，問合せへの対応状況に応じて"受付内容確認中"，"受付完了・対応中"，"対応完了"の三つのステータスの中から選択し，新システムに登録，更新することによって，問合せ対応の進捗状況を可視化できるようにした。

新システムへの要望を踏まえて，対応ステータスを"受付完了・対応中"にすることによって，D社品質保証部門及び製品部門に必要な権限を与えるようにした。また，"対応完了"にすることによって，D社品質保証部門及び製品部門に加えて，問合せ受付元以外の販売会社にも必要な権限を与えるようにした。

なお，②新システムを利用した問合せ対応業務では，即時に解決できない問合せの場合であっても，遅くとも業務上のあるタイミングまでには，問合せ情報を新システムに登録するルールとした。

〔問合せ情報に対する権限〕

問合せ受付元の販売会社が登録した問合せ情報を利用するに当たっての，利用者の所属，基本情報の対応ステータス及び情報の種類に応じた，閲覧，修正及び削除の権限を，**表2**の決定表に整理した。

表2　登録された問合せ情報を利用するに当たっての権限の決定表

利用者の所属が問合せ受付元の販売会社か	Y	N	N	N	N	N	N	N	N	N	N	N	N	N	N	N	N	N	N
利用者の所属が問合せ受付元以外の販売会社か	-	Y	Y	Y	Y	Y	Y	Y	N	N	N	N	N	N	N	N	N	N	N
利用者の所属がD社品質保証部門又は製品部門か	-	-	-	-	-	-	-	-	Y	Y	Y	Y	Y	Y	Y	Y	Y	Y	Y
対応ステータス=	-	1	2	3	3	3	3	3	1	2	2	2	2	2	3	3	3	3	3
情報の種類=	-	-	-	基本情報	受付内容	対応内容	問合せ顧客	担当者	-	基本情報	受付内容	対応内容	問合せ顧客	担当者	基本情報	受付内容	対応内容	問合せ顧客	担当者
閲覧可能		-	-															-	X
修正可能	a	-	-	b		c	d	e				f				g		-	-
削除可能		-	-															-	-

注記1　対応ステータスのコードの意味　1：受付内容確認中，2：受付完了・対応中，3：対応完了
注記2　網掛けの部分は，表示していない。

設問1 〔新システムの構成〕について，(1)～(3)に答えよ。

(1) リスクとして挙げられた，社内システムでは認めていないシステムの利用方式を，30字以内で述べよ。

(2) 新システムで構築するディレクトリサーバと自社運用システム上のディレクトリサーバを連携させることによって，新システムで何が利用できるようになるか。25字以内で述べよ。

(3) 本文中の下線①について，どのような理由で，新システム稼働後の改修が発生する可能性が高いと判断したのか。40字以内で述べよ。

設問2 〔登録画面の設計〕について，本文中の下線②の業務上のあるタイミングとは，どのようなタイミングか。25字以内で述べよ。また，そのときに，登録画面の対応ステータスで選択すべきステータスは何か。そのステータスを答えよ。

設問3 〔問合せ情報に対する権限〕について，(1)，(2)に答えよ。

(1) 表2中の a ～ g に入れる適切な字句を，解答群の中から選び，記号で答えよ。

なお， a ～ g には同じ字句が入ることもある。

解答群

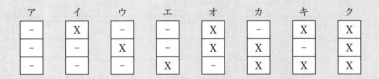

(2) D社品質保証部門及び製品部門から，問合せ情報の担当者を閲覧可能とした理由を，40字以内で述べよ。

演習13　問合せ管理システムの導入

解答と解説

平成 28 年度 秋期 午後Ⅰ 問 2

IPAによる出題趣旨・採点講評・解答例・解答の要点

出題趣旨（IPA公表資料より転載）

　情報システムの新規導入の場合には，様々な利害関係者からの要望，制約条件などを収集し，種々の要求に対して適切な解決策が求められることが多い。

　本問では，グループ会社における問合せ管理システムの導入を題材として，利害関係者から収集した要望，制約条件などを分析してシステム要件へ整理すること，グループ全体のIT戦略との適合性を見極めてシステム構成を設計することなどについて，具体的な記述を求めている。利害関係者からの要求を正しく理解し，求められている情報システムを設計する能力を問う。

採点講評（IPA公表資料より転載）

　問2では，問合せ管理システムの導入を例にとり，システム構成の設計や権限の定義について出題した。

　設問1（3）では，新システムの導入と基幹業務システムの再構築の時期が重複することによる影響を問うたが，基幹業務システムの再構築のことだけが記述されている解答が散見された。

　設問2では，D社の要望に基づく登録のタイミングを問うたが，対応策を相談するタイミングやD社品質保証部門に報告するタイミングといった誤った解答が散見された。

　設問3（1）は，全体として正答率が高かったが，eは誤った解答が多く見られた。表2に表記されている，利用者の所属がD社品質保証部門又は製品部門の場合の"担当者"の情報に対する権限と同じものを誤って選択しており，問題文をよく読めば防ぐことができた誤りだった。

　設問3（2）では，販売会社及びD社の両者の要望を踏まえた解答を期待したが，いずれか一方の要望しか記述されていない解答が多かった。

　システムアーキテクトとして，複数のステークホルダの要望を十分に理解した上で，整合性の取れた適切な情報システムの設計が行えるように心掛けてほしい。

設問			解答例・解答の要点	備考
設問1	(1)		許可されていない端末を用いた社内システムの利用	
	(2)		自社運用システムの利用者ID及びパスワード	
	(3)		新システムの構築と並行して基幹業務システムの再構築を進めているから	
設問2		タイミング	問合せ内容を聞取り終了したタイミング	
		ステータス	受付完了・対応中	
設問3	(1)	a	ク	
		b	イ	
		c	イ	
		d	ア	
		e	ア	
		f	オ	
		g	オ	
	(2)		D社が問合せ顧客に直接聞取りするために，担当者に連絡する必要があるから	

第2部　午後I対策

問題文の読み方のポイント

　本問は，新システムの導入に関する問題である。設問では，新システムの構成上の課題に関する問題と画面の設計及び権限管理に関する問題が出題されている。問題文は，新システム導入の目的から始まり，利用部門からの要望の後，新システムの構成，設計について記載されている。設問は，システムの概要以降から出題されているが，利用部門からの要望を理解した上で課題に関する問題を考えていく必要があるため，問題文を読み進めるに当たっては，利用部門からの要望とシステム構成の理解に重点を置いて問題文を理解する必要がある。

設問1

ポイント

　設問1は，〔新システムの構成〕に関する設問である。問題を解くためには，〔新システムの構成〕で記載されている内容に加え，〔D社グループのIT戦略〕の記載内容も踏まえて解答を考える必要がある。

解説(1)

　設問1 (1) は，〔新システムの構成〕でリスクとして挙げられた，社内システムでは認めていないシステムの利用方式を解答する問題である。問題文で何がリスクとして挙げられているかを確認する。

> 検討の中で，クラウドサービス上に構築する新システムを，**社内LAN経由ではなくインターネット経由で直接利用した場合**のリスクとして，外部からの不正アクセス，盗聴の他，**社内システムでは認めていないシステムの利用方式で社員が新システムを利用できてしまうおそれがある**のではないかという意見が挙がった。

　この記述からリスクとはインターネット経由での利用において，社内システム利用時に認めていない方式での社員からのアクセスであることが分かる。また，社内システムでは認められていない接続方法は，〔D社グループのIT戦略〕にこれに関する記述がある。

> 社員に貸与するPCを利用して，自宅，外出先などから，インターネットVPN経由で社内システムへ安全にアクセスできる環境を構築した。当環境では，**個人所有のPCなど，許可されていない端末からはアクセスできない**対策が取られている。

　したがって，解答は，〔D社グループのIT戦略〕に記載されている「**許可されていない端末を**

282

演習 13　問合せ管理システムの導入

用いた社内システムの利用」である。

解説（2）

設問1 (2)は，新システムで構築するディレクトリサーバと自社運用システム上のディレクトリサーバを連携させることによって，新システムで利用可能になることを解答する。解答を考えるに当たって，まず問題文の中で自社運用システムのディレクトリサーバに関する記述を探す。〔D社グループのIT戦略〕にこれに関する記述がある。

> ディレクトリサーバを用いたID管理基盤を導入し，それまで情報システムごとに個別管理していた**利用者ID及びパスワードを一元管理**している。

したがって，新システムで構築するディレクトリサーバと自社運用システム上のディレクトリサーバを連携させることによってID管理基盤が統一されるため，新システムで利用可能になることは「**自社運用システムの利用者ID及びパスワード**」である。

解説（3）

設問1 (3)は，本文中の下線①について，どのような理由で，**新システム稼働後の改修が発生する**可能性が高いと判断したのかを解答する。〔新システムの構成〕内には改修が発生する可能性に関する記述が見当たらない。このため，これより前の問題文に改修に関連する記述がないかを探す。〔D社グループのIT戦略〕に，改修に関連する以下の記述がある。

> 現在，**新システムとは別に，D社グループ全体で基幹業務システムの再構築プロジェクトが進行**しており，**1年半後**に新たな基幹業務システムの稼働を予定している。

この記述から，「**新システムの構築と並行して基幹業務システムの再構築を進めている**」ことが分かる。これが解答である。

設問2

ポイント

設問2は，〔登録画面の設計〕に関する問題である。ただし，設問は画面の設計に関する問題ではないため，問題文の他の箇所〔現在の問合せ対応業務の概要〕も考慮して解答を考えていく必要がある。

第2部

第2章

午後Ⅰ演習（情報システム）

283

第2部 午後Ⅰ対策

解説

設問2は，本文中の下線②に記載されている業務上のタイミングと，登録する際に登録画面で選択すべき対応ステータスを解答する問題である。解答を考えるに当たって，まず，本文中の下線②の記述を確認しよう。

> ② 新システムを利用した問合せ対応業務では，即時に解決できない問合せの場合であっても，遅くとも業務上のあるタイミングまでには，問合せ情報を新システムに登録するルールとした。

この記述から，**即時に解決できない問合せの場合**に必要となる業務上のルールがあることが読み取れる。これに関連する記述を問題文から探すと，以下の記述が〔現在の問合せ対応業務の概要〕に記載されている。

> 解決困難な問合せの場合は，**問合せ内容の聞取り終了から報告までに数週間掛かる場合**がある。また，安全に関わる重大な問題の場合は，品質問題報告書を作成し，**聞取り終了した日の翌営業日までに，D社品質保証部門に報告**している。

この記述から，報告まで時間が掛かる問合せ，つまり，即時に解決できない問合せがあることと，安全に関わる重大な問題の場合，D社品質保証部門に対して聞取り終了後に報告することが読み取れる。また，報告まで時間が掛かる問合せに安全に関わる重大な問題も含まれると考えられる。新システム導入後はD社品質保証部門も，新システムからリアルタイムで問合せ情報を参照できるようになるため，解答は，「**問合せ内容を聞取り終了したタイミング**」になる。

次に，問合せ情報の登録画面で設定すべき対応ステータスであるが，問題文の〔登録画面の設計〕に，以下の記述がある。

> 新システムへの要望を踏まえて，**対応ステータスを"受付完了・対応中"にすることによって，**D社品質保証部門及び製品部門に必要な権限を与えるようにした。

この記述から，設定すべきステータスは，「**受付完了・対応中**」になる。

284

演習13　問合せ管理システムの導入

設問3

ポイント

　設問3は，問題文の〔問合せ情報に対する権限〕に関して，権限の決定表を完成させる問題と，権限をそのように設定した理由を解答する問題である。権限は各利用部門からの要望を踏まえた上で設定しているため，問題文の要望に関する記述を注意深く読むことがポイントである。

解説（1）

　設問3（1）は，**表2**の決定表を完成する問題である。決定表とは，複数の条件の組合せとその結果をまとめた表のことで，デシジョンテーブルと呼ばれる場合もある。**表2**の場合，上から5行目までが条件で，"閲覧可能"，"修正可能"，"削除可能"の3行が結果の行である。

　表の意味を理解するために，空欄のない列の内容を確認する。2列目には以下の内容が記載されている。

利用者の所属が問合せ受付元の販売会社か	N	利用者の所属が問合せ受付元の販売会社ではない
利用者の所属が問合せ受付元以外の販売会社か	Y	利用者の所属が問合せ受付元以外の販売会社である
利用者の所属がD社品質保証部門又は製品部門か	—	Y，Nのいずれの場合でも結果に影響しない。
対応ステータス＝	1	受付内容確認中のステータスである。
情報の種類＝	—	いずれの種類でも結果に影響しない。
閲覧可能	—	閲覧できない
修正可能	—	修正できない
削除可能	—	削除できない

　表2の2列目は，利用者の所属が問合せ受付元以外の販売会社であり，対応ステータスが1（受付確認中）の場合，その利用者は閲覧，修正，削除が行えないことを表している。

　決定表の読み方が理解できたところで，aから順に解答を考えていく。

・空欄a

　利用者の所属が問合せ受付元の販売会社の場合，ステータスや情報の種類に関係なく，閲覧，修正，削除が行えると考えられるため，解答は**ク**である。

・空欄b〜e

　利用者の所属が問合せ受付元以外の販売会社で，対応ステータス3（対応完了）の場合の権限管理に関して，問題文〔販売会社からの新システムへの要望〕に，これに関する以下のような

285

第2部　午後Ⅰ対策

記述がある。

・問合せ対応の参考にするために，**他の販売会社で受け付け，対応が完了した問合せ情報**
　についても，製品型番，製品名，問合せ分類，フリーワード，受付年月日の期間指定など
　で検索することで，**問合せ件名などの基本情報，受付内容及び対応内容を閲覧できるよう
　にしてほしい**。一方で，**その他の情報については，必要がない限り問合せ受付元の販売会
　社以外には閲覧させない**ことを原則としてほしい。
・自社で登録した問合せ情報は，登録後も自社で修正できるようにしてほしい。一方で，**自
　社で登録した問合せ情報を，他の販売会社が修正できないようにしてほしい**。
・誤って同一の問合せを重複して登録することが想定されるので，自社で登録した問合せ情
　報を削除できるようにしてほしい。一方で，自社で登録した問合せ情報を，**D社及び他の
　販売会社が削除できないようにしてほしい**。

　これらの記述を理解した後，最後の条件である情報の種類を確認しながら解答を考えていく。
情報の種類が基本情報，対応内容の場合，閲覧可，修正不可，削除不可になると考えられるた
め，ｂとｃの解答は**イ**である。情報の種類が問合せ顧客，担当者の場合，その他の情報になるた
め，閲覧も不可である。したがって，ｄとｅの解答は**ア**である。

・空欄f，g

　利用者の所属がD社品質保証部門又は製品部門で，対応ステータスが2（受付完了・対応中）と3（対
応完了）の場合の権限管理に関しても同様に，問題文〔D社品質保証部門及び製品部門からの新
システムへの要望〕にこれに関する記述がある。

・販売会社からの要望に加えて，D社としては製品の品質改善のために，重大な問題に限らず，
　早期に問合せ情報を確認できるようにしてほしい。具体的には，どのような問題が発生
　しているのかを把握するために，**問合せ件名，受付内容及び報告時点までの対応経緯だけ
　でも直ちに確認できる**ようにしてほしい。問合せ内容，対応経緯などの修正が後から生
　じることは問題ない。
・受付内容の記入間違い時の訂正，D社が支援した内容の対応経緯への加筆などが想定さ
　れるので，販売会社が登録した**受付内容及び対応内容を，販売会社が対応中でも対応が
　完了した後でも，D社が修正できる**ようにしてほしい。

　対応ステータスが2（受付完了・対応中）で，情報の種類が対応内容の場合，閲覧可，修正可，

286

削除不可になるため，fの解答は**オ**である。対応ステータスが3（対応完了）で情報の種類が受付内容の場合も同様であり，gの解答は**オ**である。なお，削除不可にした理由は，〔販売会社からの新システムへの要望〕に「**自社で登録した問合せ情報を，D社及び他の販売会社が削除できない**ようにしてほしい」という要望が記載されているからである。

解説（2）

設問3（2）は，D社品質保証部門及び製品部門から，問合せ情報の担当者を閲覧可能にした理由を解答する問題である。これも，問題文の〔販売会社からの新システムへの要望〕に関連する記述がある。

> ・担当者が問合せを受けた時に聞取りした相手である顧客側の担当者（以下，問合せ顧客という）の情報については，機密性が高いので，D社及び他の販売会社へ開示しないでほしい。**D社が問合せ顧客の情報を必要とする場合は，担当者に連絡をもらえれば，問合せ顧客に了解を得た上で，情報を伝える**ようにする。

この記述から，問合せ顧客の情報は，販売会社の担当者経由で取得する必要があることが分かる。したがって，D社品質保証部門及び製品部門から，問合せ情報の担当者を閲覧可能にした理由は，「**D社が問合せ顧客に直接聞取りするために，担当者に連絡する必要があるから**」である。

第2部　午後Ⅰ対策

演習14　売上・回収業務のシステム改善

平成28年度 秋期 午後Ⅰ 問3（標準解答時間40分）

問　売上・回収業務のシステム改善に関する次の記述を読んで，**設問1～4**に答えよ。

E社は，関東地方を中心に建材の卸販売を行っている。現在，販売管理システムと会計システムを対象に，売上から回収までの業務及びシステムの改善を進めている。

〔現状の売上から回収までの業務と関連システムの概要〕

現状の売上から回収までの業務と関連システムの概要は，次のとおりである。関連システムは，販売管理システムと会計システムである。

(1)　売上業務

売上計上には，販売している商品の特性によって，出荷した時点で売上を計上する（以下，出荷基準という）場合と，顧客からの検収書を入手した時点で売上を計上する（以下，検収基準という）場合の2通りがある。出荷基準の場合は出荷伝票の控えから，検収基準の場合は顧客の検収書から，営業事務部門で売上伝票を起票し，販売管理システムに入力して売上を登録している。また，売上伝票の控えが経理部門に回付され，経理部門で仕訳伝票を起票し，会計システムに入力して，売上勘定と売掛金勘定に計上している。

(2)　返品業務

商品は，誤出荷や不良品出荷などによって返品されることがある。良品の返品は，倉庫在庫へ戻入れを行い，それ以外は廃棄などの処理を行う。返品の受付後，返品伝票を起票し，販売管理システムに入力することによって，必要な処理を行っている。また，返品伝票の控えが経理部門に回付され，返品に伴う修正仕訳伝票を起票し，会計システムに入力している。

なお，返品に対する再出荷は，通常の出荷と同様に処理する。

(3)　請求業務

顧客への毎月の請求は，指定請求先に対し，締日までの売上情報に基づき請求書を発行する場合と，一部の大手顧客からの支払通知書に基づき請求書を発行する場合がある。請求書は，会計システムで発行し，経理部門から顧客に送付している。

(4)　入金業務

顧客からのE社への入金は，E社指定口座への銀行振込によって行われる。また，全ての顧客の支払条件は，締日の翌月末払いとなっている。支払日が休日の場合は，その前の営業日となっている。顧客からの入金情報はファームバンキングによって入

288

手している。

(5) 売掛金管理業務

売掛金の消し込み及び残高管理は，経理部門で行っている。

〔売上から回収までの業務に関わるシステム改善要望〕

関連部門から，売上から回収までの業務に関わる，次のようなシステム改善要望が出された。

(1) 売上業務の改善

① 営業事務部門と経理部門での伝票の受渡しをできるだけ減らせるようにシステムを改善してほしい。

② 経理部門での仕訳伝票起票，入力などの事務処理工数を減らすために，販売管理システムと会計システムとの連携を強化してほしい。

(2) 返品業務の改善

① これまで返品については，返品理由が曖昧なまま安易に返品を受け付け，処理されていたケースが多かった。今後は，顧客や配送業者との確認も含めて営業事務部門，出荷部門などの関連部門で返品理由を明らかにし，自社責任による返品か否かを明確化していきたい。

② 自社責任による返品については，販売管理システムに新たに返品受付処理を設け，返品に伴う必要な処理をシステムで連携できるようにしてほしい。

(3) 請求業務の改善

① 顧客からの支払通知書は，今は郵送されてきているが，その入手方法をシステムで対応できるように改善してほしい。

② 支払通知書の内容と請求内容の照合をシステムで対応してほしい。

(4) 売掛金管理業務の改善

資金繰り強化及び売掛金の不良債権化予防の一環として，売掛金未回収のリスクを減らすための情報提供をシステムで行ってほしい。

〔改善後のシステムの内容〕

システム改善要望を踏まえ，情報システム部門で検討した改善後のシステムの内容は，次のとおりである。

(1) 売上及び返品に関する処理

出荷後の出荷伝票又は顧客検収後の検収書を販売管理システムに登録し，その実績データに基づき売上計上を行う。また，出荷実績は，販売管理システムの在庫管理に反映する。売上の情報は，会計システムに連携し，自動仕訳を行い，一般会計処理

で関連する勘定科目に計上する。それによって，売上伝票を起票して経理部門に回付することは廃止する。また，経理部門での仕訳伝票の起票とその入力も廃止する。

返品については，販売管理システムに新たに返品受付の処理を設ける。ここで受け付ける返品は，自社責任が明確になった返品だけとする。売上の修正が必要な返品は，売上ファイルにその修正を反映し，会計システムにもその修正を連携して反映する。また，良品の返品の場合は，販売管理システムの在庫管理に反映する。

売上及び返品に関する処理の改善後のシステムフローを図1に示す。

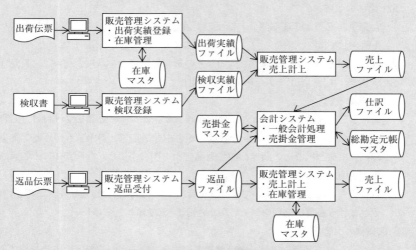

図1　売上及び返品に関する処理の改善後のシステムフロー

(2) 請求に関する処理

大手顧客からの支払通知書に基づく請求については，顧客からの支払の対象となる支払明細データを事前にEDIで入手できるように顧客と調整する。その支払明細データと売上データとの照合処理を，毎月顧客ごとの締日を基準にして実施する。照合の結果，不一致が発生した場合は，人手で顧客との確認・調整を行い，確定結果をシステムに登録し，必要な売上データの修正を行う。

請求に関する処理の改善後のシステムフローを図2に示す。

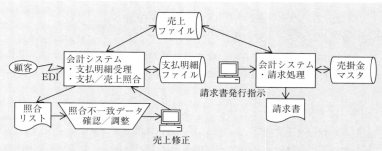

図2　請求に関する処理の改善後のシステムフロー

(3) 売掛金管理に関する処理

売掛金管理において，新規の管理帳票として売掛金年齢表を作成する。売掛金年齢表は，売掛金の回収を促進し，不良債権化を未然に防止するための情報を提供する管理表であり，現時点の売掛金残高に対する回収が，顧客の売掛金の支払条件に応じた回収になっているか，回収が遅れている場合はいつの売上分の売掛金残高が幾ら未回収となっているかが出力されている。

売掛金年齢表の帳票イメージを図3に示す。売掛金年齢表に例示している，顧客F社，G社，H社の売掛金の支払条件は，3社とも月末締め翌月末払いである。また，売掛金年齢表の作成は，月末入金による売掛金の消し込み処理の後に行うものとする。

売掛金年齢表　　　　　　　　　　　　平成28年11月1日現在
　　　　　　　　　　　　　　　　　　　（金額単位：千円）

顧客名	売掛金残高合計	月別売掛金未回収額			
		10月売上分	9月売上分	8月売上分	7月以前売上分
F社	15,000	15,000			
G社	10,000	8,000	2,000		
H社	8,000	2,000	3,000	2,000	1,000

図3　売掛金年齢表の帳票イメージ

設問1　売上に関する処理について，(1)，(2)に答えよ。

(1) 改善後のシステムで作成される出荷実績ファイルから，システムで自動的に売上ファイルに売上計上できるデータと，売上計上できないデータがある。それ

第2部　午後Ⅰ対策

はどのようなデータか。それぞれ15字以内で述べよ。

(2) 改善後のシステムでの売上ファイルから会計システムへの連携において，自動仕訳後，会計システムの一般会計処理で行われる処理について，具体的な勘定科目名を挙げて20字以内で述べよ。

設問2　返品に関する処理について，(1)，(2)に答えよ。

(1) 改善後のシステムでの返品受付で入力された返品情報に基づき，販売管理システム又は会計システムで，三つの処理が行われる。一つは売上計上済商品の売上減算処理である。他の二つについて，それぞれ20字以内で述べよ。

(2) 返品受付された返品データの中で，売上を修正する必要がないデータがある。どのようなデータか。20字以内で述べよ。

設問3　請求に関する処理の中で，顧客からの支払明細データと請求予定の売上データの照合において，照合対象となるお互いのデータが発生した期間について整合がとれている必要がある。その期間はいつからいつまでか。20字以内で述べよ。

設問4　図3中の売掛金年齢表において，F社，G社，H社の中で，売掛金の回収に問題がない顧客はどの顧客か。顧客名を答えよ。また，問題がない理由を，顧客の支払条件を含めて40字以内で述べよ。

解答と解説

演習14　売上・回収業務のシステム改善

平成28年度 秋期 午後I 問3

IPAによる出題趣旨・採点講評・解答例・解答の要点

出題趣旨（IPA公表資料より転載）

　業務の改善や変更によって，既存システムへの機能追加や機能改善が行われることが多い。システムアーキテクトには，業務の改善や変更の要件をシステム要件として定義していく能力が求められる。

　本問では，卸売業の販売管理システム及び会計システムを題材として，業務の改善や変更に対して，システムの機能要件を踏まえ，処理設計，入出力設計，システム間連携の設計などについて，具体的な記述を求めている。業務機能要件を正しく理解し，求められている情報システムを設計する能力を問う。

採点講評（IPA公表資料より転載）

　問3では，商品の出荷後の売上から回収までの業務を例にとり，業務の改善や変更の要件について出題した。

　設問1は，(1)，(2)ともに正答率は高かった。(1)は，出荷基準と検収基準での売上計上のタイミングが理解できていれば解答できたはずである。(2)では，勘定科目を二つ解答すべきところを一つだけ解答しているものが散見された。

　設問2(2)は，正答率が低かった。検収基準で出荷された商品の返品の場合，検収前はまだ売上が計上されていないので，売上修正の対象にはならない。また検収後の商品は，返品は発生しないか，発生したとしても自社責任の返品とはならず，返品受付処理の対象にはならない。このことを理解してほしかった。

　設問4は，正答率が高かった。誤った解答としては，"顧客の支払条件を含めて"と問うているにもかかわらず，支払条件を記述していないものが見られた。

　システムアーキテクトとして，業務要件の内容を十分に理解した上で，入出力設計，処理設計，システム間のデータ連携の設計などが行えるように心掛けてほしい。

設問			解答例・解答の要点	備考
設問1	(1)		売上計上できるデータ｜出荷基準の商品のデータ	
			売上計上できないデータ｜検収基準の商品のデータ	
	(2)		売上勘定と売掛金勘定への計上処理	
設問2	(1)	①	・売上計上済商品の売掛金減算処理	
		②	・良品の返品の在庫への加算処理	
	(2)		検収基準での出荷商品の返品データ	
設問3			前月締日翌日から今月締日まで	
設問4		顧客名	F社	
		理由	支払条件である月末締め翌月末払いのとおりで，支払の遅れがないから	

293

第2部　午後Ⅰ対策

問題文の読み方のポイント

　本問は，売上・回収業務のシステム改善に関する問題である。設問で，売上，返品などの業務処理の理解度が試される出題が多い問題である。問題文は，業務とシステムの概要説明，システムの改善要望の後，改善後のシステム内容の説明という三つの構成で記載されている。本問は，販売管理システムや会計システムの知識が必要な設問があるため，その分野の業務経験がない場合，選択しない方が無難である問いであるが，問いの本文を注意深く読むことによって，合格ラインの解答を導き出すことは十分可能である。

設問1

ポイント

　設問1は，売上に関する処理のうち，売上に関連するデータと勘定科目についての問題である。会計処理に関する業務知識が必要な箇所があるが，システムアーキテクトとして求められる一般的な知識の範囲で解答できる問題である。

解説（1）

　設問1 (1) は，売上に関する処理のうち，改善後のシステムで作成される**出荷実績ファイル**から，**システムで自動的に**売上ファイルに売上計上できるデータと，売上計上できないデータが，それぞれどのようなデータであるかを解答する問題である。

　図1を見ると，出荷実績ファイルと検収実績ファイルの二つのファイルから販売管理システム・売上計上処理によって，売上ファイルへ出力されている。したがって，検収実績ファイルからのデータが売上計上できないデータであると予測できる。さらに問題文を確認すると〔現状の売上から回収までの業務と関連システムの概要〕に，これに関連する以下のような記述がある。

　売上計上には，販売している商品の特性によって，出荷した時点で売上を計上する（以下，**出荷基準**という）場合と，顧客からの検収書を入手した時点で売上を計上する（以下，**検収基準**という）場合の2通りがある。

　出荷実績ファイルには出荷基準の売上データのみ存在すると考えられるため，売上計上できるデータは「**出荷基準の商品のデータ**」であり，できないデータは「**検収基準の商品のデータ**」である。

解説（2）

　設問1 (2) は，改善後のシステムでの売上ファイルから会計システムの連携において，自動仕訳後，会計システムの一般会計処理で行われる処理内容を，具体的な勘定科目名を使って説明

294

演習14　売上・回収業務のシステム改善

する問題である。売上ファイルのデータは売上に関連するデータである。したがって，売上に関連する勘定科目を使って，解答を考えていく。売上を計上する勘定科目としては，借方に売上，貸方に売掛金が使われる。この仕訳処理が，会計システムの一般会計処理で行われる内容である。つまり，「**売上勘定と売掛金勘定への計上処理**」が解答である。仕訳がどのようなことを意味するか，一般会計処理でどのようなことが行われるかといった知識が必要であるが，個々の会社ごとに基本的な仕訳に違いがないため，簿記及び一般会計処理に関する基本的な知識を得ておいてほしい。

設問2

ポイント

設問2は，返品に関する問題である。返品が発生した場合にシステムでどのような処理が行われるかと，返品に関するデータについての設問である。会計システムに関する知識と問題文から解答を考える必要がある。

解説（1）

設問2(1)は，改善後のシステムで返品情報に基づいて行われる三つの処理のうち，二つの処理を解答する問題である。三つのうちの一つは，売上計上済商品の売上減算処理であることが設問に掲載済みのため，売上減算以外の処理として，何が必要かを考えていく。まず，売上を減算処理した場合，同時に**売掛金の減算**も必要になる。これが，他の二つの処理のうちの一つである。もう一つの処理については，〔改善後のシステムの内容〕の「(1)売上及び返品に関する処理」に解答のヒントが記載されている。

> 返品については，販売管理システムに新たに返品受付の処理を設ける。ここで受け付ける返品は，自社責任が明確になった返品だけとする。売上の修正が必要な返品は，売上ファイルにその修正を反映し，会計システムにもその修正を連携して反映する。また，**良品の返品の場合は，販売管理システムの在庫管理に反映する。**

この販売管理システムの在庫管理に反映する処理，つまり「**良品の返品の在庫への加算処理**」がもう一つの処理である。

解説（2）

設問2(2)は，返品受付された返品データの中で，売上を修正する必要がないデータがどのようなデータであるかを解答する問題である。設問1で売上に出荷基準と検収基準の二つの売上があることを解答した。出荷基準の商品は商品出荷時に売上計上されるため，返品を受け付け

295

第2部　午後I対策

た場合，売上を修正する必要があるが，検収基準の商品で未検収の商品は売上計上されていないため，売上を修正する必要がない。したがって，「**検収基準での出荷商品の返品データ**」が解答である。

設問3

ポイント

設問3は，請求に関する処理についての問題である。データの照合期間に関する設問であるため，これに関する記述を理解して，解答を考えていくことがポイントである。

解説

設問3は，請求に関する処理の中で，顧客からの支払明細データと請求予定の売上データの照合において，照合対象となるお互いのデータについて，整合がとれている期間がいつからいつまでかを解答する。

請求に関する処理は，〔改善後のシステムの内容〕の(2)に記載されている。

(2) 請求に関する処理

　　大手顧客からの支払通知書に基づく請求については，顧客からの支払の対象となる支払明細データを事前にEDIで入手できるように顧客と調整する。その支払明細データと売上データとの照合処理を，**毎月顧客ごとの締日を基準にして実施**する。照合の結果，不一致が発生した場合は，人手で顧客との確認・調整を行い，確定結果をシステムに登録し，必要な売上データの修正を行う。

この記述から，照合処理は，毎月実施されることと顧客ごとの締日を基準に実施されることが分かる。したがって，整合がとれている期間は，「**前月締日翌日から今月締日まで**」であると考えられる。

設問4

ポイント

設問4は，売掛金の回収に関する問題である。問題文〔改善後のシステムの内容〕(3)の記述と図3の記載内容から解答を考えていく問題である。設問の難度は高くないが，設問の記述がやや抽象的であるので，何が解答として求められているかをしっかり理解する必要がある。

解説

設問4は，**図3**中の売掛金年齢表において，F社，G社，H社の中で，売掛金の回収に問題が

ない顧客名と，問題がない理由を解答する問題である。回収に問題がないとは，**図3**の日付（平成28年11月1日）時点で，回収が遅れていないことである。次に，各社の支払条件を「(3) 売掛金管理に関する処理」から確認する。

> 売掛金年齢表の帳票イメージを図3に示す。売掛金年齢表に例示している，顧客F社，G社，H社の売掛金の支払条件は，**3社とも月末締め翌月末払いである。**また，**売掛金年齢表の作成は，月末入金による売掛金の消し込み処理の後に行う**ものとする。

この記述から3社の支払条件が同じであること，**図3は平成28年11月1日時点**の売掛金年齢表であるため，10月末入金による売掛金の消し込み処理の後，つまり，9月末締め売上分の入金が完了した状態の表であることが分かる。これらの情報からF社，G社，H社の売掛金残高合計値が遅延していなかった場合，どのような値になるべきかを調べ，表の残高との違いによって，問題の有無を考えてみよう。

	図3の売掛金残高合計	売掛金遅延していない場合の売掛金残高合計	問題の有無
F社	15,000	15,000	11月中に支払いが完了していればよいため，問題ない
G社	10,000	8,000	**9月売上分の入金が完了していないた**め問題がある
H社	8,000	2,000	**9月，8月，7月以前売上分の入金が完了していないため**問題がある

したがって，問題がない顧客は「**F社**」であり，「**支払条件である月末締め翌日払いのとおりで，支払の遅れがないこと**」が問題がない理由である。

第2部
午後 I 対策

第3章

午後 I 演習（組込み・IoT システム）

組込みシステムは，特定用途のハードウェアとそこに組み込まれたソフトウェアによって動作するシステムである。さらに，IoT を利用したシステムは，端末機器とサーバ（ホスト）が命令やデータを通信（多くの場合，無線通信）でやり取りして，全体として協調動作する組込みシステムである。

組込み・IoT システム開発を担当するシステムアーキテクトには，システム要件に基づいて，適切な機器や通信手段を組み合わせて，機能仕様を決定してシステムを構築する能力が求められる。

組込み・IoT システム設計に関する問題では，開発済みのハードウェアと通信手段が存在することを前提として，それを制御するためのソフトウェア設計について出題される。ハードウェアや通信手段の開発や改良については問われないが，その基本的な知識は身に付けておく必要がある。

演習

アクセスキー **R**
（大文字のアール）

演習1 IoT，AIを活用した消火ロボットシステム

令和3年度 春期 午後Ⅰ 問4（標準解答時間40分）

問 IoT，AIを活用した消火ロボットシステムに関する次の記述を読んで，**設問1～3**に答えよ。

F社は，消防署・消防団などの消防活動で使用する機材・システムの開発・製造を行っている。

石油・化学プラントなどの産業施設では，消防活動における課題がある。例えば，貯蔵する物質によっては消火に泡を用いるなど，消火方法が異なる場合があるほか，高熱，爆発の危険性によって消防士が近づくことができない場合もある。そのような大規模・特殊火災に対応した機材・システムへの期待が大きい。

F社は，大規模・特殊火災に対応できるよう高い放射熱に耐え，無人で消火活動を行う消火ロボットシステム（以下，現行システムという）を実用化している。しかし，放水を行う位置（以下，放水位置という），放水した水が到達する位置（以下，注水位置という）が適切でないなどの問題があり，F社では，それらを解決するための新しいシステムの開発を進めている。

〔現行システムの概要〕

F社の現行システムは，監視・指令装置を備えた搬送指令車及び放水ロボットで構成される。放水ロボットは放水ユニットとホース敷設ユニットで構成される。現行システムは単体又は複数で運用する。

現行システムの運用例を**図1**に，現行システムの仕様・機能を**表1**に示す。

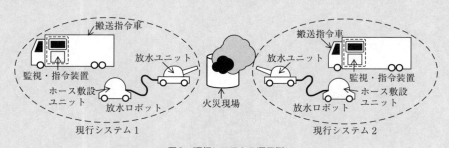

図1　現行システムの運用例

演習1　IoT，AIを活用した消火ロボットシステム

表1　現行システムの仕様・機能

項目	仕様・機能	搭載機器・センサなど
放水ロボット	・放水ユニットとホース敷設ユニットで構成される。 ・各ユニットは，モータをバッテリで駆動し，指定された位置まで4輪で自律走行する。 ・無線で監視・指令装置と通信する。 ・走行ルート上の障害物の位置を検出できる。 ・放水ユニットは，ノズル角度などを遠隔で操作できる放水ノズルを備えており，消火のために，危険物の種類に応じて水又は泡を放射する。 ・ホース敷設ユニットは，高耐熱性を備えた最大300メートルの延長用消防ホースを敷設できる。ポンプ機能を有し，水源から放水ユニットに水を送ることができる。	・高精度GPS受信機 ・回転式レーザ距離計 ・車輪回転計 ・カメラ ・熱画像撮影装置[1] ・可燃ガス検知器 ・放射熱量計 ・風向風速計 ・無線データ通信装置
搬送指令車	・監視・指令装置を搭載しており，放水ロボットを搬送して火災現場に向かう。消防士が監視・指令装置を用い，放水ロボットに必要な指令を行い，放水ノズルを遠隔で操作する場所になる。	・消防無線装置
監視・指令装置	・無線で放水ロボットと通信する。 ・放水ロボットの各ユニットへの指令送信，各ユニットからのデータ受信，監視用表示モニタへのデータ表示を行う。	・監視用表示モニタ ・指令・操作用入力装置 ・無線データ通信装置

注[1]　赤外線を検出して温度分布を画像化する特殊なカメラ

　放水ロボットは，耐熱性能に優れており，消防士だけでの消火活動よりも高い放射熱の環境下で活動できる。放水を開始するまでの手順を次に示す。

① 搬送指令車が火災現場に到着後，消防士は，放水ロボットを搬送指令車から降ろす。消防士は，放水ロボットに放水位置を指令し，自律走行を開始させる。

② 放水ユニットは障害物を避けながら放水位置まで走行する。ホース敷設ユニットは放水ユニットに追従して走行する。

③ 放水ロボットが放水位置に到着後，消防士は消火栓などの水源の位置をホース敷設ユニットに指令する。ホース敷設ユニットは，延長用消防ホースを敷設しながら水源まで自律走行する。

④ 消防士は，ホース敷設ユニットと水源を接続した後，搬送指令車から放水ユニットの放水ノズルを遠隔で操作し，放水した水が目標とする位置(以下，注水目標という)に到達するように放水ノズルの方位・仰角を設定し，放水を開始する。放水中，消防士は，注水位置が適切になるように放水ノズルを操作する。

第2部　午後Ⅰ対策

〔現行システムの問題点〕
　現行システムの問題点を次に示す。
・消防士が搬送指令車に搭乗し，監視しながら放水ロボットへの指令と操作を行う。複数の現行システムを運用する場合，全体を指揮する消防士は放水ロボットを操作する消防士に放水位置などを指示するが，"迅速性に欠ける"，"放水位置が適切でない"という問題がある。
・自律走行している放水ロボットの走行ルート上に障害物がある場合，障害物を回避する走行ルートを放水ロボット自体で探索する必要がある。
・消防士は放水ノズルを遠隔で操作しているが，上空の風向及び風速が地表と異なり，注水位置と注水目標がずれる場合がある。また，地上から観測できない場所に対して注水目標を適切に設定できない。

〔新たなシステムにおける取組方針と開発目標〕
　F社では，現行システムの問題を解決するために，新たな消火ロボットシステム（以下，NFRシステムという）を開発することになり，システムアーキテクトであるG氏が開発目標をまとめた。NFRシステムについてのF社の取組方針とG氏が設定した開発目標は，次のとおりである。
(1)　火災現場全体の状況把握，放水位置・注水目標の設定，放水ロボットの走行ルートの探索などに必要なデータの取得を迅速かつ確実に行えるようにする。
　　　このために，耐熱性を備え，火災現場の上空を無人で自律飛行できる監視ロボット（以下，飛行型監視ロボットという）を開発する。
(2)　飛行型監視ロボットが取得したデータなどを用い，放水位置，注水目標及び放水ロボットの走行ルートを，消防士が介在せずに放水ロボットに指令できるようにする。さらに，火災現場で稼働中の全てのロボットに対して，搬送指令車1台だけで監視・指令が行えるようにする。
　　　このために，稼働中の全てのロボットと無線で通信し，各ロボットからのデータを収集，処理し，監視用表示モニタに表示するとともに，各ロボットに指令を送信できる新たな監視・指令装置（以下，NSC装置という）を開発する。
(3)　複数の放水ロボットが連携して消火活動を行えるようにする。
　　　複数の放水ロボットを同時に運用する場合，NSC装置からの指令によって，全ての放水ロボットが連携して消火活動を行えるようにする。
(4)　効果的な消火活動を目指す。
　　　飛行型監視ロボットが取得したデータと，消防本部のサーバが保有する消火対象施設の情報とをAI技術で処理することによって，火災の状況を分析し，適切な放水位置，

注水目標を各放水ロボットに指令する。また，飛行型監視ロボットが取得したデータを活用し，注水位置と注水目標のずれを補正して，効果的な消火活動が行えるようにする。
(5) 最適な放水制御の実現と故障の予兆診断による稼働率の改善を目指す。
　　各ロボットの稼働中のデータを収集，蓄積し，AI技術を用いて，放水制御の最適化及び稼働率の改善を図るようにする。

〔NFRシステムの概要〕
　G氏は，設定した開発目標について検討し，NFRシステムの概要をまとめた。NFRシステムの運用例を**図2**に，NFRシステムの仕様・機能を**表2**に示す。

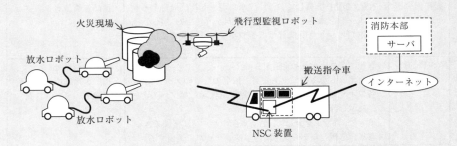

図2　NFRシステムの運用例

第2部　午後Ⅰ対策

表2　NFRシステムの仕様・機能

項目	仕様・機能	搭載機器・センサなど
放水ロボット	・現行システムの仕様・機能は維持する。 ・NSC装置からの指令によって制御される。	・現行システムに準じる。
飛行型監視ロボット	・6個のロータをバッテリで駆動し，飛行する。自律飛行又は遠隔操縦飛行ができる。 ・飛行時間は1飛行当たり最大30分である。 ・自律飛行機能には，指定された位置までの飛行，火災現場全体の状況を把握するための周回飛行，特定箇所を監視し続けるための継続監視飛行がある。 ・無線でNSC装置と通信する。 ・監視範囲の構造物・障害物の位置を検出できる。	・高精度GPS受信機 ・移動速度・方位計測センサ ・カメラ ・熱画像撮影装置 ・可燃ガス検知器 ・放射熱量計 ・風向風速計 ・無線データ通信装置
搬送指令車	・NSC装置を搭載しており，放水ロボット及び飛行型監視ロボットを搬送して火災現場に向かう。NSC装置から，放水ロボット及び飛行型監視ロボットに指令する場所になる。	・消防無線装置
NSC装置	・無線で各ロボットと通信する。 ・各ロボットからのデータ受信，指令のためのデータ処理，各ロボットへの指令の送信，監視用表示モニタへのデータ表示を行う。 ・インターネットを介して，消防本部のサーバに接続できる。 ・収集，処理したデータを消防本部のサーバに送信する。	・監視用表示モニタ ・指令・操縦用入力装置 ・無線データ通信装置 ・インターネット接続装置

注記　複数のロボットを同時に運用する場合，搬送指令車で搬送するロボット以外は，搬送専用車両で搬送する。

　G氏は，NFRシステムによる消火活動の手順，各ロボットの運用などを次のようにまとめた。

① 搬送指令車が火災現場に到着後，すぐに，消防本部のサーバが保有する情報をNSC装置にダウンロードするとともに，飛行型監視ロボットを飛行させて監視データを取得させる。NSC装置は，その監視データを受信し，データ処理を行い，適切な，放水位置，注水目標，水源などを決定し，放水ロボットに指令を送信する。

　　なお，飛行型監視ロボットは，複数機を順次運用する。ただし，火災現場では，複数機を同時に飛行させる監視は行わない。

② NSC装置は，飛行型監視ロボットが取得した障害物の位置情報を基に，放水位置までの走行ルートを決定し，放水ロボットに送信する。

③ 放水ロボットは，放水位置に向けて走行を開始する。

④ 放水ロボットが放水位置に到着後，NSC装置は水源までの走行ルートを決定し，ホース敷設ユニットに指令する。ホース敷設ユニットは，延長用消防ホースを敷設しながら水源まで自律走行する。ホース敷設ユニットと水源が接続されると，NSC装置は，

演習1　IoT，AIを活用した消火ロボットシステム

注水目標への放水の開始を放水ユニットに指令する。

⑤　NSC装置は，飛行型監視ロボットのカメラで撮影された映像を処理し，上空の風向及び風速，注水目標とその周辺の温度変化などを基に，注水位置と注水目標のずれを補正すべきか，又は注水目標を変更すべきかを判断し，放水している放水ロボットの放水ノズルの方位・仰角を調整する。

⑥　放水ロボットが放水している間，NSC装置は　　a　　及び放水ロボットに指令を送信し，⑤の制御を繰り返す。複数の放水ロボットを運用する場合は，①〜⑤の指令・制御を各ロボットに順次行う。NSC装置は，これらの指令のデータと処理に用いたデータとをリンクさせ，消防本部のサーバに送信して蓄積する。

〔消防本部のサーバに蓄積されたデータの活用〕
消防本部のサーバに蓄積されたデータの活用方法を次に示す。
・大規模・特殊火災のリスクがある施設及びその周辺の情報を平時からサーバに収集しておき，火災発生時に活用できるようにする。NSC装置は，サーバにある消火対象施設の構造図を用いて，適切な　　b　　を設定できる。
・サーバに蓄積されたデータをAI技術で処理し，NSC装置及び放水ロボットの制御の迅速化，最適化を図るとともに，稼働管理の自動化，高度化を進める。

設問1　消火ロボットシステムについて，(1) 〜 (3)に答えよ。
(1)　本文中の　　a　　，　　b　　に入れる適切な字句を答えよ。
(2)　複数の放水ロボットの運用について，現行システムと比較してNFRシステムで大きく変わり，改善できることは何か。35字以内で一つ述べよ。
(3)　消防本部のサーバが保有する消火対象施設の情報として，構造図，危険物の種類と量などがある。これらの情報を活用する目的は何か。15字以内で答えよ。

設問2　飛行型監視ロボットについて，(1) 〜 (3)に答えよ。
(1)　NSC装置は，消防本部のサーバが保有する消火対象施設の情報を用いて，障害物を回避させながら飛行型監視ロボットを飛行させている。このとき，飛行ルートの安全性を確保するために，更に必要となる情報は何か。25字以内で具体的に述べよ。
(2)　消防本部のサーバが保有する情報と飛行型監視ロボットが取得したデータとをAI技術で処理することで期待できることは何か。30字以内で述べよ。
(3)　自律飛行による監視を継続しているとき，火災状況の変化を見落とさないようにするには，どのように飛行させるべきか。30字以内で述べよ。

第2部

第3章　午後Ⅰ演習（組込み・IoTシステム）

305

第2部　午後 I 対策

設問3 NSC装置の利用について，(1)，(2)に答えよ。

(1) 各ロボットのセンサから得られたデータと指令のためのデータを消防本部の
サーバに蓄積している。サーバに蓄積されたデータを処理するとき，センサか
ら得られたデータと指令のためのデータを対応させるために必要な情報は何
か。二つ答えよ。

(2) 複数の放水ロボットを運用する場合，各放水ロボットの放水位置を定め，それ
ぞれの水源を決定する。このとき，どのようなことを考慮しなければならないか。
40字以内で述べよ。

演習1　IoT，AIを活用した消火ロボットシステム

解答と解説

令和3年度 春期 午後Ⅰ 問4

IPAによる出題趣旨・採点講評・解答例・解答の要点

出題趣旨（IPA公表資料より転載）

近年，火災現場における消火活動の最適化，及び危険性除去などを目的として，IoT，AI技術を用いた，消防用システムの無人化への取組が進められている。

本問では，石油・化学プラントなどの大規模な火災に対応する消火放水システムを題材として，現行システムの問題点を解決するための，新たなシステムアーキテクチャの決定，機能仕様の策定などについて，システムアーキテクトに求められる能力を問う。

採点講評（IPA公表資料より転載）

問4では，消防活動で用いられる，IoT，AIを活用した消火ロボットシステムを題材に，システムアーキテクチャの決定，機能仕様の策定について出題した。全体として，正答率は平均的であった。システムの機能はよく把握されていることがうかがえた。

設問1（2）は，正答率は平均的であったが，放水制御の自動化について記述した解答が見受けられた。複数の放水ロボットの運用について改善できる点について問うていることを認識してほしい。

設問2（3）は，正答率はやや低かった。"周回飛行へ切り替える"とだけ記述した解答が見受けられた。周回飛行による火災状況の変化の検出だけを行うのではなく，継続監視飛行も続ける必要があることを考慮し，継続監視飛行と周回飛行の組合せによる監視が効果的であることに気付いてほしい。

設問3（2）は，正答率はやや高かったが，消防ホースの長さについてだけ記述した解答が見受けられた。複数の放水ロボットが協調して消火活動を行う場合に，各放水ロボットの走行，水源の確保において相互に支障がないように運用する必要があることを理解してほしい。

設問			解答例・解答の要点	備考
設問1	(1)	a	飛行型監視ロボット	
		b	放水位置　又は　注水目標	
	(2)		1台の搬送指令車で複数のロボットを操作できるようになること	
	(3)		消火方法を決定するため	
設問2	(1)		消火対象施設周辺の飛行可能な場所の情報	
	(2)		適切な放水位置，注水目標による効果的な消火活動	
	(3)		継続監視飛行だけでなく，周回飛行も併せて行う。	
設問3	(1)	①	時刻情報	
		②	位置情報	
	(2)		ホースの敷設ルートの長さ，及び各ロボットの走行に支障がないこと	

307

第2部　午後Ⅰ対策

問題文の読み方のポイント

　本問は，消火ロボットシステムに関する問題である。限られた人しか知らないと思われるシステムであり，要件や機能を丁寧に読んで理解する必要がある。IoT，AIを活用したとあるが，一般的な通信やデータ自動処理であって，難しく考える必要はない。

設問1

ポイント

　(1)は，本文中のNSC装置の機能を基に解答する。(2)は，現行システムの問題点を把握し，NFRシステムで解決を図っていることを確認して解答する。(3)は，システムが対象とする消防活動を踏まえて解答する。いずれも解答のポイントを見つけることは難しくない。

解説(1)

・空欄a

　表2には，次のようにある。

項目	仕様・機能
搬送指令車	・（　～略～　）NSC装置から，放水ロボット及び飛行型監視ロボットに指令する場所になる。
NSC装置	・無線で各ロボットと通信する。 ・各ロボットからのデータ受信，指令のためのデータ処理，各ロボットへの指令の送信，監視用表示モニタへのデータ表示を行う。

　〔NFRシステムの概要〕には，次のようにある。

　　⑤　NSC装置は，飛行型監視ロボットのカメラで撮影された映像を処理し，（　～略～　）放水している放水ロボットの放水ノズルの方位・仰角を調整する。

　　⑥　放水ロボットが放水している間，NSC装置は　　　a　　　及び放水ロボットに指令を送信し，⑤の制御を繰り返す。

　よって解答は，「**飛行型監視ロボット**」となる。

・空欄b

　〔新たなシステムにおける取組方針と開発目標〕には，次のようにある。

308

演習1　IoT，AIを活用した消火ロボットシステム

(4) 効果的な消火活動を目指す。

　　飛行型監視ロボットが取得したデータと，消防本部のサーバが保有する消火対象施設の情報とをAI技術で処理することによって，火災の状況を分析し，適切な放水位置，注水目標を各放水ロボットに指令する。

よって解答は，「**放水位置**」又は「**注水目標**」となる。

解説(2)

〔現行システムの問題点〕には，次のようにある。

・(　～略～　)複数の現行システムを運用する場合，全体を指揮する消防士は放水ロボットを操作する消防士に放水位置などを指示するが，"迅速性に欠ける"，"放水位置が適切でない"という問題がある。

〔新たなシステムにおける取組方針と開発目標〕には，次のようにある。

(2) 飛行型監視ロボットが取得したデータなどを用い，放水位置，注水目標及び放水ロボットの走行ルートを，消防士が介在せずに放水ロボットに指令できるようにする。さらに，火災現場で稼働中の全てのロボットに対して，搬送指令車1台だけで監視・指令が行えるようにする。(　～略～　)

(3) 複数の放水ロボットが連携して消火活動を行えるようにする。

　　複数の放水ロボットを同時に運用する場合，NSC装置からの指令によって，全ての放水ロボットが連携して消火活動を行えるようにする。

　全体の指揮を現行システムでは消防士が行っている。NFRシステムでは，1台の搬送指令車に搭載したNSC装置からの指令でロボットの操作を行えるように改善して，問題点の解決を図る。よって解答は，「**1台の搬送指令車で複数のロボットを操作できるようになること**」となる。

309

第2部　午後Ⅰ対策

解説（3）

本文冒頭には，次のようにある。

> 石油・化学プラントなどの産業施設では，消防活動における課題がある。例えば，貯蔵する物質によっては消火に泡を用いるなど，消火方法が異なる場合があるほか，高熱，爆発の危険性によって消防士が近づくことができない場合もある。

適切な消火方法を決めるには，消火対象施設のどこに何があるか把握しておく必要がある。よって解答は，「**消火方法を決定するため**」となる。

設問2

ポイント

（1）は，消火活動における安全性が意味することを考えて解答を導く。（2）は，設問にAI技術と明記されているので，本文から該当箇所を探して解答する。（3）は，どのような自律飛行機能があるか本文から読み取って，設問に当てはめて解答する。

解説（1）

〔NFRシステムの概要〕には，次のようにある。

> ⑤　NSC装置は，飛行型監視ロボットのカメラで撮影された映像を処理し，上空の風向及び風速，注水目標とその周辺の温度変化などを基に，注水位置と注水目標のずれを補正すべきか，又は注水目標を変更すべきかを判断し，放水している放水ロボットの放水ノズルの方位・仰角を調整する。

飛行型監視ロボットが風で高温の場所に流されると，故障や墜落のおそれがあるので，そうならないよう安全に飛行可能な場所を把握する必要がある。よって解答は，「**消火対象施設周辺の飛行可能な場所の情報**」となる。

310

演習1　IoT，AIを活用した消火ロボットシステム

解説（2）

〔新たなシステムにおける取組方針と開発目標〕には，次のようにある。

---

(4) 効果的な消火活動を目指す。

　　飛行型監視ロボットが取得したデータと，消防本部のサーバが保有する消火対象施設の情報とをAI技術で処理することによって，火災の状況を分析し，適切な放水位置，注水目標を各放水ロボットに指令する。

よって解答は，「**適切な放水位置，注水目標による効果的な消火活動**」となる。

解説（3）

表2には，次のようにある。

項目	仕様・機能
飛行型監視ロボット	・自律飛行機能には，指定された位置までの飛行，火災現場全体の状況を把握するための周回飛行，特定箇所を監視し続けるための継続監視飛行がある。

　監視を継続しているときは継続監視飛行を行っているが，火災状況の変化を見落とさないために，周回飛行を行って火災現場全体の状況を把握すればよい。よって解答は，「**継続監視飛行だけでなく，周回飛行も併せて行う。**」となる。

設問3

ポイント

　(1)，(2)とも解答に直接結びつく記載がないので，一般的知識も用いて推測する必要がある。

解説（1）

　センサのデータをサーバで処理して指令のデータを決定するので，センサのデータ取得日時と指令データの送信日時を対応させるには，時刻情報が必要となる。

　また，放水ロボットは移動するので，カメラ画像が撮られた場所，風向及び風速が得られた場所などの情報が必要である。放水ロボットは高精度GPS受信機を搭載しているので，位置情報を取得できる。

　よって解答は，「**時刻情報**」と「**位置情報**」となる。

311

第2部　午後Ⅰ対策

解説（2）

表1には，次のようにある。

項目	仕様・機能
放水ロボット	・走行ルート上の障害物の位置を検出できる。 ・ホース敷設ユニットは，高耐熱性を備えた最大300メートルの延長用消防ホースを敷設できる。ポンプ機能を有し，水源から放水ユニットに水を送ることができる。

〔NFRシステムの概要〕には，次のようにある。

> ① （　～略～　）NSC装置は，その監視データを受信し，データ処理を行い，適切な，放水位置，注水目標，水源などを決定し，放水ロボットに指令を送信する。

延長用消防ホースの長さは最大300メートルなので，水源から放水ロボットまでのホースの敷設ルートの長さを考慮する必要がある。また，複数の放水ロボットのホースが絡まったり，障害物に進路を塞がれたりして，走行に支障を来すことがないよう考慮する必要がある。

よって解答は，「**ホースの敷設ルートの長さ，及び各ロボットの走行に支障がないこと**」となる。

演習2　IoT，AIを活用する自動倉庫システムの開発

演習2 IoT, AI を活用する自動倉庫システムの開発

令和元年度 秋期 午後Ⅰ 問4（標準解答時間40分）

> **問** IoT，AIを活用する自動倉庫システムの開発に関する次の記述を読んで，**設問1～3**に答えよ。

F社は，自動倉庫システムのメーカである。

電子商取引（以下，ECという）の増大に伴い，EC運営業者は，受注した商品を早く確実に低コストで顧客に届けることができるように，新たな自動倉庫システムの導入を進めている。F社は，この要求に応えるために，EC用途向けの自動倉庫システムも開発・販売を行っている。

従来の自動倉庫システムでは，商品を出荷するために，取り扱う商品が格納されたコンテナから，商品を選択して取り出す作業（以下，ピッキングという）を人手で行っていた。現在，ピッキングの無人化を目指す取組が行われている。しかし，ピッキングの無人化が多様な形状の商品に十分に対応できるまでには至らず，限定された形状の商品に対応するシステムにとどまっている。

その結果，取り扱う商品の種類・数量が多ければピッキングに人手と時間を要することになり，EC運営業者には要員の確保及び倉庫内での作業への配慮が求められている。

また，F社の顧客から，"冷凍倉庫内という厳しい環境での作業を無人化してほしい"との要望があったので，F社は，冷凍倉庫向けのピッキングの無人化を実現する自動倉庫システムの開発を進めることにした。

〔従来の自動倉庫システムの概要〕

F社が既に製品化しているEC用途向けの従来の自動倉庫システムの構成を**表1**に，例を**図1**に示す。

表1　従来の自動倉庫システムの構成

項目	内容
コンテナ	・ラックに収納されており，入荷した商品を保管する。
ラック	・コンテナを5個まで収納できるように，棚板で5段に間仕切りされている。 ・配置エリアに置かれ，搬送ロボットによってピッキング場所へ運ばれる。
搬送ロボット	・無線LANアクセスポイント(以下，APという)経由で管理・制御部からの指示を受け，床に貼られたマーカを読み取りながら移動する。指定されたラックの下に入り，ラックを持ち上げて運ぶことができる。
作業指示モニタ	・ピッキングを行う商品の品名，個数，形状，及びラックに収納されているコンテナの位置情報を表示する。
管理・制御部	・商品の入出庫管理，在庫管理，保管位置の決定，搬送ロボットへの指示，作業指示モニタへの表示などを行う。
上位システム	・受注，発注などを行うシステムである。入荷予定，出荷予定などの情報を管理・制御部に伝える。

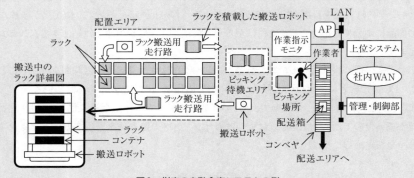

図1　従来の自動倉庫システムの例

　従来の自動倉庫システムでは，定型のコンテナに保管できるサイズの商品を対象とし，ピッキングのために作業者が倉庫内の配置エリアを歩き回る必要がない。
　従来の自動倉庫システムを用いたピッキングは，次のように行われる。
・搬送ロボットは，管理・制御部からの指示によって，商品が保管されているラックをピッキング場所まで搬送する。
・ラックを積載した搬送ロボットがピッキング場所に到着すると，作業者が作業指示モニタを見ながらラック内の商品を確認してピッキングを行い，配送用の配送箱に詰め，コンベヤに載せて配送エリアへ送る。
・ピッキング後のラックは，配置エリアへ戻るか，ピッキング待機エリアへ移動して次のピッキングを待つ。

演習2　IoT，AIを活用する自動倉庫システムの開発

〔冷凍倉庫の無人化に向けての問題点とその解決方針〕

　従来の自動倉庫システムを使用した冷凍倉庫内での問題点は，次のとおりである。

・作業者が倉庫内を歩き回る必要がないものの，冷凍倉庫内のように環境が厳しい場所で
　は作業者の負担が大きく，短時間で交代しながらの作業が必要となる。

・同一の配送先に向けて多品種の商品のピッキングを行う場合は，多数のラックを待機させ
　て，ピッキング待機エリアが広くなってしまう。

　F社では，これらの問題を解決するために，搬送ロボットに替えて，個別商品の補充及びピッ
キングが可能なロボット（以下，Hロボットという）を導入して，新しい自動倉庫システム（以
下，NWHシステムという）を開発することとなり，その取組方針を次のとおりまとめた。

・冷凍倉庫の特殊な温湿度環境下でも稼働できるHロボットを開発する。取り扱う商品を
　箱詰めされた冷凍商品に限定することによって，ピッキングを確実に行う。

・ラックを固定する。Hロボットが移動して個別商品の補充及びピッキングを行う。

・商品の先入れ先出しを確実に守る。

・Hロボットの割当て，ピッキングのスケジューリングなどを効率よくできるようにする。

〔NWHシステムの概要〕

　F社のシステムアーキテクトであるG氏は，NWHシステムの開発を担当することになった。
G氏は，NWHシステムの開発項目を次のように設定した。

(1)　倉庫内の配置の見直し

　　　従来のラックに替えて，傾斜した棚板にローラが付いたフローラックを使用し，固
　　定して設置する。コンテナは用いない。Hロボットは，個別商品の補充及びピッキン
　　グをそれぞれ異なる走行路で行う。そのために，フローラックを挟んで，商品補充用
　　走行路とピッキング用走行路を設ける。全ての走行路には，各フローラックに対応し
　　た停止位置及び分岐位置にマーカを設け，Hロボットはマーカを読み取りながら走行・
　　停止を行う。

(2)　Hロボットの開発

　　　Hロボットはカートをけん引しながら，冷凍商品の補充及びピッキングを行う。H
　　ロボットは，空配送箱受取場所で配送箱をカートに搭載してピッキング用走行路に進
　　み，ピッキングを行う商品があるフローラックの位置ごとに走行を停止し，ピッキン
　　グを行って直接配送箱に収納する。ピッキング後，コンベヤに進み，カートから配送
　　箱を持ち上げてコンベヤへ移す。

(3)　管理・制御部の変更

　　　Hロボットへの指示などを行う。Hロボットの位置を把握し，Hロボット同士の衝

第2部

第3章　午後Ⅰ演習（組込み・IoTシステム）

315

突を避けるために，一時停止とその解除を指示する。

(4) 稼働管理

　　Hロボットの充電，故障などの稼働停止時間を考慮して，Hロボットの適切な台数の決定，メンテナンスの実施時期の決定などを行う。また，全体としてピッキングの失敗率を下げるように管理する。

　NWHシステム概要を図2に示す。

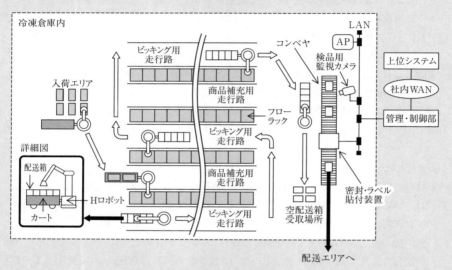

図2　NWHシステムの概要

〔開発項目の検討結果〕

　G氏は，各開発項目について検討し，NWHシステムの仕様・機能を表2のようにまとめた。

演習2　IoT，AIを活用する自動倉庫システムの開発

表2　NWHシステムの仕様・機能

項目	仕様・機能
フローラック	・固定して設置する。ローラの付いた棚板で段を設け，商品の収納ロケーションとする。商品の収納ロケーションごとに異なる商品を収納できる。 ・商品の補充とピッキングとを異なる側から行い，棚板に傾斜を設けることによって，商品の補充側からピッキング側へ商品が自動的に移動する。
Hロボット	・充電可能なバッテリを搭載する。走行路に貼られたマーカを読み取りながら走行し，商品を載せたカートをけん引する。 ・フローラックへの個別商品の補充，又はフローラックからの個別商品のピッキングを行う。ピッキングを行った商品は重ならないように配送箱へ収納する。 ・ピッキングの場合，1回の走行で最大5件の配送先に対応できる。 ・配送箱を持ち上げ，配送箱を移動できる。 ・ピッキングの状況を動画で撮影する。 ・AP経由で管理・制御部と通信し，作業の対象となる商品の個数及び収納ロケーション，作業開始，衝突回避のための一時停止などの指示を受信し，読み取ったマーカの情報，作業結果，動画，バッテリ残量などのデータを送信する。
検品用監視カメラ	・Hロボットからコンベヤへ移された配送箱内の商品の品名，個数，異常の有無，配送箱からのはみ出しの確認を行い，映像を記録する。
密封・ラベル貼付装置	・配送箱に蓋をし，出荷ラベルに宛先，配送箱の品名などを印刷して配送箱に貼り付ける。
管理・制御部	・商品の入出庫管理，在庫管理，商品の収納ロケーションの決定などを行う。 ・作業の対象となる商品の個数及び収納ロケーション，作業開始，衝突回避のための一時停止などの指示をHロボットに行う。 ・Hロボットへのバッテリ充電開始の指示を行う。

(1)　倉庫内の配置の見直し

　　フローラックを用いて，先に入庫した商品から出庫されるようにする。

　　ピッキング用走行路は，複数のHロボットが同一の走行路をスムーズに走行できるよう，走行路ごとに一方通行とする。さらに，1本ごとに走行方向が互い違いになるようにし，Hロボットが周回できるようにする。

(2)　Hロボットの開発

　　Hロボット及びカートを開発する。Hロボットはカートをけん引して冷凍商品の補充及びピッキングを行う。

　　1回の走行で最大5件の配送先の商品のピッキングを行い，各配送先に対応する配送箱に間違いなく収納するために，配送箱には識別用バーコードを個別に貼り付けておく。Hロボットは，配送箱1箱をカートに移すたびに識別用バーコードを読み取り，

第2部　午後 I 対策

あらかじめ管理・制御部から受信している配送先の情報の一つとリンクさせ，そのリンク情報を管理・制御部に送信する。

(3)　管理・制御部の変更

　　作業の対象となる商品などを決定し，AP経由でHロボットに指示する。IoTを活用してHロボットの稼働状況を常時把握する。ピッキングについては，複数の配送先の適切な割り付けをする。Hロボットの走行距離が短くなるように，ピッキングの順番を最適化する。また，商品配置の見直しを定期的に行う。

(4)　稼働管理

　　Hロボットの適切な稼働管理を行うために，管理・制御部は，Hロボットのバッテリ残量を監視し，適切なタイミングでバッテリ充電開始の指示を行う。充電は1台ずつ行う。

　　Hロボットによるピッキングの失敗率が低くなるように，AIによる画像認識を利用して改善させる。そのため，個々の商品をつかんだり持ち上げたりするのに要した時間，失敗した回数などを測定するのと同時に，　　 a 　　し，それらのデータを管理・制御部で収集・蓄積する。

　　検品用監視カメラによる出荷チェックを行い，商品の間違い，異常，　 b 　を検出する。また，その映像を記録し，今後の対策に用いる。

設問1　NWHシステムの特徴について，(1)，(2)に答えよ。

　(1)　Hロボットが扱う商品を，箱詰めされた冷凍商品に限定することにした。その理由を，20字以内で述べよ。

　(2)　商品の先入れ先出しを守るために行ったことは何か。25字以内で述べよ。

設問2　倉庫内の配置の見直し及びHロボットの開発について，(1)，(2)に答えよ。

　(1)　Hロボットは，商品の補充又はピッキングを行う場合，マーカで停止位置を判断する。この判断において，Hロボットはあらかじめどのような情報をもつ必要があるか。20字以内で述べよ。

　(2)　Hロボットが個別商品のピッキングを行い，適正な配送箱へ収納するために，管理・制御部からあらかじめ受信すべき情報は何か。15字以内で述べよ。

設問3　管理・制御部の変更及び稼働管理について，(1)～(4)に答えよ。

　(1)　本文中の　　 a 　　，　　 b 　　に入れる適切な字句を答えよ。

　(2)　Hロボットのバッテリへの充電タイミングをHロボット自身が判断するのではなく，管理・制御部が指示するようにしている。その目的を，30字以内で述べよ。

演習2　IoT，AIを活用する自動倉庫システムの開発

(3) 管理・制御部は，全てのHロボットの走行を監視し，特定のHロボットに一時
停止などを指示する場合がある。管理・制御部は，Hロボットのどのような情
報を監視しているのか。15字以内で答えよ。

(4) 各Hロボットがピッキングを行うときに得たデータを，管理・制御部で収集・
蓄積してAIで処理する目的として考えられることは何か。40字以内で述べよ。

第2部　午後Ⅰ対策

解答と解説

令和元年度 秋期 午後Ⅰ 問4

IPAによる出題趣旨・採点講評・解答例・解答の要点

出題趣旨（IPA公表資料より転載）

　近年の自動倉庫システムでは，IoT，AI技術を用いて，入出庫時の処理高速化だけでなく，できる限り無人化を進める開発が求められている。

　本問では，IoT，AIを活用する自動倉庫システムを題材として，従来のシステムから変化するシステムアーキテクチャの決定，機能仕様の策定などについて，システムアーキテクトに求められる能力を問う。

採点講評（IPA公表資料より転載）

　問4では，IoT，AIを活用する自動倉庫システムを例にとり，システムアーキテクチャの決定，機能仕様の策定について出題した。

　設問2（1）は，Hロボットの停止位置を示すマーカと商品の収納場所であるフローラックのどちらか一方だけを解答した受験者が多かった。個々の情報とともに，それらの対応関係が必要となるケースに着目して解答してほしかった。

　設問3（4）は，正答率が高かったが，"問題点を見つける"とだけを解答した受験者が見受けられた。ピッキングを行うときに得たデータは，問題点を改善するために利用されていることに気付いてほしかった。映像も含めた各種データを収集・蓄積してAIで処理することの意味を考えてほしい。

　システムアーキテクトとして，システム要件をよく理解して，機能仕様を策定するように心掛けてほしい。

設問		解答例・解答の要点	備考
設問1	(1)	ピッキングを確実にしたいから	
	(2)	商品の収納にフローラックを用いたこと	
設問2	(1)	マーカとフローラックを対応させた情報	
	(2)	配送先ごとの個別商品情報	
設問3	(1)	a	動画撮影	
		b	配送箱からのはみ出し	
	(2)	Hロボットの充電を最適なスケジューリングで行うため	
	(3)	Hロボットの位置情報	
	(4)	多くのHロボットのデータを用いてピッキングの問題点を改善するため	

320

演習2　IoT，AIを活用する自動倉庫システムの開発

問題文の読み方のポイント

　本問はIoT，AI（人工知能）を活用する自動倉庫システムに関する問題である。もっとも，IoTやAIの詳細な知識は求められていない。問題文から要件や仕様を正確に理解し，設問に対する根拠を見つけて解答する。

設問1

ポイント

　(1)は，ピッキングの無人化の現状に関する記述から，その問題を回避するための方策であることを理解すれば分かる。(2)は，在庫管理に関する先入れ先出しの知識を前提として，フローラックの利点を理解する必要がある。

解説(1)

　本文冒頭には，次のようにある。

> 　従来の自動倉庫システムでは，商品を出荷するために，取り扱う商品が格納されたコンテナから，商品を選択して取り出す作業（以下，ピッキングという）を人手で行っていた。現在，ピッキングの無人化を目指す取組が行われている。しかし，ピッキングの無人化が多様な形状の商品に十分に対応できるまでには至らず，限定された形状の商品に対応するシステムにとどまっている。

　また，〔冷凍倉庫の無人化に向けての問題点とその解決方針〕には，次のようにある。

> ・冷凍倉庫の特殊な温湿度環境下でも稼働できるHロボットを開発する。取り扱う商品を箱詰めされた冷凍商品に限定することによって，ピッキングを確実に行う。

　商品の形状が多様であると，無人でのピッキングに失敗する可能性がある。箱詰めされた冷凍商品は形状が一定であるから，無人化してもピッキングを確実に行えると期待できる。

　よって解答は，「**ピッキングを確実にしたいから**」となる。

解説(2)

　一般的に，先入れ先出し（最も古いものから順に取り出すこと）を簡単に行うには，補充する側と，ピッキングする側を分ければよい。〔NWHシステムの概要〕には，次のようにある。

第2部

第3章

午後Ⅰ演習（組込み・IoTシステム）

321

(1) 倉庫内の配置の見直し

　　従来のラックに替えて，傾斜した棚板にローラが付いたフローラックを使用し，固定して設置する。コンテナは用いない。Hロボットは，個別商品の補充及びピッキングをそれぞれ異なる走行路で行う。

また，**表2**には，次のようにある。

| フローラック | ・固定して設置する。ローラの付いた棚板で段を設け，商品の収納ロケーションとする。商品の収納ロケーションごとに異なる商品を収納できる。
・商品の補充とピッキングとを異なる側から行い，棚板に傾斜を設けることによって，商品の補充側からピッキング側へ商品が自動的に移動する。 |

フローラックは，次の図のようなものである。コンビニの飲料陳列棚などにも同様のものがあり，バックヤードから店員が商品を補充し，顧客が手前から取るようになっている。

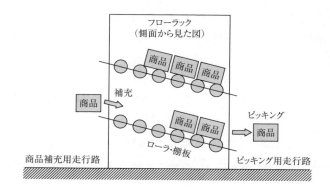

よって解答は，「**商品の収納にフローラックを用いたこと**」となる。

設問2

ポイント

　(1)，(2)とも，「あらかじめ」とあるが，どのタイミングで取得しておく情報であるか注意する。(1)は，補充又はピッキングのたびに取得するような情報でなく，Hロボットが固定的にもっておく情報である。(2)は，ピッキングごとに管理・制御部から受信する情報である。

演習2　IoT，AIを活用する自動倉庫システムの開発

解説（1）

商品を補充又はピッキングするには，Hロボットがその商品を格納するフローラックの前まで移動して停止する必要がある。〔NWHシステムの概要〕には，次のようにある。

> (1) 倉庫内の配置の見直し
> 　（　〜略〜　）Hロボットは，個別商品の補充及びピッキングをそれぞれ異なる走行路で行う。そのために，フローラックを挟んで，商品補充用走行路とピッキング用走行路を設ける。全ての走行路には，各フローラックに対応した停止位置及び分岐位置にマーカを設け，Hロボットはマーカを読み取りながら走行・停止を行う。

Hロボットを特定のフローラックの前で停止させるには，そのフローラックの前にどのマーカが設けられているかという対応関係を与えておく必要がある。よって解答は，「**マーカとフローラックを対応させた情報**」となる。

解説（2）

Hロボットは，1回の走行で複数の配送先への商品をピッキングする。**表2**には，次のようにある。

Hロボット	・フローラックへの個別商品の補充，又はフローラックからの個別商品のピッキングを行う。ピッキングを行った商品は重ならないように配送箱へ収納する。 ・ピッキングの場合，1回の走行で最大5件の配送先に対応できる。

また，〔開発項目の検討結果〕には，次のようにある。

> (2) Hロボットの開発
> 　（　〜略〜　）
> 　1回の走行で最大5件の配送先の商品のピッキングを行い，各配送先に対応する配送箱に間違いなく収納するために，配送箱には識別用バーコードを個別に貼り付けておく。

複数の配送先に対応する配送箱があるので，ピッキングした個別商品をどの配送箱に収納す

323

第2部　午後Ⅰ対策

るか判断しなければならない。つまり，個別商品がどの配送先宛てのものであるか，逆に言えば，
配送先ごとの個別商品のリストを，Ｈロボットが受信しておく必要がある。よって解答は，「**配
送先ごとの個別商品情報**」となる。

設問3

ポイント

(1) は，空欄に対応する仕様や機能の記述を，問題文から探せばよい。(2) は，充電を1台ず
つ行うことに気付くことがポイントである。(3) は，一時停止に関する問題文の記述を探せば，
その実現方法や必要な情報についても分かる。(4) は，文字数が多いので様々な解答が考えら
れるが，問題文に根拠がある解答とする必要がある。根拠のない想像で解答してはならないこ
とに留意する。

解説(1)

・空欄a

〔開発項目の検討結果〕には，次のようにある。

---

(4) 稼働管理

（　〜略〜　）

　　Ｈロボットによるピッキングの失敗率が低くなるように，AIによる画像認識を利用
して改善させる。そのため，個々の商品をつかんだり持ち上げたりするのに要した時間，
失敗した回数などを測定するのと同時に，　　　a　　　し，それらのデータを管理・制御
部で収集・蓄積する。

「AIによる画像認識を利用して改善させる」とあるので，静止画か動画を利用するものと考え
られる。そこで，**表2**には，次のようにある。

Ｈロボット	・ピッキングの状況を動画で撮影する。

よって，空欄　　　a　　　には，「**動画撮影**」が入る。

・空欄b

〔開発項目の検討結果〕には，次のようにある。

324

演習2　IoT，AIを活用する自動倉庫システムの開発

(4) 稼働管理

（　～略～　）

　　検品用監視カメラによる出荷チェックを行い，商品の間違い，異常，　b　　を検
出する。また，その映像を記録し，今後の対策に用いる。

また，**表2**には，次のようにある。

検品用 監視カメラ	・Hロボットからコンベヤへ移された配送箱内の商品の品名，個数，異常の有 無，配送箱からのはみ出しの確認を行い，映像を記録する。

よって，空欄　b　　には，「**配送箱からのはみ出し**」が入る。

解説(2)

〔開発項目の検討結果〕には，次のようにある。

(4) 稼働管理

　　Hロボットの適切な稼働管理を行うために，管理・制御部は，Hロボットのバッテリ
残量を監視し，適切なタイミングでバッテリ充電開始の指示を行う。充電は1台ずつ
行う。

　充電は1台ずつしか行えないので，Hロボット自身の判断で充電を行うと，複数のHロボット
の充電タイミングが重なって，充電待ちが発生したり，その間にバッテリ残量がなくなったりす
る可能性がある。この問題を避けるには，管理・制御部で複数のHロボットの充電タイミング
を調整してから，充電開始の指示を行えばよい。よって解答は，「**Hロボットの充電を最適なス
ケジューリングで行うため**」となる。

解説(3)

〔NWHシステムの概要〕には，次のようにある。

第2部　午後Ⅰ対策

(3) 管理・制御部の変更

　　Ｈロボットへの指示などを行う。Ｈロボットの位置を把握し，Ｈロボット同士の衝突
　を避けるために，一時停止とその解除を指示する。

　管理・制御部は，Ｈロボットの位置情報を把握して，一時停止などを指示する。よって解答は，
「**Ｈロボットの位置情報**」となる。

解説（4）

　NWHシステムでは，ピッキングを確実に行うため，取り扱う商品を箱詰めされた冷凍商品に
限定している。一方，〔NWHシステムの概要〕には，次のようにある。

(4) 稼働管理

　　Ｈロボットの充電，故障などの稼働停止時間を考慮して，Ｈロボットの適切な台数
　の決定，メンテナンスの実施時期の決定などを行う。また，全体としてピッキングの
　失敗率を下げるように管理する。

また，〔開発項目の検討結果〕には，次のようにある。

(4) 稼働管理

　（　～略～　）

　　Ｈロボットによるピッキングの失敗率が低くなるように，AIによる画像認識を利用
　して改善させる。そのため，個々の商品をつかんだり持ち上げたりするのに要した時間，
　失敗した回数などを測定するのと同時に，│動画撮影│し，それらのデータを管理・制御
　部で収集・蓄積する。

　この記述から，ある程度はピッキングに失敗することは織り込み済みで，失敗率を下げる対
策を講じようとしていることが分かる。よって解答は，「**多くのＨロボットのデータを用いてピッ
キングの問題点を改善するため**」となる。

326

演習3 IoT，AIを活用する海運用コンテナターミナルシステムの開発

平成30年度 秋期 午後Ⅰ 問4（標準解答時間40分）

問 IoT，AIを活用する海運用コンテナターミナルシステムの開発に関する次の記述を読んで，**設問1～3**に答えよ。

X社は，コンテナの積卸し（以下，荷役という）機械のメーカである。X社では，大型クレーンとその制御システムを中心に，レイアウト設計も含めてコンテナターミナルシステムとして受託している。

近年，コンテナによる貨物輸送量の世界的な増加に加え，輸送費の値下げ競争が相まって，コンテナ輸送船の大型化が進んでいる。それに伴い，コンテナ輸送船が出入りする港湾では，貨物量の増加・集中に対応するための荷役作業の迅速化・効率向上，及び荷役機械のオペレータの確保，コンテナの陸上輸送用のトレーラを連結したトラクタ（以下，トレーラ連結車という）の運転手の確保が課題となっている。そこで，コンテナターミナルでの荷役作業にIoT，AIを活用して作業効率向上を目指す取組が進められている。

〔X社のコンテナターミナルシステムの概要〕

これまでにX社が設計・施工したコンテナターミナルシステムの例を**図1**に，コンテナターミナルの設備・荷役機械などの概要を**表1**に示す。

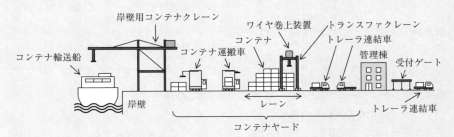

図1　X社が設計・施工したコンテナターミナルシステムの例

図1中の設備・荷役機械を用いた荷卸しの工程は，次のようになる。

岸壁用コンテナクレーンは，荷卸しするコンテナをコンテナ輸送船から岸壁へ移す。コンテナ運搬車は，岸壁に置かれたコンテナをつり上げて自身の荷台に積載し，レーンへ搬送した後，レーンでコンテナを地表に降ろす。トランスファクレーン（以下，Tクレーンという）は，レーン内のコンテナを仕分したり，搬出するトレーラ連結車にコンテナを積載したりする。

第2部　午後Ⅰ対策

表1　コンテナターミナルの設備・荷役機械などの概要

設備・荷役機械など	目的・作業内容
コンテナ	・貨物の海上輸送に用いる。長さが約6mと約12mの2種類あり，最大総重量は約30トンである。 ・陸上輸送する場合は，トレーラ連結車に積載して運ぶ。
岸壁	・コンテナ輸送船が接岸する。荷積み待ち・荷卸し済みのコンテナが置かれる。
コンテナヤード	・海上と陸上の輸送仕分待ち及び受渡し待ちのコンテナを置く。 ・Tクレーンの幅に合わせてレーンが設けられる。限られた面積に，より多くのコンテナを収容するため，レーン内にコンテナを最大5段まで積み上げる。レーン内を含む走行路が設けられ，トレーラ連結車及びコンテナ運搬車が走行する。
コンテナ運搬車	・岸壁とレーン間のコンテナ搬送に用いる。人が乗って，3段まで積み上げて運転することができるが，効率よく運転するには経験を要する。
Tクレーン	・レーン内に多段に積み上げたコンテナを移動したり，トレーラ連結車とコンテナを受け渡したりする。 ・基底部にタイヤがあり，走行指示を受信してレーンの長手方向を自律走行する。ワイヤ巻上装置はコンテナをつり上げ，レーンを横切る方向に移動できる。コンテナ移動時は，多段に積み上げたコンテナの上を通過する必要があるので，常に最大の高さまでつり上げる。
受付ゲート	・コンテナターミナルに到着したトレーラ連結車を受け付ける。無線データ通信で，トレーラ連結車及びコンテナの情報を受信してサーバに通知し，コンテナヤード内の行き先などの指示をサーバからトレーラ連結車に送信する。
管理棟	・コンテナターミナルを管理する建物で，サーバ，監視端末及び通信設備が設置されている。サーバは，荷役の管理・スケジューリングのほか，Tクレーン，トレーラ連結車などへの指示を行う。 ・コンテナターミナル全域で，無線LANによるデータ通信を行えるようにしている。

〔従来のコンテナターミナルシステムの問題とその解決方針〕

・コンテナ運搬車の運転手の確保が急務となっている。

・Tクレーンは，管理棟に設置された監視端末の操作卓で遠隔操縦する。Tクレーンの運転は，ほぼ自動化されているが，トレーラ連結車との荷役には，オペレータが安全を確認しながらの手動操縦が残っている。

・荷役作業の増加・集中に対応するために，Tクレーンを高速化してきたが，コンテナの揺れを抑える必要性から，荷役作業の大幅な時間短縮が期待できなくなっている。また，自重が大きいので，高速化によってエネルギー消費量が増大している。

・道路の渋滞によって，トレーラ連結車の受付ゲートへの到着が，スケジュールよりも遅れ，荷役作業が滞ることがある。

・設備・荷役機械は故障が多いので，稼働停止時間が長くなってしまう。

X社では，これらの問題を解決するために，IoT，AIを活用する新コンテナターミナルシステム（以下，NCTシステムという）を開発することにし，その取組方針を次のとおりまとめた。

・荷役作業の迅速化・効率向上と同時に，コンテナヤード内の無人化を図るために，荷役方式を見直す。ただし，レーン内のコンテナの多段積みをなくすことは難しいので，Tクレーンは使用する。

・エネルギー消費量の増大，荷役スケジュールの遅延などの問題についても，改善を目指す。

〔NCTシステムの概要〕

NCTシステムの開発を担当することになった，X社のシステムアーキテクトであるY氏は，NCTシステムの開発項目を次のように設定した。

(1) 荷役方式の見直しと新たな無人コンテナ運搬車の開発

Tクレーンとトレーラ連結車が，直接コンテナを受渡しすることをやめる。自律走行する新たな無人コンテナ運搬車（以下，NCTキャリアという）を開発し，岸壁とレーン間，及びレーンとトレーラ連結車間のコンテナ搬送を，NCTキャリアが行うようにする。

(2) 積替えゲートの新設

トレーラ連結車は，新たに設置する積替えゲートに停車して，NCTキャリアとコンテナの受渡しを行うようにする。

(3) NCTシステムに対応する管理・運営システムの構築

Tクレーン及びNCTキャリアの走行・荷役に関する走行管理は，管理棟の管理・運営システムで一括して行う。また，従来システムのデータ処理機能の更新，必要となる機器の選定，データ通信環境の構築，サーバの性能アップなども行う。

(4) 荷役スケジュールの組替えの高頻度化

トレーラ連結車の到着予測時刻の精度を上げ，トレーラ連結車の予測到着順序を基に，荷役スケジュールを現行よりも短い時間間隔で組み替えられるようにする。

(5) 設備・荷役機械の稼働停止時間の短縮

Tクレーン，NCTキャリアなどの故障を予測した保守によって，できるだけNCTシステムの設備・荷役機械の稼働停止時間を短縮できるようにする。

NCTシステムの概要を図2に示す。

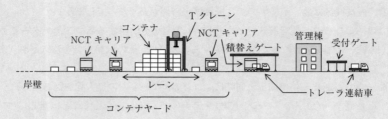

図2　NCTシステムの概要

〔開発項目の検討結果〕

NCTシステムで開発又は更新される設備・荷役機械の仕様・機能を表2に示す。

表2　NCTシステムで開発又は更新される設備・荷役機械の仕様・機能

設備・荷役機械	仕様・機能
Tクレーン	・従来の機能・性能を保持しながら完全自動運転にする。 ・NCTキャリアとTクレーン間のコンテナ受渡しは，直接には行わず，一旦地表にコンテナを降ろしてから行う。
NCTキャリア	・トレーラ部分及び積載されたコンテナ1台を囲むことができるフレームと走行部で構成される。フレーム上部のつり具でコンテナをもち上げて保持し，コンテナを地表に降ろすこともできる。Tクレーンに比べて自重が小さいので，コンテナ1台を搬送するときのエネルギー消費量は，Tクレーンで同じ距離を搬送する場合よりも少ない。 ・管理・運営システムから無線LAN経由で走行ルートを指示されると，走行制御に必要なGPS受信器，カメラ，センサなどを用いて自律走行する。 ・コンテナの多段積みには対応しない。 ・全て電動とし，バッテリを搭載する。
積替えゲート	・指定された積替えゲートで停車したトレーラ連結車は，NCTキャリアによるコンテナの受渡しを待つ。 ・コンテナの受渡しは，NCTキャリアがトレーラ部分を挟み込むように停止し，コンテナをもち上げたり，降ろしたりする。
管理・運営システム	・管理棟のサーバ，監視端末及び通信設備をNCTシステムに対応させる。

Y氏は，各開発項目について検討し，結果を次のとおりまとめた。

(1)　荷役方式の見直しとNCTキャリアの開発

NCTキャリアを導入することによって，Tクレーンの完全自動運転化とコンテナヤード内の無人化を実現する。また，NCTキャリアによるコンテナ搬送をメインにして，Tクレーンがコンテナをつり上げて走行する距離をできるだけ短くする。

NCTシステムがコンテナをトレーラ連結車に積載する工程は次のようになる。

トレーラ連結車は，受付ゲートを経由して積替えゲートで停車する。Tクレーンは，

搬出するコンテナの位置まで走行してコンテナをつり上げ，NCTキャリアとの受渡し場所へ搬送し，地表に降ろす。NCTキャリアが地表からコンテナをもち上げて積替えゲートへ搬送し，トレーラ連結車のトレーラ部分に降ろす。

(2) 積替えゲートの新設

積替えゲートの数は，扱うコンテナの量によって決める。積替えゲートの設置位置及び数は，稼働実績データを基に解析して見直すようにする。

(3) NCTシステムに対応する管理・運営システムの構築

NCTシステムに対応する管理・運営システムの機能を**表3**に示す。

表3 NCTシステムに対応する管理・運営システムの機能

機能	内容
荷役管理・スケジューリング	・コンテナの荷主，仕向地，内容物などに関する情報を管理する。 ・コンテナヤード内のコンテナの配置，積替えゲートの割当てなどの決定・更新を行う。 ・荷役の順番，時刻，荷役機械の割当てなどの荷役スケジュールの作成・組替えを行う。 ・データ収集・監視機能で収集したデータからAI機能を用いて，設備・荷役機械の故障の早期発見・予測，トレーラ連結車の到着時刻の予測を行う。
走行管理	・Tクレーン，NCTキャリアに対して，荷役対象コンテナの識別情報を与え，コンテナをもち上げる位置及び降ろす位置を指示する。 ・NCTキャリアに対して，走行ルート，出発時刻を指示する。 ・全てのTクレーンとNCTキャリアの現在位置・稼働状況を常に把握する。 ・Tクレーンがコンテナをつり上げた状態での走行，及びTクレーンによるコンテナの総移動量ができるだけ少なくなるように指示する。
データ収集・監視	・NCTシステムを構成する設備・荷役機械の稼働状態を常時収集・監視する。 ・NCTシステムを利用するトレーラ連結車から，走行状態のデータ（位置・速度など）を，一定時間間隔でリアルタイムに収集する。 ・コンテナターミナル周辺の気象情報，道路規制情報及び路面情報を収集する。
データ通信	・NCTシステムの運用に必要なデータ通信機能を提供する。

なお，荷役スケジュールの組替えの高頻度化及び設備・荷役機械の稼働停止時間の短縮は，管理・運営システムの荷役管理・スケジューリング機能を用いて実現する。

設問1 荷役方式の見直しについて，(1)～(3)に答えよ。

(1) NCTキャリアの導入によってコンテナヤード内の無人化が実現された。無人化のためにコンテナヤード内から排除したことを，二つ答えよ。

第2部　午後 I 対策

(2) NCTシステムで荷役のエネルギー効率向上に必要な，NCTキャリアとTクレーンの運用上の考慮点を，35字以内で述べよ。

(3) NCTキャリアとTクレーン間で直接コンテナを受け渡さないことによって作業効率が向上する。その理由を35字以内で述べよ。

設問2　荷役管理・スケジューリング機能について，(1)，(2)に答えよ。

(1) トレーラ連結車の到着予測時刻とスケジュールされた到着予定時刻との差が大きければ荷役スケジュールを組み替える。この差以外に，トレーラ連結車の到着予測に関連して荷役スケジュールの組替えを検討すべき要因は何か，25字以内で述べよ。

(2) トレーラ連結車の到着予測時刻の精度を向上させたい。収集したコンテナターミナル周辺の気象情報，道路規制情報及び路面情報以外に有効となるデータを，25字以内で述べよ。

設問3　NCTシステムについて，(1) ～ (3)に答えよ。

(1) NCTシステムのサーバの性能アップを行う背景として考えられる要因は，AI機能の導入のほかに何があるか。荷役管理・スケジューリング機能に関連した視点をもとに，20字以内で述べよ。

(2) NCTシステムの稼働期間が長くなると，設備・荷役機械の故障を予測する精度はどのようになるか。NCTシステムの予測の仕組みを考慮し，その理由を含め25字以内で述べよ。

(3) コンテナヤード内でのNCTキャリア同士の衝突事故を防止するために，NCTキャリア側ではセンサによる障害物の検出を行う。これと並行して管理・運営システム側で行う事故防止のための方策を，35字以内で述べよ。

演習3 IoT，AIを活用する海運用コンテナターミナルシステムの開発

解答と解説

平成 30 年度 秋期 午後Ⅰ 問 4

IPAによる出題趣旨・採点講評・解答例・解答の要点

出題趣旨（IPA公表資料より転載）

　IoT，AI技術の進歩に伴い，物流分野で用いられる荷役システムでもIoT，AIの導入を目指す開発が進められている。

　本問では，IoT，AIを活用する海運用コンテナターミナルシステムを題材として，従来システムから変化するシステムアーキテクチャの決定，将来展望を踏まえた機能仕様の策定などについて，システムアーキテクトに求められる能力を評価する。

採点講評（IPA公表資料より転載）

　問4では，IoT，AIを活用する海運用コンテナターミナルシステムを題材に，システムアーキテクチャの決定，機能仕様の策定について出題した。題意及びシステムの概要は，おおむね理解されているようであった。

　設問1（1）では，無人化のために従来システムから変更した点を二つ問うたが，二つ挙げられない解答が見受けられた。従来システムとNCTシステムとの相違点を確実に把握してほしかった。

　設問1（3）では，コンテナ受渡し方法の変更で作業効率が向上する理由を問うたが，問題文に記述されていない事柄を推定して論じている解答が見受けられた。問題文をよく読み取り，システム全体として作業効率が向上する理由を挙げてほしかった。

　設問3（2）では，AIを用いた予測の仕組みの理解力について問うたが，よく理解されているようであった。

　設問3（3）では，NCTシステムを構成する各要素の役割分担についての考察力を問うた。おおむね理解されているようであった。

　今後も，システムアーキテクトとして，システム要件をよく理解して，機能仕様を策定するように心掛けてほしい。

設問			解答例・解答の要点	備考
設問1	(1)	①	トレーラ連結車の運転	順不同
		②	コンテナ運搬車の運転	
	(2)		コンテナの移動を可能な限りNCTキャリアで行うようにする。	
	(3)		TクレーンとNCTキャリアの移動を同期させる必要がないから	
設問2	(1)		トレーラ連結車の到着の順番が変わったこと	
	(2)		各々のトレーラ連結車の走行状態のデータ	
設問3	(1)		荷役スケジュールの組替えの高頻度化	
	(2)		データの蓄積が進むので精度は向上する。	
	(3)		衝突しないようにスケジューリングしてNCTキャリアに指示する。	

第2部

第3章 午後Ⅰ演習（組込み・IoTシステム）

333

第2部　午後Ⅰ対策

問題文の読み方のポイント

　本問はIoT, AI（人工知能）を活用する海運用コンテナターミナルシステムに関する問題である。一般になじみのないシステムであるが，難解な技術的知識は求められていない。問題文を丁寧に読み込んで，問われたことに対する根拠を見つけながら解答する。

設問1

ポイント

　(1)は，無人化されたということから，今まで有人によっていた作業を問題文から探し出せば，比較的容易に分かる。(2)は，NCTキャリアとTクレーンの運用上の制約条件を正しく把握して，エネルギー効率を向上させる方法を考える必要がある。(3)は，問題文に直接的な手掛かりが乏しいので，一般的知識を踏まえて解答する必要がある。

解説(1)

　コンテナヤード内の無人化が実現されたので，その中にあった人による作業が排除されたことになる。そこで，人による作業に関する記述を探す。

　〔X社のコンテナターミナルシステムの概要〕の**図1**より，コンテナヤード内にある設備は，コンテナ運搬車,ワイヤ巻上装置,トランスファクレーン (Tクレーン),トレーラ連結車である。また，次のようにある。

> 　岸壁用コンテナクレーンは，荷卸しするコンテナをコンテナ輸送船から岸壁へ移す。コンテナ運搬車は，岸壁に置かれたコンテナをつり上げて自身の荷台に積載し，レーンへ搬送した後，レーンでコンテナを地表に降ろす。

　〔従来のコンテナターミナルシステムの問題とその解決方針〕には，次のようにある。

> ・**コンテナ運搬車の運転手**の確保が急務となっている。
> ・Tクレーンは,管理棟に設置された監視端末の操作卓で遠隔操縦する。Tクレーンの運転は，ほぼ自動化されているが，トレーラ連結車との荷役には，**オペレータが安全を確認しながらの手動操縦**が残っている。

　以上から，従来のシステムにおいて，コンテナ運搬車には運転手が必要である。また，Tクレーンの運転のうち，トレーラ連結車との荷役にはオペレータが必要である。

　よって解答は，「**トレーラ連結車の運転**」，「**コンテナ運搬車の運転**」となる。

334

演習3　IoT，AIを活用する海運用コンテナターミナルシステムの開発

解説 (2)

〔従来のコンテナターミナルシステムの問題とその解決方針〕に，次のようにある。

・荷役作業の迅速化・効率向上と同時に，コンテナヤード内の無人化を図るために，荷役
方式を見直す。ただし，レーン内の**コンテナの多段積みをなくすことは難しい**ので，Tク
レーンは使用する。
・**エネルギー消費量の増大**，荷役スケジュールの遅延などの問題についても，改善を目指す。

〔開発項目の検討結果〕の**表2**に，次のようにある。

NCTキャリア	・（　〜略〜　）Tクレーンに比べて自重が小さいので，コンテナ1台を搬送するときのエネルギー消費量は，Tクレーンで同じ距離を搬送する場合よりも少ない。 （　〜略〜　） ・コンテナの多段積みには対応しない。

　このことから，コンテナの多段積みには引き続きTクレーンを用いる必要があるものの，それ
以外の移動作業にNCTキャリアを用いればエネルギー消費量が少なくて済む。
　よって解答は，「**コンテナの移動を可能な限りNCTキャリアで行うようにする。**」となる。

解説 (3)

　表2に，次のようにある。

Tクレーン	・従来の機能・性能を保持しながら**完全自動運転**にする。
NCTキャリア	・管理・運営システムから無線LAN経由で走行ルートを指示されると，走行制御に必要なGPS受信器，カメラ，センサなどを用いて**自律走行**する。

　TクレーンとNCTキャリアは，いずれも無人で動作する仕様である。TクレーンからNCTキャ
リアへコンテナを直接受け渡すには，Tクレーンがコンテナをつり上げるのと同期して，NCTキャ
リアがレーンに移動して待機する必要がある。NCTキャリアがレーンにいなければ，戻ってく
るまでTクレーンが作業できないので，作業効率が悪くなる。
　直接受け渡さないなら，Tクレーンがつり上げたコンテナを地上に降ろし，すぐに次の作業に
移ることができて作業効率がよくなる。NCTキャリアからTクレーンに受け渡すときも，同様で

335

第2部　午後Ⅰ対策

ある。

　よって解答は，「TクレーンとNCTキャリアの移動を同期させる必要がないから」となる。

　なお，両者の移動を同期させる必要がないことで，システム開発コストが下がるメリットも考えられるが，これは作業効率の向上には当たらない。

設問2

ポイント

　(1)は，問題文をよく読んで根拠となる箇所を見つけて解答する。先に解答が分かったとしても，問題文にその根拠があることを確認すべきである。(2)は，設問文に対応する記述を本文中に見つければ，求められている解答にもすぐ気付くことができる。

解説(1)

　〔NCTシステムの概要〕に，次のようにある。

(4)　荷役スケジュールの組替えの高頻度化

　　トレーラ連結車の到着予測時刻の精度を上げ，**トレーラ連結車の予測到着順序**を基に，荷役スケジュールを現行よりも短い時間間隔で組み替えられるようにする。

　また，〔開発項目の検討結果〕の**表2**に，次のようにある。

積替えゲート	・指定された積替えゲートで停車したトレーラ連結車は，NCTキャリアによるコンテナの受渡しを待つ。

　一つの積替えゲートでは，複数のトレーラ連結車が列をなしてコンテナの受渡しを待つことが考えられる。基本的には到着予測時刻の順に並ぶものとして，積替えゲートでの荷役スケジュール(荷役の順番，時刻，荷役機械の割当てなど)を作成すればよい。設問文にあるように，1台のトレーラ連結車の到着時刻が予測と大きく変われば，この荷役スケジュールの組替えが必要になる。

　個々のトレーラ連結車の到着時刻が予測と大きく変わらないときでも，複数のトレーラ連結車の到着順序が予測とは異なることがあり得る。例えば，到着予定時刻がトレーラ連結車Aは12時30分，トレーラ連結車Bは12時35分であったとする。もし，Aが10分だけ遅れて12時40分に到着見込みとなったら，荷役の順番が変わるため，荷役スケジュールを組み替える必要が生じる。

演習3　IoT，AIを活用する海運用コンテナターミナルシステムの開発

よって解答は，「**トレーラ連結車の到着の順番が変わったこと**」となる。

解説(2)

表3に，次のようにある。

データ収集・監視	・NCTシステムを構成する設備・荷役機械の稼働状態を常時収集・監視する。 ・NCTシステムを利用するトレーラ連結車から，**走行状態のデータ（位置・速度など）を，一定時間間隔でリアルタイムに収集する。** ・コンテナターミナル周辺の気象情報，道路規制情報及び路面情報を収集する。

トレーラ連結車の走行状態のデータ（位置・速度など）をリアルタイムに収集していることが分かるので，これを到着予測時刻の精度向上に利用できると考えられる。

よって解答は，「**各々のトレーラ連結車の走行状態のデータ**」となる。

設問3

ポイント

(1)は，性能アップを必要とする仕様は一つしかなく分かりやすいが，難しく考えすぎないよう注意する。(2)は，AI（人工知能）の一般的知識を基に解答する必要があるが，これもAIの詳細を問うものでなく，考えすぎないよう注意する。(3)は，無人システムで重視される安全性に関するもので，管理・運営システムがもつ機能を踏まえて解答すればよい。

解説(1)

〔NCTシステムの概要〕に，次のようにある。

(3) NCTシステムに対応する管理・運営システムの構築

Tクレーン及びNCTキャリアの走行・荷役に関する走行管理は，管理棟の管理・運営システムで一括して行う。また，従来システムのデータ処理機能の更新，必要となる機器の選定，データ通信環境の構築，**サーバの性能アップ**なども行う。

(4) 荷役スケジュールの組替えの高頻度化

トレーラ連結車の到着予測時刻の精度を上げ，トレーラ連結車の予測到着順序を基に，荷役スケジュールを現行よりも短い時間間隔で組み替えられるようにする。

荷役スケジュールを現行よりも短い時間間隔で組み替えるには，組替え処理の回数の増加に

第2部　午後Ⅰ対策

対応し，かつ，現行より短い時間で組替え処理を完了させる必要がある。これがサーバの性能アップを行う背景の一つと考えられる。

　よって解答は，「**荷役スケジュールの組替えの高頻度化**」となる。

解説（2）

　表3に，次のようにある。

荷役管理・スケジューリング	・データ収集・監視機能で収集したデータから**AI機能を用いて，設備・荷役機械の故障の早期発見・予測**，トレーラ連結車の到着時刻の予測を行う。

　AI機能を用いて予測するとあるので，稼働期間が長くなるほど設備・荷役機械の故障に関するデータが蓄積され，それを基にしたAIによる予測精度が向上していくと考えられる。

　よって解答は，「**データの蓄積が進むので精度は向上する。**」となる。

解説（3）

　表3に，次のようにある。

走行管理	・NCTキャリアに対して，走行ルート，出発時刻を指示する。 ・全てのTクレーンとNCTキャリアの現在位置・稼働状況を常に把握する。

　管理・運営システムは，NCTキャリアの現在位置と稼働状況を把握することができ，走行ルートや出発時刻を指示することができる。したがって，NCTキャリアの現在位置を勘案して，衝突しないように走行ルートと出発時刻を計画し，指示を出せばよい。

　よって解答は，「**衝突しないようにスケジューリングしてNCTキャリアに指示する。**」となる。

338

演習4　IoT，AIの利用を目指した農業生産システムの開発

演習4　IoT，AIの利用を目指した農業生産システムの開発

平成29年度 秋期 午後Ⅰ 問4（標準解答時間40分）

問 　IoT，AIの利用を目指した農業生産システムの開発に関する次の記述を読んで，**設問1～4**に答えよ。

　X社は農業機械メーカであり，トラクタ，田植機などの開発・製造を行っている。これまでも，農業機械の自動化に対する要求は高く，既にX社でも自社開発した自動走行技術を搭載した製品を製造・販売している。

　一方，我が国では，労働環境の改善と生産性の向上を図るために，IoT，AIの利用を目指した農業（以下，スマート農業という）が注目されている。

　X社は，従来の農業機械主体の事業展開では今後，大幅な売上増加は期待できないと考え，農業機械の自動化を基本としながら，スマート農業に対応した農業生産システムの実現に向けた製品開発に取り組むことにした。

〔X社の農業機械の現状と課題〕

　X社の現行製品は，モバイル端末からの指示に従って無人走行し，障害物センサで衝突などを未然に防ぐこともできる。農業機械の動作履歴は，内部に記録され，必要に応じて取り出せる。

　適切かつ迅速な保守サービスへの利用者からの要望は強い。

〔スマート農業に対応した農業生産システムへの取組方針〕

　X社は，スマート農業に対応した農業生産システム（以下，農業生産システムという）への取組方針を検討し，次のとおりまとめた。

・自社開発した自動走行技術を高度化して，省力化及び大規模生産への対応を進める。
・重労働及び危険な作業からの解放，並びに誰もが就労しやすい農業を実現する。
・農場の情報ネットワーク化を通じて，環境モニタリングデータ，過去の作業及び生産結果のデータを活用する。

〔農業生産システムの概要〕

　農業生産システムの開発は，X社のシステムアーキテクトであるY氏が担当することになった。Y氏はまず，農業生産システムへの取組方針と利用者からの要望を踏まえ，開発する農業生産システムの概要を**図1**に示すものとした。

339

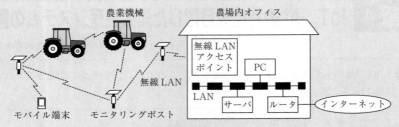

図1 開発する農業生産システムの概要

次にY氏は，開発する農業生産システムの開発項目を，次のように設定した。

(1) 生産計画の立案と作業指示

　　過去の作業及び生産結果のデータ，並びに長期天気予報を用いて，農作物の生産計画を立案できるようにする。生産計画に基づいて，実施する作業，農業機械の運用・保守，資材調達などを指示・サポートできるようにする。そのために，農場内オフィスにサーバを設置し，農場内において収集したデータをデータベース化する。

(2) 農場の情報ネットワークの構築と環境モニタリング

　　農場内で無線LANが使用できるようにし，サーバと無線LANを接続する。長期天気予報などの情報を収集するために，農場内オフィスに設置したルータを介してインターネットに接続できるようにする。農場内オフィスにPCを設置し，監視と操作もできるようにする。

　　無線LAN中継機能を利用して，農場内のどこからでも無線LANに接続できるようにする。そのために，環境モニタリング機能と無線LAN中継機能を併せもつモニタリングポストを開発する。農場内に，モニタリングポストを必要な台数設置し，全てのモニタリングポスト，農業機械，及び作業従事者のモバイル端末を無線LANに接続して，相互にデータ通信を行えるようにする。

(3) 農業機械の自動走行の高度化

　　サーバとも連携させて，農業機械の一定範囲内の自動走行と，複数の農業機械による協調走行である縦列走行の実現を目指す。そのために，測位の精度向上，農業機械間のデータ通信機能，安全確保などの技術開発を行う。

(4) 農場内において収集したデータ（環境モニタリングデータなど）の活用

　　サーバは，モニタリングポストからの環境モニタリングデータを監視して，生産計画の立案時に使用したデータと比較し，必要に応じて，警告を出したり，生産計画を変更したりする。環境モニタリングデータ，実施した作業及び生産結果の履歴をサーバでデータベース化し，農作物の将来の生産計画の立案に利用できるようにする。また，複数の農場のデータベースを連携させて，より高い精度の生産計画を立案できる

演習4　IoT，AIの利用を目指した農業生産システムの開発

ようにする。

〔開発項目の検討結果〕

　Y氏は，各開発項目について検討し，結果を次のとおりまとめた。

(1)　サーバの機能

　　サーバには，農業機械の走行に関する指示を行う機能，農業機械による現在位置の測位をサポートする機能，農場内の機器の監視・制御を行う機能，環境モニタリングデータを監視して必要な措置を行う機能，農場内において収集したデータをデータベース化する機能，これらのデータを分析して生産計画を立案・変更する機能を実装する。生産計画に基づいて，実施する作業，農業機械の運用・保守，資材調達などを指示・サポートできるようにする。サーバをX社が提供するクラウドサービスと接続し，複数の農場のデータベースが連携できるようにする。

(2)　モニタリングポストの設置

　　農場内のどこからでも無線LANを使用できるようにモニタリングポストを設置する。設置した位置は正確に測位し，モニタリングポストの位置情報としてサーバに登録する。

(3)　モニタリングポストによる環境モニタリング

　　モニタリングポストは，各種センサを備え，農場の環境モニタリングを行う。15分に1回の頻度で，測定した環境モニタリングデータなどをサーバにアップロードする。また，必要な電源を，太陽電池パネルで供給できるようにする。

　　モニタリングポストの仕様・機能の検討結果を，表1に示す。

表1　モニタリングポストの仕様・機能の検討結果

項目	仕様・機能
構成と設置	・モニタリングポスト本体，太陽電池パネル，二次電池，各種センサなどによって構成される。農地などに，支柱によって固定して設置する。
センサによる測定	・気温・湿度，土壌中の温度・酸性度・電気伝導度，水田の水位・水温などを，必要に応じてセンサによって測定する。
無線LANによるデータ通信	・測定した環境モニタリングデータ，太陽電池パネルの発電量，及び二次電池残量を送信する。 ・モニタリングポスト間，モニタリングポストと農業機械間，及びモニタリングポストとモバイル端末間の無線LAN中継機能をもつ。
電力の供給	・太陽電池パネルと二次電池を併用し，必要な電力を供給する。
認識用マーカの貼付	・モニタリングポストを農業機械のステレオカメラによって認識するために，農作物によって遮られないように，認識用マーカを支柱に貼る。 ・認識用マーカは，各モニタリングポストを一意に識別できる識別コードをもつ。

第2部

第3章　午後Ⅰ演習（組込み・IoTシステム）

341

環境モニタリングデータは，サーバに保存する。ここで，隣接するモニタリングポストからのデータは同じ傾向を示す場合が想定できるので，内容によっては，保存するデータをサーバが選択できるようにする。

太陽電池パネルの発電量から日射量を求めることを検討した。その結果，各農場の年間日射量と太陽電池パネルの発電量の関係を基に，測定した発電量から日射量をサーバで推計できることが分かった。

(4) 農業機械の現在位置測位の高精度化

農業機械のGPS受信機による測位は誤差が大きいので，モニタリングポストの位置情報を用い，次の2方式のいずれかによって正確な測位を行う。

・自律算出測位　：農業機械はGPS受信機による測位データを基に，近くのモニタリングポストを検索し，ステレオカメラと方位センサを用いてその距離と方位を測定する。測定したデータ及びモニタリングポストの位置情報を用い，農業機械が正確な現在位置を算出する。

・サーバ算出測位：農業機械は，ステレオカメラをスキャンさせて，近くのモニタリングポストを認識する。モニタリングポストの識別コード，測定した距離と方位をサーバに送信して，サーバが農業機械の正確な現在位置を算出する。サーバは算出した測位データを保存し，農業機械にも送信する。

(5) 農業機械の自動走行の高度化

一定範囲内の自動走行の場合，サーバが農業機械に作業域を指示し，自動走行させる。複数の農業機械に，異なる作業域を自動走行させることもできる。縦列走行の場合，後方の農業機械からステレオカメラで前方の農業機械を監視し，一定の距離を保って自動走行させる。ステレオカメラによって，前方の農業機械との間の障害物も検出できる。障害物を検出した場合は走行を停止し，前方の農業機械にも通知して停止させる。

農業機械の自動走行の高度化に関する仕様・機能を，**表2**に示す。

演習4　IoT，AIの利用を目指した農業生産システムの開発

表2　農業機械の自動走行の高度化に関する仕様・機能

項目	仕様・機能
一定範囲内の自動走行	・サーバから指示された作業域内をそれぞれの農業機械が自動走行する。 ・複数の農業機械に，異なる作業域を自動走行させた場合でも，未走行領域が生じないよう，正確な走行制御を行う。
縦列走行	・前後の農業機械が連携し，走行経路が正確に重なるように制御する。 ・ステレオカメラによって，前方の農業機械との距離を測定し，前方の障害物を高精度に検出する。 　用途の例として，耕うんと施肥を連続して行うこと，整地作業を連続して行って農地の凹凸をできるだけ少なくすること，などがある。
現在位置の測位	・ステレオカメラによるモニタリングポストの検出及び距離と方位の測定を行い，測位の高精度化を図る。 ・ステレオカメラはスキャンでき，方位センサを用いて方位も測定できる。
無線LANによるデータ通信	モニタリングポスト及び他の農業機械とのデータ通信機能によって，次のデータ送受信を行う。 ・サーバからの指令データなどの受信 ・縦列走行時の農業機械間のデータ送受信 ・動作履歴のサーバへの送信 ・サーバからの要求に伴うステレオカメラの映像データ送信

第2部

第3章　午後Ⅰ演習（組込み・IoTシステム）

設問1　モニタリングポストについて，(1)，(2)に答えよ。

(1) モニタリングポストを農場内に設置した後，確認すべき機能は何か。二つ挙げ，それぞれ15字以内で答えよ。

(2) 受信した発電量データを用いて，太陽電池パネルの異常もサーバにおいて検出できるようにしたい。その方法を，30字以内で述べよ。

設問2　〔開発項目の検討結果〕について，(1)～(3)に答えよ。

(1) 何らかの異常によってサーバとのデータ通信が切断された場合の対策として，農業機械に実装しておくべき機能を検討している。

(a) サーバ算出測位を採用した場合に必要となる安全上の対策を，25字以内で述べよ。

(b) データ通信復帰後に，サーバへのデータを漏れなく送るために必要な機能のうち，データの一時保管以外の機能を，25字以内で述べよ。

(2) 農業機械の現在位置測位の高精度化について，2方式を検討している。

(a) 自律算出測位の場合，走行開始前に農業機械がサーバに要求するデータを，20字以内で述べよ。

(b) サーバ算出測位の場合，算出したデータを農業機械に送信する必要がある。

343

第2部　午後I対策

　　　　　　この場合，自動走行の高度化を実現するために配慮しなければならないことを，20字以内で述べよ。

(3) 縦列走行において，前方の農業機械の走行経路を，後方の農業機械に送信して走行させるのではなく，ステレオカメラを用いて前方の農業機械に追走するようにした利点を，20字以内で述べよ。

設問3 農業機械の適切かつ迅速な保守サービスを実現するための仕組みを，農業生産システムに組み込むことを検討する。この場合，サーバでどのようなデータを用い，どのような機能を実現すればよいか。それぞれ10字以内で答えよ。

設問4 Y氏は，クラウドサービスで複数の農場のデータベースが連携できるようにすることと併せて，サーバの機能の一部をクラウドサービスにも実装することを検討した。その場合，クラウドサービスへの実装が適切でない機能が幾つかある。それらに共通する特徴は何か。15字以内で述べよ。

演習4　IoT，AIの利用を目指した農業生産システムの開発

解答と解説

平成 29 年度 秋期 午後 I 問 4

IPAによる出題趣旨・採点講評・解答例・解答の要点

出題趣旨（IPA公表資料より転載）

　最近，IoT，AIを利用した業務システムの構築が増えてきている。農業分野でもIoT，AIを導入したスマート農業への取組が進んでいる。システムアーキテクトには，機能性，確実性，安全対策などの特徴を考慮した上で，業務システムの機能仕様を策定する能力が求められる。

　本問では，スマート農業に対応する農業生産システムを題材として，システムアーキテクチャの決定，機能仕様の策定などについての能力を問う。

採点講評（IPA公表資料より転載）

　問4では，IoT，AIの利用を目指した農業生産システムを題材に，システムアーキテクチャの決定，機能仕様の策定について出題した。題意及びシステムの概要は，おおむね理解されているようであった。

　設問1 (2) では，太陽電池パネルの異常を検出する方法を問うたが，"サーバで予測した発電量と比較する"との誤った解答が見受けられた。太陽電池パネルの発電量は，気象状況の影響なども受け，予測値とは必ずしも一致しない。また，農場内には複数のモニタリングポストが設置されていることを考慮してほしかった。

　設問2 (2)(b) は，正答率が低かった。"サーバと農業機械間のデータ送受信に時間が掛かる"との解答が多かったが，その間にも農業機械が移動していることも併せて記述してほしかった。

　設問4では，サーバからクラウドサービスへの移管が適切ではない機能に共通する特徴を問うたが，正答率は高かった。クラウドサービス利用上の問題については，よく理解されているようであった。

　今後も，システムアーキテクトとして，システム要件をよく理解して，機能仕様を策定するように心掛けてほしい。

設問			解答例・解答の要点	備考
設問1	(1)	①	・環境モニタリング機能	
		②	・無線LAN中継機能	
	(2)		隣接するモニタリングポストの発電量データと比較する。	
設問2	(1)	(a)	データ通信切断時に自動的に走行を停止する。	
		(b)	サーバがデータを受け取ったことを確認する機能	
	(2)	(a)	モニタリングポストの位置情報	
		(b)	データ送受信の遅延による位置ずれ	
	(3)		前方の障害物を高精度に検出できる。	
設問3	データ		農業機械の動作履歴	
	機能		故障予測	
設問4			高い応答性が要求される。	

345

第2部　午後 I 対策

問題文の読み方のポイント

　本問は，IoT，AIの利用を目指した農業生産システムに関する問題である。題材は目新しいが，問題の内容は決して難しいものではない。用語の定義を確認して意味を正しく捉え，問題文を丁寧に読み込んで解答することが重要となる。

設問 1

ポイント

　(1)は，問題文の記述どおりであり，きちんと読めば比較的容易に分かる。(2)も，解答は気付きやすいが，本当にその方法で問題ないか，妨げる要素がないか，問題文の記述を再確認することが重要である。

解説(1)

　〔農業生産システムの概要〕の「(2)農場の情報ネットワークの構築と環境モニタリング」には，次のようにある。

> 無線LAN中継機能を利用して，農場内のどこからでも無線LANに接続できるようにする。そのために，環境モニタリング機能と無線LAN中継機能を併せもつモニタリングポストを開発する。農場内に，モニタリングポストを必要な台数設置し，全てのモニタリングポスト，農業機械，及び作業従事者のモバイル端末を無線LANに接続して，相互にデータ通信を行えるようにする。

　農場内にモニタリングポストを設置したら，環境モニタリング機能と無線LAN中継機能が正しく動作するか確認する必要があることが分かる。
　よって解答は，「**環境モニタリング機能**」及び「**無線LAN中継機能**」となる。

解説(2)

　表1には，次のようにある。

認識用マーカの貼付	・モニタリングポストを農業機械のステレオカメラによって認識するために，農作物によって遮られないように，認識用マーカを支柱に貼る。

　支柱は，農作物によって遮られない十分な高さがある。支柱の上部に取り付けられている太陽電池パネルも，農作物によって遮られることはない。

346

演習4　IoT，AIの利用を目指した農業生産システムの開発

　したがって，隣接する複数の太陽電池パネルへの日射量はほぼ等しく，発電量にも大差はないはずである。もし，一つの太陽電池パネルの発電量が，隣接する他の太陽電池パネルより著しく低ければ，故障の可能性が考えられる。

　よって解答は，「**隣接するモニタリングポストの発電量データと比較する。**」となる。

設問2

ポイント

　理解しやすい設問が多いが，各設問とも問題文に根拠を求めて解答することが重要である。一般常識で考え得る機能や対策であっても，問題文から導くことができない解答では正解とならないことがあるので注意する。

解説(1)

・(a)

　〔開発項目の検討結果〕の「(4) 農業機械の現在位置測位の高精度化」にあるように，サーバ算出測位では，サーバが現在位置を算出して農業機械に送信し，農業機械はそれを基に自動走行する。もしデータ通信が切断されると，農業機械は現在位置を把握できなくなる。そのまま自動走行を続けると暴走して事故を起こす危険性があるので，安全を確保するには走行を停止する必要がある。

　よって解答は，「**データ通信切断時に自動的に走行を停止する。**」となる。

・(b)

　サーバへのデータを漏れなく送るとは，農業機械側から全てのデータを送信しただけでは足りず，サーバ側へ確実に到着することまで保証する意味であると考えられる。TCP/IPのTCPなどを用いれば，送信した個々のパケットレベルでの到達確認はできる。しかし，農業機械の仕様上，送信すべきデータが全て送信されて，サーバに到達したかどうかは，アプリケーションレベルでサーバからデータ受信通知を受けて確認する必要がある。

　よって解答は，「**サーバがデータを受け取ったことを確認する機能**」となる。

解説(2)

・(a)

　〔開発項目の検討結果〕の(4)に，自律算出測位の説明として，

　測定したデータ及びモニタリングポストの位置情報を用い，農業機械が正確な現在位置を算出する。

347

第2部　午後Ⅰ対策

とある。「測定したデータ」（近くのモニタリングポストまでの距離と方位）は走行開始後に取得するが，位置の基準となるモニタリングポストのデータは走行開始前に取得しておく必要がある。

よって解答は，「**モニタリングポストの位置情報**」となる。

・(b)

〔開発項目の検討結果〕の(4)に，サーバ算出測位の説明として，

> モニタリングポストの識別コード，測定した距離と方位をサーバに送信して，サーバが農業機械の正確な現在位置を算出する。サーバは算出した測位データを保存し，農業機械にも送信する。

とある。

農業機械とサーバの間でデータの送受信が必要で，自律算出測位と比べて余分な時間がかかる。データを送受信する間に農業機械が移動して，算出した位置と実際の位置にずれが生じるので，(5)に記載されている自動走行の高度化に際して問題となる可能性がある。

よって解答は，「**データ送受信の遅延による位置ずれ**」となる。

解説(3)

〔開発項目の検討結果〕の「(5) 農業機械の自動走行の高度化」に，

> ステレオカメラによって，前方の農業機械との間の障害物も検出できる。障害物を検出した場合は走行を停止し，前方の農業機械にも通知して停止させる。

とある。

後方の農業機械が，前方の農業機械の走行経路を受信して走行する方法では，障害物の存在を知ることができない問題があり，ステレオカメラを用いるしかないことになる。

よって解答は，「**前方の障害物を高精度に検出できる**」となる。

設問3

ポイント

保守サービスに関する利用者からの要望を踏まえて，現行製品がもつ仕組みに着目し，それを農業生産システムにも組み込むという視点で考える。

演習4　IoT，AIの利用を目指した農業生産システムの開発

解説

〔X社の農業機械の現状と課題〕には，現行製品に関して，

> 農業機械の動作履歴は，内部に記録され，必要に応じて取り出せる。適切かつ迅速な保守サービスへの利用者からの要望は強い。

とある。

　機械は，使用を続けると摩耗や劣化によって故障しやすくなる。屋外の過酷な環境で使用される農業機械ではなおさらである。故障時に速やかに修理することはもちろん，故障を未然に防止することも重要となる。

　現行製品では，動作履歴を見れば使用頻度や使用状況が分かり，故障の発生を予測して，保守点検や部品交換などを行うことで，故障の防止に役立つと考えられる。これは新たな農業生産システムでも実現すべき機能である。

　よって解答は，データは「**農業機械の動作履歴**」，機能は「**故障予測**」となる。

設問4

ポイント

　クラウドサービスの一般的な特徴を理解した上で，サーバの機能の特徴と比較し，実装の適否を考えればよい。

解説

　クラウドサービスの多くは，インターネット上のWebサービスとして提供される。一般に，大量のデータを蓄積，処理，分析する用途に適している。伝送遅延やWebサーバの負荷上昇が起こりやすく，処理結果が得られるまでの時間は保証されないので，高い応答性を要求する用途には不向きである。

　〔開発項目の検討結果〕の(1)より，サーバの機能を列挙すると以下のとおりである。

①　農業機械の走行に関する指示を行う機能
②　農業機械による現在位置の測位をサポートする機能
③　農場内の機器の監視・制御を行う機能
④　環境モニタリングデータを監視して必要な措置を行う機能
⑤　農場内において収集したデータをデータベース化する機能
⑥　これらのデータを分析して生産計画を立案・変更する機能
⑦　生産計画に基づいて，実施する作業，農業機械の運用・保守，資材調達などを指示・

第2部　午後Ⅰ対策

サポートする機能

　この中では，①，②は，特に応答性を要求されるので，クラウドサービスへの実装は適切でない。③，④は，それほど応答性を求めないなら，クラウドサービスへの実装は検討できる。⑤〜⑦は，応答性を求められないので，クラウドサービスへの実装に向いている。

　よって解答は，「**高い応答性が要求される**。」となる。

演習5 生活支援ロボットシステムの開発

平成28年度 秋期 午後Ⅰ 問4（標準解答時間40分）

問 生活支援ロボットシステムの開発に関する次の記述を読んで，**設問1〜4**に答えよ。

　K社は，生活支援ロボット及びそれを用いたシステムを開発し，製造・販売している。生活支援ロボットは，移動作業型，人間装着型及び搭乗型に分類されている。K社では，物をつかむ，つかんだ状態で移動する，つかんだ物を離すという基本機能をもつ移動作業型ロボット（以下，従来ロボットという）を製品化している。K社はこれまで，従来ロボットを用いて生活支援ロボットシステム（以下，従来システムという）を構成し，販売してきた。

　近年，少子高齢化社会の到来が問題となってきており，高齢者世帯における生活支援の要求が高まっている。また，共働き世帯及び単身生活者の増加によって，一般家庭でも不在時の配達物受取りなどの生活支援の要求が高まっている。K社は，生活支援機能を充実させ，他社との差別化を図ることによって，移動作業型の生活支援ロボットの需要が更に見込まれると考え，新たな機能を追加した生活支援ロボットシステム（以下，新システムという）を開発することにした。

〔従来システムの概要〕
　K社の従来ロボットは，基本機能以外に，タッチパネル付きディスプレイ，カメラ，マイク，スピーカ及び音声認識機能による人とのコミュニケーション能力を備え，人が生活する場所で生活支援の機能を果たすことができる。また，無線LAN通信機能も備え，無線LANアクセスポイントを介してデータ通信が可能である。

　K社がこれまでに開発した生活支援機能は，従来ロボットと，LAN，無線LANアクセスポイント及びサーバで構成された従来システムが実現している。サーバは，システム管理，利用者の認証などを行う。従来システムの構成を**図1**に，従来システムが実現している生活支援機能を**表1**に示す。

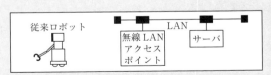

図1　従来システムの構成

第2部　午後Ⅰ対策

表1　従来システムが実現している生活支援機能

項目	機能
運搬	・指示された場所から，指示された行き先へ物を運ぶ。 ・指示された物を取りに行き，指示された行き先へ運ぶ。
案内	・来訪者を迎えに行き，音声で案内しながら戻ってくる。
見守り・生活指導	・様々な機能(就寝時刻・起床時刻の管理，薬の服用の管理，体操の指導，室内の空気のモニタリング・換気の通知)によって見守り・生活指導を行う。

〔新システムに対する利用者の要望〕

　新システムの開発は，K社のシステムアーキテクトであるL氏が担当することになった。L氏は開発に当たって，これまでに従来システムに対して利用者から寄せられた要望のうち，新たな機能追加の対象となる要望を次のとおりまとめた。

① 外出中の居住者，又は別居している家族，知人が，ロボットを遠隔操縦できるようにしてほしい。

② 単に物を運ぶだけでなく，日用品の在庫管理もしてほしい。

③ 室内の備品，収納品などが，通常と違う場所に移動又は放置されたとき，それらを元の場所に戻せるようにしてほしい。

④ 留守中に配達物を受け取れるようにしてほしい。また，受け取った配達物が在庫管理対象品の場合，在庫管理に反映できるようにしてほしい。

〔新システムの開発目標〕

　L氏は，利用者の要望を考慮して，新システムの開発目標について検討し，次のとおり定めた。

① インターネットを介して，遠隔操縦できるようにする。

② あらかじめ在庫管理対象と定めた日用品を，専用収納ボックスのトレイ単位で在庫管理できるようにする。

③ 片付けの指示があったとき，通常と違う場所に移動又は放置されている物を識別し，元の場所に戻せるようにする。

④ 事前に連絡があった配達物を，受け取れるようにする。配達物が在庫管理対象品の場合は，受取りが在庫管理に反映できるようにする。

新システムへの追加機能を表2に示す。

表2　新システムへの追加機能

項目	機能
遠隔操縦	・従来ロボットに遠隔操縦用カメラを追加し，遠隔地からモバイル端末を用いて，カメラ映像及び音声を確認できる。 ・遠隔地からモバイル端末を介して，音声で操縦を指示できる。
在庫管理	・専用収納ボックスのトレイに，在庫管理対象品を1品目ずつ保管する。 ・トレイの重量を計測させ，サーバで在庫数量を管理する。定められた数量以下になると，アラーム"在庫僅か"を出力する。
片付け	・所定の場所から移動又は放置された物を見つけ，元に戻す。
配達物受取り	・定期的な配達物及び事前に電子メールで連絡があった配達物を受け取る。

〔新システムの構成〕

L氏は，新システムの構成を次のとおりまとめた。

① 従来ロボットに新たな機能を追加した移動作業型ロボット（以下，新ロボットという）と，サーバ，専用収納ボックスで構成し，これらをLAN，無線LANで接続してデータ通信を行えるようにする。また，配達物受入所の扉の錠，テレビドアホンなどを無線LANで接続する。
② 新ロボットには，遠隔操縦のためのデータ送受信機能と遠隔操縦用カメラを追加する。
③ 遠隔操縦に用いるモバイル端末を用意し，インターネット経由でサーバと通信できるようにする。操縦者の顔画像・音声をサーバに送信し，新ロボットのカメラ映像とマイクからの音声をサーバ経由で受信する。
④ サーバには，新ロボット及びテレビドアホンからの映像の処理，居住者・操縦者・訪問者の顔認証，電子メールの送受信，在庫管理などの機能を追加する。

新システムの構成を図2に，新ロボットの各部の機能を表3に示す。

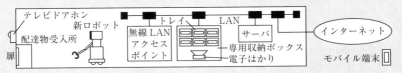

図2　新システムの構成

第2部　午後Ⅰ対策

表3　新ロボットの各部の機能

項目	機能又は動作
本体及びアーム	上下伸縮機能をもった本体，及び本体に格納できるアームを備える。アームを動かし，本体を上下することで，アームの先端が上下左右に展開する。
二指ハンド	アームの先端にある二指ハンドは適度な柔軟性をもち，形状になじみながら物を確実につかむ。
対象物の形状認識・把持制御部	物の3次元形状を認識し，アームと二指ハンドの動かし方を判断してつかむ。認識した形状及びつかみ方を記憶し，以後，同じ物かどうかを判断する。
走行脚	最高速度は15m／分で，段差5mm，登坂5°まで走破できる。
移動制御部	屋内の環境を認識し，障害物を避けながら，指示された目的地まで最適ルートで移動するように制御する。
タッチパネル付きディスプレイ	本体上部に配置し，ヒューマンインタフェースに用いる。
ステレオカメラ	左右に並べて設置し，形状認識，環境認識に用いる。
広角カメラ	広い範囲を撮影でき，環境認識に用いる。
遠隔操縦用カメラ	ズーム及びカメラの向きを遠隔制御でき，遠隔操縦に用いる。
スピーカ及びマイク	人とのコミュニケーション及び環境音の入力に用いる。
音声認識ユニット	入力した人の音声を文字列に変換し，意味を認識する。
無線LANユニット	アクセスポイントを介してLANに接続し，さらにインターネットにも接続する。
センサ	近接センサは衝突・接触を避けるために，赤外線センサは人などを検知するために用いる。その他，各種センサによって，室内の空気のモニタリングを行う。

〔新システムの追加機能の検討結果〕

L氏は，新システムの追加機能を検討し，結果を次のとおり整理した。

① 遠隔操縦機能

遠隔操縦時には，セキュリティの観点から操縦要求者の顔認証をサーバで行う。また，操縦中も1分ごとに顔認証を行う。さらに，サーバで顔認証によって居住者かどうかを判断できるようにする。

居住者の在宅時の遠隔操縦は，操縦の輻輳（ふくそう）を避けるため居住者の承諾を得てから行う。新ロボットは，赤外線センサ及びカメラ映像から近くに人がいることを確認した場合，サーバにカメラ映像を送信する。サーバは居住者かどうかの認証を行い，居住者と判断できたら，新ロボットが音声で居住者に　　a　　，返事を聞く。居住者に拒否された場合，新ロボットは，その旨を操縦要求者に返信する。居住者の不在時は，操縦要求者が認証できたら操縦可能とする。

354

演習5　生活支援ロボットシステムの開発

遠隔操縦は，新ロボットの遠隔操縦用カメラからの映像とマイクからの音声を見聞きしながら行う。新ロボットを移動させたり，アームを動かしたりする操縦指示は，モバイル端末を介して音声で行う。対象を特定して見る場合は，モバイル端末の画面を向けた方向に遠隔操縦用カメラが向くように制御する。

② 在庫管理機能

在庫管理は，在庫管理対象品を，あらかじめサーバの在庫管理マスタに登録し，専用収納ボックスのトレイに1品目ずつ保管する。トレイには識別コードのラベルを貼付し，専用収納ボックスの収納位置及びトレイ自体の重量も特定できるようにしておく。新ロボットは，専用収納ボックスからトレイを引き出したとき，及び収納するときに，トレイを含む重量を量り，そのデータをサーバに送信する。そのために，専用収納ボックスの近くに電子はかりを用意する。入庫時は，新ロボットが在庫管理対象品を1個ずつトレイに移し，入庫数をカウントする。

サーバは受信したデータから在庫数を算出し，更新する。在庫数が定められた数量以下となった場合は，アラーム"在庫僅か"を出力し，補充を求める。

③ 片付け機能

片付ける対象は，重さなどの制約から室内の家具などは除外し，床面に放置された器具，置物などに限定する。対象物の保管場所をあらかじめ定めておき，形状などを新ロボットに認識・記憶させておく。新ロボットは，片付け指示を受けると，近くの床面から順次，探索し，置かれている物を判別する。保管場所から移動又は放置された物と判別した場合，新ロボットは，記憶している保管場所に戻し，判別できない場合は，不明品保管場所に運ぶ。

④ 配達物受取機能

定期的な配達物，及び事前に電子メールで連絡があった配達物は，人を介さずに受け取れるようにする。テレビドアホンの映像をサーバに取り込み，定期的な配達物の場合は配達人の認証を行い，事前に連絡があった配達物は伝票番号と照合する。認証又は照合ができれば配達物受入所の扉を開錠し，配達物受入所に置くよう案内する。新ロボットは，ステレオカメラで撮影した配達物の映像をサーバに送信する。

サーバは，受け取った配達物が在庫管理対象品であることを確認した場合，新ロボットに対し，開封し，　　b　　するよう指示する。

設問1　遠隔操縦機能について，(1)，(2)に答えよ。

(1) 本文中の　　a　　に入れる適切な字句を答えよ。

(2) 遠隔操縦中に，1分ごとに顔認証を行う理由は何か。40字以内で述べよ。

第2部　午後I対策

設問2　在庫管理機能及び配達物受取機能について，(1)〜(3)に答えよ。

(1) トレイ内の在庫数量をカウントするために電子はかりを用いる。入庫数をカウントした後，トレイの在庫管理対象品1個当たりの重量を求める場合の算出方法を，35字以内で述べよ。

(2) 電子メールで送られてきた伝票番号と，配達物に貼付された伝票番号との照合を，新ロボットではなくサーバで行わせる。その理由を，35字以内で述べよ。

(3) 本文中の　　b　　に入れる適切な字句を答えよ。

設問3　片付け機能について，(1)，(2)に答えよ。

(1) 片付け機能で，床面に置かれている物を判別するときに用いる，新ロボットのカメラ以外のものを**表3**中の項目名で答えよ。

(2) 片付け機能の実行中に，同一形状の物が複数あった場合に問題が生じる。想定される問題とその対策を，それぞれ20字以内で述べよ。

設問4　〔新システムの追加機能の検討結果〕について，配達物受取機能実施中は，遠隔操縦機能を受け付けないようにした。その理由を30字以内で述べよ。

演習5　生活支援ロボットシステムの開発

解答と解説

平成28年度 秋期 午後Ⅰ 問4

IPAによる出題趣旨・採点講評・解答例・解答の要点

出題趣旨（IPA公表資料より転載）

　生活支援ロボットの機能が向上し，様々な分野で利用が拡大しつつある。

　本問では，家庭内で移動しながら作業を行う生活支援ロボットを用いたシステムを題材として，システムアーキテクチャの決定，機能仕様の検討及び策定について，具体的な記述を求めている。移動型の生活支援ロボットを用いたシステムの開発という観点から，機能性，確実性，安全対策などの条件を考慮した機能仕様を策定するという，システムアーキテクトとしての能力を問う。

採点講評（IPA公表資料より転載）

　問4では，生活支援ロボットシステムを例にとり，システムアーキテクチャの決定，機能仕様の策定について出題した。全体として正答率は高かった。

　設問2 (2)では，データ照合をサーバで行う理由を問うたが，正答率が低かった。システムの要件及び構成を十分把握した上で解答してもらいたかった。

　設問2 (3)では，受け取った配達物が在庫管理対象品の場合に，サーバがロボットに指示する動作を問うた。"在庫管理"との誤った解答が散見されたが，ロボットは対象品をトレイに移し，入庫数をカウントすることを問題文から読み取ってほしかった。

　設問4では，配達物受取機能実施中に，遠隔操縦機能を受け付けないようにした理由を問うた。理由ではなく，表面的な事象を述べた解答が散見されたが，そのような処理を行わない場合，どのような不具合が生じるかを考えた上で解答してほしかった。

　システムアーキテクトとして，システム要件をよく理解して，機能仕様を策定するように心掛けてほしい。

設問			解答例・解答の要点	備考
設問1	(1)	a	承諾を求め	
	(2)		遠隔操縦者がモバイル端末から離れたときに，他人に操縦されることを防ぎたいから	
設問2	(1)		トレイの収納時と引出し時の重量の差を求め，入庫数で割る。	
	(2)		伝票番号がサーバにあり，テレビドアホンの映像の処理も行うから	
	(3)	b	トレイに移替え	
設問3	(1)		対象物の形状認識・把持制御部	
	(2)	問題	区別できずに保管場所を取り違える。	
		対策	対象物に識別マークを付ける。	
設問4			新ロボットが実行中の配達物受取りが中断してしまうから	

357

第2部　午後Ⅰ対策

問題文の読み方のポイント

　本問は生活支援ロボットシステムに関する問題である。まだ実用化例は少なく，実際に触れた経験のある人も少ないシステムと思われるが，問題の内容は難しいものではない。機能仕様の採用理由等を尋ねる設問が幾つかあるが，もしその仕様を採用しなかったらどうなるかを想像すると，解答を導きやすい。

設問1

ポイント

　(1)は，空欄の前後の問題文から解答を推測しやすいが，システム仕様を詳細に検討して間違いがないか確認する。(2)は，最初しか顔認証を行わないとすれば，どのような問題が起こり得るか想像して解答を導く。

解説(1)

　〔新システムの追加機能の検討結果〕の「①遠隔操縦機能」を基に，遠隔操縦の可否に関する仕様をまとめると，次の決定表のようになる。

条件	操縦要求者の認証成功	Y	Y	Y	Y	N
	新ロボットの近くに人が存在	Y	Y	Y	N	－
	居住者の認証成功	Y	Y	N	－	－
	遠隔操縦を居住者が承諾	Y	N	－	－	－
動作	遠隔操縦開始	X	－	－	X	X
	遠隔操縦拒否を操縦要求者に通知	－	X	－	－	－

　また，

> 居住者の在宅時の遠隔操縦は，操縦の輻輳を避けるため居住者の承諾を得てから行う。（〜略〜）新ロボットが音声で居住者に　　a　　，返事を聞く。居住者に拒否された場合，新ロボットは，その旨を操縦要求者に返信する。

とあり，空欄　　a　　は遠隔操縦について居住者に承諾又は拒否の返事を求める内容であることが分かる。よって，空欄　　a　　には，「**承諾を求め**」が入る。

解説(2)

　操縦要求者の顔認証を遠隔操縦開始前の一度しか行わないとすると，認証後に操縦者が第三者と入れ替わって操縦できることになる。操縦者がモバイル端末から離れた隙に第三者に操作

358

演習5　生活支援ロボットシステムの開発

されるとか，本来の操縦者が意図的に第三者に操縦を任せるなどの問題が生じ得る。この問題を避けるため，1分ごとに顔認証を行って，本来の操縦者が継続的に操縦していることを確認するのである。

よって解答は，「**遠隔操縦者がモバイル端末から離れたときに，他人に操縦されることを防ぎたいから**」となる。

設問2

ポイント

(1)は，設問文に入庫数をカウントすることが書かれており，1個当たりの重量の算出方法を考える手掛かりとなる。(2)は，伝票番号の照合を新ロボットで行う場合と，サーバで行う場合のそれぞれの長所，短所を比較検討する。(3)は，配達された在庫管理対象品の取扱いなので，問題文から解答を導くことができる。

解説(1)

〔新システムの追加機能の検討結果〕の「②在庫管理機能」には，次のようにある。

> トレイには識別コードのラベルを貼付し，専用収納ボックスの収納位置及び**トレイ自体の重量も特定できる**ようにしておく。新ロボットは，専用収納ボックスからトレイを引き出したとき，及び収納するときに，**トレイを含む重量を量り**，そのデータをサーバに送信する。そのために，専用収納ボックスの近くに電子はかりを用意する。入庫時は，新ロボットが在庫管理対象品を1個ずつトレイに移し，**入庫数をカウントする**。

トレイ自体の重量，トレイを含む重量，入庫数が分かるので，トレイの在庫管理対象品1個当たりの重量は，(トレイを含む重量−トレイ自体の重量)÷(入庫数)で計算できる。

よって解答は，「**トレイの収納時と引出し時の重量の差を求め，入庫数で割る。**」となる。

解説(2)

〔新システムの構成〕の④には，次のようにある。

> ④　サーバには，新ロボット及びテレビドアホンからの映像の処理，居住者・操縦者・訪問者の顔認証，電子メールの送受信，在庫管理などの機能を追加する。

伝票番号の照合を新ロボット側で行うには，新ロボットにも映像処理機能を追加して，配達物の映像から貼付された伝票番号を認識する必要がある。新システムではサーバに映像処理機

359

第2部　午後Ⅰ対策

能を追加することになっているから，サーバと新ロボット双方に同じ機能をもたせるのは無駄であると考えられる。

なお，サーバ側で伝票番号の照合を行うには，新ロボットからサーバへ映像伝送する必要があるが，データ送受信機能を利用できるので問題はない。

よって解答は，「**伝票番号がサーバにあり，テレビドアホンの映像の処理も行うから**」となる。

解説（3）

〔新システムの追加機能の検討結果〕の「④配達物受取機能」には，次のようにある。

> サーバは，受け取った配達物が在庫管理対象品であることを確認した場合，新ロボットに対し，開封し，　　b　　するよう指示する。

在庫管理対象品の取扱いについて，「②在庫管理機能」には，次のようにある。

> 在庫管理は，在庫管理対象品を，あらかじめサーバの在庫管理マスタに登録し，専用収納ボックスのトレイに1品目ずつ保管する。

したがって，在庫管理対象品を受け取った場合，新ロボットはそれを開封して，専用収納ボックスのトレイに保管すればよい。よって解答は，「**トレイに移替え**」となる。

設問3

ポイント

（1）は，表3の各項目について，その機能を一つずつ確認していけば，物の判別に使える項目は比較的容易に分かる。（2）は，新ロボットが物品の3次元形状と保管場所を対応付けていることを手掛かりとして，起こり得る問題と対策を考える。

解説（1）

〔新システムの追加機能の検討結果〕の「③片付け機能」には，次のようにある。

> 対象物の保管場所をあらかじめ定めておき，形状などを新ロボットに認識・記憶させておく。新ロボットは，片付け指示を受けると，近くの床面から順次，探索し，置かれている物を判別する。

360

演習5 生活支援ロボットシステムの開発

そこで**表3**を見ると，

対象物の形状認識・把持制御部	物の3次元形状を認識し，アームと二指ハンドの動かし方を判断してつかむ。認識した形状及びつかみ方を記憶し，以後，同じ物かどうかを判断する。

とあるから，これが床面に置かれている物を判別するときに用いる機能である。よって解答は，「**対象物の形状認識・把持制御部**」となる。

解説（2）

（1）で見たように，対象物の保管場所は，その形状と対応付けて管理される。対象物Aは保管場所X，対象物Bは保管場所Yに対応付けたとする。対象物AとBが同一形状で，両方とも床面に放置されているとすれば，新ロボットは両者を区別できないので，対象物Aを保管場所X又はYのどちらに片付けるべきか判断できずに間違える可能性がある。対象物Bも同様である。

対象物AとBが完全に同一のままでは区別しようがないので，識別マークを付けるなどして何らかの違いをもたせて，区別できるようにすればよい。よって解答は，問題は「**区別できずに保管場所を取り違える。**」，対策は「**対象物に識別マークを付ける。**」となる。

設問4

ポイント

新ロボットが配達物を受け取っている途中に，遠隔操縦が割り込んだらどうなるかを考えればよい。

解説

〔新システムの追加機能の検討結果〕の「④配達物受取機能」には，次のようにある。

テレビドアホンの映像をサーバに取り込み，定期的な配達物の場合は配達人の認証を行い，事前に連絡があった配達物は伝票番号と照合する。認証又は照合ができれば配達物受入所の扉を開錠し，配達物受入所に置くよう案内する。

配達物受取りでは，新ロボットと配達人のやり取りが発生する。もし，この機能の実施中に遠隔操縦機能を受け付ければ，配達物受取りの処理が中断されてしまい，配達人は配達物を引き渡すことができず不都合である。このような不都合を避けるため，配達物受取機能の実施中は遠隔操縦機能を受け付けないのである。よって解答は，「**新ロボットが実行中の配達物受取りが中断してしまうから**」となる。

361

第3部
午後Ⅱ対策

第1章

午後Ⅱ試験の攻略法

第1章では，午後Ⅱ試験の出題形式，時間配分，問題選択，論文作成
における注意事項など，午後Ⅱ試験攻略のポイントについて解説する。
併せて，過去問題の分析結果と，令和3年度春期試験の午後Ⅱ問2を
題材にした論文作成の具体例を説明する。

学習の前に

午後Ⅱ試験攻略のポイント　1.1

過去問題分析　1.2

論文作成例　1.3

アクセスキー　2
（数字のに）

第3部　午後Ⅱ対策

学習の前に

学習の題材は，令和3年度春期の午後Ⅱ試験の問題である。

● 論文作成の具体例

　本章では，論文を完成させるまでの一連の流れを，具体例を交えて説明する。十分な学習時間を確保して，説明している内容を身につけよう。

● 学習の進め方

　学習に際しては，特に次の3点に注意して取り組むと効果的である。

- 設問の要求事項の把握

　　設問には記述しなければならない事項が示されている。要求事項を正しく把握する。

- ストーリー作成

　　合格できる論文を書くためには，論文の骨格となるストーリーを作成する。

- 論文を手書きする訓練

　　試験本番を想定して，120分以内で論文を完成できるように，手書きで訓練する。

364

1.1　午後II試験攻略のポイント

1.1 午後II試験攻略のポイント

　午後II試験は，システムアーキテクトとしての実践能力を評価することを目的としている。「情報システム」又は「組込みシステム・IoTを利用したシステム」（以下第3部において「組込み・IoTシステム」という）の開発における，分析，設計，テストなどのテーマに沿って，論述式で解答する。論述に慣れていない受験者にとってみると，論述式の午後II試験は，難しい試験であると考えてしまうかもしれない。しかし，論述式の試験であっても「有効な攻略法」があり，「合格できる論文」を書くことができる。本節では，「合格できる論文」の作成術を紹介する。

1.1.1 午後II試験の出題形式

　午後II試験の出題形式は，次のようになっている。

試験時間	120分（14：30～16：30）
出題数／解答数	3問出題／1問解答
問題文の分量（1問当たり）	1ページ
設問数（1問当たり）	3（設問ア，イ，ウ）
解答字数	設問ア：800字以内 設問イ：800字以上1,600字以内 設問ウ：600字以上1,200字以内

　設問ア，イ，ウごとに，決められた解答字数の範囲で，指定された答案用紙（原稿用紙）に記述する。決められた解答字数の上限を超えて記述することはできない。

1.1.2 論文の記述方法

　試験開始の合図と同時に論文を書き始めても，合格できる論文を書くことは難しい。論文の構成や内容を十分検討してから記述することを，筆者はお勧めする。筆者が受験するときは，試験時間の120分のうち約30分を論文の構成や内容を検討するために使い，残りの時間で論文を記述している。筆者が実践している時間配分は，次のとおりである。

第3部　午後Ⅱ対策

項　目	時　間	備　考
(1) 注意事項の確認	0分	試験開始前の確認
(2) 受験番号の記入	1分	
(3) 問題の選択	5分	
(4) ストーリー作成	20分	
(5)「論述の対象とする計画策定又はシステム開発の概要」,「論述の対象とする製品又はシステムの概要」の記入	4分	
(6) 本文の記述 (設問ア, イ, ウ)	85分	論文の本体。内訳は後述
(7) 見直し・微調整	5分	

次に，表に示した項目について，具体的な取り組み方を説明する。

(1) 注意事項の確認

　試験開始前に問題冊子が配付されるので，表紙と裏表紙に書かれている**注意事項を読む**。注意事項が変更されることは少ない。ただし，変更される可能性もあるので，念のため確認しておく。答案用紙も試験開始前に配付されるので，答案用紙の表紙と裏表紙にも目を配ろう。

(2) 受験番号の記入

　試験開始の合図があったら，**最初に受験番号を記入する**。受験票を見ながら正確に記入しよう。

(3) 問題の選択

　午後Ⅱ試験は問題文・設問ともに短いため，問題文・設問を全て読む。問題選択においては特に設問に留意する。IPAが公表している「試験要綱 Ver. 4.6」(*1) には，午後Ⅱ (論述式) 試験の評価方法として次のような記述がある。

*1　https://www.jitec.ipa.go.jp/1_13download/youkou_ver4_6.pdf

設問で要求した項目の充足度，論述の具体性，内容の妥当性，論理の一貫性，見識に基づく主張，洞察力・行動力，独創性・先見性，表現力・文章作成能力などを評価の視点として，論述の内容を評価する。また，問題冊子で示す"解答に当たっての指示"に従わない場合は，論述の内容にかかわらず，その程度によって評価を下げることがある。

　「設問で要求した項目の充足度」が最初に示されており，最重要の評価の視点になっているのではないかと筆者は考えている。設問で要求されている項目（以下，「設問の要求事項」という。詳細は「(4) ストーリー作成」で説明）は全て論述しなければならない。一方，設問の要求事項以外のことを論述しても得点に対する寄与は小さいであろう。
　したがって，「自身が携わっている業務や自身に関連している業務がテーマである」という理由だけで問題を選択してはいけない。**全ての設問の要求事項を2,600字程度で論述できるかどうか**を考えて，問題を選択しなければならない。特に，品質や生産性など数値的な指標の記述が設問の要求事項になっている場合は要注意である。要求されている指標と結果を定量的に論述できるかどうかによって，論文の評価が大きく変わってくると考えられる。論述の途中で問題を変更することは時間的に無理なので，慎重に問題を選択しよう。
　システムアーキテクト試験は，「情報システム」に携わる技術者と「組込み・IoTシステム」に携わる技術者を対象として実施される。午後Ⅱ試験の問題も「情報システム」，「組込み・IoTシステム」それぞれを意識した問題が出題される。過去に実施された12回の午後Ⅱ試験では，問1と問2が「情報システム」，問3が「組込みシステム」の問題であった。この出題傾向が続く限り，「組込み・IoTシステム」を選択する受験者は，問3を選択することになり，問題選択が不要である。

(4)ストーリー作成
　「設問の要求事項」とは，設問ア～ウの文章中で「述べよ」と指示されている事項である。ここでは，令和3年度春期の午後Ⅱ試験の問2「情報システムの機能追加における業務要件の分析と設計について」を例として説明する（問題文は383ページに掲載）。この問題では次のような設問の要求事項となっている。

設問	設問の要求事項
ア	・業務の概要 ・情報システムの概要 ・機能追加が必要になった背景 ・対応が求められた業務要件
イ	・業務要件の分析の視点 ・分析の結果 ・設計内容
ウ	・設計における工夫点 ・工夫をした目的

　問題文を参考にしながら，ストーリーを作成する。具体的には，**設問の要求事項に対応させて記述する内容を問題冊子の〔メモ用紙〕などの余白を利用して書き出す**。書き出す項目や様式は任意でよいが，書き出した内容を見ながら，**手を止めることなく本文を記述できる程度の情報量が必要**である。

　問題文には，設問の要求事項に関して説明や具体例が示されていることが多く，ストーリーを作成するときに参考にできる。説明や具体例は，箇条書きで示されていたり，問題文に埋め込まれていたりする。ただし，全ての設問の要求事項に対応して説明や具体例が示されているとは限らない。令和3年度春期の午後Ⅱ問2設問ウでは，次のように示されている。

・設問の要求事項

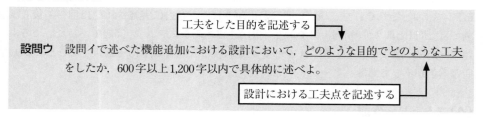

1.1 午後Ⅱ試験攻略のポイント

・設問の要求事項の具体例（問題文）

工夫をした目的

このような設計では，例えば次のような設計上の工夫をすることも重要である。
　・対外発表前にマスタを準備するために，契約形態のマスタに適用開始日時を追加し，適
　　用開始前には新サービスを選択できないようにしておく。　← 設計における工夫点
　・他のシステムに影響が及ばないようにするために，外部へのインタフェースファイルを
　　従来と同じフォーマットにするための変換機能を用意する。　← 設計における工夫点

工夫をした目的

　ストーリー作成に際して，問題文には，設問の要求事項に関連する記述以外に注目すべ
き箇所がある。具体的には，「システムアーキテクトは○○する」，「○○しなければならな
い」，「○○が重要である」，「○○する必要がある」のように記述されている「○○」の部分
である。以下に，過去問題の該当する部分を三つ紹介する。

・注目箇所（問題文）

　優れたユーザビリティを実現するためには，利用者がストレスを感じないユーザイ
ンタフェース（以下，UIという）を設計することが重要である。

重要と示されている

[令和元年度 秋期 午後Ⅱ 問1]

　このような場合，システムアーキテクトは，業務からのニーズを分析した上で，ど
のような情報を提供するかを検討する必要がある。

必要と示されている

[平成30年度 秋期 午後Ⅱ 問1]

　システムアーキテクトは，利用者も含む関連部門へのヒアリングによって必要な情
報を収集する。

収集と示されている

[平成29年度 秋期 午後Ⅱ 問1]

369

第3部　午後Ⅱ対策

　「○○」は，試験委員（出題者）が受験者（システムアーキテクト）に対して期待している
行動や考え方であり，論述における重要なポイントであると筆者は考えている。
　問題文の末尾には，「あなたの経験と考えに基づいて，設問ア～ウに従って論述せよ」とい
う指示があり，「私は，こう考える」という主体的な表現でストーリーを検討する。ストー
リー全体を確認し，論旨の展開に違和感がなければストーリーは完成である。

(5)「論述の対象とする計画策定又はシステム開発の概要」，「論述の対象とする 製品又はシステムの概要」の記入

　本文の記述とは別に，午後Ⅱ試験では，「論述の対象とする計画策定又はシステム開発
の概要」もしくは「論述の対象とする製品又はシステムの概要」を記入しなければならない。
選択する問題に応じて記入する「概要」が次のように指定されている。

問題	記入する「概要」
問1，問2	論述の対象とする計画策定又はシステム開発の概要
問3	論述の対象とする製品又はシステムの概要

　「概要」は次ページ以降に示すような様式になっており，答案用紙の表紙の次につづられ
ている。幾つかの項目は事前に準備できるので，「論述の対象とする計画策定又はシステ
ム開発の概要」，「論述の対象とする製品又はシステムの概要」は4分もあれば記入できる。
平成3年度の春期試験から「概要」の様式が一部変更されている。

370

1.1 午後Ⅱ試験攻略のポイント

論述の対象とする計画策定又はシステム開発の概要（ 問1 又は 問2 を選択した場合に記入 ）

質問項目	記入項目
計画又はシステムの名称	
①名称 30字以内で， 分かりやすく簡潔に 表してください。	（空欄マス目） 【例】1. 生産管理システムと販売管理システムとの連携計画 2. セキュリティシステムと連動した勤怠管理システム 3. 商社におけるキャッシュレス化を指向した社内出納業務システム
対象とする企業・機関	
②企業・機関などの種類・業種	1. 建設業　2. 製造業　3. 電気・ガス・熱供給・水道業　4. 運輸・通信業 5. 卸売・小売業・飲食店　6. 金融・保険・不動産業　7. サービス業　8. 情報サービス業 9. 調査業・広告業　10. 医療・福祉業　11. 農業・林業・漁業・鉱業 12. 教育（学校・研究機関）　13. 官公庁・公益団体　14. 特定しない 15. その他（　　　　　　　　　　　　）
③企業・機関などの規模	1. 100人以下　2. 101～300人　3. 301～1,000人 4. 1,001～5,000人　5. 5,001人以上　6. 特定しない　7. その他
④対象業務の領域	1. 経営・企画　2. 会計・経理　3. 営業・販売　4. 生産　5. 物流 6. 人事　7. 管理一般　8. 研究・開発　9. 技術・制御　10. 特定しない 11. その他（　　　　　　　　　　　　）
システムの構成	
⑤システムの形態と規模	1. クライアントサーバシステム　（サーバ 約　　　台，　クライアント約　　　台） 2. Webシステム　ア.（サーバ約　　　台，　クライアント約　　　台）　イ. 分からない 3. メインフレーム又はオフコン（約　　　台）　及び端末（約　　　台）　によるシステム 4. その他（　　　　　　　　　　　　）
⑥ネットワークの範囲	1. 他企業・他機関との間　2. 同一企業・同一機関の複数事業所間　3. 単一事業所内 4. 単一部門内　5. なし　6. その他（　　　　　　　　　　　　）
⑦システムの利用者数	1. 1～10人　2. 11～30人　3. 31～100人　4. 101～300人　5. 301～1,000人 6. 1,001～3,000人　7. 3,001人以上　8. 特定しない　9. その他（　　　　　）
計画策定又はシステム開発の規模	
⑧総工数	（約　　　人月）
⑨総額	（約　　　百万円）　（ハードウェア　　　の費用を　ア. 含む　イ. 含まない） （ソフトウェア, パッケージ　　　の費用を　ア. 含む　イ. 含まない） （サービス　　　の費用を　ア. 含む　イ. 含まない）
⑩期間	（　　　年　　　月）～（　　　年　　　月）
計画策定又はシステム開発におけるあなたの立場	
⑪あなたが所属する企業・機関など	1. ソフトウェア業・情報処理・提供サービス業など　2. コンピュータ製造・販売業など 3. 一般企業などのシステム部門　4. 一般企業などのその他の部門 5. その他（　　　　　　　　　　　　）
⑫あなたの担当業務	1. 情報システム戦略策定　2. 企画　3. 要件定義　4. システム設計　5. ソフトウェア開発 6. システムテスト　7. 導入　8. 運用・評価　9. 保守 10. その他（　　　　　　　　　　　　）
⑬あなたの役割	1. 全体責任者　2. チームリーダ　3. チームサブリーダ　4. 担当者 5. 企画・計画・開発などの技術支援者　6. その他（　　　　　　　　　）
⑭あなたが所属するチームの人数	（約　　　～　　　人）
⑮あなたの担当期間	（　　　年　　　月）～（　　　年　　　月）

371

第3部　午後II対策

論述の対象とする製品又はシステムの概要（ 問3 を選択した場合に記入）

質問項目	記入項目
製品又はシステムの名称	
①名称 　30字以内で, 　分かりやすく簡潔に 　表してください	（空欄マス目） 【例】1. 自動車制御及びナイトビジョン制御を統合した予測安全システム 　　　2. 料理運搬用エレベータの制御システム 　　　3. 魚釣りに使用されるマイコン内蔵型電動リール
対象とする分野	
②販売対象の分野	1. 工業制御・FA機器　2. 通信機器　3. 運輸機器　4. AV機器 5. PC周辺機器・OA機器　6. 娯楽・教育　7. 個人用情報機器 8. 医療・福祉機器　9. 設備機器　10. 家電製品 11. その他業務用機器　12. その他計測機器　13. その他（　　　　　　　　　　）
③販売計画・実績	1. 1点物　2. 1,000台未満　3. 1,000～10万台　4. 10万1～100万台 5. 100万1台以上　6. その他（　　　　　　　　　）
④利用者	1. 専門家　2. 不特定多数　3. その他（　　　　　　　　　　　）
製品又はシステムの構成	
⑤使用OS（複数選択可）	1. ITRON仕様　2. T-kernel仕様　3. ITRON仕様・T-kernel仕様以外のTRON仕様 4. Linux　5. Linux以外のPOSIX/UNIX仕様　6. 組込み用Windows 7. 組込み用Windows以外のWindows　8. Android・iOS　9. 自社独自のOS 10. その他（　　　　　　　　　）　11. 使用していない
⑥ソフトウェアの行数	1. 新規開発行数（約　　行）　2. 全行数（新規開発と既存の合計）（約　　行）
⑦使用プロセッサ個数	1. 8ビット（　個）2. 16ビット（　個）3. 32ビット（　個） 4. 64ビット（　個）5. DSP（　個）6. その他（　　　）（　個）
製品又はシステム開発の規模	
⑧開発工数	（約　　人月）
⑨開発費総額	（約　　百万円）
⑩開発期間	（　　年　　月）～（　　年　　月）
製品又はシステム開発におけるあなたの立場	
⑪あなたが所属する企業・機関 　などの種類・業種	1. 組込みシステム業　2. 製造業　3. 情報通信業　4. 運輸業　5. 建設業　6. 医療・福祉業 7. 教育（学校・研究機関）　8. その他（　　　　　　　　　　）
⑫あなたの役割	1. プロダクトマネージャ　2. プロジェクトマネージャ　3. ドメインスペシャリスト 4. システムアーキテクト　5. ソフトウェアエンジニア　6. ブリッジエンジニア 7. サポートエンジニア　8. QAスペシャリスト　9. テストエンジニア 10. その他（　　　　　　　　　）
⑬あなたの所属チーム	チーム名（　　　　　　　　　）　チームの人数（約　　人）
⑭あなたの担当期間	（　　年　　月）～（　　年　　月）

372

1.1　午後Ⅱ試験攻略のポイント

　「論述の対象とする計画策定又はシステム開発の概要」，「論述の対象とする製品又はシステムの概要」の幾つかの項目について，記述する際の注意事項を説明する。令和3年度の春期試験から，問題冊子の裏表紙にある注意事項の6（2）に，「項目に答えていない又は適切に答えていない場合（項目と本文のシステムが異なる，項目間に矛盾があるなど）は減点されます」と明示されるようになった。矛盾が生じないように「概要」を記述しなければならない。

●「論述の対象とする計画策定又はシステム開発の概要」

質問項目	記入する際の注意事項
計画又はシステムの名称	事例を準備しておく。筆者は，どの試験区分の受験に際しても3例ほど準備している。
対象とする企業・機関	
システムの構成	事例に合わせて構成を調べておく。
計画策定又は システム開発の規模	規模そのものは，評価と無関係である。ただし，論文の内容と矛盾してはいけない。
計画策定又は システム開発における あなたの立場	情報システムに携わるシステムアーキテクトの業務と役割は，IPAが次のように公表している（「試験要綱Ver.4.6」からの抜粋）。 ・情報システム戦略を具体化するために，全体最適の観点から，対象とする情報システムの構造を設計する。 ・全体システム化計画及び個別システム化構想・計画を具体化するために，対象とする情報システムの開発に必要となる要件を分析，整理し，取りまとめる。 ・対象とする情報システムの要件を実現し，情報セキュリティを確保できる，最適なシステム方式を設計する。 情報システムに携わるシステムアーキテクトは，システム構造を設計する人物，要件の分析・実現をする人物，システム方式を設計する人物ということであるから，「あなたの担当業務」としては，「要件定義」，「システム設計」が適切である。「あなたの役割」については，「全体責任者」，「チームリーダ」が適切である。

第3部

第1章

午後Ⅱ試験の攻略法

373

第3部　午後Ⅱ対策

●「論述の対象とする製品又はシステムの概要」

質問項目	記入する際の注意事項
製品又はシステムの名称 対象とする分野	事例を準備しておく。筆者は，どの試験区分の受験に際しても3例ほど準備している。
製品又はシステムの構成	事例に合わせて構成を調べておく。
製品又は システム開発の規模	規模そのものは，評価と無関係である。ただし，論文の内容と矛盾してはいけない。
製品又はシステム開発に おけるあなたの立場	組込み・IoTシステムに携わるシステムアーキテクトの業務と役割は，IPAが次のように公表している（「試験要綱Ver.4.6」からの抜粋）。 ・組込みシステム・IoTを利用したシステムの企画・開発計画に基づき，対象とするシステムの機能要件，技術的要件，環境条件，品質要件を調査・分析し，<u>機能仕様を決定する</u>。 ・機能仕様を実現するハードウェアとソフトウェアへの機能分担を検討して，最適な<u>システムアーキテクチャを設計し</u>，<u>ハードウェアとソフトウェアの要求仕様を取りまとめる</u>。 組込み・IoTシステムに携わるシステムアーキテクトは，機能仕様を決定する人物，システムアーキテクチャを設計する人物，ハードウェアとソフトウェアの要求仕様を取りまとめる人物ということであるから，「あなたの役割」としては，「システムアーキテクト」が適切である。

（6）本文の記述
● 記述量

　問題冊子の裏表紙にある注意事項の6（3）に，以下の指示があり，設問イと設問ウには，記述する字数の下限が明示されている。記述量が評価の対象ではないので，必要以上に多く記述する必要はないが，設問イと設問ウについては，下限の字数より多く記述しなければならない。

> 　"本文"は，設問ごとに次の解答字数に従って，それぞれ指定された解答欄に記述してください。
> ・設問ア：800字以内
> ・設問イ：800字以上1,600字以内
> ・設問ウ：600字以上1,200字以内

　本文を記述する答案用紙は，1行25字，見開き1ページ32行という様式になっていて，見開き1ページに800字記述できる。記述中の「字下げ」や「行の途中で段落が終わった後の空白のマス目」などを考慮すると，設問ごとに，以下の字数と時間を目標にしておきたい。

374

設問	目標字数	答案用紙での目安	目標時間(*1)
ア	750字	見開き1ページで数行の空白が残る程度	20分
イ	1,000字	見開き2ページ目の1/6までが埋まる程度	40分
ウ	800字	見開き1ページが全て埋まる程度	25分

*1 時間配分のところで説明した本文の記述時間85分を，設問ごとの字数で按分。設問アは，「システムの概要」など一部を事前に準備しておくことができるため，短めの目標時間としている。

　ストーリー作成で準備した内容を全て記述しても字数が不足した場合，下限の字数を超えるようにするために，文章を追加しなければならなくなる。後で追加する部分はストーリーに含まれておらず，つじつまが合わなくなったり，設問の要求事項ではなかったりして，論文の評価に寄与しないと考えられる。**字数不足にならないように，記述の途中でストーリーを多少修正したり，意識的に記述量を増やしたりするなど，注意しながら書き進めたい。**

● 記述様式
　答案用紙には，試験委員（採点者）に「読んでいただく」という気持ちで，読みやすく，かつ丁寧に読みやすい文字で記述する。筆者は以下のように論文を記述している。なお，具体例は，「1.3　論文作成例」と第2章，第3章に示した解答（論文事例）を参照してほしい。

・見出しの追加
　読みやすい論文にするためには，見出しを付けることが必須である。筆者は，**設問の要求事項をそのまま見出しに採用している。**

・原稿用紙の使い方
　筆者が実践している原稿用紙の使い方は次のとおりである。

- 項目番号を付けた見出しを付ける
- 段落の最初は1文字分，字下げをする
- 英字や数字も1文字1マスで記述する

・論旨の展開
　最初に結論を簡潔に述べて，説明が続くという表現が分かりやすいといわれている。ただし，あまり意識し過ぎると記述しにくくなる場合もあるので，結論を先に述べることに固執しなくてもよい。

第3部　午後Ⅱ対策

丁寧に記述するのは意外と難しい。筆者は，複数の試験区分で25回以上論述式の試験を受験している。設問アを書き始めるときは「丁寧に」を心掛けていても，途中から普段の文字に変わってしまっていることが多い。筆者は自分の字は美しい方ではないと考えている。それでも何度も合格しているので，文字が汚いというだけで不合格ということはない。

● 記述ポイント

次のような事項に注意しながら書き進めてほしい。

・設問ア

設問アの要求事項には，毎回のように定番で要求される事項と，問題に応じて個別に要求される事項がある。定番で要求される事項としては，「業務の概要」，「システムの概要」などが考えられる。令和3年度春期の午後Ⅱ試験の設問アでは，次のようになっている(問題文は383，401，511ページに掲載)。

問	定番で要求される事項	個別に要求される事項
ア	・対象の業務 ・情報システムの概要	・アジャイル開発を選択した理由
イ	・対象の業務 ・情報システムの概要	・機能追加が必要になった背景 ・対応が求められた業務要件
ウ	・組込み・IoT システムの概要	・接続先の端末機器 ・ネットワークの概要 ・ネットワーク化の目的

設問アに記述できるのは800字以内であるので，<u>定番で要求される事項の内容を多く記述すると，設問の要求事項を全て書ききれないことがある</u>。記述量に注意しながら書き進めたい。

・設問イ

設問イは800字以上記述しなければならない。設問イは論文の中核になる部分であり，作成したストーリーも相応の量になっているはずである。筆者の場合，論述の中心となる事項を二つ程度記述すれば，おおむね目標字数に達している。

ストーリーの作り込みが不十分であると，字数不足になる可能性が高いため，**設問イについては意識的に多くストーリーを作成しておきたい**。一方，ストーリーが十分に作成できた場合，ストーリーとして準備した内容を全て記述すると，設問ウを記述する時間が不足する可能性がある。経過時間を確認しながら設問イを書き進めてほしい。

376

・設問ウ

設問ウについても，設問イと同様に論文の中核となる内容の記述が要求されるため，**相応のストーリーを作っておく必要がある。**

(7) 確認・微調整

本文の記述が終了したら，まず，答案用紙に受験番号を正しく記入しているか，選択した問題の問題番号に○印を付けているかを確認する。次に，本文全体に目を通して誤字，脱字の修正や汚い文字の修正を行う。残り時間は多くても5分程度のため，本文を書き直すことはしない。

最後に，ポイントをまとめておく。

- 定番で要求される事項は事前に準備する
- 過去問題を使って，手書きの練習をする
- 制限時間内に2,600字を手書きする速度感を身につける

受験者の多くは，普段キーボード入力によって文書を作成しているであろう。試験対策のために，鉛筆をもって紙に記述することに慣れておきたい。

第3部　午後Ⅱ対策

1.2 ・ 過去問題分析

　過去に出題された午後Ⅱ試験の全ての問題について，情報システムの問題と組込み・IoTシステムの問題に分けて，問題を分析し，基本的な学習方針，問題選択における注意点などを述べる。

1.2.1　情報システムの問題

(1)問題の出題分野
　これまでに出題された情報システムの問題は24問ある。出題分野ごとの出題数の推移は次のようになっている。

（単位：問）

	年度	R3	R1	H30	H29	H28	H27	H26	H25	H24	H23	H22	H21	計
	要件定義	1			1				1				1	4
設計	業務	1		1		1	1	1						5
	アーキテクチャ									1	1			2
	機能				1			1		1		1		4
	インタフェース		1											1
	方式						1							1
	コード											1		1
	移行					1							1	2
	テスト		1								1			2
	パッケージ			1										1
	その他[*1]								1					1

*1　平成25年度は「設計内容の説明責任」

　要件定義もしくは設計に関する問題が多数出題されていて，累計で18問の出題となっている。「情報システム」の問題を選択する受験者は，要件定義や設計に関して，業務経験の棚卸しと事例の調査などを十分にしておく必要がある。

　移行，テスト，パッケージなど，要件定義と設計以外の分野の出題数は少なく，今後も出題の頻度は低いと予想される。

378

1.2 過去問題分析

（2）特徴的な要求事項

設問の要求事項を的確に記述できる問題を選択することが重要であり，細心の注意を払って問題選択をしなければならない。過去の問題で特徴的な要求事項は次のようになっている。

設問	特徴的な要求事項	
ア	・想定した利用者及び利用シーン ・データを活用した情報の提供 ・柔軟性をもたせた機能の設計が必要になった背景 ・対象のコード ・アジャイル開発を選択した理由	・業務部門からの要求 ・サービス継続の方針 ・業務改善の目的 ・データ交換を利用する目的
イ	・重視したユーザビリティ ・効率的なテストのための区分けや配慮 ・検討プロセス ・柔軟性の対象にした業務ルール ・評価項目の重み付けの考え方 ・実現可能性	・データ交換における制約事項 ・理解してもらえるための説明の観点 ・テスト計画の重点確認項目 ・統一コードの整備方針 ・ヒアリングにおける留意点 ・並行運用期間中の課題
ウ	・設計プロセスにおける工夫 ・効率的なテスト結果の確認方法 ・意思決定者に判断してもらうための工夫 ・移行作業後の業務に支障が出ないようにするための工夫	・利用者の理解度を高める工夫 ・提示した評価項目 ・プレゼンテーションの工夫 ・デメリットの軽減方法

設問アでは，多くの場合，情報システムの概要，対象業務の概要などが要求事項の一つとなっている。例外的に，平成22年度問1では，設問アの要求事項が「業務改善の目的」と「対象のコード」だけであった。特徴的な要求事項だけで構成される問題が出題される場合もある。

設問イでは，設計とは直接関連しない要求事項が含まれていることがある。具体的には，「検討プロセス」，「評価項目の重み付けの考え方」，「理解してもらえるための説明の観点」，「ヒアリングにおける留意点」などが該当する。

設問ウでは，設問イの記述内容と関連する要求事項が問われることが多い。ただし，「設計プロセスにおける工夫」，「意思決定者に判断してもらうための工夫」，「プレゼンテーションの工夫」のように，設問イとは独立した特徴的な要求事項の場合もある。

（3）出題テーマ

これまでに出題された情報システムの問題のテーマは，次のとおりである。

第3部 第1章

午後Ⅱ試験の攻略法

379

第3部　午後II対策

年度	問	出題テーマ
R03	1	アジャイル開発における要件定義の進め方について
	2	情報システムの機能追加における業務要件の分析と設計について
R01	1	ユーザビリティを重視したユーザインタフェースの設計
	2	システム適格性確認テストの計画
H30	1	業務からのニーズに応えるためのデータを活用した情報の提供
	2	業務ソフトウェアパッケージの導入
H29	1	非機能要件を定義するプロセス
	2	柔軟性をもたせた機能の設計
H28	1	業務要件の優先順位付け
	2	情報システムの移行方法
H27	1	システム方式設計
	2	業務の課題に対応するための業務機能の変更又は追加
H26	1	業務プロセスの見直しにおける情報システムの活用
	2	データ交換を利用する情報システムの設計
H25	1	要求を実現する上での問題を解決するための業務部門への提案
	2	設計内容の説明責任
H24	1	業務の変化を見込んだソフトウェア構造の設計
	2	障害時にもサービスを継続させる業務ソフトウェア
H23	1	複数のシステムにまたがったシステム構造の見直し
	2	システムテスト計画の策定
H22	1	複数の業務にまたがった統一コードの整備方針の策定
	2	システム間連携方式
H21	1	要件定義
	2	システムの段階移行

　設計分野であっても，柔軟性をもたせた設計，データ交換を利用する設計，ソフトウェア構造の設計，連携方式の設計など，出題内容は幅広いことが分かる。

1.2.2　組込み・IoT システムの問題

（1）問題の出題分野

　これまでに出題された組込み・IoTシステムの問題は12問ある。出題分野ごとの出題数の推移は次のようになっている。

380

（単位：問）

年度		R3	R1	H30	H29	H28	H27	H26	H25	H24	H23	H22	H21	計
設計	アーキテクチャ					1		1			1			3
	方式			1								1		2
	インタフェース						1							1
	信頼性								1					1
	セキュリティ				1									1
その他 [*1]		1	1							1			1	4

*1 令和3年度は「組込みシステムのネットワーク化」，令和元年度は「デバッグモニタ機能」，平成24年度は「開発プロセスモデル」，平成21年度は「外部調達」

　設計に関する問題が12問中8問を占めるが，母数が少ないため，論述の対象となる設計の内容に偏りがあるとはいえない。設計以外の分野では，組込みシステムのネットワーク化，デバッグモニタ機能，開発プロセスモデル，外部調達の問題が出題されている。

　「組込み・IoTシステム」は出題範囲が広く，出題は1問に限られることから，自身が直接携わった分野の問題が出題されない可能性がある。経験の浅い分野の問題は論述しにくいため，事例などを幅広く調査しておきたい。

（2）特徴的な要求事項

　情報システムの問題と同様，組込み・IoTシステムの問題にも特徴的な要求事項があり，過去の問題では次のようになっている。

設問	特徴的な要求事項	
ア	・デバッグモニタ機能が必要になった経緯 ・データ量を増加させる機能・性能の要求 ・セキュリティリスクを特定する背景	・OSSの導入を検討した経緯 ・プラットフォームの導入目的 ・外部調達の課題
イ	・開発・検証・出荷後の各段階の想定 ・OSSと自社ソフトウェアの組合せにおける考慮点 ・将来発生すると想定した事態	・プロセスモデル採用に至る過程 ・採用したプロセスモデル ・プラットフォーム選択の比較項目
ウ	・未達事項などの問題 ・納入後における仕様決定の評価 ・機能分割を決定した経緯の追跡対応 ・考慮した事項の有用性の評価	・副次的に発生した利点 ・導入による副次的な利点 ・引き継がれていく経験

　設問アでは，組込み・IoTシステムや製品の概要がこれまでの問題で毎回問われている。一方，「デバッグモニタ機能が必要になった経緯」，「OSSの導入を検討した経緯」，「外部調達の課題」など，受験者の経験が限定されるような要求事項が含まれている場合もある。

第3部 午後Ⅱ対策

設問イにおいても，「OSSと自社ソフトウェアの組合せにおける考慮点」，「プラットフォーム選択の比較項目」のように特徴的な要求事項が含まれているが，設問アと関連のある事項の場合は，設問イも記述しやすいと考えられる。

設問ウでは，「副次的に発生した利点」が目立っている。

(3)出題テーマ

これまでに出題された組込み・IoTシステムの問題のテーマは，次のとおりである。

年度	問	出題テーマ
R03	3	IoTの普及に伴う組込みシステムのネットワーク化について
R01	3	組込みシステムのデバッグモニタ機能
H30	3	組込みシステムのAI利用，IoT化などに伴うデータ量増加への対応
H29	3	IoTの進展と組込みシステムのセキュリティ対応
H28	3	組込みシステムにおけるオープンソースソフトウェアの導入
H27	3	組込みシステム製品を構築する際のモジュール間インタフェースの仕様決定
H26	3	組込みシステムの開発における機能分割
H25	3	組込みシステムの開発における信頼性設計
H24	3	組込みシステムの開発プロセスモデル
H23	3	組込みシステムの開発におけるプラットフォームの導入
H22	3	組込みシステム開発におけるハードウェアとソフトウェアの機能分担
H21	3	組込みシステムにおける適切な外部調達

設計に関する問題は多いが，具体的に取り上げられている題材は毎回異なっている。今後も新しい題材の問題が出題されると予想できる。可能であれば，「組込み・IoTシステム」の問題を選択予定であっても，「情報システム」の問題にも対応できるように準備しておきたい。

1.3 ・ 論文作成例

　ここでは，令和3年度春期試験の午後Ⅱ問2を題材に，ストーリーと論文の作成例を紹介する。

　本節で紹介しているストーリーは，書籍として説明するため，かなり詳細な文章にしている。筆者が推奨する「問題選択とストーリー作成」のための時間配分の25分では，紹介している程度の詳細なストーリーを問題冊子の〔メモ用紙〕などに書き出すことは難しい。本試験においては，ストーリーを確認しながら本文の記述ができればよく，キーワードの列挙，短い箇条書き程度のストーリー作成で十分である。

問　情報システムの機能追加における業務要件の分析と設計について

- -

　現代の情報システムは，法改正，製品やサービスのサブスクリプション化などを背景に機能追加が必要になることが増えている。

　このような機能追加において，例えば，新サービスの提供を対外発表直後に始めるという業務要件がある場合，システムアーキテクトは次のように業務要件を分析し設計する。

1. 新サービスの特性がどのようなものなのかを，契約条件，業務プロセス，関連する情報システムの機能など様々な視点で分析する。
2. 新サービスは従来のサービスと請求方法だけが異なるという分析結果の場合，情報システムの契約管理機能と請求管理機能の変更が必要であると判断する。
3. 契約管理機能では，契約形態の項目に新サービス用のコード値を追加して，追加した契約形態を取扱い可能にする。同時に請求管理機能に新たな請求方法のためのコンポーネントを追加し，新サービスの請求では，このコンポーネントを呼び出すように設計する。

　このような設計では，例えば次のような設計上の工夫をすることも重要である。

・対外発表前にマスタを準備するために，契約形態のマスタに適用開始日時を追加し，適用開始前には新サービスを選択できないようにしておく。

・他のシステムに影響が及ばないようにするために，外部へのインタフェースファイルを従来と同じフォーマットにするための変換機能を用意する。

　あなたの経験と考えに基づいて，設問ア～ウに従って論述せよ。

- -

設問ア　あなたが携わった情報システムの機能追加について，対象の業務と情報システムの概要，環境の変化などの機能追加が必要になった背景，対応が求められた業務要

第3部　午後Ⅱ対策

件を，800字以内で述べよ。

設問イ　設問アで述べた機能追加において，あなたは業務要件をどのような視点でどのように分析したか。またその結果どのような設計をしたか，800字以上1,600字以内で具体的に述べよ。

設問ウ　設問イで述べた機能追加における設計において，どのような目的でどのような工夫をしたか，600字以上1,200字以内で具体的に述べよ。

1.3.1　設問ア

● 設問

設問ア　あなたが携わった情報システムの機能追加について，<u>対象の業務と情報システムの概要</u>，<u>環境の変化などの機能追加が必要になった背景</u>，<u>対応が求められた業務要件</u>を，800字以内で述べよ。

● 設問に対応する問題文

現代の情報システムは，<u>法改正，製品やサービスのサブスクリプション化など</u>を背景に機能追加が必要になることが増えている。

このような機能追加において，例えば，<u>新サービスの提供を対外発表直後に始めるという業務要件</u>がある場合，システムアーキテクトは次のように業務要件を分析し設計する。

● 設問の要求事項

設問の要求事項は，以下の4点である。

- 対象の業務
- 情報システムの概要
- 機能追加になった背景
- 対応が求められた業務要件

● ストーリー作成のポイント

設問の要求事項に対応させて解説する。

384

対象の業務

　特定の分野に関連したり，特定の利用者を想定したりする業務に限定されている問題ではないため，受験者が携わった任意の案件を取り上げることができる。設問アは記述できる字数が少ないため，機能追加になった情報システムに関連する業務を中心に記述すればよい。詳細な説明は要求されておらず，業務の内容が分かる程度で十分である。

情報システムの概要

　ハードウェア・ソフトウェアなど，具体的なシステムの構成に記述することもできるが，論文の中心となるテーマが「業務要件の分析と設計」であるため，業務要件の分析対象を踏まえて記述する内容を検討すればよい。

機能追加になった背景

　問題文の冒頭に「法改正」，「製品やサービスのサブスクリプション化」というシンプルな例が示されている。機能追加が必要になった背景であることが分かれば，どのような背景でもよく，背景を掘り下げて記述する必要はない。業務要件を分析し，分析結果に対応するための機能を設計するので，例えば，「追加機能が要求される」や「機能の改善が要求される」のような状況が生じる背景に触れておきたい。

対応が求められた業務要件

　設問イで記述が求められるものは，業務要件についての分析結果と業務要件に対応するための設計内容である。問題文中に例示されている業務要件は「新サービスの提供を対外発表前に始める」となっていて，業務要件そのものは複雑なものでなくてもよい。現状の情報システムでは，「業務要件に対応できない」，「業務要件を実現するために機能の修正が必要である」というような業務要件であることが必要で，設問イで適切な分析と設計を記述できるようにする。

● ストーリー

> **ア　対象の業務，情報システムの概要，追加機能が必要になった背景，対応が求められた業務要件**
>
> **アー1　対象の業務**
> - eラーニングシステムの運用管理業務
> - 顧客はeラーニングを専門とする人財育成サービスを担うA社
> - テクニカルスキルのeラーニングは自社開発
> - ヒューマンスキルやビジネススキルのeラーニングは協業他社の教材を利用
> - A社のeラーニングシステムを開発したのはシステムインテグレータP社

第3部　午後Ⅱ対策

- 自身の立場は，P社に所属するシステムアーキテクト

アー2　情報システムの概要
- クラウドシステム上にWebサーバとDBサーバを配置し，eラーニングの利用者へはWebサーバから配信
- 顧客情報，販売情報などはDBサーバに蓄積
- eラーニングの利用者はDBサーバへ直接アクセスできない
- クラウドシステムの特長を活かし，負荷に応じてリソースを増強できるようになっている

アー3　機能追加が必要になった背景
- eラーニングの教材は多種多様化
- 教材ごとの課金管理，利用者のアカウント管理，利用者が申し込んだ教材の受講期限管理などが煩雑化
- 要員確保が難しく，管理のための負荷を軽減したいというA社の要望
- 年度替わりの4月からサブスクリプションサービスを開始する

アー4　対応が求められた業務要件
- 社外に大々的に告知しているため，サービス開始時期を遅らせることはできない
- サブスクリプション化によって，一定額の利用料金で一定期間，どの教材も自由に受講できるようにする

● 記述上のポイント

　設問アの要求事項が4点あり，設問アの記述を全体で800字以内にまとめなければならないため，それぞれの要求事項を200字程度にまとめれば十分である。いずれかの要求事項を多く記述すると，その他の要求事項を書ききれなくなる可能性がある。特に，「対応が求められた業務要件」にはある程度の字数が必要と考えられ，設問アの最後の部分に記述する場合は，答案用紙が不足しないように「対応が求められた業務要件」以外の要求事項の記述量に注意しなければならない。

386

● 解答例

ア　対象の業務，情報システムの概要，追加機能が必要になった背景，対応が求められた業務要件

ア－1　対象の業務

　私は，システムインテグレータのP社に所属するシステムアーキテクトである。論述の対象とする業務は，eラーニングを専門とする人財育成サービスを手掛けるA社のeラーニングシステムの運用管理業務である。

　A社が提供するeラーニングは，自社開発の教材と協業他社の教材が混在している。

ア－2　情報システムの概要

　eラーニングシステムは，クラウドシステム上のWebサーバとDBサーバから構成され，eラーニングの利用者へはWebサーバから教材が配信される。顧客情報や販売情報などはDBサーバに蓄積される。eラーニングの利用者はDBサーバへ直接アクセスできない。eラーニングシステムは，クラウドシステムの特長を活かし，負荷に応じてリソースを増強できるようになっている。

ア－3　機能追加が必要になった背景

　eラーニングの教材は多種多様化しており，教材ごとの課金管理，利用者のアカウント管理，利用者が申し込んだ教材の受講期限管理などが煩雑化している。A社は要員確保が難しく，管理のための負荷を軽減したいという要望をもっている。A社は，年度替わりの4月からサブスクリプションサービスを開始することを決定している。

ア－4　対応が求められた業務要件

　A社は，社外に広く告知しているため，サービス開始時期を遅らせることはできない。サブスクリプション化によって，一定額の利用料金で一定期間，どの教材も自由に受講できるようにすることが必要である。私は，eラーニングシステムの開発を取りまとめることになった。

設問の要求事項ではないが，最初に自身の立場を説明。

顧客と業務を簡単に説明。

情報システムを簡単に説明。概要なので，情報システムの構成や特徴などを列挙。

機能追加が必要になった背景は，教材の多様化に伴う，管理の負荷軽減。

直接的な機能追加の背景ではないが，設計に影響を及ぼす要因の一つを説明。

対応が求められた業務要件は，「サービス開始時期の必達」と「定額受講を可能にすること」。

自身の役割についても簡単に説明。システムアーキテクトなので開発を取りまとめる。

第3部　午後II対策

1.3.2　設問イ

● 設問

設問イ　設問アで述べた機能追加において，あなたは業務要件をどのような視点でどのよう
　　　　に分析したか。またその結果どのような設計をしたか，800字以上1,600字以内で
　　　　具体的に述べよ。

● 設問に対応する問題文

　このような機能追加において，例えば，新サービスの提供を対外発表直後に始めるという
業務要件がある場合，システムアーキテクトは次のように業務要件を分析し設計する。
1. 新サービスの特性がどのようなものなのかを，契約条件，業務プロセス，関連する情
   報システムの機能など様々な視点で分析する。
2. 新サービスは従来のサービスと請求方法だけが異なるという分析結果の場合，情報シ
   ステムの契約管理機能と請求管理機能の変更が必要であると判断する。
3. 契約管理機能では，契約形態の項目に新サービス用のコード値を追加して，追加した
   契約形態を取扱い可能にする。同時に請求管理機能に新たな請求方法のためのコンポー
   ネントを追加し，新サービスの請求では，このコンポーネントを呼び出すように設計する。

● 設問の要求事項

設問の要求事項は，以下の2点である。

- 業務要件の分析
- 分析結果を踏まえた設計

● ストーリー作成のポイント

設問の要求事項に対応させて解説する。

業務要件の分析

　問題文に示されている分析・設計手順に則ってストーリーを作成する。分析については，
「契約条件，業務プロセス，関連する情報システムの機能など様々な視点で分析する」となっ
ていて，複数の視点で分析することが求められている。視点そのものについて例示に従う
必要はないが，少なくとも二つの視点について記述する必要がある。「分析結果に基づいて，
機能の追加，機能の修正などを設計する」という流れになるので，分析結果と設計内容が

388

矛盾しないように注意しなければならない。

分析結果を踏まえた設計

　まず，分析結果から何を対象として設計するのかを，理由を付けて明示する。設計対象を複数にすることは求められていない。一つの設計内容だけで適切な記述量を確保できるかどうかを見極め，複数の機能に関する設計内容に言及するかどうかを決定したい。設問ウで設計上の工夫点を述べるため，設問イで記述する内容と，設問ウで記述する内容を対応付けて，ストーリーを作成する。新たに作りこむ機能については，従来の情報システムとは疎結合で設計すると，既存の情報システムとの連携が良くなると考えられる。

● ストーリー

> ### イ　業務要件の分析，分析結果を踏まえた設計
> #### イー1　業務要件の分析
> 　契約条件；
> - 自社開発のeラーニングと外部ベンダのeラーニングの全てをサブスクリプションの対象とする
> - ただし，一部の外部ベンダのeラーニングについては，従来どおりの提供方法を継続しなければならない
>
> 　業務プロセス；
> - サブスクリプションの契約期間は1年，対象とするeラーニングの範囲により3種類の価格を設定
> - 契約期間は従来のeラーニングの提供期間と比較すると長い
> - 従来のeラーニングと同様に，サブスクリプションの開始・終了を設定すれば，申し込み方法は従来のシステムがそのまま利用できる
>
> 　関連する情報システムの機能；
> - eラーニングシステムへのログオンの際に，利用できるeラーニングの情報を適切に設定する必要がある
>
> #### イー2　分析結果を踏まえた設計
> - 請求方法は従来のシステムをそのまま使用できる
> - サブスクリプションの一つの科目コードに対して，複数のeラーニングが使用できるようになるため，認証後にeラーニングへアクセスする際に工夫が必要
> - 従来は契約したeラーニングと利用可能期間，利用者IDの対応付けをDBに登録しておく

第3部　午後Ⅱ対策

- 認証後にeラーニングをメニューから選択したときに，当該DBにアクセスし，eラーニングの利用可否を判断する
- サブスクリプションの場合，膨大なeラーニング科目の数だけDBに対応付けを登録するのは適切でない
- 利用者IDを基にサブスクリプションの契約者か否かを判断する
- サブスクリプションの契約者であれば，従来の利用可否判断を省略して，複数のeラーニングにアクセスできるようにするモジュールを追加する
- 以降は従来と同様のアクセス手段にてeラーニングを使用できる

● 記述上のポイント

　設問アと異なり，設問イの要求事項は2点だけである。字数不足に陥らず，800字以上記述できるように，事前に作成したストーリーを確認しながら書き進める必要がある。「業務要件の分析」と「分析を踏まえた設計」は同程度の記述量となると予想されるが，事前のストーリーで「分析を踏まえた設計」に対応する部分が少ないようであれば，「業務要件の分析」で少なくとも500字程度は記述するようにしておきたい。

1.3　論文作成例

● 解答例

イ　業務要件の分析，分析結果を踏まえた設計 イ－1　業務要件の分析 　私は，業務要件を，契約条件，業務プロセス，関連する情報システムの機能の側面から分析した。分析結果は次のとおりである。	問題文の記述を踏まえ，複数の側面から分析したことを説明。以下，側面ごとの分析結果を列挙。
（1）契約条件 　自社開発のeラーニングと外部ベンダのeラーニングの全てをサブスクリプションの対象とする。ただし，一部の外部ベンダのeラーニングについては，従来どおりの提供方法を継続しなければならない。	契約条件の側面の分析結果は，「全eラーニングを対象とすること」と「一部は対象外とすること」。
（2）業務プロセス 　A社は，サブスクリプションの契約期間は1年固定とし，対象とするeラーニングの範囲により3種類の価格を設定することを決定している。契約期間は従来のeラーニングの提供期間と比較すると長いものとなっている。	業務プロセスの側面の分析結果は，「契約期間が固定であること」と「3種類の価格を設定すること」。
ただし，従来のeラーニングと同様に，サブスクリプション期間の開始・終了を設定すれば，申し込み方法は従来のシステムがそのまま利用できることが判明した。	従来のeラーニングと同様の管理ができることが判明。
（3）関連する情報システムの機能 　eラーニングシステムへのログオンの際に，サブスクリプションの場合に，利用できるeラーニングの情報を適切に設定できるようにする必要がある。	関連する情報システムの側面の分析結果は，「サブスクリプションのeラーニングについてログオン時に利用可否が設定できること」。
イ－2　分析結果を踏まえた設計 　関連する情報システムを調査した結果，請求方法は従来のシステムをそのまま使用できることを確認した。私は，サブスクリプションにも一つの科目コードを設定することとし，当該科目コードに対して，複数のeラーニングが使用できるようにするため，認証後にeラーニングへアクセスする際の工夫が必要であると考えた。	設計上のポイントは，「一つの科目コードに対して，複数のeラーニングが対応付くため，利用可能となるeラーニングをコントロール可能なこと」。
従来は契約したeラーニングの科目コードと利用可能期間，利用者IDの対応付けをDBに登録しておいて，利用者の認証後，eラーニングをメニューから選択した	現状のeラーニングシステムにおける，アクセス対象のeラーニングをコントロールする方法（その1）。

391

ときに，当該ＤＢにアクセスし，ｅラーニングの利用可否を決定している。
　私は，サブスクリプションの場合，膨大なｅラーニング科目の数だけＤＢに対応付けを登録するのは適切でないと判断し，利用者ＩＤを基にサブスクリプションの契約者か否かを判断することとした。具体的には，サブスクリプションの契約者であれば，従来の利用可否の決定処理を省略して複数のｅラーニングにアクセスできるようにするモジュールを追加する。追加モジュールの処理以降は従来と同様のアクセス手段にてｅラーニングを使用できる。

現状のeラーニングシステムにおける，アクセス対象のeラーニングをコントロールする方法（その2）。

従来の方法が使用できないことの説明。

サブスクリプションとの紐付けは，利用者IDにて判断する設計。

サブスクリプションの利用者については，利用者の判定情報を利用し，従来の判定処理をバイパスする設計。

1.3 論文作成例

1.3.3 設問ウ

● 設問

設問ウ 設問イで述べた機能追加における設計において，どのような目的でどのような工夫をしたか，600字以上1,200字以内で具体的に述べよ。

● 設問に対応する問題文

このような設計では，例えば次のような設計上の工夫をすることも重要である。
・対外発表前にマスタを準備するために，契約形態のマスタに適用開始日時を追加し，適用開始前には新サービスを選択できないようにしておく。
・他のシステムに影響が及ばないようにするために，外部へのインタフェースファイルを従来と同じフォーマットにするための変換機能を用意する。

● 設問の要求事項

設問の要求事項は，以下の2点である。

- 設計に工夫をした目的
- 工夫した内容

● ストーリー作成のポイント

設問の要求事項に対応させて解説する。

設計に工夫をした目的

目的，工夫点とも問題文に示されている例を参考にストーリーを作成できる。目的については，「対外発表前にマスタを準備するため」，「他のシステムに影響が及ばないようにするため」という例になっていて，目的そのものは単純なものでよいと考えられる。設問イで記述した設計内容に目的が含まれる場合があるので，記述が重複しないように注意しなければならない。

工夫した内容

設問イで記述した設計を実現するために，設計における制約事項などを解消するという視点で記述できる。問題文の例で確認してみると，「契約形態のマスタに適用開始日時を追加し，適用開始前には新サービスを選択できないようにしておく」という工夫点は，新サー

393

第3部　午後Ⅱ対策

ビスへの切替えがスムーズに行えるようにする，「外部へのインタフェースファイルを従来と同じフォーマットにするための変換機能を用意する」という工夫点は，従来の情報システムに手を加える範囲を極力小さくするということを鑑みた工夫点と考えられる。

● ストーリー

ウ　設計に工夫をした目的と工夫した内容

- 新しい機能のため，テスト環境ではモジュールの連携部分についてテスト項目を追加し，十分なテストを実施する
- eラーニングは24時間利用可能なため，リリース日に機能拡張のためのモジュールを追加する
- システムに不具合が生じる可能性を極力小さくしたい
- 追加モジュールを事前に本番環境にも組み込んでおき，日時判定処理を追加する
- サービス開始前は，サブスクリプションサービスの対応をバイパスするようにしておく
- サービス開始後，一定期間はシステムをそのまま稼働させる
- 問題が生じないようであれば，3か月後を目途に，日時判定処理そのものを削除する
- 本番稼働後は，負荷を少しでも軽くするため，不要となる判定処理が実行されないようにする
- 日時判定処理そのものも別の独立したモジュールで実装し，該当モジュールを取り外しやすくしておく

● 記述上のポイント

設問イと同様，設問ウの要求事項は2点であるが，設問ウは600字以上記述すればよいので，字数不足に陥ることは少ないと考えられる。

「目的」と「工夫した内容」は，分けて記述しにくいため，一つの見出しとしてまとめて記述してもよい。ただし，「目的」と「工夫した内容」のそれぞれが試験委員（採点者）に伝わる必要があるため，実際の記述においては，何が「目的」で，「工夫した内容」が何かを明示することも検討したい。

394

1.3　論文作成例

● 解答例

ウ　設計に工夫をした目的と工夫した内容
　今回のサブスクリプション方式のeラーニングシステムについて，A社が社外に広く告知しているため，計画どおり年度初めの4月に，サービスを開始することが最重要である旨を，私は，A社の責任者から強く説明されていた。サブスクリプション方式のeラーニングシステムは新しい機能となるため，私は十分なテストが必要と考え，同様のシステムに比較して，テスト項目を約20％追加し，十分なテストを実施することとした。
　A社のeラーニングシステムは，新しい機能も含め24時間利用可能なシステムであるため，リリース日に機能拡張のために必要となるモジュールを追加する形式で設計している。切替え時刻は4月1日の0時である。深夜の時間帯であり，当該時刻にeラーニングを受講している利用者は少ないと考えられるが，過去の統計情報を参照するとゼロではない。
　私は，サブスクリプション方式のeラーニングシステムのリリースに際し，システムに不具合が生じることを極力小さくすることを目的に，機能追加のためのモジュールを，事前に本番環境のeラーニングシステムへ組み込んでおくこととした。組込み作業を回避することで，影響を小さくできると考えたからである。
　工夫点としては，サービス開始前にサブスクリプション方式の部分が使えないようにするため，私は，日時判定処理を追加し，サブスクリプション方式の部分をバイパスできるような設計を行った。サブスクリプション方式のサービス開始後は，一定期間eラーニングシステムをそのまま稼働させる。問題が生じていないことを確認して，3か月後を目途に，今後は利用する必要がない日時判定処理そのものを削除することとした。削除することによって，eラーニングシステムの性能面でもプラスの効果が期待できる。日時判定処理は，別の独立したモ

注釈（右側）

- 「工夫した目的」と「工夫した設計内容」を独立させて記述しにくいため，一つにまとめた見出しとした。
- 工夫する設計が必要になった背景。
- 新機能を追加することの品質確保に関する説明。
- 切替えは深夜に実施するが，切替え時にも利用者が存在することの説明。
- 「目的」という文言を使用して，設計に工夫を凝らすことになった目的であることを明示。
- 具体的な設計内容は，事前のモジュール組込み。
- 日時判定によりモジュールの稼働をコントロールする設計。「工夫」という文言を使用して，設計上の工夫点であることを明示。
- 安定稼働が確認できれば不要な処理は削除する設計。
- 日時判定処理は単独のモジュールとして削除しやすくする設計。

第3部　第1章　午後Ⅱ試験の攻略法

ジュールで実装しておき，日時判定処理の削除の際は，処理を呼び出す箇所の削除と，該当モジュールを取り外すことで対応できるような設計とした。

以上

日時判定処理の削除方法を説明。

「以上」を忘れないようにする。

1.3 論文作成例

1.3.4 IPAによる出題趣旨と採点講評

最後に，IPAが公表した出題趣旨と採点講評を掲載しておく。

出題趣旨（IPA公表資料より転載）

　法改正やサービスのサブスクリプション化などを背景に情報システムの機能追加が必要になることが増えている。

　システムアーキテクトは，このような情報システムの機能追加において，要件を対象業務の制約条件，業務プロセス，関連する情報システムの機能など様々な視点で分析し設計する。

　本問は，情報システムの機能追加で実施した設計について，業務要件の分析の視点と分析方法，設計の結果，設計で工夫したことについて，具体的に論述することを求めている。論述を通じて，システムアーキテクトに必要な要件の分析及び設計の能力などを評価する。

採点講評（IPA公表資料より一部抜粋）

　全問に共通して，自らの経験に基づき設問に素直に答えている論述が多く，問題文に記載してあるプロセスや観点などを抜き出し，一般論と組み合わせただけの表面的な論述は少なかった。一方で，実施事項の論述にとどまり，実施した理由や検討の経緯など，システムアーキテクトとして考慮した点が読み取れない論述も見受けられた。自らが実際にシステムアーキテクトとして，結論を導くに当たり，検討して取り組んだ内容を具体的に論述してほしい。

　問2では，情報システムの機能追加における業務要件の分析と，その結果に基づく設計について，具体的に論述することを期待した。多くの論述が業務要件の分析とその設計について具体的に述べていた。一方で，業務要件の分析の視点がなく業務要件そのものを分析結果とした論述や，"要件を実現する設計"だけにとどまり，分析結果に基づく設計とは言い難い論述も散見された。システムアーキテクトは，業務と情報システムを橋渡しする役割を担う。そのため，業務と情報システム双方の視点から業務要件を分析し，分析結果に基づいて設計を進めることを心掛けてほしい。

第3部
午後Ⅱ対策

第2章

午後Ⅱ演習（情報システム）

第2章では，過去の午後Ⅱ試験で出題された情報システムに関する問題を取り上げ，具体的な論文作成演習を行う。第1章で解説した論文作成術を，過去問題を使用した実践演習で身につけよう。演習を繰り返すことによって論文を作成する実力が培われ，合格論文が書けるようになる。

演習の前に

演習

アクセスキー　f
（小文字のエフ）

第3部　午後Ⅱ対策

演習の前に

演習の題材は，平成28年度〜令和3年度の午後Ⅱ試験の問題である。

●論文作成の解説

本章では，演習問題ごとに次の順序で解説する。

論文作成におけるポイントの検討 ━━▶ 見出し・ストーリーの作成 ━━▶ 論文事例の紹介

　第2章においても，ストーリー作成例は，かなり詳細な文章にしている。本試験においては，キーワードの列挙，短い箇条書き程度のストーリー作成で十分である。

● 学習の進め方

　まず，次ページ以降の演習1〜9から問題を選択し，手書きで論文を書く。論文が完成したら，演習中に示している「ポイント」と論文を書く前に検討した内容を比較しよう。差分が明確になったところで，書いた論文を見直そう。併せて，演習中に示している「見出しとストーリー」，論文事例である「解答」を参考にして読んでみてほしい。

　システムアーキテクト試験の受験者の大半は，普段手書きで文章を記述することはないと考えられる。試験本番の前に，最低でも5本は，実際に手を動かして論文を書く練習が必要である。

● 標準解答時間

　演習の冒頭に記載した標準解答時間は，問題選択の時間を含んでいない。詳細な解答時間の内訳については，第1章「1.1.2　論文の記述方法」を参照のこと。

400

演習1　アジャイル開発における要件定義の進め方

演習1 アジャイル開発における要件定義の進め方

令和3年度 春期 午後Ⅱ 問1（標準解答時間115分）

問 アジャイル開発における要件定義の進め方について

　情報システムの開発をアジャイル開発で進めることが増えてきている。代表的な手法のスクラムでは，スクラムマスタがアジャイル開発を主導する。システムアーキテクトはスクラムマスタの役割を担うことが多い。

　スクラムでは，要件の"誰が・何のために・何をするか"をユーザストーリ（以下，USという）として定め，必要に応じてスプリントごとに見直す。例えば，スマートフォンアプリケーションによるポイントカードシステムでは，主なUSとして，"利用者が，商品を得るために，ためたポイントを商品と交換する"，"利用者が，ポイントの失効を防ぐために，ポイントの有効期限を確認する"などがある。

　スクラムマスタはプロダクトオーナとともに，まずUSをスプリントの期間内で完了できる規模や難易度に調整する必要がある。そのためにはUSを人・場所・時間・操作頻度などで分類して，規模や難易度を明らかにする。USに抜け漏れが判明した場合は不足のUSを追加する。USの規模が大き過ぎる場合や難易度が高過ぎる場合は，操作の切れ目，操作結果などで分割する。USの規模が小さ過ぎる場合は統合することもある。

　次に，USに優先順位を付け，プロダクトオーナと合意の上でプロダクトバックログにし，今回のスプリント内で実現すべきUSを決定する。スクラムでは，USに表現される"誰が"にとって価値の高いUSを優先することが一般的である。例えば先の例で，利用者のメリットの度合いに着目して優先順位を付ける場合，"利用者が，商品を得るために，ためたポイントを商品と交換する"のUSを優先する。

　あなたの経験と考えに基づいて，設問ア～ウに従って論述せよ。

設問ア あなたが携わったアジャイル開発について，対象の業務と情報システムの概要，アジャイル開発を選択した理由を，800字以内で述べよ。

設問イ 設問アで述べた開発において，あなたは，どのようなUSをどのように分類し，規模や難易度をどのように調整したか。分類方法を選択した理由を含めて，800字以上1,600字以内で具体的に述べよ。

設問ウ 設問イで述べたUSに関して，あなたは，どのような価値に着目して，USの優先順位を付けたか。具体的なUSの例を交えて，600字以上1,200字以内で述べよ。

401

第3部　午後Ⅱ対策

ポイント

IPAによる出題趣旨・採点講評

出題趣旨（IPA公表資料より転載）

　情報システムの開発をアジャイル開発で進めることが増えてきている。代表的な手法のスクラムでは，スクラムマスタがアジャイル開発を主導する。システムアーキテクトはスクラムマスタの役割を担うことが多い。スクラムでは，要件の"誰が・何のために・何をするか"をユーザストーリ（以下，USという）として定め，必要に応じてスプリントごとに見直す。スクラムマスタはプロダクトオーナとともに，USをスプリントの期間内で完了できる規模や難易度に調整する必要がある。さらに，USに優先順位を付け，プロダクトオーナと合意の上でプロダクトバックログにし，今回のスプリント内で実現すべきUSを決定しなければならない。

　本問は，アジャイル開発におけるUSの規模や難易度の調整と優先順位の決定について，具体的に論述することを求めている。論述を通じて，システムアーキテクトに必要なアジャイル開発の主導者としての能力を評価する。

採点講評（IPA公表資料より一部抜粋）

　全問に共通して，自らの経験に基づき設問に素直に答えている論述が多く，問題文に記載してあるプロセスや観点などを抜き出し，一般論と組み合わせただけの表面的な論述は少なかった。一方で，実施事項の論述にとどまり，実施した理由や検討の経緯など，システムアーキテクトとして考慮した点が読み取れない論述も見受けられた。自らが実際にシステムアーキテクトとして，結論を導くに当たり，検討して取り組んだ内容を具体的に論述してほしい。

　問1では，アジャイル開発におけるユーザストーリ（以下，USという）の規模や難易度の調整と価値に基づく優先順位の決定について，具体的に論述することを期待した。適切な論述では，USの分類，規模や難易度の調整，価値に基づく優先順位付けについて具体的に述べていた。一方で，具体的なUSやその価値について言及しておらず，一般的な仕様や機能の要件定義について述べている論述や，USの規模や難易度は論述されていても，その調整について具体的に述べられていない論述など，求められている趣旨に沿って適切に論述できていないものも散見された。システムアーキテクトは，USの抽出・調整・優先順位付けなどのアジャイル開発の手法を利用し，アジャイル開発を主導することを心掛けてほしい。

　アジャイル開発を前提とする要件定義の進め方がテーマの問題である。

　アジャイル開発は，長い歴史をもつウォータフォール型の開発に比較すると，開発の初期段階における計画が詳細に決定できなかったり，仕様に未確定の部分があったり，開発の途中での仕様変更が多かったりするような開発に適している。アジャイル開発では，少人数のチームでイテレーションを繰り返し，スクラムマスタの下，プロダクトオーナと開発チームがコミュニケーション良く連携することで，要件に優先順位を付け，納期に制約のある開発に対応することができる。

　この問題では，アジャイル開発の代表的な手法であるスクラムでの，要件を定めるユーザス

402

トーリ（US）について，分類，難易度の調整，規模の調整，優先順位の設定などを記述する。USそのものは分かりやすいが，記述する内容が狭い範囲に限定されているため，何をどう記述するかを事前に十分検討してから，記述を始める必要がある。

　設問アでは，「対象の業務」，「情報システムの概要」，「アジャイル開発を選択した理由」を記述する。「対象の業務」，「情報システムの概要」のどちらも午後Ⅱ試験の設問アにおいて，定番となっている要求事項である。受験者の経験を棚卸ししておき，記述する事例を選択すれば容易に記述できると考えられる。

　問題文には業務を限定するような記述がなく，多くの事例を論文の題材にでき，取り組みやすい問題になっている。要求事項がシンプルなため，少ない時間で設問アが記述できると考えられる。

　「アジャイル開発を選択した理由」については，設問イ，設問ウを含め特定の理由を要求されていないため，アジャイル開発を選択したことが妥当に記述できれば，どのような理由をとり挙げてもよい。アジャイル開発の特長を生かす理由にすると，論文全体をうまくまとめることができると考えられる。

　設問イでは，「USの分類」，「規模や難易度の調整」，「分類方法を選択した理由」を記述する。「USの分類」については，「人・場所・時間・操作頻度などで分類して」と具体例が示されているので，参考にして記述すればよい。「分類方法を選択した理由」については，設問アの「アジャイル開発を選択した理由」と同様に妥当な理由であればよい。ただし，問題文に「スクラムでは，USに表現される"誰が"にとって価値の高いUSを優先することが一般的である」と説明されているので，「人」に着目した分類を試験委員（採点者）が期待していると考えられる。「規模や難易度の調整」は，USを均質にするという観点で記述すればよい。

　設問ウでは，「着目した価値」，「設定した優先順位」を記述する。「着目した価値」については，問題文の「スクラムでは，USに表現される"誰が"にとって価値の高いUSを優先することが一般的である」という説明を踏まえ，USの対象となる人が得られる価値に着目すればよいと考えられる。「設定した優先順位」については，優先順位が分かればよいので，定量的な表現にしなくても，「高」，「中」，「低」のように定性的でも問題はない。USとUSに付けた優先順位を具体的に示す必要があるため，少なくとも二つのUSを取り上げる必要がある。

第3部　午後Ⅱ対策

見出しとストーリー

設問ア

> **設問ア**　あなたが携わったアジャイル開発について，<u>対象の業務と情報システムの概要，アジャイル開発を選択した理由</u>を，800字以内で述べよ。

設問アに対応する問題文はない。論述する事例に基づき要求事項を記述する。
見出しとストーリーの例を次に示す。

ア　対象の業務，情報システムの概要，アジャイル開発を選択した理由
ア－1　対象の業務
- 中国地方のH市中心部の飲食店連合のA会
- 加盟店店舗数は約80
- テーブルと料理の予約業務（Yシステム）
- 来店前にインターネットを利用して予約することにより，待ち時間なく着席し，少しの待ち時間で食事を始めることができる

ア－2　情報システムの概要
- Yシステムは，Webシステムとして構築されており，パソコンからの利用を前提としている
- 連合会本部にWebサーバ，APサーバ，DBサーバを配置し，各店舗のパソコンから料理の情報，座席の情報，店舗の営業時間などを登録
- 一般利用者は，自宅のパソコンから予約を行う

ア－3　アジャイル開発を選択した理由
- A会では6か月後にスマホアプリのキャッシュレス決済を導入することが決まっている
- Yシステムは，スマホやタブレットのWebブラウザからも利用できるが，画面設計がパソコン用になっているため，非常に使いにくいという評価
- Yシステムを拡張してスマホアプリとして使えるようにすることと，キャッシュレス決済とのシームレスな連携を実現する（新Yシステム）
- キャッシュレス決済導入時期と大差なく新Yシステムが使えるようにという要望があり，サービス開始は8か月後に確定

404

演習1　アジャイル開発における要件定義の進め方

- 新Yシステムでは利用額に応じたポイントを付与する機能を追加し，1円/ポイントで利用できるようにする
- 従来型のウォータフォールモデルで開発すると開発期間は1年
- 要件を精査し，優先順位を付けて，期間短縮が期待できるアジャイル開発を選択
- 自身の立場は新Yシステムの構築全般を取りまとめたP社のシステムアーキテクト

設問イ

設問イ　設問アで述べた開発において，あなたは，どのようなUSをどのように分類し，規模や難易度をどのように調整したか。分類方法を選択した理由を含めて，800字以上1,600字以内で具体的に述べよ。

設問イには，問題文の次の部分が対応する。

スクラムでは，要件の"誰が・何のために・何をするか"をユーザストーリ（以下，USという）として定め，必要に応じてスプリントごとに見直す。例えば，スマートフォンアプリケーションによるポイントカードシステムでは，主なUSとして，"利用者が，商品を得るために，ためたポイントを商品と交換する"，"利用者が，ポイントの失効を防ぐために，ポイントの有効期限を確認する"などがある。

スクラムマスタはプロダクトオーナとともに，まずUSをスプリントの期間内で完了できる規模や難易度に調整する必要がある。そのためにはUSを人・場所・時間・操作頻度などで分類して，規模や難易度を明らかにする。USに抜け漏れが判明した場合は不足のUSを追加する。USの規模が大き過ぎる場合や難易度が高過ぎる場合は，操作の切れ目，操作結果などで分割する。USの規模が小さ過ぎる場合は統合することもある。

見出しとストーリーの例を次に示す。

イ　USの分類，USの規模や難易度の調整
イ−1　USの分類

- 利用者本位の要件とするべく，USの「誰が」に着目して要件を分類する
- 新Yシステムの利用者は，来店する一般顧客，出店する店舗のスタッフ，A会の運営スタッフ
- 「誰が」だけに着目すると，利用頻度の低いUSが混在することになるため，利用頻度を合わせて調査
- 利用頻度の少ないUSは，必要性を分類の判断基準に加味する

第3部

第2章

午後Ⅱ演習（情報システム）

405

第3部　午後Ⅱ対策

- 利用頻度が少なくても，重要度の高いUSも存在すると考えられる
- プロダクトオーナと合意して進める必要がある

イー2　USの規模や難易度の調整

- 分類整理した結果をプロダクトオーナと検証した結果，USには不足がないことを確認
- （1）規模の調整
    - 規模の小さなUSを統合し，USの規模の均質化を図る
    - 規模が小さかったUSの例は，"飲食店の利用者が，食事メニューを決定するために，店舗とメニューを検索する"と"飲食店の利用者が，食事メニューを注文するために，メニュー一覧から複数のメニューを選択し，来店時刻を登録する"
    - 食事メニューを決定することと当該メニューを注文することは一連の流れとなるため，USの「何をするか」の部分を統合して一つのUSにまとめる
- （2）難易度の調整
    - 難易度が高いUSを操作・処理の区切りで分割し，USのサイズを小さくし，難易度を下げる
    - 難易度が高かったUSの例は，"飲食店の利用者が，料金の精算をするために，精算処理とキャッシュレスの支払を一括で行う"
    - キャッシュレスの決済処理は，キャッシュレスサービスのベンダが提供する機能を利用
    - 精算処理とのキャッシュレス決済の自動連携が必要
    - キャッシュレスサービスのベンダに確認して自動連携は可能
    - ただし，自動連携のための作り込みの難易度が高い
    - 開発期間を短縮するため，精算にハンドリングを追加することをプロダクトオーナと合意

設問ウ

設問ウ　設問イで述べたUSに関して，あなたは，どのような価値に着目して，USの優先順位を付けたか。具体的なUSの例を交えて，600字以上1,200字以内で述べよ。

設問ウには，問題文の次の部分が対応する。

演習1　アジャイル開発における要件定義の進め方

　次に，USに優先順位を付け，プロダクトオーナと合意の上でプロダクトバックログにし，
今回のスプリント内で実現すべきUSを決定する。スクラムでは，USに表現される“誰が”に
とって価値の高いUSを優先することが一般的である。例えば先の例で，利用者のメリット
の度合いに着目して優先順位を付ける場合，“利用者が，商品を得るために，ためたポイン
トを商品と交換する”のUSを優先する。

見出しとストーリーの例を次に示す。

ウ　着目した価値，設定したUSの優先順位
ウ－1　着目した価値
- プロダクトオーナと検討し，価値は利用者が得られる利便性と定義
- “誰が”にとって価値の高いUSを優先する
- 新Yシステムの利用者で考えると，優先度の高いのは「一般顧客」，以下順に「店舗の
  スタッフ」，「運営スタッフ」
- 最優先すべきは「一般顧客」にとって価値の高いUS
- 価値が高いUSは利用頻度も高いと考えられる
- 価値が多少低いUSであっても，利用頻度が高いUSであれば選択対象とする
- USの利用頻度が低くても，価値が高ければUSを選択する

ウ－2　設定したUSの優先順位
- 設定した優先順位を具体的なUSで説明
- (1)「一般顧客」に関するUSの優先順位
  - US1：「一般顧客が，訪れる店舗を決定するために，希望する店舗の空席状況を確認し，
    席を予約する」
  - US2：「一般顧客が，店舗に到着次第，待ち時間短く食事ができるように，希望する
    メニューを選択し，注文する」
  - US3：「一般顧客が，支払額に充当するために，たまっているポイントを確認する」
  - US1とUS2は，来店時に必須の機能であり優先度を高くする
  - US3は，一般顧客に価値を与えるものであるが，確認することにリアルタイム性が
    なく優先度を低くする
- (2)「店舗のスタッフ」に関するUSの優先順位
  - US4：「店舗のスタッフが，翌日の仕入れを検討するために，当日の料理の販売状況
    を確認する」
  - US5：「店舗のスタッフが，メニューの単価を見直すために，客単価の曜日・時間帯
    ごとの変動状況を確認する」

407

第3部　午後Ⅱ対策

- US4は，「一般顧客」のUS1とUS2に比較すると優先度は低くなるが，店舗運営には欠かせない機能であるため，US2に次いで優先度を高くする
- US5は，「店舗のスタッフ」にとって必要な機能であるが，実装時期が後になっても業務への影響が小さいため，優先度を低くする
- これらの優先順位設定はプロダクトオーナと合意でき，プロダクトバックログに組み入れた
- US1を直近のスプリントに，US2を次回のスプリントに取り込むこととした

解答

令和３年度 春期 午後Ⅱ 問１

設問ア

ア　対象の業務，情報システムの概要，アジャイル開発
　　を選択した理由
ア－１　対象の業務
　私は，システムインテグレータのＰ社に所属するシス
テムアーキテクトである。論述の対象とする業務は，中
国地方のＨ市中心部の飲食店連合のＡ会が運営している，
テーブルと料理の予約業務である。予約業務にはＹシス
テムが使用されている。Ａ会の加盟店店舗数は約８０で，
顧客が来店前にインターネットを利用して予約すること
により，待ち時間なく着席し，少しの待ち時間で食事を
始めることができるようになっている。
ア－２　情報システムの概要
　Ｙシステムは，Ｗｅｂシステムとして構築されており
パソコンからの利用を前提としている。連合会本部にＷ
ｅｂサーバ，ＡＰサーバ，ＤＢサーバを配置し，各店舗
のパソコンから料理の情報，座席の情報，店舗の営業時
間などを登録する。一般の利用者は，自宅のパソコンか
ら予約を行う。
ア－３　アジャイル開発を選択した理由
　Ａ会は，６か月後にスマホアプリのキャッシュレス決
済を導入することを決定している。Ｙシステムは，スマ
ホやタブレットのＷｅｂブラウザからも利用できるが，
画面設計がパソコン用になっているため，非常に使いに
くいという評価である。Ａ会は，新Ｙシステムを導入し
スマホアプリとして使えるようにすることと，キャッシ
ュレス決済とのシームレスな連携を実現することとした。
新Ｙシステムも早急に使えるようにという要望があり，
サービス開始は８か月後に確定している。
　従来型のウォータフォールモデルで開発すると開発期
間は１年必要だが，要件を精査し，優先順位を付けて，
期間短縮が期待できるアジャイル開発を選択することと
なった。

設問の要求事項ではないが，最初に自身の立場を説明。

業務を簡単に説明。名称だけでも十分であるが，内容にも少し言及。

新システムの説明で使用するため，現行のシステムの名称を明示。

本問は要件定義の進め方について論述するため，システムの概要は必要最小限とし，簡単な構成と使用方法を説明。

新システムを開発することになった背景を説明。

開発対象となるシステムはスマホアプリとして稼働。キャッシュレス決済との連携の必要性を説明。

稼働時期が確定していること，ウォータフォールモデルでは開発期間が長くなること，開発期間が短縮できる可能性の高いアジャイル開発を選択した理由を説明。

第3部　午後Ⅱ対策

設問イ

```
イ　　ＵＳの分類，ＵＳの規模や難易度の調整
イ－１　　ＵＳの分類
　　私は，利用者本位の要件となるように，ＵＳの「誰が」
に着目して要件を分類することとした。新Ｙシステムの
利用者は，来店する一般顧客，出店する店舗のスタッフ，
Ａ会の運営スタッフである。ただし，「誰が」だけに着
目すると，利用頻度の低いＵＳが混在することになるた
め，私は，必要性を合わせて調査する必要があると考え
た。利用頻度の少ないＵＳであっても，「価値」が高い
ＵＳも少なからず存在することが事前ヒアリングで判明
しており，必要性を分類の判断基準に加味することは有
意である。ＵＳの分類について，私は，プロダクトオー
ナと合意して進める必要があると考えた。
イ－２　　ＵＳの規模や難易度の調整
　　分類整理した結果をプロダクトオーナと検証した結果，
ＵＳには不足がないことを確認できた。
（１）規模の調整
　　私は，規模の小さなＵＳを統合し，ＵＳの規模の均質
化を図ることとした。規模が小さかったＵＳの例は，
"飲食店の利用者が，食事メニューを決定するために，
店舗とメニューを検索する"と"飲食店の利用者が，食
事メニューを注文するために，メニュー一覧から複数の
メニューを選択し，来店時刻を登録する"である。統合
する判断のポイントとして，食事メニューを決定するこ
とと当該メニューを注文することは一連の流れとなるこ
とが考えられ，ＵＳの「何をするか」の部分を統合して
一つのＵＳにまとめることを決定した。
（２）難易度の調整
　　難易度が高いＵＳについては，操作・処理の区切りで
ＵＳを分割し，ＵＳのサイズを小さくし，難易度を下げ
る方策をとった。難易度が高かったＵＳの例は，"飲食
店の利用者が，料金の精算をするために，精算処理とキ
```

US を分類する観点を説明。「誰が」を優先し，必要性を加味することも合わせて説明。

US の分類方法について，プロダクトオーナとの合意の必要性を説明。

US の整理検討の結果，不足する US はないことを説明。

US の規模を均質化するため，規模の小さい US について統合することを説明。

統合することとした二つの US を具体的に明示。

US を統合する方針と，統合する内容を説明。

US の規模を均質化するため，難易度の高い小さい US について分割することを説明。

分割することとした US を具体的に明示。

演習1　アジャイル開発における要件定義の進め方

ャッシュレスの支払を一括で行う"である。キャッシュレスの決済処理は，キャッシュレスサービスのベンダが提供する機能を利用する。精算処理とのキャッシュレス決済の自動連携が必要なため，キャッシュレスサービスのベンダに確認したところ，自動連携は可能であることは確認できた。ただし，自動連携のための作り込みの難易度が高いことが判明し，開発期間を短縮するため，精算処理にハンドリングを追加することをプロダクトオーナと合意し，USを分割することで，難易度を下げることができた。

USを分割する根拠と，USを分割するポイントを具体的に説明。

USを分割することにより，利用者の操作が変わるため，USの分割についてプロダクトオーナと合意したことを明示。

第3部

第2章

午後Ⅱ演習（情報システム）

411

第3部　午後Ⅱ対策

設問ウ

```
ウ　　着目した価値，設定したUSの優先順位
ウー1　　着目した価値
　　私は，プロダクトオーナと価値について検討し，価値
は利用者が得られる利便性と定義した。具体的には，
"誰が"にとって価値の高いUSを優先する。新Yシス
テムの利用者で考えると，優先度の高いのは「一般顧客」
で，以下順に「店舗のスタッフ」，「運営スタッフ」と
なっている。最優先すべきは「一般顧客」にとって価値
の高いUSとなり，価値が高いUSは利用頻度も高いと
考えられる。ただし，価値が多少低いUSであっても，
利用頻度が高いUSであれば選択対象とすることとした。
同様に，USの利用頻度が低くても，価値が高ければU
Sを選択する。
ウー2　　設定したUSの優先順位
　　以下に，設定した優先順位を具体的なUSで説明する。
（1）「一般顧客」に関するUSの優先順位
・US1：「一般顧客が，訪れる店舗を決定するために，
希望する店舗の空席状況を確認し，席を予約する」
・US2：「一般顧客が，店舗に到着次第，待ち時間短
く食事ができるように，希望するメニューを選択し，
注文する」
・US3：「一般顧客が，支払額に充当するために，た
まっているポイントを確認する」
　　三つのUSのうち，US1とUS2は，来店時に必須
の機能であり優先度を高くし，US3は，一般顧客に価
値を与えるものであるが，「確認すること」にリアルタ
イム性がなく優先度を低くすることとした。
（2）「店舗のスタッフ」に関するUSの優先順位
・US4：「店舗のスタッフが，翌日の仕入れを検討す
るために，当日の料理の販売状況を確認する」
・US5：「店舗のスタッフが，メニューの単価を見直
すために，客単価の曜日・時間帯ごとの変動状況を確
```

価値の定義を説明。プロダクトオーナとの合意を付記し，独善的でないことを明示。

価値の高さを検討する側面を説明。

優先する利用者を説明。

設問イで説明したとおり，USの選択基準に，USの利用頻度を加味し，利用頻度の高いUSを選択したことを説明。

USの利用頻度が低くても，価値が高ければUSを選択することを説明。

具体的なUSを3点示し，優先順位を説明。

必須となるUSには高い優先順位を設定。

リアルタイム性のないUSには低い優先順位を設定。

具体的なUSを2点示し，優先順位を説明。

演習1　アジャイル開発における要件定義の進め方

　認する」
　US4は，「一般顧客」のUS1とUS2に比較すると優先度は低くなるが，店舗運営には欠かせない機能であるため優先度を高くし，US5は，実装時期が後になっても業務への影響が小さいため，優先度を低くすることとした。
　これらの優先順位をプロダクトオーナと合意し，プロダクトバックログに組み入れ，US1を直近のスプリントに，US2を次回のスプリントに取り込むこととした。
　　　　　　　　　　　　　　　　　　　　以上

「一般顧客」に対するUSと同様に，必須となるUSには高い優先順位を設定。

実装時期に制約の小さいUSには低い優先順位を設定。

USの優先順位をプロダクトオーナと合意したこと，プロダクトバックログに取り込むこと，スプリントに取り込むことを明示。

「以上」を忘れないようにする。

第3部

第2章

午後Ⅱ演習（情報システム）

413

第3部　午後II対策

演習 2 ユーザビリティを重視したユーザインタフェースの設計

令和元年度 秋期 午後II 問1（標準解答時間115分）

問 ユーザビリティを重視したユーザインタフェースの設計について

近年，情報システムとの接点としてスマートフォンやタブレットなど多様なデバイスが使われてきており，様々な特性の利用者が情報システムを利用するようになった。それに伴い，ユーザビリティの善しあしが企業の競争優位を左右する要素として注目されている。ユーザビリティとは，特定の目的を達成するために特定の利用者が特定の利用状況下で情報システムの機能を用いる際の，有効性，効率，及び満足度の度合いのことである。

優れたユーザビリティを実現するためには，利用者がストレスを感じないユーザインタフェース（以下，UIという）を設計することが重要である。例えば，次のように，利用者の特性及び利用シーンを想定して，重視するユーザビリティを明確にした上で設計することが望ましい。

・操作に慣れていない利用者のために，操作の全体の流れが分かるようにナビゲーション機能を用意することで，有効性を高める。

・操作に精通した利用者のために，利用頻度の高い機能にショートカットを用意することで，効率を高める。

また，ユーザビリティを高めるために，UIを設計する際には，想定した利用者に近い特性を持った協力者に操作を体感してもらい，仮説検証を繰り返しながら改良する，といった設計プロセスの工夫も必要である。

あなたの経験と考えに基づいて，設問ア～ウに従って論述せよ。

- -

設問ア あなたがUIの設計に携わった情報システムについて，対象業務と提供する機能の概要，想定した利用者の特性及び利用シーンを，800字以内で述べよ。

設問イ 設問アで述べた利用者の特性及び利用シーンから，どのようなユーザビリティを重視して，どのようなUIを設計したか。800字以上1,600字以内で具体的に述べよ。

設問ウ 設問イで述べたUIの設計において，ユーザビリティを高めるために，設計プロセスにおいて，どのような工夫をしたか。600字以上1,200字以内で具体的に述べよ。

414

演習2　ユーザビリティを重視したユーザインタフェースの設計

ポイント

IPAによる出題趣旨・採点講評

出題趣旨（IPA公表資料より転載）

　近年，ユーザビリティの善しあしが，企業競争優位の獲得手段として注目されている。システムアーキテクトには，情報システムが提供する機能，その機能の利用シーン及び想定した利用者の特性を考慮して，ユーザビリティを高めるようユーザインタフェース（以下，UIという）を設計することが求められる。

　本問は，どのような利用者がどのようにUIを利用するかを想定して，ユーザビリティを高めるためのUI設計をしたか，また，その際にどのような工夫をすることでUIの仕様を確定したかを具体的に論述することを求めている。論述を通じて，システムアーキテクトに必要なユーザビリティを重視した情報システムの設計能力と経験を評価する。

採点講評（IPA公表資料より一部抜粋）

　全問に共通して，自らの体験に基づき設問に素直に答えている論述が多く，問題文に記載してあるプロセスや観点などを抜き出し，一般論と組み合わせただけの表面的な論述は少なかった。一方で，実施した事項をただ論述しただけにとどまり，実施した理由や検討の経緯が読み取れない論述も見受けられた。受験者自らが実際にシステムアーキテクトとして，検討し取り組んだことを具体的に論述してほしい。

　問1（ユーザビリティを重視したユーザインタフェースの設計について）では，ユーザビリティを高めるためのユーザインタフェース設計を具体的に論述することを期待した。ユーザインタフェース設計について具体的に論述しているものが多く，受験者がユーザインタフェース設計の経験を有していることがうかがわれた。一方で，利用者の特性や利用シーンが不明瞭，又はユーザビリティとの関係が薄い論述，ユーザビリティではなく機能の説明に終始しているものなども散見された。システムアーキテクトはユーザインタフェース設計において，要求にそのまま答えるだけでなく，利用者の立場に立って検討し提案することを心掛けてほしい。

　ユーザビリティを重視したユーザインタフェース（UI）の設計がテーマの問題である。

　ユーザビリティは，「特定の目的を達成するために特定の利用者が特定の利用状況下で情報システムの機能を用いる際の，有効性，効率，及び満足度の度合い」と問題文に定義されている。アプリケーションの利用者は様々な特性を持っているため，利用者が感じる，有効性，効率，満足度を一定の基準で測定することは難しい。アプリケーションのUIは，ユーザビリティに大きな影響を与えるため，UIの設計の良しあしが，アプリケーション開発の成否を分けるといっても過言ではない。

　この問題では，<u>利用者の特性及び利用シーンを想定し，重視するユーザビリティを明確にした上でのUIの設計</u>について記述する。

　設問アでは，「対象業務」，「提供する機能の概要」，「想定した利用者の特性及び利用シーン」を記述する。

第3部

第2章

午後Ⅱ演習（情報システム）

415

第3部　午後Ⅱ対策

　「対象業務」は，午後Ⅱ試験の設問アにおいて，定番となっている要求事項である。受験者の経験を棚卸ししておき，記述する事例を選択すれば容易に記述できると考えられる。

　「提供する機能の概要」についても，受験者が設計したシステムの機能要件を踏まえて記述すればよい。機能の概要が分かればよいので詳細に記述する必要はなく，ユーザインタフェースに関連する部分を中心に機能を説明すれば，題意を満たすものと考えられる。

　「想定した利用者の特性及び利用シーン」については，利用者の特性と利用シーンの両方を記述する必要がある。どちらか一方だけの記述にならないように，注意してストーリーを作成したい。対象業務が明確になっているので，想定する利用者の記述は容易であろう。利用シーンについても自明と考えられるが，自明なだけに記述漏れとならないようにしなければならない。

　設問イでは，「重視したユーザビリティ」，「設計したUI」を記述する。

　「重視したユーザビリティ」は，受験者が所属する組織などで定義されているユーザビリティの定義に沿って記述するのではなく，問題文中の「情報システムの機能を用いる際の，有効性，効率，及び満足度の度合い」という定義に準じて記述する。ユーザビリティの定義は，試験委員（出題者）の意図であり，題意を満たすことを意識して書き進めたい。

　「設計したUI」は，設問アで述べた「利用者の特性及び利用シーン」を踏まえて，どのようなUIを設計したかを記述する。問題文には「操作に慣れていない利用者」，「操作に精通した利用者」と例示されているため，性格の異なる複数の利用者を想定したUIを記述する方が無難であると考えられる。

　設問アで記述した「想定した利用者の特性及び利用シーン」に対応させて，それぞれ設計したUIを記述する必要があるため，設問アでは，設問イにおける記述量や記述時間を考慮して，「利用者の特性及び利用シーン」を選定しておくとよい。

　設問ウでは，「設計プロセスにおける工夫」を記述する。

　問題文には「工夫」の内容を限定するような記述はないため，試験委員（採点者）が，記述内容を「工夫」と分かるような内容になっていれば，どのような「工夫」を記述してもよい。ただし，設問ア～イにおいて想定した利用者が直面するUIのユーザビリティを高める工夫を記述しなければならない。

　「設計プロセスにおける工夫」を記述できているかにも注意しなければならない。「設計上の工夫」や「UIの内容についての工夫」では題意を満たさないので，注意してストーリーを作成したい。

416

演習2　ユーザビリティを重視したユーザインタフェースの設計

見出しとストーリー

設問ア

設問ア　あなたがUIの設計に携わった情報システムについて，対象業務と提供する機能の概要，想定した利用者の特性及び利用シーンを，800字以内で述べよ。

設問アには，問題文の次の部分が対応する。

　近年，情報システムとの接点としてスマートフォンやタブレットなど多様なデバイスが使われてきており，様々な特性の利用者が情報システムを利用するようになった。それに伴い，ユーザビリティの善しあしが企業の競争優位を左右する要素として注目されている。ユーザビリティとは，特定の目的を達成するために特定の利用者が特定の利用状況下で情報システムの機能を用いる際の，有効性，効率，及び満足度の度合いのことである。

見出しとストーリーの例を次に示す。

ア　対象業務，提供する機能の概要，想定した利用者の特性及び利用シーン

ア－1　対象業務
- 顧客は，建設機械を取り扱う，機械メーカのA社
- 技術者のスキル管理業務，社員が保有する資格や教育の受講歴などの情報を登録
- 社内で共有することにより，人材配置のための活用
- プロジェクトに必要となる要員の発掘などに活用

ア－2　提供する機能の概要
- 従来のスキル管理は，従業員からの申告に基づき，人事部でスキル管理システムに入力
- 現行のスキル管理システムは，システムインテグレータのP社が開発
- システムを構成するハードウェア，ソフトウェアの保守期限が近づき，システムを刷新する
- 提供する主要な機能は，業務の効率化を目的に，従業員が自らスキルを登録できること

第3部

第2章

午後Ⅱ演習（情報システム）

417

第3部 午後Ⅱ対策

ア−3 想定した利用者の特性及び利用シーン
- 従来は人事部の担当者だけが使用していたため，利用者は限られていたが，新システムでは多くの社員が直接使用する
- 技術職は操作に支障はないと想定できる
- 一方，その他の職種の社員は操作に不慣れな利用者が多数存在することが想定でき，かつ，使用頻度が低いため，使用するたびに関連部署への問合せが発生することも考えられる
- 自身の立場は，新スキル管理システムの開発を取りまとめたP社のシステムアーキテクト

設問イ

設問イ 設問アで述べた利用者の特性及び利用シーンから，どのようなユーザビリティを重視して，どのようなUIを設計したか。800字以上1,600字以内で具体的に述べよ。

設問イには，問題文の次の部分が対応する。

　ユーザビリティとは，特定の目的を達成するために特定の利用者が特定の利用状況下で情報システムの機能を用いる際の，有効性，効率，及び満足度の度合いのことである。
　優れたユーザビリティを実現するためには，利用者がストレスを感じないユーザインタフェース（以下，UIという）を設計することが重要である。例えば，次のように，利用者の特性及び利用シーンを想定して，重視するユーザビリティを明確にした上で設計することが望ましい。
　・操作に慣れていない利用者のために，操作の全体の流れが分かるようにナビゲーション機能を用意することで，有効性を高める。
　・操作に精通した利用者のために，利用頻度の高い機能にショートカットを用意することで，効率を高める。

見出しとストーリーの例を次に示す。

イ 重視したユーザビリティ，設計したUI
イ−1 重視したユーザビリティ
- A社の情報システム部門は，利用者がストレスを感じることがないという要件を提示
- 操作性が良く，容易に操作が習得できるというインタフェースを重視
- 利用者の特性に合わせてユーザインタフェースを設計する

演習2　ユーザビリティを重視したユーザインタフェースの設計

- 操作に精通した利用者，操作に不慣れな利用者を想定する
- 操作に精通した利用者
  - 操作に精通した利用者は，日常業務で使用している様々なWebアプリケーションと同等のインタフェースと捉えて操作を進めると想定される
  - 操作マニュアルなどはよく読まないで使用する特性
  - 新スキル管理システムとその他のWebアプリケーションのユーザインタフェースは，極力統一する方針
  - 社内で稼働するWebアプリケーションは多数存在するため，ユーザインタフェースを参考にするWebアプリケーションの選定が必要
  - 操作手順や操作方法も既存のWebアプリケーションとは異なる部分があると考えられる
- 操作に慣れていないと考えられる利用者
  - 操作に慣れていないと考えられる利用者であっても，旅費精算や勤休の登録など何らかのWebアプリケーションは使用している
  - 操作の自由度が高いWebアプリケーションのインタラクティブな操作は，操作に慣れていない利用者にとって迷いや混乱を生じさせると考えられる
  - 迷いや混乱はストレスにつながり，現場からのクレームになる可能性が高い
  - 画面数は増えても，決められた手順に従った操作で処理が進むようにする方針

イー2　設計したUI

- メニューから，二種類のユーザインタフェースを選択できる
- メニューを省略して，操作を開始できる
- ショートカットを登録することによって，ユーザインタフェースの選択画面をバイパスできるようにする
- 好みのインタフェースの最初の画面から操作を開始しても問題がないようにWebアプリケーションを設計する
- 操作に精通した利用者
  - 一般的なWebアプリケーションで採用されているショートカットと同じ機能を持たせたショートカットを可能な範囲で用意する
- 操作に慣れていないと考えられる利用者
  - 処理全体における現在の進行状況，現在の画面で行っている処理のガイドなどを表示するナビゲーション機能を強化する

第3部

第2章

午後Ⅱ演習（情報システム）

419

第3部　午後II対策

設問ウ

設問ウ　設問イで述べたUIの設計において，ユーザビリティを高めるために，設計プロセスにおいて，どのような工夫をしたか。600字以上1,200字以内で具体的に述べよ。

設問ウには，問題文の次の部分が対応する。

　また，ユーザビリティを高めるために，UIを設計する際には，想定した利用者に近い特性を持った協力者に操作を体感してもらい，仮説検証を繰り返しながら改良する，といった設計プロセスの工夫も必要である。

見出しとストーリーの例を次に示す。

ウ　設計プロセスにおける工夫

- ユーザインタフェースの検証における工夫
  - 想定した利用者に近い特性を持った複数の利用者に協力していただき，実際に操作してユーザインタフェースの有効性を確認
  - 特定の部署に偏らないようにして，幅広い部署からユーザインタフェースの検証に協力者を出していただく
  - 「思考発話法」を用いて，利用者の操作を録画・録音する
  - 利用者がどのように感じているかを直接設計者に伝わるようにする
- 操作に精通した利用者に対する工夫
  「思考発話法」の結果に加え，直接ヒアリングを実施
  - より操作が簡便に行えるようなユーザインタフェースを実現する
- 操作に慣れていないと考えられる利用者に対する工夫
  - 可能な範囲で多数の利用者に操作していただく
  - 間違いやすい箇所，迷いやすい箇所を明確にして，極力解消できるようにする
  操作に精通した利用者と同様，個別のヒアリングを併用
- 検証を繰り返す工夫
  - 利用者の声をユーザインタフェースに反映させた後，操作に精通した利用者，操作に不慣れな利用者とも2週間程度のインターバルをおいて，再度検証をしていただき，ユーザインタフェースの改善効果を確認
  - さらなる改善が必要と判断された場合は2週間後に再度検証を行い，最大4回繰り返す計画
  - 今回のユーザインタフェースの設計においては，2回目の検証で十分改善できたと判断

420

解答

令和元年度 秋期 午後Ⅱ 問1

設問ア

ア　対象業務，提供する機能の概要，想定した利用者の特性及び利用シーン

ア－1　対象業務

　私は，独立系のシステムインテグレータP社に所属するシステムアーキテクトである。顧客のA社は機械メーカで，建設機械を取り扱っている。論述の対象とする業務は，技術者のスキル管理業務であり，社員が保有する資格や教育の受講歴などの情報を管理している。技術者のスキルを社内で共有することにより，人材配置のために活用したり，新たなプロジェクトに必要となる要員の発掘などに活用したりしている。

ア－2　提供する機能の概要

　従来のスキル管理業務では，P社が構築に携わったスキル管理システムを使用して，従業員からの申告に基づき，人事部で従業員のスキルを登録している。スキル管理システムを構成するハードウェアとソフトウェアの保守期限が近づいてきたため，システムを刷新することとなった。新スキル管理システムが提供する主要な機能は，業務の効率化を目的に，従業員が自らスキルを登録できる機能である。

ア－3　想定した利用者の特性及び利用シーン

　従来は人事部の担当者だけが使用していたため，利用者は限られていたが，新システムでは社内の多くの社員が直接使用することになる。利用者のうち技術職は操作に支障はないと想定できる。一方，その他の職種の社員は操作に不慣れな利用者が多数存在することが想定でき，かつ，使用頻度が低いため，使用するたびに関連部署への問合せが発生することも考えられる。私は，新スキル管理システムの開発を取りまとめることとなった。

設問の要求事項ではないが，最初に自身の立場を説明する。

顧客を簡単に説明。

業務の説明。システムの説明にならないように要注意。

業務の目的についても簡単に説明。

これまでのスキル管理業務では，人事部だけがシステムの利用者。

システムの刷新理由を簡単に説明。

「機能の概要」なので，機能であることが分かれば簡単な記述でもよい。

従来のシステムは利用者が限定されていたことを説明。

利用シーンとして，新システムは利用者が大幅に拡大することを説明。

想定した利用者(1)。技術職で操作に支障がないという特性。

想定した利用者(2)。その他の職種の社員で，操作に不慣れという特性。

自身の役割についても簡単に説明。システムアーキテクトなので開発を取りまとめる。

第3部　午後Ⅱ対策

設問イ

イ　重視したユーザビリティ，設計したＵＩ

イー1　重視したユーザビリティ

　新スキルシステムについて，Ａ社の情報システム部門は，利用者がストレスを感じることがないという要件を提示している。具体的には，操作性が良く，容易に操作が習得できるというインタフェースを重視するということであった。私は，利用者の特性に合わせてユーザインタフェースを設計することを考えた。設問アで述べたとおり，利用者としては，「操作に精通した利用者」と「操作に不慣れな利用者」を想定した。

（1）操作に精通した利用者

　操作に精通した利用者は，日常業務で使用している様々なWebアプリケーションと同等のインタフェースと捉えて操作を進めると想定され，操作マニュアルなどはよく読まないで使用する特性を持っている。新スキル管理システムとその他のWebアプリケーションのユーザインタフェースは，極力統一する方針とした。ただし，社内で稼働するWebアプリケーションは多数存在するため，インタフェースを参考にするWebアプリケーションの選定が必要である。業務に依存する部分については，新スキル管理システム操作手順や操作方法も既存のWebアプリケーションとは異なると考えられる。

（2）操作に慣れていないと考えられる利用者

　操作に慣れていないと考えられる利用者であっても，日常の旅費精算や勤怠の登録など何らかのWebアプリケーションは使用している。操作の自由度が高いWebアプリケーションのインタラクティブな操作は，操作に慣れていない利用者にとって迷いや混乱を生じさせると考えられる。迷いや混乱はストレスにつながり，現場からのクレームになる可能性が高い。私は，画面数は増えても，決められた手順に従った操作で処理が進むようにする方針とした。

Ａ社から提示されたユーザインタフェースについての要件を説明。

利用者の特性に合わせて，利用者ごとのインタフェースを設計。

操作に精通した利用者については，操作効率の良さを重視。

操作に精通した利用者についてのユーザインタフェース設計における注意点を説明。

操作に慣れていないと考えられる利用者については，混乱なく操作が行えることを重視。

演習2　ユーザビリティを重視したユーザインタフェースの設計

イ－2　設計したUI
　異なる特性を持つ利用者が想定されるので，私は，メニューから，二種類のユーザインタフェースを選択できる設計とした。ただし，操作が一つ増えるので，メニューを省略して，操作を開始できるようにする。具体的には，ショートカットを登録することによって，ユーザインタフェースの選択画面をバイパスできるようにするために，好みのインタフェースの最初の画面から操作を開始しても問題がないようにWebアプリケーションを設計する。
（1）操作に精通した利用者
　一般的なWebアプリケーションで採用されているショートカットと同じ機能を持たせたショートカットを可能な範囲で用意する。
（2）操作に慣れていないと考えられる利用者
　処理全体における現在の進行状況，現在の画面で行っている処理のガイドなどを表示するナビゲーション機能を強化する。

利用者の特性に合わせて複数のインタフェースを選択できるように設計。

メニューに対処する操作を削減するため，ショートカットを登録できるようにする。入口点を複数設定できるようにWebアプリケーションを設計。

操作に精通した利用者向けには，一般的に採用されているショートカットと同じ機能を持たせて，日常使用しているWebアプリケーションに近い操作性が確保できるように設計。

操作に慣れていないと考えられる利用者向けには，操作に迷いが生じないように，ナビゲーション機能を強化した設計。

第3部　午後Ⅱ対策

設問ウ

```
ウ　設計プロセスにおける工夫
　（1）ユーザインタフェースの検証における工夫
　　私は，想定した利用者に近い特性を持った複数の利用
者に協力していただき，実際に操作してユーザインタフ
ェースの有効性を確認することとした。協力者の選定に
おいては，特定の部署に偏らないようにして，幅広い部
署からユーザインタフェースの検証に協力者を出してい
ただくように依頼をした。検証には「思考発話法」を用
いて，利用者の実際の操作を録画・録音しておき，設計
者にフィードバックすることによって，利用者がどのよ
うに感じているかを直接設計者に伝わるようにした。
　（2）操作に精通した利用者に対する工夫
　　私は，より操作が簡便に行えるようなユーザインタフ
ェースを実現するために，「思考発話法」の結果に加え，
利用者へのヒアリングを行い設計に反映できるように工
夫した。
　（3）操作に慣れていないと考えられる利用者に対する
　　　　工夫
　　私は，「思考発話法」を用いて可能な範囲で多数の利
用者に操作いただき，間違いやすい箇所，迷いやすい箇
所を明確にすることにした。明確になった事項を極力解
消し，シンプルな操作が実現できるように工夫した。ま
た，操作に精通した利用者と同様，個別のヒアリングを
併用することとした。
　（4）検証を繰り返す工夫
　　利用者の声をユーザインタフェースに反映させた後，
操作に精通した利用者，操作に不慣れな利用者とも2週
間程度のインターバルをおいて，再度検証をしていただ
き，ユーザインタフェースの改善効果を確認する。さら
なる改善が必要と判断された場合は，2週間後に再度検
証を行い，最大4回繰り返す計画であった。
　　今回のユーザインタフェースの設計においては，2回
```

設計したユーザインタフェースを，実際に操作することで有効性を確認。

偏りなく幅広い協力者を募ることがポイント。

検証方法の工夫点。

定番であるが，ヒアリングを併用。目的は，より操作を簡便にすること。

操作に慣れていないと考えられる利用者に対しても「試行発話法」を適用。目的は，操作を誤ったり，迷ったりする箇所の明確化。

ヒアリングも併用。

ユーザインタフェースの検証を繰り返すことによって，ユーザビリティを向上させる。

検証を繰り返す回数を事前に決めておくことがポイント。

今回の設計では，2回の検証で十分な効果が得られた。

演習2　ユーザビリティを重視したユーザインタフェースの設計

目の検証で十分改善の効果が得られたと判断できたため，ユーザインタフェースの検証作業は2回で終了した。以上

「以上」を忘れないようにする。

第3部　午後Ⅱ対策

演習3　システム適格性確認テストの計画

令和元年度 午後Ⅱ 問2（標準解答時間115分）

問　システム適格性確認テストの計画について

　情報システムの開発では，定義された機能要件及び非機能要件を満たしているか，実際の業務として運用が可能であるかを確認する，システム適格性確認テスト（以下，システムテストという）が重要である。システムアーキテクトは，システムテストの適切な計画を立案しなければならない。

　システムテストの計画を立案する際，テストを効率的に実施するために，例えば次のような区分けや配慮を行う。

・テストを，販売・生産管理・会計などの業務システム単位，商品・サービスなどの事業の範囲，日次・月次などの業務サイクルで区分けする。

・他の関連プロジェクトと同期をとるなどの制約について配慮する。

・処理負荷に応じた性能が出ているかなどの非機能要件を確認するタイミングについて配慮する。

さらに，テスト結果を効率的に確認する方法についても検討しておくことが重要である。例えば，次のような確認方法が考えられる。

・結果を検証するためのツールを開発し，テスト結果が要件どおりであることを確認する。

・本番のデータを投入して，出力帳票を本番のものと比較する。

・ピーク時の負荷を擬似的にテスト環境で実現して，処理能力の妥当性を確認する。

あなたの経験と考えに基づいて，設問ア〜ウに従って論述せよ。

設問ア　あなたがシステムテストの計画に携わった情報システムについて，対象業務と情報システムの概要を800字以内で述べよ。

設問イ　設問アで述べた情報システムのシステムテストの計画で，テストを効率的に実施するために，どのような区分けや配慮を行ったか。そのような区分けや配慮を行うことで，テストが効率的に実施できると考えた理由とともに，800字以上1,600字以内で具体的に述べよ。

設問ウ　設問アで述べた情報システムのシステムテストの計画で，テスト結果を効率的に確認するために，どのような確認方法を検討し採用したか。採用した理由とともに，600字以上1,200字以内で具体的に述べよ。

演習3　システム適格性確認テストの計画

ポイント

IPAによる出題趣旨・採点講評

出題趣旨（IPA公表資料より転載）

　情報システムの開発では，定義された機能要件及び非機能要件を満たしているか，実際の業務として運用が可能であるかを確認する，システム適格性確認テスト（以下，システムテストという）が重要である。システムアーキテクトは，システムテストの適切な計画を立案しなければならない。

　本問は，システムテストの計画について，テストを効率的に実施するための区分けや配慮とテスト結果を効率的に確認する方法を具体的に論述することを求めている。論述を通じて，システムアーキテクトに必要なシステムテストの計画立案能力とその経験を評価する。

採点講評（IPA公表資料より一部抜粋）

　全問に共通して，自らの体験に基づき設問に素直に答えている論述が多く，問題文に記載してあるプロセスや観点などを抜き出し，一般論と組み合わせただけの表面的な論述は少なかった。一方で，実施した事項をただ論述しただけにとどまり，実施した理由や検討の経緯が読み取れない論述も見受けられた。受験者自らが実際にシステムアーキテクトとして，検討し取り組んだことを具体的に論述してほしい。

　問2（システム適格性確認テストの計画について）では，立案したシステム適格性確認テストの計画を，業務の視点を交えて具体的に論述することを期待した。テストを効率的に実施するために，業務の視点からテストを区分けしたり，実行に際しての様々な配慮をしたりすることが想定される。多くの受験者が，商品・サービス・利用者・業務サイクルなどの業務の観点での区分けと，その理由について具体的に論述していた。一方で，一部の受験者は，単体テストや結合テストなどのシステム適格性確認テストとは異なるテストの計画や，システム適格性確認テストの一部の実施だけを論述しており，システム適格性確認テストの理解と経験が不足していることがうかがわれた。システム適格性確認テストは，業務運用が可能かどうかを確認する重要なものである。システムアーキテクトは，情報システムと対象の業務の双方について正しく理解し，適切なテスト計画の立案を心掛けてほしい。

　システム適格性確認テストの計画がテーマの問題である。

　情報システムの開発においては，開発対象の情報システムが，機能要件や非機能要件を満たしていること，実際の業務として運用できることを確認するために，システム適格性確認テストを実施する。システム適格性確認テストの計画を立案するとき，テストを効率的に実施できるようにするための検討や，テスト結果を効率的に確認する方法の検討などが重要になる。

　この問題では，設問ア～ウの全てにおいて要求事項がシンプルなものになっており，かつ要求事項が少なくなっている。記述しやすい問題であると言えるが，設問イ，ウにおいては，要求されている記述字数の下限を上回るように，記述内容を事前に十分検討しておく必要がある。問題文中には具体的な例が多数示されているので，参考にしてストーリーを作成したい。

　設問アでは，「対象業務」，「情報システムの概要」を記述する。「対象業務」，「情報システムの

427

第3部　午後Ⅱ対策

概要」のどちらも，午後Ⅱ試験の設問アにおいて，定番となっている要求事項である。受験者の経験を棚卸ししておき，記述する事例を選択すれば容易に記述できると考えられる。多くの問題では定番の要求事項以外に記述が要求される事項が示されるが，この問題では定番の要求事項だけになっている。

　問題文には業務を限定するような記述がなく，多くの事例を論文の題材にでき，取り組みやすい問題になっている。設問アは20分もあれば，十分記述できると考えられる。

　設問イでは，「テストを効率的に実施するための区分けや配慮」，「区分けや配慮によってテストが効率的に実施できると考えた理由」を記述する。どちらも平易な要求事項になっていて，記述しやすかったと考えられる。問題文には「テストを，販売・生産管理・会計などの業務システム単位，商品・サービスなどの事業の範囲，日次・月次などの業務サイクルで区分けする」，「他の関連プロジェクトと同期をとるなどの制約について配慮する」，「処理負荷に応じた性能が出ているかなどの非機能要件を確認するタイミングについて配慮する」という例示があって参考にできる。設問イでは800字以上記述しなければならないため，複数の視点からの区分けや配慮を記述するか，区分けや配慮について，相応に深く掘り下げて記述する必要があったと考えられる。

　「区分けや配慮によってテストが効率的に実施できると考えた理由」については，「どのように効率的であるのか」が具体的に示されていれば，題意を満たすものと考えられる。

　設問ウでは，「テスト結果を効率的に確認するために，検討し採用した確認方法」，「確認方法を採用した理由」を記述する。設問イと同様に，問題文には「結果を検証するためのツールを開発し，テスト結果が要件どおりであることを確認する」，「本番のデータを投入して，出力帳票を本番のものと比較する」，「ピーク時の負荷を擬似的にテスト環境で実現して，処理能力の妥当性を確認する」という具体例が示されている。効率的にテスト結果を確認するための手段としてはオーソドックスなものである。「テスト結果を効率的に確認する」といっても，特別な施策や工夫が要求されているわけではなく，試験委員（採点者）に効率的であると判断できる内容であれば問題はない。

　「確認方法を採用した理由」についても，設問イと同様，「どのように効率的であるのか」が具体的に示されていれば，題意を満たすものと考えられる。

演習3　システム適格性確認テストの計画

見出しとストーリー

設問ア

> **設問ア**　あなたがシステムテストの計画に携わった情報システムについて，<u>対象業務と情報システムの概要</u>を800字以内で述べよ。

設問アに対応する問題文はない。論述する事例に基づき要求事項を記述する。

見出しとストーリーの例を次に示す。

ア　対象業務，情報システムの概要
アー1　対象業務

- 尾張・三河地方に洋菓子チェーンを展開する中堅のA社
- 店舗数は約50
- 洋菓子の材料の発注業務
- A社の特徴として店舗ごとのオリジナリティを尊重
- 常温で管理でき，店舗共通に使用する材料は，スケールメリットを鑑み本部一括発注
- その他，店舗ごとに必要となる材料は，店舗から本部へ発注情報を送る
- 店舗ごとに必要となる材料は，本部で1週間単位にまとめて発注
- 本部一括発注の材料も含め，材料は各店舗へ直接納品される

アー2　情報システムの概要

- 材料の発注システム（以下Sシステム）は，Webシステムで構成
- 店舗にクライアント，本部にWebサーバ，APサーバ，DBサーバを配置
- クライアントにはプリンタが附属している
- 機器の更新に合わせて，システムを刷新
  - 店舗ごとに必要となる材料の多様化が進み，本部でまとめる必要性が低下している
  - 情報システムを構成する機器の陳腐化が進み，機器の更新が必要である
- 自身の立場は新Sシステムの構築全般を取りまとめたP社のシステムアーキテクト

第3部

第2章

午後Ⅱ演習（情報システム）

429

第3部　午後Ⅱ対策

設問イ

設問イ　設問アで述べた情報システムのシステムテストの計画で，テストを効率的に実施するために，どのような区分けや配慮を行ったか。そのような区分けや配慮を行うことで，テストが効率的に実施できると考えた理由とともに，800字以上1,600字以内で具体的に述べよ。

設問イには，問題文の次の部分が対応する。

　システムテストの計画を立案する際，テストを効率的に実施するために，例えば次のような区分けや配慮を行う。
・テストを，販売・生産管理・会計などの業務システム単位，商品・サービスなどの事業の範囲，日次・月次などの業務サイクルで区分けする。
・他の関連プロジェクトと同期をとるなどの制約について配慮する。
・処理負荷に応じた性能が出ているかなどの非機能要件を確認するタイミングについて配慮する。

見出しとストーリーの例を次に示す。

イ　テストを効果的に実施するために行った区分けや配慮，テストが効率的に実施できると考えた理由

イー1　テストを効果的に実施するために行った区分けや配慮
- 新Sシステムにおいて新しく追加された機能は次のとおり
  - 本部で一括して発注する材料は，店舗ごとの過去の使用実績を鑑み，発注される
  - 実績に基づく発注量であるため，これまでは欠品が生じたことはない
  - 店舗において，急に大量の材料を使用する可能性はゼロではない
  - 新Sシステムでは各店舗からも発注できるようにする
- 新Sシステムでは，プラットフォーム，使用する開発ツールの関係でユーザインタフェースが一部変更になる
- 発注→納品→検収→支払の業務ルールは変わらない
- アプリケーションは全面的に再構築
- 以下のテストについて区分けを行ったり配慮したりする
  - 本部で一括して発注する材料に関するテストと，店舗から直接発注する材料に関するテスト
  - 同じ材料について，本部からの発注と店舗からの発注が同時に行われる処理に関するテスト

430

演習3　システム適格性確認テストの計画

イー2　テストが効率的に実施できると考えた理由

(1) 本部で一括して発注する材料に関するテストと，店舗から直接発注する材料に関するテスト
- 発注情報を入力するユーザインタフェースは一本化されている
- 処理が全く別の内容になるため，テスト項目，使用するテストデータが異なる部分が多い
- 別にテスト項目を設定したほうが効率的と考えられる
- A社から材料メーカ各社への発注タイミングは材料によって異なる

(2) 同じ材料について，本部からの発注と店舗からの発注が同時に行われる処理に関するテスト
- 本部からの一括発注は1週間に一度
- 各店舗からの発注分は随時
- 本部からの発注と店舗からの発注が同じタイミングになる場合には，特別な処理が必要
- テストデータを同期して作成しなければならない

設問ウ

設問ウ　設問アで述べた情報システムのシステムテストの計画で，テスト結果を効率的に確認するために，どのような確認方法を検討し採用したか。採用した理由とともに，600字以上1,200字以内で具体的に述べよ。

設問ウには，問題文の次の部分が対応する。

　　さらに，テスト結果を効率的に確認する方法についても検討しておくことが重要である。例えば，次のような確認方法が考えられる。
　・結果を検証するためのツールを開発し，テスト結果が要件どおりであることを確認する。
　・本番のデータを投入して，出力帳票を本番のものと比較する。
　・ピーク時の負荷を擬似的にテスト環境で実現して，処理能力の妥当性を確認する。

見出しとストーリーの例を次に示す。

第3部

第2章

午後Ⅱ演習（情報システム）

431

第3部　午後Ⅱ対策

ウ　テスト結果を効率的に確認するために，検討し採用した確認方法，確認方法を採用した理由

ウ−1　テスト結果を効率的に確認するために，検討し採用した確認方法

- 以下の三つの確認方法を採用
  - 検証用プログラムの開発
  - 本番データを使用
  - テストケース，テストデータ作成ツールの導入

ウ−2　確認方法を採用した理由

- (1) 検証用プログラムの開発
  - 処理内容が複雑であり，処理結果が動作中の処理と同一であることを検証するために数百の項目を比較する必要がある
  - 処理結果を出力し，目視で比較する方法もあるが，見落としや確認誤りなどが発生する可能性がある
  - 処理結果が本番で動作中の処理と同一であることを検証するプログラムを事前に準備
  - 最重要ポイント：検証用のプログラムそのものが正しく動作することの確認
- (2) 本番データを使用
  - Sシステムでは性能上の問題は生じていない
  - 新Sシステムについても必要な性能が確保できるようにキャパシティプランニングは十分に実施
  - データ件数を本番と同様の規模にすることによって，処理性能が確保されていることを確認できる
  - 発注伝票などの関連する帳票について，Sシステムによって出力された帳票を比較対象として活用でき，新Sシステムの動作の正当性を確認しやすい
- (3) テストケース，テストデータ作成ツールの導入
  - 店舗からの発注について，発注元の店舗数，発注量，発注先，発注タイミングなどの組合せが1,000通り以上
  - テストケースの網羅性が重要
  - ツールを活用すればテストケースの抜け漏れを防止できる
  - テスト結果の検証という部分に注力できる

解答

令和元年度 午後Ⅱ 問2

設問ア

ア　対象業務，情報システムの概要

ア－1　対象業務

　私は，独立系のシステムインテグレータP社に所属するシステムアーキテクトである。論述の対象とするのは，尾張・三河地方に洋菓子チェーンを展開する中堅のA社における洋菓子の材料の発注業務で，A社の店舗数は約50となっている。A社では店舗の独自性が特色であり，店舗ごとの商品のオリジナリティを尊重している。

　A社が取り扱っている材料のうち，常温で管理でき，店舗共通的に使用する材料は，スケールメリットを鑑み本部で一括発注している。その他，店舗ごとに必要となる材料は，店舗から本部へ材料ごとの必要数量を送り，本部で1週間単位にまとめ，発注することになっている。本部で一括発注する材料も含め，全ての材料は各店舗へ直接納品される。

ア－2　情報システムの概要

　材料の発注システム（以下，Sシステムという）は，Webシステムとして構築されている。店舗にはクライアント，本部にはWebサーバ，APサーバ，DBサーバが配置されるという構成である。店舗に設置されるクライアントには，伝票などを出力するためにプリンタが附属している。

　商品の多様化に伴い，店舗ごとに必要となる材料も多様化が進み，本部でまとめる必要性が低下している。また，情報システムを構成する機器の陳腐化が進み，機器の更新が必要となっている。A社では，機器の更新に合わせて，システムを刷新することが決定された。

　私は，新Sシステムの構築全般を取りまとめることになった。

設問の要求事項ではないが，最初に自身の立場を説明する。

対象の業務はシンプルに説明。

効率的なテスト実施のために，テストを区分けすることの前振り。

洋菓子の材料の発注に関する業務ルールの説明。

情報システムの概要なので，軽く触れる程度にまとめる。

設問イに関連して，新しいシステム構築の背景を説明。

自身の役割を説明。

第3部　午後Ⅱ対策

設問イ

```
イ　　テストを効果的に実施するために行った区分けや配
慮，テストが効率的に実施できると考えた理由
イ－1　　テストを効果的に実施するために行った区分け
や配慮
　　本部で一括して発注する材料は，店舗ごとの過去の使
用実績を鑑み，発注されている。実績に基づいて発注量
を決定しているため，これまでは欠品が生じたことはな
い。ただし，店舗において，急に大量の材料を使用する
可能性はゼロではないため，販売数量の多い店舗では，
材料の在庫が非常に少なくなることもあり，在庫切れが
懸念される場合もあった。新Sシステムにおいては，本
部で一括して発注する材料についても，各店舗から発注
できるようにすることになった。
　　新Sシステムでは，プラットフォーム，使用する開発
ツールの関係でユーザインタフェースが一部変更になり
アプリケーションは全面的に再構築される。しかし，発
注→納品→検収→支払の業務ルールは変わらない。これ
らの状況を鑑み，私は以下のテストについて区分けを行
ったり配慮したりすることとした。
・本部で一括して発注する材料に関するテスト
・店舗から直接発注する材料に関するテスト
・同じ材料について，本部からの発注と店舗からの発注
が同時に行われる処理に関するテスト
イ－2　　テストが効率的に実施できると考えた理由
（1）本部で一括して発注する材料に関するテストと，
店舗から直接発注する材料に関するテスト
　　発注情報を入力するユーザインタフェースは一本化さ
れているが，処理内容は異なっている。テスト項目，使
用するテストデータが異なる部分が多いため，別にテス
ト項目を設定したほうが効率的と考えられる。また，A
社から材料メーカ各社への発注タイミングは材料によっ
て異なるため，テストは区分けするべきであると考えた。
```

本部で一括発注する材料の状況。

新Sシステムで追加される機能の説明。

業務ルールは変更されないが，アプリケーションやインタフェースは変更されることを説明。

区分け対象とするテストを列挙。理由はそれぞれに説明。

本部で一括して発注する材料に関するテストと，店舗から直接発注する材料に関するテストについて，新Sシステムにおける，インタフェースと処理内容の状況を説明。

本部で一括して発注する材料に関するテストと，店舗から直接発注する材料に関するテストについて，区分けすることが効率的と考えた理由。

演習3　システム適格性確認テストの計画

（2）同じ材料について，本部からの発注と店舗からの発注が同時に行われる処理に関するテスト

　新Sシステムにおいて，発注タイミングは，本部からの一括発注は1週間に一度，各店舗からの依頼による発注は随時となっている。基本的に本部から一括発注となっている材料について，本部からの発注と店舗からの発注が同じタイミングになる場合には，特別な処理が必要となる。テストデータについて，同期して作成しなければならないため，テストは区分けするべきであると考えた。

本部からの一括発注と店舗からの依頼による発注のタイミングが異なる状況の説明。

同じ材料について，本部からの発注と店舗からの発注が同時に行われる処理に関するテストについて，区分けすることが効率的と考えた理由。

第3部　午後Ⅱ対策

設問ウ

ウ　テスト結果を効率的に確認するために，検討し採用した確認方法，確認方法を採用した理由

ウ－1　テスト結果を効率的に確認するために，検討し採用した確認方法

　私は，今回のシステム構築におけるシステム適格性確認テストにおいて，次の三つの確認方法を採用した。

・検証用プログラムの開発
・本番データを使用
・テストケース，テストデータ作成ツールの導入

ウ－2　確認方法を採用した理由

　それぞれの確認方法について，採用した理由は次のとおりである。

（1）検証用プログラムの開発

・処理内容が複雑であり，処理結果が動作中の処理と同一であることを検証するために数百の項目を比較する必要がある。
・処理結果を出力し，目視で比較する方法もあるが，見落としや確認誤りなどが発生する可能性がある。

　私はこれらの理由から，処理結果が本番で動作中の処理と同一であることを検証するプログラムを事前に準備しておくことが効果的なテスト結果の確認につながると考えた。検証用のプログラムの作成においては，検証用のプログラムそのものが正しく動作することが最重要項目であり，検証用プログラムのテストは一般のテストケースの1.5倍を準備することとした。

（2）本番データを使用

　現行のSシステムでは性能上の問題は生じていない。新Sシステムについても必要な性能が確保できるようにキャパシティプランニングは十分に実施している。私は，データ件数を本番と同様の規模にすることによって，キャパシティプランニングの結果が適切に反映され，処理性能が確保されていることを確認できると考えた。

テスト結果を効果的に確認するための確認方法を列挙。理由はそれぞれに説明。

検証用プログラムを開発し，確認手段として採用した理由。

検証用プログラムそのものが正確に動作しなければ検証用に使用できないため，検証用プログラムの開発における工夫点を説明。

本番データを使用する確認手段を採用した理由（その1）。性能検証ができる。

演習3　システム適格性確認テストの計画

　発注伝票などの関連する帳票について，Sシステムによって出力された帳票を比較対象として活用でき，新Sシステムの動作の正当性を確認しやすいという効果も期待できる。
（3）テストケース，テストデータ作成ツールの導入
　今回の新Sシステムでは，店舗からの発注について，発注元の店舗数，発注量，発注先，発注タイミングなどの組合せが1,000とおり以上となっている。組合せが多いため，テストケースの網羅性が重要である。私はテストケースやテストデータを生成するツールを活用すればテストケースの抜け漏れを防止できると考えた。ツールの併用によって，テスト結果の検証という部分に注力できるというメリットもある。
　　　　　　　　　　　　　　　　　　　　　　　以上

本番データを使用する確認手段を採用した理由（その2）。テスト結果を検証するための比較対象が信頼できる。

テストケース，テストデータ作成ツールの導入する確認手段を採用した理由。テストケースが多い状況において，テストケースの抜け漏れを防止できる。また，テスト効率の向上も期待できる。

「以上」を忘れないようにする。

第3部　午後Ⅱ対策

演習 4　業務からのニーズに応えるためのデータを活用した情報の提供

平成30年度 午後Ⅱ 問1（標準解答時間115分）

> **問**　業務からのニーズに応えるためのデータを活用した情報の提供について

　近年，顧客の行動記録に基づき受注可能性が高い顧客像を絞り込む，宣伝方法と効果の関係を可視化するなどの業務からのニーズに応えるために，データを活用して情報を提供する動きが加速している。

　このような場合，システムアーキテクトは，業務からのニーズを分析した上で，どのような情報を提供するかを検討する必要がある。

　例えば，スーパマーケットのチェーンで，"宣伝効果を最大にしたい"というニーズから，宣伝媒体をより効果的なものに絞り込むための情報の提供が必要であると分析した場合に，次のような検討をする。

・対象にしている顧客層に宣伝が届いている度合いを測定するための情報はどのようなものか

・宣伝の効果が表れるタイミングと期間を測定するための情報はどのようなものか

　検討の結果から，"男女別／年齢層別の，来店者数のうち購入者数の占める割合が，特定の宣伝を実施した後の時間の経過に伴い，どのように推移したか"を情報として提供することにする。

　また，このような情報の提供では，来店者数のデータがない，年齢層の入力がされていないケースがあるなどの課題があることも多い。そのため，発行したレシート数に一定の数値を乗じた値を来店者数とみなす，年齢層が未入力のデータは年齢層不明として分類するなど，課題に対応するための工夫をすることも重要である。

　あなたの経験と考えに基づいて，設問ア～ウに従って論述せよ。

設問ア　あなたが携わった，業務からのニーズに応えるためのデータを活用した情報の提供は，どのようなものであったか。ニーズのあった業務の概要及びニーズの内容，関連する情報システムの概要とともに，800字以内で述べよ。

設問イ　設問アで述べた情報の提供では，ニーズをどのように分析し，どのような情報の提供を検討したか。800字以上1,600字以内で具体的に述べよ。

設問ウ　設問イで述べた検討で，情報の提供においてどのような課題があったか。また，その課題に対応するためにどのような工夫をしたか。600字以上1,200字以内で具体的に述べよ。

438

演習4　業務からのニーズに応えるためのデータを活用した情報の提供

ポイント

IPAによる出題趣旨・採点講評

出題趣旨（IPA公表資料より転載）

　近年，業務からのニーズに応えるためにデータを活用した情報の提供をすることが増えている。システムアーキテクトは，ニーズを分析し，どのような情報を提供するのかを検討する必要がある。また，このような情報の提供では算出元のデータが企業内にはないなどの課題があることも多い。そのため，課題に対応するための工夫も求められる。

　本問は，業務のためにデータ活用をする際に，求められたニーズ，ニーズの分析結果と提供した情報，情報の提供に課題があった際の工夫について，具体的に論述することを求めている。論述を通じて，システムアーキテクトに必要な要求の分析能力，課題への対応能力などを評価する。

採点講評（IPA公表資料より一部抜粋）

　全問に共通して，自らの体験に基づき設問に素直に答えている論述が多く，問題文に記載してあるプロセスや観点などを抜き出し，一般論と組み合わせただけの表面的な論述は少なかった。また，実施事項だけにとどまり，実施した理由や検討の経緯が読み取れない論述も少なかった。

　問1（業務からのニーズに応えるためのデータを活用した情報の提供について）では，営業マーケティングなどの一般的な分野からAIによる業務判断など，幅広いテーマで論述されていた。本問では，どのようなデータ活用のニーズをどのように分析し，どのような情報を提供したか，提供に際しての課題にどのような工夫をして対応したかについての具体的な論述を期待した。多くの論述は具体性があり，実際にデータを活用した情報提供に携わった経験がうかがえた。一方で，情報提供のニーズではなく機能追加に関する論述，業務からのニーズではなくシステム開発の一環としての情報提供に関する論述，分析を伴わず求められた情報をそのまま提供しただけという論述も見受けられた。システムアーキテクトは，業務からの漠然としたニーズを分析し，それを具体化する能力が求められる。業務とシステムの両面からの視点が重要なことを理解してほしい。

　業務からのニーズに応えるためのデータを活用した情報の提供がテーマの問題である。

　宣伝方法と効果の関係を可視化するなど，業務からのニーズに応えるため，データを活用した情報の提供をする場合がある。情報の提供に際して，システムアーキテクトには，業務からのニーズを適切に分析することが求められる。一方，情報を提供するために必要となるデータが不足しているなど，課題が存在することがある。不足するデータを補ったり，不足するデータを仮定したりするなど，課題に対応するための工夫も必要になる。

　この問題では，業務からのニーズを分析した結果，「このような情報を提供した」という記述では不十分で，どのような情報を提供するかについての<u>検討内容を記述すること</u>がポイントになっている。問題文には検討内容の具体例が2点示されており，記述すべき検討内容の参考にしたい。

　設問アでは，「データを活用した情報の提供」，「ニーズのあった業務の概要」，「ニーズの内容」，

第3部

第2章

午後Ⅱ演習（情報システム）

439

第3部　午後Ⅱ対策

「関連する情報システムの概要」を記述する。「ニーズのあった業務の概要」，「関連する情報システムの概要」については，午後Ⅱ試験の設問アにおいて，定番となっている要求事項である。受験者の経験を棚卸しておき，記述する事例を決定すれば容易に記述できると考えられる。「ニーズの内容」についても記述する事例において「データを活用して顧客が何を行いたいのか」という視点で記述すればよい。「データを活用した情報の提供」については，設問イで具体的に記述する事項と重複する部分が多いため，情報の提供の概要を記述する程度でよい。

　問題文には業務やニーズを限定するような記述がなく，問題全体のテーマがデータの活用であるため，多くの事例を論文の題材にでき，取り組みやすい問題になっている。

　設問イでは，「ニーズの分析内容」，「提供する情報の検討内容」を記述する。どちらも平易な要求事項になっていて，記述しやすかったと考えられる。ただし，問題文には「"宣伝効果を最大にしたい"」というニーズから，宣伝媒体をより効果的なものに絞り込むための情報の提供が必要である」のように，ニーズとニーズの分析結果だけが示されており，分析の手法や分析を進めていく経過などについて参考になる記述はない。一方，「提供する情報の検討内容」については，「対象にしている顧客層に宣伝が届いている度合いを測定するための情報はどのようなものか」，「宣伝の効果が表れるタイミングと期間を測定するための情報はどのようなものか」のように具体的に例示されていて，参考にできる。

　設問イの要求事項が「ニーズの分析内容」と「提供する情報の検討内容」の2点だけであり，相応の記述量を確保するためには，ニーズの分析結果，提供する情報の検討結果が導かれていく状況をある程度は詳細に記述する必要があると考えられる。

　設問ウでは，「情報の提供において生じた課題」，「課題に対応するための工夫」を記述する。「情報の提供において生じた課題」については，「来店者数のデータがない」，「年齢層の入力がされていない」のように具体例が示されているので，課題を記述するレベルの参考にできる。「課題に対応するための工夫」についても，「発行したレシート数に一定の数値を乗じた値を来店者数とみなす」，「年齢層が未入力のデータは年齢層不明として分類する」という例示があり，試験委員（出題者）が期待する記述レベルが推察できる。設問イと同様に相応の記述字数を確保できるように，注意しながら書き進めたい。

見出しとストーリー

設問ア

設問ア　あなたが携わった，業務からのニーズに応えるためのデータを活用した情報の提供は，どのようなものであったか。ニーズのあった業務の概要及びニーズの内容，関連する情報システムの概要とともに，800字以内で述べよ。

設問アには，問題文の次の部分が対応する。

近年，顧客の行動記録に基づき受注可能性が高い顧客像を絞り込む，宣伝方法と効果の関係を可視化するなどの業務からのニーズに応えるために，データを活用して情報を提供する動きが加速している。

見出しとストーリーの例を次に示す

ア　ニーズのあった業務の概要，ニーズの内容と情報の提供の概要，情報システムの概要

ア−1　ニーズのあった業務の概要
- 対象となる顧客は，大阪府下にベーカリーショップ十数店を展開するA社
  - A社は創業50年で，本部は第1号店に併設
  - 当初は親族で経営していたが，現在はフランチャイズチェーン店として店舗数を拡大
  - 「街中のパン屋さん」というコンセプトで，徒歩もしくは自転車で来店する顧客を想定
  - 長年販売を続けている全店舗共通の定番商品に加え，店舗独自開発の商品にも注力
  - 材料の仕入れの共通化により原価低減を進める
  - 大手チェーン店に比較して，価格は同等の商品で6 〜 8割程度
- 自身の立場は，データを活用した情報の提供を検討するシステムインテグレータに所属するシステムアーキテクト

ア−2　ニーズの内容と情報の提供の概要
- 本部を中心にフランチャイズ店の店長を交え，定番商品の開発に努めているが定着する商品が少ない
  - 発売当初は適度な販売数が確保できるが，販売数が先細りすることが多い
  - 年齢層や性別など顧客によって好みが異なると予想している
  - 顧客が期待する商品が提供できていないと考えている
- どのような顧客層にどのような商品が好まれるのかを明確にしたい
- 蓄積されている販売実績データを基に，統計処理を行い，隠されている事実を明らかにし，新たな情報を提供する

ア−3　情報システムの概要
- 対象となる情報システムは販売管理システム
  - 本部で管理されており，各店舗とはインターネットを経由して接続されている
  - Webベースのアプリケーションで，Webサーバ，APサーバ，DBサーバから構成
  - 店舗のPOSと連動し，販売情報はリアルタイムでサーバに蓄積される

第3部　午後Ⅱ対策

- 顧客向けに新製品をWebサーバ上に掲載
  - メールマガジンの配信，「お客様の声」の収集ができる

設問イ

設問イ　設問アで述べた情報の提供では，<u>ニーズをどのように分析し，どのような情報の提供を検討したか</u>。800字以上1,600字以内で具体的に述べよ。

設問イには，問題文の次の部分が対応する。

　このような場合，システムアーキテクトは，業務からのニーズを分析した上で，どのような情報を提供するかを検討する必要がある。

　例えば，<u>スーパマーケットのチェーンで，"宣伝効果を最大にしたい"というニーズから，宣伝媒体をより効果的なものに絞り込むための情報の提供が必要であると分析した場合に，</u>次のような検討をする。

　　・<u>対象にしている顧客層に宣伝が届いている度合いを測定するための情報はどのようなものか</u>

　　・<u>宣伝の効果が表れるタイミングと期間を測定するための情報はどのようなものか</u>

　検討の結果から，<u>"男女別／年齢層別の，来店者数のうち購入者数の占める割合が，特定の宣伝を実施した後の時間の経過に伴い，どのように推移したか"を情報として提供する</u>ことにする。

見出しとストーリーの例を次に示す。

イ　ニーズの分析方法と分析結果，提供する情報
イー1　ニーズの分析方法と分析結果

- ニーズを分析する目的は，継続的に販売が続いている商品と，販売が先細りする商品を明確にして，購入している顧客の特性を洗い出すこと
- A社ではポイントカードを導入している
  - 顧客の同意をとった上で，個人情報を取得し，会員の情報としてデータベースに登録している
  - 主な情報は，氏名，住所，郵便番号，性別，生年月日，メールアドレス
  - ポイントの還元率は3%と高く，口コミでポイントカードを作る顧客が増えている
- ニーズの分析方法
  - 継続的に販売が続いている商品と，販売が先細りする商品の明確化

演習4　業務からのニーズに応えるためのデータを活用した情報の提供

- ■ 顧客の層別
- ■ 購入される商品のパターンの明確化
  - ◦ 個数，食パンの有無，定番商品が占める割合など
- ■ 顧客の購入頻度
- ■ 購入パターン
  - ◦ 曜日の特定など
- ■ 商品の特性
  - ◦ 調理パン，菓子パンなど
- ● 商品の特性と購入した顧客の属性に明確な相関関係が現れると分析

イー2　提供する情報
- ● 継続的な購入に結び付け，定番商品に育てるために，効果的に新しい商品をPRすることが必要
- ● 相関関係が現れても，一定の強さで，定常的に継続するとは限らない
- ● 相関関係が明確になっている間に新しい商品をPRすることに効果がある
- ● 新しい商品の販売開始後，時間の経過とともに，相関関係がどのように推移したかを情報として提供

設問ウ

設問ウ　設問イで述べた検討で，情報の提供においてどのような課題があったか。また，その課題に対応するためにどのような工夫をしたか。600字以上1,200字以内で具体的に述べよ。

設問ウには，問題文の次の部分が対応する。

　また，このような情報の提供では，来店者数のデータがない，年齢層の入力がされていないケースがあるなどの課題があることも多い。そのため，発行したレシート数に一定の数値を乗じた値を来店者数とみなす，年齢層が未入力のデータは年齢層不明として分類するなど，課題に対応するための工夫をすることも重要である。

見出しとストーリーの例を次に示す。

443

第3部　午後II対策

ウ　情報の提供において生じた課題，課題に対応するための工夫

ウ−1　情報の提供において生じた課題

- 販売データは過去10年分程度が蓄積されている
- 顧客の購入履歴データは会員カードを導入した3年前からの情報がある
  - 導入当初は約半数の顧客が会員カードを作成
  - 普及するまで時間がかかったが，半年前にはリピート顧客のほぼ100％がポイントカードを保有
  - 保有していない顧客にポイントカード作成を勧めると，一見の顧客以外はポイントカードを作る
- ポイントカードが普及するまでの間，ポイントカードを持たない顧客と販売データを結び付ける情報がない
- ポイントカード導入前は，顧客の情報が存在しない
  - 顧客と売上を結び付けることができないが，蓄積された販売データを活用したい

ウ−2　課題に対応するための工夫

- 顧客と販売データを結び付ける
  - 顧客を年齢，性別，購入パターンなどで層別し，直近半年間の顧客と販売データの情報で比例配分
- 販売データから顧客を類推する
  - 分析した結果，店舗周辺の人口密度と総売上高に相関関係が存在する
  - ポイントカード導入後から現在に至るまでの傾向に加え，店舗周辺人口密度の変化を鑑み類推する

解答

平成 30 年度 午後Ⅱ 問 1

設問 ア

ア　ニーズのあった業務の概要，ニーズの内容と情報の提供の概要，情報システムの概要

ア－1　ニーズのあった業務の概要

　私は，独立系のシステムインテグレータP社に所属するシステムアーキテクトである。対象となる顧客は，大阪府下にベーカリーショップ10数店を展開するA社である。A社は創業50年で，本部は第1号店に併設している。現在はフランチャイズチェーン店として店舗数を拡大中である。「街中のパン屋さん」というコンセプトで，大半の顧客は，徒歩や自転車で来店している。

　A社では，長年販売している全店舗共通の定番商品に加え，店舗独自の商品開発にも力を入れている。材料の仕入れを共通化により原価低減を進め，大手チェーン店と比較して，6～8割程度の価格設定となっている。

ア－2　ニーズの内容と情報の提供の概要

　A社の本部を中心にフランチャイズ店の店長を交え，定番商品の開発に努めている。しかし，定着する商品が少ない状況となっている。新商品の発売当初は適度な販売数が確保できるが，販売数が先細りすることが多く，長続きしない。これまでの経験から，年齢層や性別など顧客によって好みが異なり，顧客が期待する商品が提供できていないと考えている。A社としては，どのような顧客層にどのような商品が好まれるのかを明確にしたいということであった。私は蓄積されている販売実績データを基に統計処理を行い，背後に隠されている事実を明確にして，新たな情報を提供することを考えた。

ア－3　情報システムの概要

　対象となる情報システムは，本部で管理している販売管理システムである。販売管理システムは，Webサーバ，APサーバ，DBサーバからなどで構成されていて，店舗のPOSと連動し，販売情報はリアルタイムでサーバに蓄積される。

設問の要求事項ではないが，最初に自身の立場を説明する。

歴史や規模など，顧客の概況を説明する。

業務の概要と商品の特徴を説明する。業務の概要は簡単な記述でもよい。

顧客が抱える一番の問題点は，新たな定番商品を開発する努力をしているが，顧客の心をとらえる新商品が育ってこないということ。

経験値を基に，A社が考えていること。

A社のニーズは，「顧客が好む商品を，顧客層ごとに，明確化する」ということ。

提供する情報の概要。

論述対象の情報システムは，販売管理システム。

「情報システムの概要」なので，簡単な記述でよい。

設問イ

イ　ニーズの分析方法と分析結果，提供する情報
イ－1　ニーズの分析方法と分析結果
　ニーズを分析する目的は，継続的に販売が続いている
商品と，販売が先細りする商品を明確にして，購入して
いる顧客の特性を洗い出すことである。
　私は，A社における顧客に関する情報について最初に
調査を行った。A社ではポイントカードを導入している
ポイントカード作成時には，顧客の同意をとった上で，
個人情報を取得し，会員の情報としてデータベースに登
録している。データベースに登録している主な情報は，
氏名，住所，郵便番号，性別，生年月日，メールアドレ
スである。ポイントカードに記録されるポイントは購入
金額の3％で，1ポイント1円で商品の購入に利用でき
る。ポイント還元率は3％と高いため，顧客の評判はよ
く，口コミで，ポイントカードを作る顧客が増加する傾
向となっている。
　ニーズは次のように分析を進めた。まず，新しく企画
した商品のうち，継続的に販売が続いている商品と，販
売が先細りする商品を明確化した。企画した商品の特性
で分類し，調理パンと菓子パンについても分類した。次
に顧客を購入行動によって層別し，購入したパンの個数，
食パンの有無，定番商品が占める割合などを洗い出した。
顧客の購入頻度も分析の対象となると考えられ，平日と
土日祝日のように顧客が購入した曜日も明確にした。私
は，情報を以上のように分類し，情報間の相関性に着目
することとした。
　分析の結果，いくつかの商品の特性と購入した顧客の
属性に明確な相関関係が現れることが判明した。
イ－2　提供する情報
　分析の結果を踏まえ私は，A社の責任者に対して，継
続的な購入に結び付け，定番商品に育てるために，これ
までにもPRしていたが，効果的に新しい商品をPRす

最初にニーズ分析の目的を説明する。

顧客と商品の関係を明確にする必要があるため，顧客の情報を調査した。

顧客に関する情報は，会員情報としてデータベースに登録している。

顧客属性として保持している情報を説明。

ポイント還元率が高いため，ポイントカードを作る顧客が増えていることを説明。

新しく企画した商品の販売状況による分類。

新しく企画した商品の特性による分類。

顧客の購入行動による分類。

顧客が購入した曜日による分類。

情報間の相関性に着目し，相関関係のある情報を明らかにした。

A社ではこれまでにも新しい商品はPRしていたが，一層効果的なPRが必要であることをA社に説明。

ることが重要であると説明した。相関関係を見出すことができた場合，商品に興味を示す顧客に対して，ある程度継続的にPRすることの必要性もお伝えした。ただし，相関関係が一定の強さで，定常的に継続するとは限らないため，相関関係が明確になっている間に新しい商品をPRすることが重要である。
　私は，これらの状況を踏まえ，新しい商品の販売開始後，時間の経過とともに，相関関係がどのように推移していったかを新たな情報として提供することとした。

（続き）A社ではこれまでにも新しい商品はPRしていたが，一層効果的なPRが必要であることをA社に説明。

効果的にPRするためには，継続したPRが必要。

効果的にPRするためには，適切なタイミングのPRが必要。

提供した情報は，相関関係の時間的な推移。

第3部　午後Ⅱ対策

設問ウ

| ウ | | 情 | 報 | の | 提 | 供 | に | お | い | て | 生 | じ | た | 課 | 題 | ， | 課 | 題 | に | 対 | 応 | す | る | た |
| | | め | の | 工 | 夫 | | | | | | | | | | | | | | | | | | | |

ウ－1　情報の提供において生じた課題
　販売データは過去10年程度の蓄積がされている。一方，顧客の購入履歴データはポイントカードを導入した3年前からの情報となっている。ポイントカードを導入した当初は，約半数の顧客がポイントカードを作成するにとどまっていた。イ－1で説明したとおり，ポイントの還元率が3％と高いため，ポイントカードの普及率は時間の経過とともに伸びていき，半年前には定期的に商品を購入するリピート顧客のほぼ100％がポイントカードを保有するに至っている。保有していない顧客に対しては継続的にポイントカードの作成を勧めており，一見の顧客を除けば，顧客はポイント還元の魅力を感じてポイントカードを作っている。
　情報の提供において生じた課題は次の二点である。
・ポイントカード導入後，普及するまでの間は，ポイントカードを持たなかった顧客と販売データを結び付ける情報がないこと。
・ポイントカード導入前は，顧客の情報が存在しないこと。顧客の情報が存在しないため，顧客と売上を結び付けることができないが，蓄積された販売データを活用したいというA社の要望である。

ウ－2　課題に対応するための工夫
（1）顧客と販売データを結び付ける工夫
　私は，顧客を年齢，性別，購入パターンなどで層別し直近半年間の顧客と販売データの情報を明確にし，販売データを基に，ポイントカードを持たなかった顧客の属性を比例配分で割り当てることとした。
（2）販売データから顧客を類推する工夫
　データを分析した結果，私は，店舗周辺の人口密度と総売上高に相関関係が存在することを発見した。ポイン

注釈（右側）

- 分析及び情報の提供をするために蓄積されているデータを説明。
- ポイントカード導入時の状況を説明。
- 直近の半年間は，データを分析し，情報を提供するための素材が揃っている。
- ポイントカードの保有率は，高い状況が継続している。
- 課題の1点目。ポイントカードの普及期，ポイントカードを持たなかった顧客の購入に関する情報が欠落している。
- 課題の2点目。ポイントカードの導入前は顧客の情報が存在せず，分析ができない。ただし，A社から販売データの活用を求められている。
- 1点目の課題に対応するための工夫。顧客と販売のデータを基に，販売のデータに対して顧客のデータを比例配分する。
- 2点目の課題に対応するための工夫。販売のデータのみ存在するため，販売のデータから顧客のデータを想定する。ただし，人口密度との相関性に着目し，人口密度での補正を追加する。

演習4 業務からのニーズに応えるためのデータを活用した情報の提供

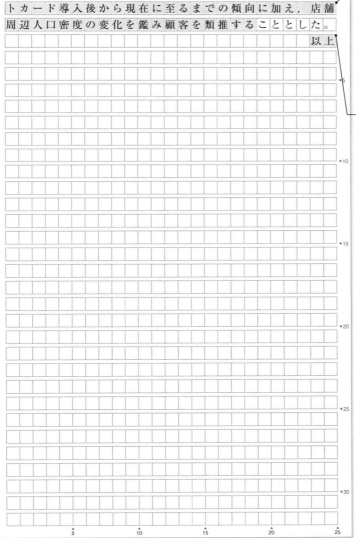

トカード導入後から現在に至るまでの傾向に加え，店舗周辺人口密度の変化を鑑み顧客を類推することとした。

以上

(続き) 2点目の課題に対応するための工夫。販売のデータのみ存在するため，販売のデータから顧客のデータを想定する。ただし，人口密度との相関性に着目し，人口密度での補正を追加する。

「以上」を忘れないようにする。

第3部　午後Ⅱ対策

演習5　業務ソフトウェアパッケージの導入

平成30年度 午後Ⅱ 問2（標準解答時間115分）

問　業務ソフトウェアパッケージの導入について

　近年，情報システムの構築に，業務ソフトウェアパッケージ（以下，パッケージという）を導入するケースが増えている。パッケージを導入する目的には，情報システム構築期間の短縮，業務の標準化による業務品質の向上などがある。

　パッケージは標準的な機能を備えているが，企業などが実現したい業務機能には足りない又は適合しないなどのギャップが存在することがある。そこで，システムアーキテクトは，パッケージが提供する機能と実現したい業務機能のギャップを識別した上で，例えば次のように，検討する上での方針を決めてギャップに対する解決策を利用部門と協議する。

・"原則として，業務のやり方をパッケージに合わせる"という方針から，まず，パッケージが提供する機能に合わせて業務を変更することを検討する。ただし，"企業の競争力に寄与する業務は従来のやり方を踏襲する"という方針から，特に必要な業務については追加の開発を行う。

・"投資効果を最大化する"という方針から，システム化の効果が少ない業務については，システム化せずに運用マニュアルを整備して人手で対応することを検討する。

　あなたの経験と考えに基づいて，設問ア～ウに従って論述せよ。

設問ア　あなたがパッケージの導入に携わった情報システムについて，対象とした業務と情報システムの概要，及びパッケージを導入した目的を，800字以内で述べよ。

設問イ　設問アで述べたパッケージの導入において，パッケージの機能と実現したい業務機能にはどのようなギャップがあったか。また，そのギャップに対してどのような解決策を検討したか。検討する上での方針を含めて，800字以上1,600字以内で具体的に述べよ。

設問ウ　設問イで述べたギャップに対する解決策について，どのように評価したか。適切だった点，改善の余地があると考えた点，それぞれについて，理由とともに，600字以上1,200字以内で具体的に述べよ。

450

演習5　業務ソフトウェアパッケージの導入

ポイント

IPAによる出題趣旨・採点講評

出題趣旨（IPA公表資料より転載）

　近年，情報システム開発期間の短縮，業務品質の向上などのために，情報システムの構築に，業務ソフトウェアパッケージ（以下，パッケージという）を導入するケースが増えている。システムアーキテクトは，実現したい業務機能を達成するために，パッケージが提供する機能と実現したい業務機能とのギャップをどのように解決するか検討し，利用部門に選択してもらう必要がある。

　本問は，パッケージ導入の際に生じる実現したい業務機能とのギャップ，及び解決策について，具体的に論述することを求めている。論述を通じて，システムアーキテクトに必要なパッケージ導入に関連した能力と経験を評価する。

採点講評（IPA公表資料より一部抜粋）

　全問に共通して，自らの体験に基づき設問に素直に答えている論述が多く，問題文に記載してあるプロセスや観点などを抜き出し，一般論と組み合わせただけの表面的な論述は少なかった。また，実施事項だけにとどまり，実施した理由や検討の経緯が読み取れない論述も少なかった。

　問2（業務ソフトウェアパッケージの導入について）では，業務ソフトウェアパッケージ（以下，パッケージという）の導入において発生する業務とパッケージ機能のギャップの解決策について，ギャップの内容，検討方針，解決策についての具体的な論述を期待した。多くの受験者は，ギャップの解決策を具体的に論述しており，実際の経験に基づいて論述していることがうかがえた。一方で，検討方針がなく解決策だけの論述，その解決策で業務が円滑に遂行できるかが不明な論述など，業務への踏み込みが不足しているものも見受けられた。システムアーキテクトには，対象業務の遂行に最適な解決策を選択する能力が求められる。システムの知識だけでなく業務を理解することを心掛けてほしい。

　業務ソフトウェアパッケージの導入がテーマの問題である。

　業務ソフトウェアパッケージを導入する目的として，情報システムを構築する期間の短縮，業務の標準化による業務品質の向上などが考えられる。ただし，業務ソフトウェアパッケージが提供する機能と企業が実現したい機能との間にはギャップが存在することがある。システムアーキテクトは，ギャップを明確にした上で，業務ソフトウェアパッケージの導入の目的を踏まえ，「業務をパッケージに合わせる」，「ギャップとなっている部分は追加開発によって機能を実現する」などの判断をしなければならない。

　この問題では，ギャップ分析そのものについては要求されていないため，分析の方法や，分析の過程などについての記述は必須ではない。

　設問アでは，「対象業務の概要」，「情報システムの概要」，「パッケージを導入した目的」を記述する。「対象業務の概要」，「情報システムの概要」については，午後Ⅱ試験の設問アにおいて，定番になっている要求事項である。受験者が経験した事例を棚卸ししておけば，容易に記述で

451

第3部　午後Ⅱ対策

きると考えられる。「パッケージを導入した目的」については，問題文に「構築期間の短縮」のように数点の例示があり，参考にして記述するとよい。

　設問イでは，「パッケージの機能と実現したい業務機能との間に生じたギャップ」，「解決策検討の方針とギャップの解決策」を記述する。「パッケージの機能と実現したい業務機能との間に生じたギャップ」について，記述内容を限定するような制約は問題文にないため，どのようなギャップであっても取り上げることができる。設問アで記述した「パッケージを導入した目的」と関連させて記述するとよい。「解決策検討の方針」については，ギャップを解消する方向性という観点で簡単に示し，「ギャップの解決策」で解決策を具体的に説明する。「解決策検討の方針とギャップの解決策」についても，問題文に例示があるため，参考にして記述するとよい。

　設問ウでは，解決策の評価として「解決策が適切であった点とその理由」，「解決策に改善の余地があると考えた点とその理由」を記述する。評価は，第三者の評価ではなく，システムアーキテクト自身の評価である。自分自身が評価したことを強調して説明しておきたい。要求事項の2点とも理由の記述が求められている。簡単でもよいので，なぜ解決策が適切であったのか，なぜ改善の余地が残ってしまったのかという記述が必要である。

見出しとストーリー

設問ア

> **設問ア**　あなたがパッケージの導入に携わった情報システムについて，対象とした業務と情報システムの概要，及びパッケージを導入した目的を，800字以内で述べよ。

設問アには，問題文の次の部分が対応する。

> 　近年，情報システムの構築に，業務ソフトウェアパッケージ（以下，パッケージという）を導入するケースが増えている。<u>パッケージを導入する目的</u>には，<u>情報システム構築期間の短縮</u>，<u>業務の標準化</u>による業務品質の向上などがある。

見出しとストーリーの例を次に示す。

ア　対象業務の概要，情報システムの概要，パッケージを導入した目的
ア－1　対象業務の概要
- 対象となる顧客はコンサルティングファームのA社
- 東京に本社，大阪と名古屋に支店を構えている
- 業容拡大のため，同業のB社，C社と半年後に合併

452

演習5　業務ソフトウェアパッケージの導入

- 商法上の存続会社はA社
- 主要な事業はコンサルタントの派遣，長期にわたってコンサルティング契約している顧客も多数
- A社の業務課が案件ごとにコンサルタントを割り当てる
- 自身の立場は，システムインテグレータP社に所属するシステムアーキテクト

アー2　情報システムの概要
- コンサルタントのスキル，資格，業務履歴などを管理する統合スキル管理システムが稼働中
- 統合スキル管理システムは，Webアプリケーションとして構築
- Webサーバ，アプリケーションサーバ，DBサーバなどから構成
- 現行システムは導入後2年経過するが，情報システムの処理能力には十分余裕がある

アー3　パッケージを導入した目的
- 合併相手のB社，C社にもA社と同様のスキル管理システムがあるが，管理項目などは異なる部分が多い
- A社の統合スキル管理システムを改修して，B社，C社の情報を取り込むことも可能であるが，半年後の合併には間に合わない
- 半年後の合併に間に合うよう，構築期間を短縮するため，業務ソフトウェアパッケージを導入して，各社の情報を取り込む方針が決定された
- 業務ソフトウェアパッケージは，複数の候補の中から，各社の情報が保持できる製品を選択
- 私が業務ソフトウェアパッケージの導入を取りまとめる

設問イ

設問イ　設問アで述べたパッケージの導入において，パッケージの機能と実現したい業務機能にはどのようなギャップがあったか。また，そのギャップに対してどのような解決策を検討したか。検討する上での方針を含めて，800字以上1,600字以内で具体的に述べよ。

設問イには，問題文の次の部分が対応する。

453

第3部　午後II対策

　パッケージは標準的な機能を備えているが，企業などが実現したい業務機能には足りない又は適合しないなどのギャップが存在することがある。そこで，システムアーキテクトは，パッケージが提供する機能と実現したい業務機能のギャップを識別した上で，例えば次のように，検討する上での方針を決めてギャップに対する解決策を利用部門と協議する。

・"原則として，業務のやり方をパッケージに合わせる"という方針から，まず，パッケージが提供する機能に合わせて業務を変更することを検討する。ただし，"企業の競争力に寄与する業務は従来のやり方を踏襲する"という方針から，特に必要な業務については追加の開発を行う。

・"投資効果を最大化する"という方針から，システム化の効果が少ない業務については，システム化せずに運用マニュアルを整備して人手で対応することを検討する。

見出しとストーリーの例を次に示す。

イ　パッケージの機能と実現したい業務機能のギャップ，解決策の検討の方針とギャップの解決策

イー1　パッケージの機能と実現したい業務機能のギャップ

- スキル管理の方法は，A社，B社，C社でそれぞれ異なる
- 同業であっても各社特徴があり，現行の統合スキル管理システムではB社，C社の管理項目が取り扱えない
- 現行の統合スキル管理システムはA社向けにP社が構築
- A社では，業務課が統合スキル管理システムに入力する情報を決定し，選択式で各コンサルタントが情報を入力
- 開発期間短縮のため業務ソフトウェアパッケージを適用するが，入力インタフェースが大きく変更になる
- 入力する項目は事前にパッケージのパラメタとして決定できるが，実際の入力は自由記述でどのような情報でも入力可
- B社，C社の管理項目にも対応できる
- A社業務課は，入力するコンサルタントによって情報にバラつきが生じ，コンサルタントのスキル全体の管理に支障が出ると懸念
- A社の要求を満たすためにはカスタマイズが必須となる

イー2　解決策の検討の方針とギャップの解決策

- 半年後の合併が決定しているため，業務ソフトウェアパッケージを適用するとしても，半年後の本番稼働が絶対条件

454

演習5　業務ソフトウェアパッケージの導入

- 過去に私が経験した同等案件を基に，パッケージの規模，カスタマイズが予想される範囲を考慮すると，半年後の本番稼働は困難
- 方針は，「パッケージのカスタマイズはせず，パッケージに業務を合わせる」
- スキルの情報はリアルタイムに必要になる情報ではない
- カスタマイズを避けるため，入力時点で制御することはせず，自由入力とする
- 入力後のデータをクレンジングすることで対応
- クレンジング方式，クレンジングを月単位のバッチ処理で対応することを，A社業務課と合意

設問ウ

設問ウ　設問イで述べたギャップに対する解決策について，どのように評価したか。適切だった点，改善の余地があると考えた点，それぞれについて，理由とともに，600字以上1,200字以内で具体的に述べよ。

設問ウに対応する問題文はない。論述する事例に基づき要求事項を記述する。
見出しとストーリーの例を次に示す。

ウ　解決策の評価，適切だった点，改善の余地があると考えた点
ウー1　解決策の評価
- カスタマイズを回避したことで，計画どおり本番稼働を迎えることができた
- 本番稼働後も特に大きな問題は発生していない
- 絶対条件がクリアできたことと，問題が発生していないことを鑑み，私の解決策は十分評価できる

ウー2　適切だった点
- カスタマイズの範囲，カスタマイズの量が，構築期間に大きく影響する
- カスタマイズがごく一部であっても，ソフトウェアに手を入れる限り，十分なテストが必要
- 今回は，カスタマイズを回避する策を採用したため，業務ソフトウェアパッケージの品質を生かすことができ，追加のテストが不要になり，工数削減に大きく寄与できた
- カスタマイズを回避したことは適切であった

455

第3部　午後Ⅱ対策

ウ−3　改善の余地があると考えた点

- ユーザインタフェースがA社，B社，C社とも変更になった
- 業務ソフトウェアパッケージ導入の目的を周知徹底していたので，変更になることは現場に問題なく受け入れていただけた
- しかし，利用者が一新されたユーザインタフェースに慣れるまでに1〜3か月程度必要となり，A社の業務部門への問い合わせが頻発した
- 業務ソフトウェアパッケージを導入する場合，バンドルされているチュートリアルなどを事前に展開しておくべきであった

解答

平成30年度 午後Ⅱ 問2

設問ア

ア　対象業務の概要，情報システムの概要，パッケージを導入した目的	設問の要求事項ではないが，最初に自身の立場を説明する。
ア－1　対象業務の概要	
私は，システムインテグレータP社に所属するシステムアーキテクトである。論述の対象とする顧客はコンサルティングファームのA社で，本社は東京にあり，大阪と名古屋に支店を構えている。A社は，業容拡大のため，同業のB社，C社と半年後に合併することとなった。商法上の存続会社はA社である。	顧客の概況。半年後の合併が業務ソフトウェアパッケージの導入の契機となる。
A社の主要な事業は，コンサルタントの派遣で，長期にわたってコンサルティング契約している顧客も多数抱えている。A社の業務課は案件ごとにコンサルタントを割り当てている。	業務の概要。コンサルタントの割当ては業務課の専任事項。
ア－2　情報システムの概要	
A社では，コンサルタントのスキル，資格，業務履歴などを管理する統合スキル管理システムが稼働している。	対象となる情報システム。
統合スキル管理システムは，Webアプリケーションであり，システムはWebサーバ，アプリケーションサーバ，DBサーバなどから構成されている。	情報システムの構成。
現行システムは導入後2年経過するが，情報システムの処理能力には十分余裕がある。	業務ソフトウェアパッケージを導入しても，ハードウェア的なリソースの増強は不要。
ア－3　パッケージを導入した目的	
合併相手のB社，C社にもA社と同様のスキル管理システムがあるが，管理項目などは異なる部分が多い。A社の統合スキル管理システムを改修して，B社，C社の情報を取り込むことも可能であるが，半年後の合併には間に合わない可能性が高い。	存続会社となるA社の情報システムを継続して使用すると，合併のタイミングで稼働させることは困難。
半年後の合併に間に合うよう，構築期間を短縮するため，業務ソフトウェアパッケージを導入して，各社の情報を取り込むことが決定された。	業務ソフトウェアパッケージ導入の目的は，情報システムの構築期間の短縮。
業務ソフトウェアパッケージは，複数の候補の中から，各社の情報が保持できる製品を選択し，私が業務ソフトウェアパッケージの導入を取りまとめることとなった。	自身の役割も明示する。

第3部　午後II対策

設問イ

イ　パッケージの機能と実現したい業務機能のギャップ，解決策の検討の方針とギャップの解決策

イ－1　パッケージの機能と実現したい業務機能のギャップ

　スキル管理の方法は，A社，B社，C社でそれぞれ異なっている。同業であっても各社特徴があり，現行の統合スキル管理システムではB社，C社の管理項目が取り扱えないことが分かっている。現行の統合スキル管理システムはA社向けにP社が構築したもので，A社では，業務課が統合スキル管理システムに入力する情報を決定し，選択式で各コンサルタントが情報を入力する。

　開発期間短縮のため業務ソフトウェアパッケージを適用することに伴い，入力インタフェースが大きく変更になる。入力する項目は事前にパッケージのパラメタとして決定できるが，実際の入力は，自由記述でどのような情報でも入力できるパッケージの仕様である。この仕様であれば，B社，C社の管理項目にも対応できるが，A社業務課は，入力するコンサルタントによって情報にばらつきが生じ，コンサルタントのスキル全体の管理に支障が出ると懸念している。A社の要求を十分満たすためにはカスタマイズが必須となってしまう。

イ－2　解決策の検討の方針とギャップの解決策

　半年後の合併が決定しているため，業務ソフトウェアパッケージを適用するとしても，半年後の本番稼働が絶対条件である。過去に私が経験した同等案件を基に，パッケージの規模，カスタマイズが予想される範囲を考慮すると，半年後の本番稼働は困難と考えられた。私は解決策の検討に際し，「パッケージのカスタマイズはせずパッケージに業務を合わせる」という方針を立て，A社業務課の了解を得た。

　スキルの情報はリアルタイムに必要になる情報ではなく，カスタマイズを避けるために，入力時点で情報の制

注釈：

- 現行の統合スキル管理システムは，そのままB社，C社では使用できない。
- 現行の統合スキル管理システムは，A社向けにP社が構築したシステム。
- ギャップが生じる要因の一つ。
- インタフェースの変更に伴い，データの入力方式が異なる点が生じる。
- 業務ソフトウェアパッケージの機能とA社が実現したい業務機能とのギャップ。
- ギャップによって，もたらされる問題。
- 新システムの実現形態によらない必達の条件。
- カスタマイズをしてしまうと，本番稼働の納期に間に合わない可能性がある。
- 基本方針を明示。A社の了解も得られていることを説明する。
- スキル情報がもつ特性。
- カスタマイズを回避するために採用した入力方法。

演習5　業務ソフトウェアパッケージの導入

御は行わず，パッケージの仕様に合わせて自由入力とすることにした。データの整合性や品質を維持するために入力後のデータをクレンジングすることで対応し，クレンジング方式とクレンジングを月単位のバッチ処理で対応することを，A社業務課と合意した。

（続き）カスタマイズを回避するために採用した入力方法。

データの整備は，パッケージ外でクレンジングによる対応とする。

A社との合意が重要。

第3部

第2章

午後Ⅱ演習（情報システム）

第3部　午後Ⅱ対策

設問ウ

```
ウ　　解決策の評価，適切だった点，改善の余地があると
　　　考えた点
ウ－1　　解決策の評価
　　カスタマイズを回避したことで，計画どおり本番稼働
を迎えることができた。本番稼働後も特に大きな問題は
発生していない状況である。絶対条件がクリアできたこ
とと，問題が発生していないことを鑑み，私の解決策は
十分評価できると考えている。
ウ－2　　適切だった点
　　業務ソフトウェアパッケージの導入プロジェクトにお
いては，カスタマイズの範囲，カスタマイズの量が，構
築期間に大きく影響する。カスタマイズがごく一部であ
っても，ソフトウェアに手を入れる限り，十分なテスト
が必要になる。今回は，カスタマイズを回避する策を採
用したため，業務ソフトウェアパッケージの品質を生か
すことができ，追加のテストが不要になり，工数削減に
大きく寄与できた。私は，カスタマイズを回避した解決
策を適用したことは適切であったと考えている。
ウ－3　　改善の余地があると考えた点
　　業務ソフトウェアパッケージでは，ユーザインタフェ
ースがA社，B社，C社とも変更になった。今回は，業
務ソフトウェアパッケージ導入の目的を周知徹底してい
たので，変更になることは現場に問題なく受け入れてい
ただけた。しかし，利用者が一新されたユーザインタフ
ェースに慣れるまでに1～3か月程度必要となり，A社
の業務課への問い合わせが頻発した。私は，業務ソフト
ウェアパッケージを導入する場合，バンドルされている
チュートリアルなどを事前に展開しておくべきであった
と考えている。
　　　　　　　　　　　　　　　　　　　　　　　以上
```

評価の根拠を示す。

自己評価であるが，解決策の評価は「良い」とする。

カスタマイズを回避すると考えた根拠。

解決策が適切であった理由。

解決策が適切であったということを明示する。

インタフェースの変更は問題にならなかったことを説明。

解決策について，改善の余地があると考えた理由。

改善案を説明。

「以上」を忘れないようにする。

演習6　非機能要件を定義するプロセス

演習6　非機能要件を定義するプロセス

平成29年度 午後Ⅱ 問1（標準解答時間115分）

問　非機能要件を定義するプロセスについて

　情報システムは，非機能要件の考慮漏れによって重大な障害を引き起こすことがある。非機能要件とは，信頼性を含む品質要件，運用・操作要件など，機能要件以外の要件のことである。利用者は非機能要件を明確に認識していないことが多いので，システムアーキテクトは，利用者を含む関連部門へのヒアリングによって必要な情報を収集する。収集した情報を基に，業務及び情報システム両方の視点から非機能要件を検討し，検討結果を意思決定者に提示し，判断してもらう。

　例えば，信頼性要件の場合，次のようなプロセスで検討する。

・リスクを洗い出し，想定される損失並びに事業及び業務への影響を分析する。

・分析結果に基づき，目標とすべき復旧時間を設定する。

・設定した復旧時間を達成するための情報システムの実現方式を具体化する。

　その際，前提となるシステム構成，開発標準，システム運用形態など，非機能要件を定義するに当たって制約となる事項を示した上で，例えば次のように，意思決定者に判断してもらうための工夫をすることも必要である。

・複数のシステム構成方式について，想定される損失と，対策に必要なコストの比較を示す。

・信頼性を向上させるためにデュアルシステム方式にすると効率性の指標の一つであるスループットが下がる，といった非機能要件間でのトレードオフが生じる場合，各非機能要件の関係性を示す。

あなたの経験と考えに基づいて，設問ア～ウに従って論述せよ。

設問ア　あなたが要件定義に携わった情報システムについて，対象業務の概要と情報システムの概要を，800字以内で述べよ。

設問イ　設問アで述べた情報システムについて，どのような非機能要件を，業務及び情報システム両方のどのような視点から，どのようなプロセスで検討したか。検討した結果とともに，800字以上1,600字以内で具体的に述べよ。

設問ウ　設問イで述べた非機能要件の検討の際，意思決定者に判断してもらうためにどのような工夫をしたか。600字以上1,200字以内で具体的に述べよ。

第3部

第2章

午後Ⅱ演習（情報システム）

第3部　午後Ⅱ対策

ポイント

IPAによる出題趣旨・採点講評

出題趣旨（IPA公表資料より転載）

　情報システムは，非機能要件の考慮漏れがあると，本稼働後に重大な障害を引き起こすことがある。システムアーキテクトは，非機能要件を適切に定義しなければならない。

　本問は，システムアーキテクトが，非機能要件を業務及び情報システム両方のどのような視点から，どのようなプロセスで検討したか，また，意思決定者に判断してもらうためにどのような工夫をしたのかを，具体的に論述することを求めている。論述を通じて，システムアーキテクトに必要な非機能要件を定義する能力と経験，意思決定者へ説明する能力を評価する。

採点講評（IPA公表資料より一部抜粋）

　全問に共通して，自らの体験に基づき設問に素直に答えている論述が多く，問題文に記載してあるプロセスや観点などを抜き出し，一般論と組み合わせただけの表面的な論述は少なかった。一方で，実施事項だけの論述にとどまり，実施した理由や検討の経緯が読み取れない論述も見受けられた。自らが実際にシステムアーキテクトとして，検討し取り組んだことを具体的に論述してほしい。

　問1（非機能要件を定義するプロセスについて）では，どのような非機能要件を，業務及び情報システム両方の視点からどのようなプロセスで検討したか，それを第三者に説明する際にどのような工夫をしたかについての具体的な論述を期待した。多くの論述は具体性があり，実際に要件定義に携わった経験がうかがえた。一方で，業務との関連性が乏しい論述や，非機能要件の検討ではなく実現方法の検討に終始した論述も見受けられた。また，意思決定者への説明に関する工夫を問うたにもかかわらず，説明した内容だけを述べており，工夫に触れていない論述も見受けられた。システムアーキテクトには，業務及び情報システムの両方の視点から非機能要件を含む要件定義を行い，それを分かりやすく第三者に説明することが求められる。要件の検討に加えて，検討結果を分かりやすく説明することも心掛けてほしい。

　非機能要件を定義するプロセスがテーマの問題である。

　情報システムは，非機能要件の考慮漏れによって重大な事故を引き落とすことがある。非機能要件は抽象的な部分が多く，利用者にとっても非機能要件を明確にすることが難しい側面がある。システムアーキテクトは，利用者を含む関連部門のヒアリングなどを通して非機能要件を明らかにしていく。

　この問題は非機能要件の定義内容を記述するのではなく，非機能要件を定義するプロセスについて記述しなければならない。問題文には非機能要件を定義するプロセスの例が示されており，記述すべき事項の選択，記述する内容の参考にしたい。

　設問アでは，「対象業務の概要」，「情報システムの概要」を記述する。「対象業務の概要」，「情報システムの概要」については，午後Ⅱ試験の設問アにおいて，定番となっている要求事項であり，受験者の経験を棚卸しするなど，記述内容を準備しておけば容易に記述できると考えられる。

462

問題文には要件定義を行った業務や情報システムを特定するような記述がなく，どのような事例であっても論文の題材にできる。この問題は，業務要件を定義するプロセス記述が中心になるため，情報システムの概要は簡単に触れる程度でもよい。ただし，対象の要件が非機能要件であることには注意が必要である。

設問イでは，「対象となる非機能要件と検討の視点」，「非機能要件の検討プロセス」，「検討した結果」を記述する。非機能要件は，「使いやすい」とか「動作が速い」のように定性的に表現されることが多く，利用者も「大体このような感じ」という意識でいることがある。システムアーキテクトは，設計・実装フェーズのインプットとなるような形式で，非機能要件を定義しなければならない。

問題文には「利用者を含む関連部門へのヒアリングによって必要な情報を収集する」と示されており，利用部門へのヒアリング結果は必ず記述しなければならない。非機能要件の検討については，「業務及び情報システム両方の視点から非機能要件を検討し」と指示されていて，複数の側面からの検討が必要である。問題文に示されている非機能要件の検討プロセスの例の中に，「目標とすべき復旧時間を設定」，「情報システムの実現方式を具体化」という記述があり，非機能要件を検討する視点の参考にできる。非機能要件の検討プロセスについては，問題文に箇条書きで例が示されている。検討プロセスとして試験委員（出題者）が期待している例であり，記述内容を検討するときの参考にしたい。

設問ウでは，「非機能要件を意思決定者に判断してもらうための工夫」を記述する。意思決定者の立場によって判断する内容も変わってくると考えられるので，意思決定者についても明示する必要がある。工夫といっても奇をてらう必要はなく，問題文に示されているように，判断材料となる複数案の比較結果の提示，トレードオフが生じる場合の関係性の提示などで十分と考えられる。一般的な工夫点としては，分かりやすく説明するための図表の活用，比較が容易になるようにするための数値による比較なども考えられる。取り上げる非機能要件に合わせて使い分ければよい。

問題文には「前提となるシステム構成，開発標準，システム運用形態など，非機能要件を定義するに当たって制約となる事項を示した上で」と示されており，制約事項を明示する必要もある。

第3部　午後Ⅱ対策

見出しとストーリー

設問ア

設問ア　あなたが要件定義に携わった情報システムについて，<u>対象業務の概要</u>と<u>情報システムの概要</u>を，800字以内で述べよ。

設問アに対応する問題文はない。論述する事例に基づき要求事項を記述する。

見出しとストーリーの例を次に示す。

ア　対象業務の概要，情報システムの概要

ア－1　対象業務の概要

- 対象となる顧客は中古パソコンをリサイクルして販売するA社
- A社は大阪に本社と整備工場を置き，東京と名古屋に営業拠点を構えている
- A社は買い取ったパソコンを，リソースの増強・清掃などを行って一般顧客に販売
- 買い取りも販売も基本的にWeb環境で行い，パソコンの運搬は大手業者に委託
- 対象とする業務は，中古パソコンの販売業務
- 自身の立場は，今回のシステム開発を取りまとめる情報システム部門に所属するシステムアーキテクト

ア－2　情報システムの概要

- 対象となる情報システムは販売管理システム
- Webサイトのレスポンスが悪いという利用者からの意見が増えてきて，システムの刷新を行うこととなった
- 販売管理システムは外部のデータセンタに配置し，リモートで管理・運用を行う
- 中古パソコンの買い取り部門が使用する商品管理システムとデータ連携をする
- Webシステムで構築され，アプリケーションサーバ，データベースサーバ，クライアントで構成

464

演習6　非機能要件を定義するプロセス

設問イ

設問イ　設問アで述べた情報システムについて，どのような非機能要件を，業務及び情報システム両方のどのような視点から，どのようなプロセスで検討したか。検討した結果とともに，800字以上1,600字以内で具体的に述べよ。

設問イには，問題文の次の部分が対応する。

利用者は非機能要件を明確に認識していないことが多いので，システムアーキテクトは，利用者を含む関連部門へのヒアリングによって必要な情報を収集する。収集した情報を基に，業務及び情報システム両方の視点から非機能要件を検討し，検討結果を意思決定者に提示し，判断してもらう。
　例えば，信頼性要件の場合，次のようなプロセスで検討する。
・リスクを洗い出し，想定される損失並びに事業及び業務への影響を分析する。
・分析結果に基づき，目標とすべき復旧時間を設定する。
・設定した復旧時間を達成するための情報システムの実現方式を具体化する。

見出しとストーリーの例を次に示す。

イ　対象となる非機能要件と検討の視点，非機能要件の検討プロセス，検討した結果

イー1　対象となる非機能要件と検討の視点
- 対象となる非機能要件は性能
- 取り扱う中古パソコンは，大手メーカ系のパソコンの他BTOなどによってカスタマイズしたパソコンも含まれる
- 大手メーカのパソコンのコモディティ化が進み，メーカにこだわりのある顧客を除き，中古パソコンの購入を希望する顧客は価格対性能比を重視する
- A社は独自に中古パソコンのリソースを増強して販売しており，業務面の検討事項としては，利用する顧客にとって希望する中古パソコンを素早く検索できることが重要
- システム面の検討事項としては，顧客が不満を抱かない応答速度を実現することが必要
- ただし，具体的な数値として多くの一般顧客の声を収集することは難しい

イー2　非機能要件の検討プロセス
- A社の中古パソコンはカスタマイズされたものであるため，大手メーカの製品であっても，顧客が名称や型名で商品を検索することは少なく，仕様に対する条件検索が行

465

第3部　午後Ⅱ対策

われることが大半
- 顧客のアクセスログを解析すると，どのような操作で最終的に希望するパソコンを発見したかが分かる
- ただし，インタラクティブな操作を伴うため，顧客の検討プロセスが不明確な場合もある
- 顧客の速度感には主観的な部分もあるため，要件として数値化するために顧客へのアンケートも併用する
- 現行の販売管理システムを利用してA社から中古パソコンを購入する顧客，もしくは購入を検討している顧客のアンケートを収集する
- アンケートに回答した顧客に対しては，中古パソコンを購入する際に利用できる割引クーポンを発行することで，アンケート回収率の向上を図る
- 割引クーポンについては，営業部門の了解を得ておく
- 応答速度は時々刻々変化するため，現行システムの運用管理部門に応答速度の管理レポートの提示を受けるとともに，ヒアリングを行い応答速度が低下した要因の分析結果を確認する
- 業務面からの検討：主に性能面で不満を感じた操作について，アンケート結果とアクセスログと突き合わせることによって，顧客が不満を抱く応答速度の範囲を明確化する
- システム面からの検討：顧客が満足する応答速度を確保できるようにするためのリソースの増強計画を立てる

イー3　検討した結果
- 顧客が満足する応答速度は3秒以下であることが明確になる
- あらゆる負荷条件下で応答速度を3秒以下にすることは困難であるため，全トランザクションの98%の範囲で応答速度を3秒以下とする

設問ウ

設問ウ　設問イで述べた非機能要件の検討の際，意思決定者に判断してもらうためにどのような工夫をしたか。600字以上1,200字以内で具体的に述べよ。

設問ウには，問題文の次の部分が対応する。

466

演習6　非機能要件を定義するプロセス

　その際，前提となるシステム構成，開発標準，システム運用形態など，非機能要件を定義するに当たって制約となる事項を示した上で，例えば次のように，意思決定者に判断してもらうための工夫をすることも必要である。
・複数のシステム構成方式について，想定される損失と，対策に必要なコストの比較を示す。
・信頼性を向上させるためにデュアルシステム方式にすると効率性の指標の一つであるスループットが下がる，といった非機能要件間でのトレードオフが生じる場合，各非機能要件の関係性を示す。

見出しとストーリーの例を次に示す。

ウ　非機能要件を意思決定者に判断してもらうための工夫

- 非機能要件を判断してもらう意思決定者は，CIOと情報システム部門長
- 検討結果の「98％のトランザクションについて応答速度3秒以下」を直接示しても，意思決定者の理解度は低い
- 工夫点の一つ目は，利用者の声であることを提示
- アンケート結果をグラフ，表などにまとめ，多くの利用者が期待する応答速度であることを示す
- 応答速度3秒以下を達成するトランザクションが，100％でなく98％であることについては，3秒以上の応答速度になった事例を示し，3秒以上になることをゼロにするのが実現困難であることを示す
- 工夫点の二つめは，3秒以下の応答速度と5秒程度の応答速度の差を具体的に提示する
- 提示方法としては，画面遷移のみを確認できるプロトタイプを作成する
- 応答速度が3秒以下のものと5秒程度の二つのプロトタイプを作成し，応答速度の差を体感してもらう
- 5秒程度に応答速度が悪くなる可能性のある画面遷移について，顧客がどのような場面で利用する画面であるかを説明することによって，当該トランザクションが存在することを強調する
- 工夫点の三つめは，運用管理部門のメンバに支援を要請し，リソースの増強の必要性について，増強しない場合とする場合の差を明示してもらうことによって，意思決定者の了解を得る
- 提案した性能に関する非機能要件「98％のトランザクションについて応答速度3秒以下」は意思決定者に承認を得ることができ，後続の工程に進むことができた

第3部

第2章

午後Ⅱ演習（情報システム）

467

第3部　午後Ⅱ対策

解答

平成29年度 午後Ⅱ 問1

設問ア

```
ア　対象業務の概要，情報システムの概要
ア－1　対象業務の概要
　私は，中古パソコンを修理・リサイクルして販売する
A社の情報システム部門に所属するシステムアーキテク
トである。A社は大阪に本社と整備工場・流通センタを
置き，東京と名古屋に営業拠点を構えている。A社のリ
サイクルは，顧客や法人から買い取った中古パソコンを
修理し，パソコンのリソースを最新のソフトウェアが稼
働できるようにリソースの増強を行い，清掃して一般顧
客に販売している。中古パソコンの買い取りも販売も基
本的にWeb環境で行っており，実際の引き取りや配送
などは大手の物流会社に委託している。私は今回のシス
テム開発を取りまとめることになった。
ア－2　情報システムの概要
　論述の対象とする情報システムは，中古パソコンの販
売管理システムである。最近，Webサイトのレスポン
スが悪いという利用者からの意見が増加傾向にある。中
古パソコンの販売は，低価格を維持することが重要で，
利益率は低い。競合他社との差別化も難しい面があり，
システムの刷新を行うことになった。現状の販売管理シ
ステムは外部のデータセンタに置いており，リモートで
システムの管理・運用を行っている。刷新する販売管理
システムも同様の運用を継続する予定である。販売管理
システムは，中古パソコンの買取り部門が使用する商品
管理システムとデータ連携を行っている。販売管理シス
テムは，Webシステムとして構築されており，主な構
成機器は，アプリケーションサーバ，データベースサー
バ，クライアントなどである。
```

設問の要求事項ではないが，自身の所属を説明する。

対象業務の概要。

自身の役割を説明する。

対象の情報システム。

システムを構築することになった背景。

情報システムの概要。

468

演習6　非機能要件を定義するプロセス

設問イ

```
イ　　対象となる非機能要件と検討の視点，非機能要件の
　　　検討プロセス，検討した結果
イ－1　　対象となる非機能要件と検討の視点
　　対象となる非機能要件は性能である。取り扱う中古パ
ソコンは，大手メーカ系のパソコンに加え，主に通販専
門ショップが販売するパソコンも含まれ，通販専門ショ
ップのパソコンはBTOなどによってカスタマイズされ
ていることが多い。大手メーカのパソコンについては，
コモディティ化が進んでおり，特定のメーカにこだわり
をもつ顧客を除き，中古パソコンの購入を希望する顧客
はコストパフォーマンスを重視する傾向が強い。A社は
独自に中古パソコンのリソースを増強してから販売する
点が他社との差別化になっている。業務面の検討事項と
しては，Webサイトを利用する顧客にとって，希望す
る中古パソコンを素早く検索できることが重要である。
システム面の検討事項としては，顧客が不満を抱かない
応答速度を実現することが必要不可欠といえる。ただし，
具体的な数値として多くの一般顧客の声を収集すること
は難しいのが現状である。
イ－2　　非機能要件の検討プロセス
　　A社が販売する中古パソコンは，リソースの増強など
カスタマイズされたものであるため，大手メーカの製品
であっても，顧客が名称や型名などで商品を検索するこ
とは少ない。購入を希望する顧客は，仕様に対して条件
検索をすることが大半であることが，過去の実績で明確
になっている。顧客のアクセスログを解析すると，どの
ような操作で最終的に希望する中古パソコンを発見した
かを調査することができる。ただし，中古パソコンの検
索はインタラクティブな操作を伴うため，顧客の検討プ
ロセスが不明確な場合もあり，すべての購入までの手順
が明確になるものではない。
　　非機能要件の性能について，顧客の速度感には主観的
```

非機能要件は「性能」。複数の非機能要件を取り上げる必要はない。

取り扱う中古パソコンの特徴。

中古パソコンを購入する顧客の特徴。

業務面の検討事項。

システム面の検討事項。

非機能要件の検討における制約事項。

中古パソコンを購入する顧客の特徴。

非機能要件「性能」を見極めるための手段。

非機能要件「性能」の見極めにおける問題点。

第3部　第2章　午後Ⅱ演習（情報システム）

な部分もあるため，私は要件として数値化するために顧
客へのアンケートも併用することとした。現行の販売管
理システムを利用してA社から中古パソコンを購入する
顧客，もしくは購入を検討している顧客にアンケートの
協力を仰ぎ，性能に関する情報を収集する。アンケート
に協力いただけた顧客に対しては，中古パソコンを購入
する際に利用できる割引クーポンを発行することで，ア
ンケート回収率の向上を図る施策を導入した。割引クー
ポンについては，情報システム部門の一存で発行できな
いため，事前に営業部門の了解を得ておいた。応答速度
は時々刻々変化するため，現行システムの運用管理部門
に応答速度の管理レポートの提示を受けるとともに，ヒ
アリングを行い応答速度が低下した要因の分析結果を確
認することとした。
（１）業務面からの検討
　主に性能面で不満を感じた操作について，アンケート
結果とアクセスログと突き合わせることによって，顧客
が不満を抱く応答速度の範囲を明確化する
（２）システム面からの検討
　顧客が満足する応答速度を確保できるようにするため
システムのリソースの増強計画を立てる
イー３　検討した結果
　顧客が満足する応答速度は３秒以下であることが明確
になった。ただし，あらゆる負荷条件下で応答速度を３
秒以下にすることは困難であるため，全トランザクショ
ンの９８％の範囲で応答速度を３秒以下とする。

非機能要件「性能」の見極めにおける問題点の解消策。

顧客に対して「お土産」を渡すことと引換えにアンケートを得る。

「割引クーポン」については，営業部門との連携が必要。

顧客アンケートだけの情報では主観的になってしまうため，裏付けとなる情報も慎重に分析する。

業務面からの検討事項。

システム面からの検討事項。

非機能要件として検討した「性能」要件。

演習6　非機能要件を定義するプロセス

設問ウ

ウ　　非機能要件を意思決定者に判断してもらうための工
　　　夫
　　　今回，非機能要件を判断してもらう意思決定者は，Ａ
社のＣＩＯと情報システム部門長である。検討した結果
である「９８％のトランザクションについて応答速度３
秒以下」を意思決定者に直接示しても，意思決定者の理
解度は低いと予想される。私は次のような工夫をするこ
ととした。
　　　工夫点の一つ目は，利用者の声であることを提示する
ことである。顧客が回答したアンケート結果をグラフ，
表などにまとめ，３秒という応答速度は多くの利用者が
期待する応答速度であることを示す。応答速度３秒以下
を達成するトランザクションが，１００％でなく９８％
であることについては，３秒以上の応答速度になった事
例を示し，応答速度が３秒以上になるトランザクション
をゼロにすることが実現困難であることを示す。
　　　工夫点の二つめは，３秒以下の応答速度と５秒程度の
応答速度の差を具体的に提示することである。提示方法
としては，画面遷移のみを確認できるプロトタイプを作
成する。具体的には，応答速度が３秒以下のものと５秒
程度の二つのプロトタイプを作成し，応答速度の差を体
感してもらう。５秒程度に応答速度が悪くなる可能性の
ある画面遷移について，顧客がどのような場面で利用す
る画面であるかを説明することによって，５秒程度の応
答速度となるトランザクションが存在することを強調す
る。
　　　工夫点の三つめは，運用管理部門のメンバに支援を要
請し，リソースの増強の必要性について，増強しない場
合とする場合の差を明示してもらうことである。このこ
とによって，意思決定者の了解を得る。
　　　提案した性能に関する非機能要件「９８％のトランザ
クションについて応答速度３秒以下」は意思決定者に承

非機能要件を判断してもらう意思決定者を明示する。

意思決定者の特徴を示し，工夫の必要性を示す。

一つ目の工夫点「利用者の声を明示」。

「3秒」という値が妥当であることを，利用者が納得していることを用いて説明する。

「3秒」という値を100％維持することは困難であるため，意思決定者にも理解を促す。

二つめの工夫点「3秒を超えた場合に生じる状況を明示」。

実装前であり，実物を示せない。プロトタイプで実感してもらう。応答速度の差が体感できればよいため，画面遷移だけの機能に限定する。

応答速度が5秒程度になるトランザクションが生じる例を具体的に示し，3秒が絶対値でないことを説明する。

三つめの工夫点「リソースの増強の必要性」。

システムの刷新に必須であることを説明する。

非機能要件が意思決定者に承認を受けたことを示す。

第3部　第2章　午後Ⅱ演習（情報システム）

471

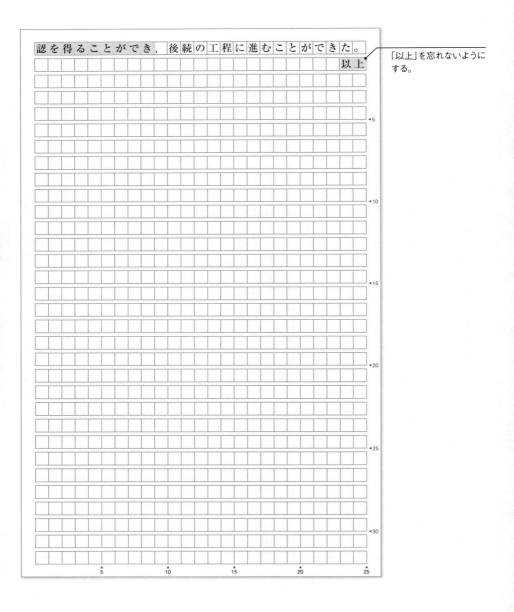

演習7　柔軟性をもたせた機能の設計

演習7　柔軟性をもたせた機能の設計

平成29年度 午後Ⅱ 問2（標準解答時間115分）

問　柔軟性をもたせた機能の設計について

　販売管理システムにおける販売方法の追加，生産管理システムにおける生産方式の変更など，業務ルールが度々変化する情報システムや業務ソフトウェアパッケージの開発では，様々な変化や要望に対して，迅速かつ低コストでの対応を可能にする設計，言い換えると柔軟性をもたせた機能の設計が求められる。

　システムアーキテクトは，情報システムの機能に柔軟性をもたせるために，例えば，次のような設計をする。

・"商品ごとに保管する倉庫が一つ決まっている"という多対1の業務ルールを，"商品はどの倉庫でも保管できる"という多対多の業務ルールに変更できるように，商品と倉庫の対応を関係テーブルにしておく。

・多様な見積ロジックに対応できるように，複数の見積ロジックをあらかじめ用意しておき，外部パラメタの設定で選択できるようにしておく。

　また，このような柔軟性をもたせた機能の設計では，処理が複雑化する傾向があり，開発コストが増加してしまうことが多い。開発コストの増加を抑えるためには，例えば，次のように対象とする機能や項目を絞り込むことも重要である。

・過去の実績，事業環境の変化，今後の計画などから変更の可能性を見極め，柔軟性をもたせる機能を絞り込む。

・業務の特性などから，変更可能な項目を絞り込むことで，ロジックを簡略化する。

　あなたの経験と考えに基づいて，設問ア～ウに従って論述せよ。

設問ア　あなたが設計に携わった情報システムについて，対象業務の概要，情報システムの概要，柔軟性をもたせた機能の設計が必要になった背景を，800字以内で述べよ。

設問イ　設問アで述べた情報システムで，機能に柔軟性をもたせるために，どのような機能に，どのような設計をしたか。柔軟性の対象にした業務ルールを含めて，800字以上1,600字以内で具体的に述べよ。

設問ウ　設問イで述べた設計において，開発コストの増加を抑えるために実施した機能や項目の絞り込みについて，その絞り込みが適切であると考えた理由を，600字以上1,200字以内で具体的に述べよ。

第3部　午後Ⅱ対策

ポイント

IPAによる出題趣旨・採点講評

出題趣旨（IPA公表資料より転載）

　情報システムの開発では，柔軟性をもたせた設計をすることがある。システムアーキテクトは，このような場合，機能の構造やデータの構造などによって柔軟性をもたせるための設計をする。

　本問は，情報システムの機能に柔軟性をもたせるための設計と，設計の結果，開発コストの増加を抑えるために実施した機能や項目の絞り込みとその理由を，具体的に論述することを求めている。論述を通じて，システムアーキテクトに必要な情報システムの設計能力，業務や情報システムの分析能力，経験を評価する。

採点講評（IPA公表資料より一部抜粋）

　全問に共通して，自らの体験に基づき設問に素直に答えている論述が多く，問題文に記載してあるプロセスや観点などを抜き出し，一般論と組み合わせただけの表面的な論述は少なかった。一方で，実施事項だけの論述にとどまり，実施した理由や検討の経緯が読み取れない論述も見受けられた。自らが実際にシステムアーキテクトとして，検討し取り組んだことを具体的に論述してほしい。

　問2（柔軟性をもたせた機能の設計）では，柔軟性をもたせるための設計と，対象にした業務ルールについての具体的な論述を期待した。多くの論述は，柔軟性をもたせるための機能の設計内容を具体的に論述していた。一方で，要求事項又は設計方針だけにとどまり，具体的な設計内容が不明な論述も見受けられた。また，その設計に当たって，開発コストを抑えるために実施した機能や項目の絞り込みについての論述を期待したが，設計内容と絞り込みとの関連が薄い論述も見受けられた。システムアーキテクトには，様々な変化や要望に対して，迅速かつ低コストで対応できる情報システムを設計する能力が求められる。現在の要望だけでなく，将来の変化も意識した設計を心掛けてほしい。

　柔軟性をもたせた機能の設計がテーマの問題である。

　販売管理システムにおける販売方法の追加，生産管理システムにおける生産方式の変更，在庫管理システムにおける在庫管理単位の変更など，業務ルールが変化することが想定される情報システムや業務ソフトウェアパッケージの開発に携わる場合がある。

　システムアーキテクトには，業務ルールの変化が想定される情報システムの開発において，迅速かつ低コストで様々な変化に対応できるような設計をすることが求められる。例えば，外部パラメタの設定で業務ロジックを変更できるようにするなど，機能に柔軟性をもたせる工夫をする。

　柔軟性をもたせた機能の設計について記述できればよいので，要求される字数の制約を満たすことができれば，設計内容を記述する機能は一つであってもよい。数多くの機能について記述しようとすると，内容が発散してしまう可能性もあるため，ストーリー作成の際によく検討しておく。ただし，設問ウで機能の絞り込みに言及する場合は，機能を何点か列挙することが必

要である。

設問アでは，「対象業務の概要」，「情報システムの概要」，「柔軟性をもたせた機能の設計が必要になった背景」を記述する。「対象業務の概要」，「情報システムの概要」については，午後Ⅱ試験の設問アにおいて，定番となっている要求事項である。受験者の経験を棚卸しするなど，記述内容を準備しておけば，容易に記述できると考えられる。「対象業務の概要」と「情報システムの概要」を一つの項目にまとめて記述する場合は，情報システムの概要の記述に終始しないように注意する。「柔軟性をもたせた機能の設計が必要になった背景」については，システムアーキテクトとして携わる工程より前の工程で議論されたり検討されたりすることも多いため，論述の対象として取り上げる題材について，背景をよく理解していることの見極めが必要である。

設問イでは，「柔軟性をもたせた機能」，「機能の設計結果」，「柔軟性の対象にした業務ルール」を記述する。「柔軟性をもたせた機能」と「機能の設計結果」については，取り上げる機能の数に比例して記述量が増えるため，設問イの記述に割り当てることのできる時間（約40分）を鑑み，機能を取捨選択する。「柔軟性をもたせた機能」と「機能の設計結果」を分割して記述しにくければ一つの項目にまとめて記述してもよい。「柔軟性の対象にした業務ルール」については，業務ルールと機能とを一対一に対応させる必要はない。業務ルールと機能の対応関係が明確になっていれば，一つの業務ルールを実現するために複数の機能が対応していてもよい。機能と業務ルールの記述が一組であっても，設問イで要求される最低字数の800字以上は記述できると考えられる。

設問ウでは，「開発コストの増加を抑えるために実施した機能や項目の絞り込み」，「絞り込みが適切であると考えた理由」を記述する。開発コストの増加を抑えるために実施した機能や項目の絞り込みについては，機能と項目の両方について言及する必要はなく，どちらか一方を取り上げればよい。設問の要求事項ではないが，機能や項目を絞り込む際の判断基準や優先順位などについて触れることもできる。「絞り込みが適切であると考えた理由」については，システムアーキテクトとしての判断で「絞り込みが正しかった」ということが示されていればよく，理由を詳細に記載しなくても題意は満たされるものと考えられる。

見出しとストーリー

設問ア

> **設問ア** あなたが設計に携わった情報システムについて，対象業務の概要，情報システムの概要，柔軟性をもたせた機能の設計が必要になった背景を，800字以内で述べよ。

設問アに対応する問題文はない。論述する事例に基づき要求事項を記述する。

見出しとストーリーの例を次に示す。

ア 対象業務の概要，情報システムの概要，柔軟性をもたせた機能の設計が必要になった背景

アー1 対象業務の概要

- 対象となる顧客は厨房機器を主力とする設備機器メーカのA社
- A社は東京に本社を置き，主に全国の道府県庁所在地に営業拠点を構えている
- 工場は北関東に1か所
- 対象とする業務は，A社製品の生産管理業務
- 自身の立場は，今回のシステム開発を請け負ったシステムインテグレータP社に所属するシステムアーキテクト

アー2 情報システムの概要

- 対象となる情報システムは生産管理システム
- ハードウェアの陳腐化に伴い，システムの刷新を行うこととなった
- 生産管理システムはA社の工場で使用される
- 営業部門が使用する受注管理システムと連動する
- Webシステムで構築され，アプリケーションサーバ，データベースサーバ，クライアントで構成
- 現行の生産管理システムの処理能力には余裕があり，新システムでも同等規模のリソースとする

アー3 柔軟性をもたせた機能の設計が必要になった背景

- A社では従来受注生産方式で製品を生産していた
- 厨房機器であり顧客のニーズは様々
- 受注生産方式のため，顧客のニーズにきめ細かく対応できるメリットがある
- 競合他社に対する優位性を確保するため，営業部門から納期短縮の強い要求がある
- 新生産管理システムでは製品を構成する部品について一部見込み生産方式を採用する
- 見込み生産は対象となる部品が変更になったり，生産数を求めるロジックが変更になったりする可能性がある

演習7　柔軟性をもたせた機能の設計

設問イ

設問イ　設問アで述べた情報システムで，機能に柔軟性をもたせるために，どのような機能に，どのような設計をしたか。柔軟性の対象にした業務ルールを含めて，800字以上1,600字以内で具体的に述べよ。

設問イには，問題文の次の部分が対応する。

　システムアーキテクトは，情報システムの機能に柔軟性をもたせるために，例えば，次のような設計をする。
- "商品ごとに保管する倉庫が一つ決まっている"という多対1の業務ルールを，"商品はどの倉庫でも保管できる"という多対多の業務ルールに変更できるように，商品と倉庫の対応を関係テーブルにしておく。
- 多様な見積ロジックに対応できるように，複数の見積ロジックをあらかじめ用意しておき，外部パラメタの設定で選択できるようにしておく。

見出しとストーリーの例を次に示す。

イ　柔軟性の対象にした業務ルール，柔軟性をもたせた機能と設計内容
イ−1　柔軟性の対象にした業務ルール
- 柔軟性の対象にした業務ルールは，「見込み生産と受注生産の変更を容易にする」と「見込み生産数を導くロジックを容易に変更できるようにする」
- 「見込み生産と受注生産の変更を容易にする」は，見込み生産する部品を固定するのではなく，対象となる部品を追加したり，削除したりすることができるようにするというルール
- 納期重視の戦略をとるのであれば，見込み生産の範囲を拡大する
- 部品在庫の削減の戦略をとるのであれば，受注生産の範囲を拡大する
- 競合他社や市場の情勢などを鑑み，見込み生産の範囲の変更を容易にする
- 「見込み生産数を導くロジックを容易に変更できるようにする」は，見込み生産を初めて取り入れるため，見込み生産のためのノウハウが蓄積できていない
- ノウハウの蓄積に伴い，見込み生産数を求めるロジックも変更していくことが予定されている

イ−2　柔軟性をもたせた機能と設計内容
- 「見込み生産と受注生産の変更を容易にする」は，対象となる部品を外部のテーブルに登録しておき，テーブルを更新することで，対象となる部品について見込み生産と受

第3部　午後II対策

注生産の範囲を容易に変更可とする

- 「見込み生産数を導くロジックを容易に変更できるようにする」は，見込み生産数を導くためのロジックを細分化しておき，モジュールの組合せで実現できるようにすることで対応
- どのモジュールをどのように組み合わせるかを決定するパラメタを外部のテーブルに登録しておき，テーブルを更新することで，見込み生産数を導くロジックの変更を可能にする

設問ウ

設問ウ　設問イで述べた設計において，<u>開発コストの増加を抑えるために実施した機能や項目の絞り込み</u>について，その絞り込みが適切であると考えた理由を，600字以上1,200字以内で具体的に述べよ。

設問ウには，問題文の次の部分が対応する。

また，このような柔軟性をもたせた機能の設計では，処理が複雑化する傾向があり，開発コストが増加してしまうことが多い。開発コストの増加を抑えるためには，例えば，次のように<u>対象とする機能や項目を絞り込む</u>ことも重要である。

- <u>過去の実績，事業環境の変化，今後の計画などから変更の可能性を見極め，柔軟性をもたせる機能を絞り込む。</u>
- <u>業務の特性などから，変更可能な項目を絞り込むことで，ロジックを簡略化する。</u>

見出しとストーリーの例を次に示す。

ウ　開発コストの増加を抑えるために実施した機能や項目の絞り込み，絞り込みが適切であると考えた理由

ウー1　開発コストの増加を抑えるために実施した機能や項目の絞り込み

- 絞り込んだ機能は，モジュールの組合せを実現するための機能
- 当初はモジュールの組合せを任意に行えるように検討していた
- 自由にモジュールを組み合わせられるようにするためには，モジュール間のインタフェースの統一が必要
- モジュールの組合せを指定するためのロジックが複雑になる
- 開発コストの圧縮と開発期間の短縮を目的に，モジュールの組合せを限定する
- モジュールごとの機能によってモジュールを数種類に分類し，各分類のモジュールを

478

組み合わせて見込み生産数を決定する方式とする

ウー2　絞り込みが適切であると考えた理由

- 設計後のレビューで顧客から，絞り込んだ機能で十分と評価いただけた
- モジュールの組合せ方法を限定することで，2人月の設計工数の削減ができ，実装段階においても3人月の工数削減が見込まれる

第3部 午後Ⅱ対策

解答

平成29年度 午後Ⅱ 問2

設問ア

ア　対象業務の概要，情報システムの概要，柔軟性をもたせた機能の設計が必要になった背景

ア－1　対象業務の概要

　私は独立系のシステムインテグレータに所属するシステムアーキテクトである。論述の対象とする顧客のA社は設備機器メーカで，厨房機器を主力製品としている。A社は東京に本社を置き，主に全国の道府県庁所在地に営業拠点を構えている。A社の工場は北関東に1か所である。対象とする業務は，A社製品の生産管理業務であり，部品の管理を行ったり，生産計画を立案したりするなど，製品を効率よく生産することを目的としている。

ア－2　情報システムの概要

　論述の対象とする情報システムは生産管理システムである。生産管理システムを構成するハードウェアの陳腐化に伴い，システムの刷新を行うこととなった。生産管理システムはA社の工場で使用されており，営業部門が使用する受注管理システムと連動する。生産管理システムはWebシステムであり，アプリケーションサーバ，データベースサーバ，クライアントなどから構成されている。現行の生産管理システムの処理能力には余裕があり，新システムでも同等のリソースとする。

ア－3　柔軟性をもたせた機能の設計が必要になった背景

　厨房機器に対する顧客のニーズは様々であり，ニーズにきめ細かく対応できるように，A社では従来受注生産方式で製品を生産していた。一方，競合他社に対する優位性を確保するため，営業部門から納期短縮の強い要求がある。新生産管理システムでは，納期短縮を見据え，製品を構成する一部の部品について，見込み生産方式を採用する。見込み生産では対象となる部品が変更になったり，生産数を求めるロジックが変更になったりする可能性がある。

設問の要求事項ではないが，自身の所属を説明しておく。

顧客の概要。

対象業務の概要。業務の概要が分かれば，簡単な記述でもよい。

情報システムの概要。「概要」であるので，詳細な記述は不要である。

見込み生産に対応するために，柔軟性をもたせた設計が必要になった。

設問イへのつなぎとして，柔軟性をもたせた設計を必要とする部分を示す。

演習7　柔軟性をもたせた機能の設計

設問 イ

イ　柔軟性の対象にした業務ルール，柔軟性をもたせた
　　機能と設計内容
イ－1　柔軟性の対象にした業務ルール
　柔軟性の対象にした業務ルールは，「見込み生産と受
注生産の変更を容易にする」と「見込み生産数を導くロ
ジックを容易に変更できるようにする」の二つである。

　「見込み生産と受注生産の変更を容易にする」は，見
込み生産する部品を固定するのではなく，見込み生産の
対象となる部品を追加したり，削除したりすることがで
きるようにするというルールである。納期重視の戦略を
とるのであれば，見込み生産の範囲を拡大し，多くの部
品を在庫することになる。逆に部品在庫の削減の戦略を
とるのであれば，従来から行われている受注生産の範囲
を拡大する。競合他社や市場の情勢などを鑑み，見込み
生産の範囲の変更を容易にすることとする。

　「見込み生産数を導くロジックを容易に変更できるよ
うにする」というルールについては，見込み生産による
納期短縮を実現するために，見込み生産の導入に際して
必須となるルールである。ただし，A社では見込み生産
を初めて取り入れるため，見込み生産のためのノウハウ
が十分蓄積できていない。したがって，ノウハウの蓄積
に伴い，見込み生産数を求めるロジックも変更していく
ことが予定されている。

イ－2　柔軟性をもたせた機能と設計内容
　「見込み生産と受注生産の変更を容易にする」につい
ては，対象となる部品を外部のテーブルに登録しておき，
テーブルを更新することで，対象となる部品について見
込み生産と受注生産の範囲を容易に変更可とする。

　「見込み生産数を導くロジックを容易に変更できるよ
うにする」については，見込み生産数を導くためのロジ
ックを細分化しておき，モジュールの組合せで実現でき
るようにすることで対応する。どのモジュールをどのよ

柔軟性の対象にした業務ルールを冒頭に説明。読みやすくするために業務ルールを「」で囲んだ。

「見込み生産と受注生産の変更を容易にする」ルール。

「見込み生産と受注生産の変更を容易にする」ルールが必要になる理由を説明する。

「見込み生産数を導くロジックを容易に変更できるようにする」ルール。

「見込み生産数を導くロジックを容易に変更できるようにする」ルールが必要になる理由を説明する。

「見込み生産と受注生産の変更を容易にする」ルールを実現するための具体的な設計内容。

「見込み生産数を導くロジックを容易に変更できるようにする」ルールを実現するための具体的な設計内容。

第3部　第2章　午後Ⅱ演習（情報システム）

うに組み合わせるかを決定するパラメタを外部のテーブルに登録しておき，テーブルを更新することで，見込み生産数を導くロジックの変更を可能にする。

演習7　柔軟性をもたせた機能の設計

設問ウ

ウ　開発コストの増加を抑えるために実施した機能や項目の絞り込み，絞り込みが適切であると考えた理由

ウ－1　開発コストの増加を抑えるために実施した機能や項目の絞り込み

　私が，開発コストの増加を抑えるために絞り込んだ機能は，モジュールの組合せを実現するための機能である。当初はモジュールの組合せを任意に行えるように検討していた。しかし，自由にモジュールを組み合わせられるようにするためには，多くのモジュールについて，モジュール間のインタフェースの統一が必要になる。また，モジュールの組合せを指定するためのロジックが複雑になるというデメリットが生じる。私は，開発コストの圧縮をすることと開発期間を短縮することを目的に，モジュールの組合せを限定することを決定した。具体的には，モジュールごとの機能によってモジュールを数種類に分類し，各分類のモジュールを組み合わせて見込み生産数を求めるロジックを決定する方式とすることとした。

ウ－2　絞り込みが適切であると考えた理由

　私は機能の絞り込みについて，顧客の了解を得ることを目的として，顧客に対して絞り込みが必要となった理由，絞り込みを行った後の機能などについて説明した。設計後のレビューで顧客から，絞り込んだ機能で十分と評価いただけた。

　顧客からの評価に加え，私は絞り込みによる効果を定量的に測定し，計画どおりの開発工数削減が実現できるかどうかを評価した。過去のプロジェクトの事例を参考に削減できる工数を算出すると，モジュールの組合せ方法を限定することで，設計工程において2人月の工数削減ができると考えられた。さらに，後続の実装工程においても3人月の工数削減が見込めることが考えられ，私は，機能の絞り込みによる効果は十分なものと判断した。

以上

開発コストの増加を抑えるために絞り込んだ機能。数多くの機能を列挙する必要はない。

絞り込む前の機能。

機能を絞り込むための根拠。

絞り込んだ後の機能。機能そのものをカットする方法もあるが，機能を簡略化してもよい。

機能を絞り込んだことについて，顧客の了解を得たことを示し，妥当性の裏付けとする。

機能を絞り込む目的が達成できていることを評価することが重要。

評価の判断基準。

目的の達成度は，数値を用いて定量的に示す。

自身の評価を明示する。

「以上」を忘れないようにする。

第3部　午後Ⅱ対策

演習8　業務要件の優先順位付け

平成28年度 午後Ⅱ 問1（標準解答時間115分）

問 業務要件の優先順位付けについて

　情報システムの開発における要件定義において，システムアーキテクトは利用者などととともに，提示された業務要件を精査する。その際，提示された業務要件の全てをシステム化すると，コストが増大したり，開発期間が延びたりするおそれがある。そのため，システムアーキテクトは，業務要件のシステム化によって得られる効果と必要なコストや開発期間などから，例えば次のような手順で，提示された業務要件に優先順位を付ける。

1. 業務の特性や情報システムの開発の目的などを踏まえて，組織の整備や教育訓練などの準備の負荷，業務コスト削減の効果及び業務スピードアップの度合いといった業務面での評価項目を設定する。また，適用する技術の検証の必要性，影響する他の情報システムの修正を含む開発コスト及び開発期間といったシステム面での評価項目を設定する。

2. 業務の特性や情報システムの開発の目的などを踏まえて，評価項目ごとに重み付けをする。

3. 業務面，システム面でのそれぞれの評価項目について，業務要件ごとに定量的に評価する。このとき，定性的な評価項目についても，定量化した上で評価する。

4. 評価項目ごとに付与された重みを加味して総合的に評価し，実現すべき業務要件の優先順位を付ける。

　あなたの経験と考えに基づいて，設問ア〜ウに従って論述せよ。

設問ア あなたが要件定義に携わった情報システムについて，その概要を，情報システムの開発の目的，対象の業務の概要を含めて，800字以内で述べよ。

設問イ 設問アで述べた情報システムの要件定義で，業務要件をどのような手順で評価したか。その際，どのような評価項目を設定し，どのような考えで重み付けをしたか。800字以上1,600字以内で具体的に述べよ。

設問ウ 設問イで述べた評価手順に沿って，どのような業務要件をどのように評価したか。また，その結果それらの業務要件にどのような優先順位を付けたか。幾つかの業務要件について，600字以上1,200字以内で具体的に述べよ。

演習8　業務要件の優先順位付け

ポイント

IPAによる出題趣旨・採点講評

出題趣旨（IPA公表資料より転載）

　情報システムの開発における要件定義において，システムアーキテクトは利用者などとともに，提示された業務要件を精査する。その際，業務要件のシステム化によって得られる効果とコストや開発期間などを総合的に評価し，業務要件の優先順位を付ける。

　本問では，業務要件の優先順位付けをするための手順と評価の方法について，具体的に論述することを求めている。論述を通じて，システムアーキテクトに必要な，業務要件を分析して評価する能力と経験を評価する。

採点講評（IPA公表資料より一部抜粋）

　全問に共通して，自らの体験に基づき設問に素直に答えている論述が多かった。一方で，問題文に記載してあるプロセスや観点などを抜き出し，一般論と組み合わせただけの表面的な論述も引き続き見られた。問題文に記載したプロセスや観点は例示である。自らが実際にシステムアーキテクトとして，検討し取り組んだことを具体的に論述してほしい。

　問1（業務要件の優先順位付けについて）では，どのような評価のプロセスと評価項目で業務要件の優先度を評価したか，また情報システム開発の目的に沿った重み付けをしたか，を具体的に論述することを期待した。評価のプロセスと評価項目については，多くの受験者が論述できていた。一方で，情報システムの開発の目的と評価項目・重み付けの間の関連が分からない論述や，業務要件ではなくシステム要件を評価している論述も多かった。システムアーキテクトには，情報システムの開発目的を理解した上で，業務要件と情報システムの両面から分析することが求められる。情報システムだけでなく，業務要件と情報システムの両面からの分析能力を高めてほしい。

業務要件の優先順位付けがテーマの問題である。

システム開発において，顧客から提示された業務要件をすべて取り込むと，コストが増大してプロジェクトが赤字になったり，開発期間が延長になって予定どおりの本番稼働ができなかったりする可能性がある。

システムアーキテクトには，業務要件のシステム化によって得られる効果，開発に必要となるコスト，設定されている開発期間などを基に，提示された業務要件に優先順位を設定することが求められる。例えば，開発期間がタイトであれば，優先順位の低い業務要件のシステム化を見送ることも必要である。業務要件の優先順位付けがテーマであるため，提示された業務要件をすべてシステム化したような事例を題材にすることは適切ではない。業務要件を取捨選択したような事例を取り上げる必要がある。

設問アでは，「情報システムの概要」，「情報システム開発の目的」，「対象の業務の概要」を記述する。「情報システムの概要」と「対象の業務の概要」は，午後Ⅱ試験の設問アにおいて，定番となっている要求事項であり，受験者の経験を棚卸しするなど，事例を整理しておけば容易に

第3部

第2章

午後Ⅱ演習（情報システム）

485

第3部　午後Ⅱ対策

記述できると考えられる。「情報システム開発の目的」についても，受験者が開発に携わった案件であれば，なぜ開発するのか，何を目的に開発するのかなどは自明であると考えられる。

　設問イでは，「業務要件の評価手順」，「業務要件を評価する際の評価項目」，「評価項目の重み付け」を記述する。問題文には，具体的な評価手順が示されており，どの程度詳細な評価手順の記述が要求されているかを推察できる。「業務要件を評価する際の評価項目」については，問題文に「業務の特性や情報システムの開発の目的などを踏まえて，組織の整備や教育訓練などの準備の負荷，業務コスト削減の効果及び業務スピードアップの度合いといった<u>業務面での評価項目を設定する</u>。また，適用する技術の検証の必要性，影響する他の情報システムの修正を含む開発コスト及び開発期間といった<u>システム面での評価項目を設定する</u>」と指示されている。業務面の評価項目とシステム面の評価項目の両方に言及しなければならない。「評価項目の重み付け」については，「業務の特性や情報システムの開発の目的などを踏まえて，評価項目ごとに重み付けをする」と補足されており，設問アの記述内容と矛盾しないように注意が必要である。業務の特性は，設問アの要求事項として明示されておらず，設問アの記述に含めておくか，設問イにおいて補足的に記述する必要がある。

　設問ウでは，「業務要件の評価結果」，「業務要件に設定した優先順位」を記述する。「業務要件の評価結果」については，設問イで記述した業務面の評価項目，システム面での評価項目それぞれについて，評価結果を記述する。最終的には優先順位を設定することになるので，評価結果は定量的に表現できるようにしておく必要がある。設問イの要求事項「業務要件の評価手順」で示しておきたい。「業務要件に設定した優先順位」では，評価結果に基づいた優先順位を記述するだけになるので，設問ウで要求される最低字数の600字を上回るように「業務要件の評価結果」を手厚く記述したい。問題文には「幾つかの業務要件について」と指示されている。全ての業務要件の評価結果を記述する必要はないが，優先順位を付けられるよう，複数の業務要件を取り上げなければならない。

見出しとストーリー

設問ア

> **設問ア**　あなたが要件定義に携わった情報システムについて，その概要を，<u>情報システムの開発の目的，対象の業務の概要を含めて</u>，800字以内で述べよ。

　設問アに対応する問題文はない。論述する事例に基づき要求事項を記述する。
　見出しとストーリーの例を次に示す。

ア　対象の業務と概要，情報システムの開発の目的，及び情報システムの概要

アー1　対象の業務と概要

- 対象となる顧客は化学工業のA社
- A社は，本社を東京と大阪に置き，名古屋に支店，国内数か所に工場と研究所をもつ
- A社の製品は，石油化学製品，機能材料，農業関連製品，医薬品など非常に幅広く多岐にわたっている
- 対象となる業務は，A社の人材のスキルや経歴を管理する業務
- A社は事業部門ごとに専門スキルが要求されるが，属人性が高く定量的に把握できないことが懸案事項
- これまでは，表計算ソフトで本人申告のスキルを管理していた
- 自身の立場は，今回の業務要件の定義を含め，情報システムの構築を一括で受注したシステムインテグレータP社に所属するシステムアーキテクト

アー2　情報システムの開発の目的

- 構築する情報システムは，スキル管理システム
- 社員が保有するスキルを定量的に把握する
- 他に社員が保有する業務上必要な資格などの情報も管理する
- 社員の成長度合いを分析し，かつ履歴としても管理する
- 今回の要件定義について，私が全体を取りまとめることになった

アー3　情報システムの概要

- A社の方針として，社内で稼働している情報システムは更新時期に順次クラウドシステムに変更していくことが決まっている
- スキル管理システムは新規開発のシステムであり，クラウドシステムとして構築することが決定されている
- A社情報システム部門が事前調査をした結果，B社が提供しているクラウドシステム環境を適用する
- 適用できる範囲の多い適切なパッケージがないため，今回のシステムにおいてはプライベートクラウドとして開発する
- 新年度の4月からシステムを適用するため開発期間は9か月であり，P社の過去の事案と比較すると開発期間が90%と短くなっており，すべての顧客要件を実現するのは難しいと考えられる
- コスト面では多少の余裕があるプロジェクト

第3部 午後II対策

設問イ

設問イ 設問アで述べた情報システムの要件定義で，業務要件をどのような手順で評価したか。その際，どのような評価項目を設定し，どのような考えで重み付けをしたか。800字以上1,600字以内で具体的に述べよ。

設問イには，問題文の次の部分が対応する。

そのため，システムアーキテクトは，業務要件のシステム化によって得られる効果と必要なコストや開発期間などから，例えば次のような手順で，提示された業務要件に優先順位を付ける。
1. 業務の特性や情報システムの開発の目的などを踏まえて，組織の整備や教育訓練などの準備の負荷，業務コスト削減の効果及び業務スピードアップの度合いといった業務面での評価項目を設定する。また，適用する技術の検証の必要性，影響する他の情報システムの修正を含む開発コスト及び開発期間といったシステム面での評価項目を設定する。
2. 業務の特性や情報システムの開発の目的などを踏まえて，評価項目ごとに重み付けをする。
3. 業務面，システム面でのそれぞれの評価項目について，業務要件ごとに定量的に評価する。このとき，定性的な評価項目についても，定量化した上で評価する。
4. 評価項目ごとに付与された重みを加味して総合的に評価し，実現すべき業務要件の優先順位を付ける。

見出しとストーリーの例を次に示す。

イ　業務要件の評価手順，評価項目，及び評価項目に対する重み付けの考え方
イー1　業務要件の評価手順
- 評価手順は，評価項目の設定，評価項目の重み付け，業務要件ごとに定量的に評価，評価結果を総合的に判断し業務要件に優先順位を付けるという手順
- 評価項目をきめ細かく設定することも可能であるが，目的が業務要件の優先順位付けであるため，業務に大きく影響するような項目を評価することを基本方針とする
- 評価項目の重み付けについては，業務への影響度とシステム化のための難易度や負荷によって高中低とし，高＝3，中＝2，低＝1と数値化する
- 定量的な評価については，実現できないと業務への影響が大きい評価項目，実現できなくても業務への影響が小さい評価項目，その中間の評価項目というように評価し，評価値を順に3，1，2とする

演習8　業務要件の優先順位付け

- 定性的な評価項目については，属人的な判断にならないようにするために，利用部門と協議の上，定量的な評価値を決定
- 要件ごとに，評価項目の評価値×重み付けの値を合計し，数値の大きい順に優先順位を設定する
- ただし，単純な数値計算では表現できない場合があるため，優先順位を利用部門に最終的に確認する

イー2　評価項目

（1）業務面での評価項目
- 業務コストの削減の効果
- 業務スピードアップの度合い
- 準備の負荷
- 評価項目の選択理由は，表計算ソフトウェアで行っていた業務のシステム化，新システムのための教育の必要性などによる

（2）システム面での評価項目
- 適用する技術の検証の必要性
- 開発期間
- 影響する情報システム
- 評価項目の選択理由は，新システムをクラウドシステムとして構築することと，納期が厳密に決まっていることなどによる

イー3　評価項目に対する重み付けの考え方

（1）基本的な考え方
- 開発期間が限定されているため，期限までにシステムが稼働できることがポイントになり，期間に関連する評価項目には重きを置く
- コスト的には若干余裕があるため，コストの追加でクリアできる評価項目は重みを少なくする

（2）重み付け結果
- 業務コストの削減の効果：手作業からシステム化できるため，重みは大（3）とする
- 業務スピードアップの度合い：システムに慣れるまでの間は短期的なスピードアップ効果は小さいと考えられるため，重みは中（2）とする
- 準備の負荷：複雑なシステムではないため，教育訓練などの準備の負荷について重みは小（1）とする
- 適用する技術の検証の必要性：新しい技術を適用する部分は少ないと考えられるため，

第3部

第2章

午後Ⅱ演習（情報システム）

489

第3部　午後Ⅱ対策

　　　重みは中（2）とする
- 開発期間：稼働開始時期を延期することはできないため，重みは大（3）とする
- 影響する情報システム：新規システムであるため，旧管理データからの移行程度にとどまるため，重みは小（1）とする

設問ウ

設問ウ　設問イで述べた評価手順に沿って，どのような業務要件をどのように評価したか。また，その結果それらの業務要件にどのような優先順位を付けたか。幾つかの業務要件について，600字以上1,200字以内で具体的に述べよ。

設問ウに対応する問題文はない。論述する事例に基づき要求事項を記述する。
見出しとストーリーの例を次に示す。

ウ　評価した業務要件，評価結果，及び業務要件に設定した優先順位
ウ−1　評価した業務要件
- システム化の主要な目的，データ整備の重要性，新しく検討する業務などの観点から次の3項目を取り上げる
- 社員がもつスキルを定量的に管理できること
- 社員がもつ資格を適切に管理できること
- 社員のスキル向上度合いを評価できること

ウ−2　評価結果
（1）スキルの定量的管理
- スキルを定量的に管理することについて，業務コスト削減の効果3×重み3，業務のスピードアップの度合い2×重み2，準備の負荷1×重み1，適用する技術の検証の必要性3×重み2，開発期間3×重み3，影響するシステム1×重み1と判断し，総合評価値は30

（2）資格の適切な管理
- 資格を適切に管理することについて，業務コスト削減の効果2×重み3，業務のスピードアップの度合い2×重み2，準備の負荷1×重み1，適用する技術の検証の必要性2×重み2，開発期間3×重み3，影響するシステム1×重み1と判断し，総合評価値は25

（3）スキル向上度合いの評価

- 資格を適切に管理することについて，業務コスト削減の効果1×重み3，業務のスピードアップの度合い1×重み2，準備の負荷1×重み1，適用する技術の検証の必要性2×重み2，開発期間1×重み3，影響するシステム1×重み1と判断し，総合評価値は14

ウー3　業務要件に設定した優先順位
- スキルの定量的な管理については，必須の要件として実現する
- 資格の適切な管理については，管理対象の資格の取扱いを明確化する必要があるが，現状の管理レベルを維持するという前提で要件として実現する
- スキル向上度合いの評価については，評価手法や評価ノウハウをシステムにもつことが必要であるが，具体的な手法やノウハウが未成熟であるため，本番稼働時期を鑑み，第一段階では見送り，継続検討とする
- 利用部門に優先順位を提示し，合意が得られる

第3部　午後Ⅱ対策

解答

平成28年度 午後Ⅱ 問1

設問ア

ア　対象の業務と概要，情報システムの開発の目的，及び情報システムの概要

ア－1　対象の業務と概要

　私は，情報システムの構築を一括で受注したシステムインテグレータP社に所属するシステムアーキテクトである。論述の対象とする顧客は化学工業のA社で，本社支店，国内数か所の工場と研究所をもつ企業である。A社の製品は，石油化学製品，機能材料，農業関連製品，医薬品など多岐にわたっており，対象とする業務は，A社の人材のスキルや経歴を管理する業務である。

　A社は事業部門ごとに専門スキルが要求されるが，属人性が高く定量的に把握することが難しかった。これまでは，表計算ソフトで本人申告のスキルを管理していた。

ア－2　情報システムの開発の目的

　構築する情報システムは，スキル管理システムである。本システムによって，社員のスキルを定量的に把握すると同時に，業務上必要な資格などの情報も管理することを目的としている。A社人事では，社員の成長度合いを分析し，かつ履歴としても管理することを考えている。今回の要件定義について，私が全体を取りまとめることになった。

ア－3　情報システムの概要

　A社では，情報システムは更新時期に順次クラウドシステムに変更していく方針である。本案件もクラウドシステムとして構築することになった。A社情報システム部門が事前調査をした結果，B社のクラウドシステム環境を適用し，プライベートクラウドとして開発することが決定されている。新年度の4月からシステムを適用するため開発期間は9か月であり，P社の過去の事案と比較すると開発期間が短くなっており，すべての顧客要件を実現するのは難しいと考えられる。ただし，コスト面では多少の余裕をもったプロジェクトである。

設問の要求事項ではないが，最初に自身の所属，業務を説明する。

多岐にわたる製品を取り扱っていることを，対象となる情報システムが必要になる背景として触れる。

対象とする業務。

業務の現状。

対象とするシステム。

システム開発の目的。

自身の立場を説明する。

情報システムの概要。論述に関連する部分のみを説明すればよい。

要件の絞り込みの必要性を説明する。

要件の絞り込みを検討するときの前提条件として説明する。

演習8　業務要件の優先順位付け

イ　業務要件の評価手順，評価項目，及び評価項目に対
　　する重み付けの考え方
イー1　業務要件の評価手順
　私は，今回の業務要件の評価において，評価項目の設
定，評価項目の重み付け，業務要件ごとに定量的に評価
評価結果を総合的に判断し業務要件に優先順位を付ける
という手順で進めることとした。評価項目をきめ細かく
設定することも可能であるが，評価をする目的が業務要
件の優先順位付けであるため，業務に大きく影響するよ
うな項目を優先して，評価することを基本方針とした。
　評価項目の重み付けについては，業務への影響度とシ
ステム化のための難易度や負荷によって高中低とし，高
＝3，中＝2，低＝1と数値化する。定量的な評価にな
る部分についても，実現できないと業務への影響が大き
い評価項目，実現できなくても業務への影響が小さい評
価項目，その中間の評価項目という判断基準で評価し，
評価値を順に3，1，2とすることとした。定性的な評
価項目については，属人的な判断にならないようにする
ため，利用部門と協議の上，定量的な評価値を決定する。
業務要件ごとに，評価項目の評価値×重み付けの値を合
計し，数値の大きい順に優先順位を設定する。単純な数
値計算で優先順位を決定できない部分もあると考えられ
るため，検討した優先順位を利用部門に提示し，利用部
門に優先順位を確認していただく必要がある。
イー2　評価項目
　私は，業務要件の優先順位を決定するに当たり，業務
面とシステム面の両側面から検討できるように評価項目
を次のように設定した。まず，業務面の評価項目では，
業務コストの削減の効果，業務スピードアップの度合い，
準備の負荷を取り上げた。理由は，表計算ベースで行っ
ている業務のシステム化であるため，業務効率が向上す
ると予想されること，新しいシステムであるため，教育

手順を具体的に示す。

業務への影響が大きくなる要件を優先して評価することとした。

評価項目への重み付けについて，細かく設定しても数値に絶対的な意味をもたせられないので，1～3の三段階とした。

定量的な評価となる項目についても，1～3の三段階で数値化することとした。

定性的な評価は，独善的にならないように利用部門との間で協議する。

優先順位の決定方法。

最終結果は利用部門に確認していただく。

業務面の評価項目を列挙する。

業務面の評価項目を取り上げた理由を提示する。

第3部　第2章　午後Ⅱ演習〈情報システム〉

訓練などの準備にも負荷が掛かると考えたからである。次に，システム面での評価項目については，適用する技術の検証の必要性，開発期間，影響する情報システムを取り上げた。理由は，新たにクラウドシステムとして構築する点，納期が厳密に定められている点，新規システムである点がポイントになると考えたからである。

イー3　評価項目に対する重み付けの考え方

（1）基本的な考え方

　評価項目に対する重み付けについて，開発期間が限定されているため，期限までにシステムが稼働できることがポイントになり，期間に関連する評価項目には重きを置くこととした。一方，コスト的には若干余裕があるため，コストの追加でクリアできる評価項目は重みを少なくする。

（2）重み付け結果

　イー2で述べた各評価項目についての重み付け結果は次のとおりである。業務コストの削減の効果：手作業からシステム化できるため，重みは大（3）とする。業務スピードアップの度合い：システムに慣れるまでの間は短期的なスピードアップ効果は小さいと考えられるため重みは中（2）とする。準備の負荷：複雑なシステムではないため，教育訓練などの準備の負荷について重みは小（1）とする。適用する技術の検証の必要性：新しい技術を適用する部分は少ないと考えられるため，重みは中（2）とする。開発期間：稼働開始時期を延期することはできないため，重みは大（3）とする。影響する情報システム：新規システムであるため，旧管理データからの移行程度にとどまるため，重みは小（1）とする。

> システム面の評価項目を列挙する。

> システム面の評価項目を取り上げた理由を提示する。

> 評価項目に重み付けをする際の基本方針を説明する。

> 重み付け結果を示す。字数の制約があるため，簡便な記述で済ませている。

演習8　業務要件の優先順位付け

設問ウ

```
ウ　評価した業務要件，評価結果，及び業務要件に設定
　　した優先順位
ウ－1　評価した業務要件
　　今回のシステム構築に際し，優先順位を付けるべく検
討した業務要件は，「社員がもつスキルを定量的に管理
できること」，「社員がもつ資格を適切に管理できるこ
と」，「社員のスキル向上度合いを評価できること」の
3点とした。1点目は従来の手作業をシステム化すると
いう要件でありシステム化の目的そのものである。2点
目については，これまでは社員が自発的に資格登録をし
ていたため，データに不整合が生じており，データの整
備も含めて実現しようとするものである。3点目はシス
テムの導入を受けて新しく検討している業務である。
ウ－2　評価結果
（1）スキルの定量的管理
　　スキルを定量的に管理することについて，設問イで説
明した手順で評価した。評価結果は，業務コスト削減の
効果3×重み3，業務のスピードアップの度合い2×重
み2，準備の負荷1×重み1，適用する技術の検証の必
要性3×重み2，開発期間3×重み3，影響するシステ
ム1×重み1となり，総合評価値は30である。
（2）資格の適切な管理
　　資格を適切に管理することについても同様に評価を行
い，業務コスト削減の効果2×重み3，業務のスピード
アップの度合い2×重み2，準備の負荷1×重み1，適
用する技術の検証の必要性2×重み2，開発期間3×重
み3，影響するシステム1×重み1と判断した。総合評
価値は25である。
（3）スキル向上度合いの評価
　　資格を適切に管理することの評価は，業務コスト削減
の効果1×重み3，業務のスピードアップの度合い1×
重み2，準備の負荷1×重み1，適用する技術の検証の
```

優先順位を検討することとした業務要件は，この3点。

業務要件として取り上げた理由を示す。

設問イで述べた方法で業務要件の総合評価値を求める。

第3部

第2章

午後II演習（情報システム）

495

第3部　午後Ⅱ対策

必要性2×重み2，開発期間1×重み3，影響するシステム1×重み1となった。総合評価値は14である。

ウ－3　業務要件に設定した優先順位

　総合評価値を基に決定した業務要件は次のとおりである。スキルの定量的な管理については，必須の要件として実現する。資格の適切な管理については，管理対象の資格の取扱いを明確化する必要があるが，現状の管理レベルを維持するという前提で要件として実現する。スキル向上度合いの評価については，評価手法や評価ノウハウをシステムにもつことが必要であるが，具体的な手法やノウハウが未成熟であるため，本番稼働時期を鑑み，第一段階では見送り，継続検討とする。

　私は，利用部門に優先順位を提示し，合意を得ることができた。

以上

― 総合評価値を基に優先順位を設定し，今回の開発対象範囲を明確にする。

― 「以上」を忘れないようにする。

演習9　情報システムの移行方法

演習9　情報システムの移行方法

平成28年度 午後Ⅱ 問2（標準解答時間115分）

問　情報システムの移行方法について

　情報システムの機能強化のために，新たに開発した情報システム（以下，新システムという）を稼働させる場合，現在稼働している情報システム（以下，現システムという）から新システムへの移行作業が必要になる。

　システムアーキテクトは，移行方法の検討において，対象業務の特性による制約条件を踏まえ，例えば，次のような情報システムの移行方法を選択する。

・多数の利用部門があり，教育に時間が掛かるので，利用部門ごとに新システムに切り替える。

・移行当日までに発生したデータを当日中に全て処理しなければ，データの整合性を維持できないので，全部門で現システムから新システムに一斉に切り替える。

・障害が発生すると社会的な影響が大きいので，現システムと新システムを並行稼働させる期間を設けた上で，障害のリスクを最小限にして移行する。

　また，移行作業後の業務に支障が出ないようにするために，例えば，次のような工夫をすることも重要である。

・移行作業が正確に完了したことを確認するために，現システムのデータと新システムのデータを比較する仕組みを準備しておく。

・移行作業中に遅延や障害が発生した場合に移行作業を継続するかどうかを判断できるように，切戻しのリハーサルを実施し，所要時間を計測しておく。

　あなたの経験と考えに基づいて，設問ア〜ウに従って論述せよ。

設問ア　あなたが移行に携わった情報システムについて，対象業務の概要，現システムの概要，及び現システムから新システムへの変更の概要について，800字以内で述べよ。

設問イ　設問アで述べた情報システムにおいて，対象業務の特性によるどのような制約条件を踏まえ，どのような移行方法を選択したか。選択した理由とともに，800字以上1,600字以内で具体的に述べよ。

設問ウ　設問イで述べた情報システムの移行において，移行作業後の業務に支障が出ないようにするために，どのような工夫をしたか。想定した支障の内容とともに，600字以上1,200字以内で具体的に述べよ。

第3部　午後Ⅱ対策

ポイント

IPAによる出題趣旨・採点講評

出題趣旨（IPA公表資料より転載）

　情報システムの機能強化のために，新たに開発した情報システムを稼働させる場合，移行作業が必要になる。システムアーキテクトは，対象業務の特性による制約条件から，情報システムの移行方法を検討する。

　本問では，対象業務の特性による制約条件を踏まえて選択した移行方法と，移行作業後の業務に支障が出ないようにするための工夫について，具体的に論述することを求めている。論述を通じて，システムアーキテクトに必要な，情報システムの移行に関わる設計能力と経験を評価する。

採点講評（IPA公表資料より一部抜粋）

　全問に共通して，自らの体験に基づき設問に素直に答えている論述が多かった。一方で，問題文に記載してあるプロセスや観点などを抜き出し，一般論と組み合わせただけの表面的な論述も引き続き見られた。問題文に記載したプロセスや観点は例示である。自らが実際にシステムアーキテクトとして，検討し取り組んだことを具体的に論述してほしい。

　問2（情報システムの移行方法について）では，対象業務の特性による制約条件を踏まえ，どのような移行方法を選択したか，移行作業後の業務に支障が出ないようにするためにどのような工夫をしたか，を具体的に論述することを期待した。多くの受験者が業務特性を明確に論述していた。一方で，業務特性の記述がなくシステム上の制約条件を考慮しただけの論述や，対象業務の特性ではなく情報システムの開発プロジェクトの制約を業務特性としていた論述も見られた。システムアーキテクトには，情報システムが業務でどのように使われているのかを正しく理解することが求められる。情報システムの設計，開発に当たっては常に業務を意識してほしい。

　稼働中の情報システムから新たに開発した情報システムへの移行がテーマの問題である。

　例えば，法人対象の販売管理システムを個人にも適用できるようにするなど，情報システムの機能を強化したり，新しく情報システムを開発したりする場合に，現行システムからの移行作業が発生する。移行に際しては，移行対象の業務の特性に起因する制約条件を踏まえて移行方法を選択することが必要になる。

　システムアーキテクトには，制約条件を踏まえ，一斉移行，段階移行など，様々な方法から最適な移行方法を選択することが求められる。

　設問アでは，「対象業務の概要」，「現システムの概要」，「現システムから新システムへの変更の概要」を記述する。「対象業務の概要」，「現システムの概要」は，午後Ⅱ試験の設問アにおいて，よく出題される事項であり，受験者の経験を棚卸しするなどしておけば容易に記述できると考えられる。新システムについては，「現システムから新システムへの変更の概要」において概要に触れておいてもよい。

　「現システムから新システムへの変更の概要」については，移行内容について記述するのでは

498

なく，システムの変更内容について記述することに注意が必要である。システムの変更内容そのものは軽く触れておくだけでも十分であるが，移行方法の選択に関連する部分は適切に記述しておく必要がある。

設問イでは，「対象業務の特性による制約条件」，「選択した移行方法と選択した理由」を記述する。問題文には，複数の例が示されており，制約条件としては，「多数の利用部門がある」，「障害が発生すると社会的な影響が大きい」となっている。選択した理由としては，「教育に時間が掛かる」，「移行当日までに発生したデータを当日中に全て処理しなければ，データの整合性を維持できない」，「現システムと新システムを並行稼働させる期間を設ける」を読み取ることができる。移行方法の例としては，「利用部門ごとに新システムに切り替える」，「全部門で現システムから新システムに一斉に切り替える」，「障害のリスクを最小限にして移行する」である。いずれの受験者にとっても分かりやすい例となっており，記述の参考にしやすかったと考えられる。制約条件，移行方法の選択理由，移行方法は相互に関連する事項であるため，明確に分けて書きにくければ，試験委員（採点者）が分かるように工夫してまとめて記述してもよい。

設問ウでは，「移行作業後の業務に支障が出ないようにするための工夫」，「想定した支障の内容」を記述する。設問ウについても問題文に例が示されており，「移行作業が正確に完了したことを確認するために，現システムのデータと新システムのデータを比較する仕組みを準備しておく」，「移行作業中に遅延や障害が発生した場合に移行作業を継続するかどうかを判断できるように，切戻しのリハーサルを実施し，所要時間を計測しておく」となっている。工夫点の例は，「データの比較手段を準備する」，「切戻しのリハーサルを実施して，所要時間を計測する」が示されている。支障の内容の例は，「移行作業中に遅延や障害が発生する」である。支障の内容は，原因も含めて明確に記述したい。

見出しとストーリー

設問ア

> **設問ア** あなたが移行に携わった情報システムについて，<u>対象業務の概要</u>，<u>現システムの概要</u>，及び<u>現システムから新システムへの変更の概要</u>について，800字以内で述べよ。

設問アには，対応する問題文がない。自身の経験に基づき要求事項を記述する。
見出しとストーリーの例を次に示す。

第3部 午後Ⅱ対策

ア 対象業務の概要，現システムの概要，及び現システムから新システムへの変更の概要

ア－1 対象業務

- 対象となる顧客は機械製造業のA社
- A社は，本社を大阪に置き，東京と名古屋に支店，その他主要都市に営業拠点，北近畿に設計拠点と工場をもつ
- 対象となる業務は，A社製品の設計・製造に携わる従業員が携わった様々な作業について工数を把握し，作業に対する原価を管理する業務
- 自身の立場は，今回の移行方法の検討を含め，構築を一括で受注したシステムインテグレータP社に所属するシステムアーキテクト

ア－2 現システムの概要

- 移行対象となるシステムは，工数管理システム
- 現行のシステムはWebシステムとして構築されている
- サーバは本社情報処理部門が管理し，全社を接続するネットワークシステムを経由して，実績の工数を入力する社員が利用している
- 旧システムもWebシステムであったため，インタフェースは基本的に変更しない
- 負荷の高いシステムではないため，現システムでは，データ量，性能面において問題は発生していない
- 新システムにおいても，リソースに関連した懸念事項は存在しない
- 今回の移行について，制約条件の整理，移行方法の検討，移行手順の作成など，私が全体を取りまとめることになった

ア－3 現システムから新システムへの変更の概要

- 現システムは週単位で工数を管理していたが，工数管理の精度を向上させることを目的に日単位に管理単位を変更
- 日単位に変更すると同時に，工数の情報を勤務管理システムとも連携させる
- 勤務管理システムと連動させるため，工数管理システムを使用する社員を全社に拡大する

500

演習9　情報システムの移行方法

設問イ

設問イ　設問アで述べた情報システムにおいて，<u>対象業務の特性</u>によるどのような<u>制約条件</u>を踏まえ，どのような<u>移行方法</u>を<u>選択</u>したか。<u>選択した理由</u>とともに，800字以上1,600字以内で具体的に述べよ。

設問イには，問題文の次の部分が対応する。

　システムアーキテクトは，移行方法の検討において，<u>対象業務の特性による制約条件を踏まえ</u>，例えば，次のような<u>情報システムの移行方法</u>を選択する。
・<u>多数の利用部門があり，教育に時間が掛かるので，利用部門ごとに新システムに切り替える。</u>
・<u>移行当日までに発生したデータを当日中に全て処理しなければ，データの整合性を維持できないので，全部門で現システムから新システムに一斉に切り替える。</u>
・<u>障害が発生すると社会的な影響が大きいので，現システムと新システムを並行稼働させる期間を設けた上で，障害のリスクを最小限にして移行する。</u>

見出しとストーリーの例を次に示す。

イ　対象業務の特性による制約条件，選択した移行方法と選択した理由
イー1　対象業務の特性による制約条件
● A社では業績管理が期単位になっており，主管部門からの要望により，新システムの稼働時期は年度替わりの4月に決定されている
● 新システムを利用する範囲が全社に拡大され，一部の部門は現システムを利用しておらず，新システムから利用することになる
● 旧システム，新システムとも24時間稼働のシステムではないが，移行作業は夜間に限定される
● 勤務管理システムとの連動もあり，運用面の負荷が大きく，新旧のシステムを並行稼働させることは難しい
● 業務プログラムはすべて入れ替えとなり，データベースの移行も必要になるが，基本ソフトウェアの変更は不要

イー2　選択した移行方法と選択した理由
● 移行方法の選択に際し，検討した事項は次のとおり
　■ 全社員に使用範囲を拡大するという点
　■ 新旧データを保持することが難しいという点

第3部

第2章

午後Ⅱ演習（情報システム）

501

第3部　午後Ⅱ対策

> - 新旧データを保持するためには，旧データと新データ間の整合性を確保しなければ
>   ならず，新たな業務プログラムが必要になるという点
> - 年度替わりでシステムを切り替えるため，トランザクション系のデータは移行不要
>   である点
> - マスタ系のデータのみ移行が必要である点
> - システムの切替えは全社一斉移行とする
> - 移行時期は年度末の3月31日深夜～4月1日早朝
> - 夜間バッチ終了後の22時～翌4時までの6時間が移行期間
> - 移行作業終了後，翌営業開始時刻までに複数の現場で新システムのテストを実施する
> - 年度末の処理に関連して，旧システムのデータは参照専用として1か月程度保持する

設問ウ

設問ウ　設問イで述べた情報システムの移行において，移行作業後の業務に支障が出ない
ようにするために，どのような工夫をしたか。想定した支障の内容とともに，600
字以上1,200字以内で具体的に述べよ。

設問ウには，問題文の次の部分が対応する。

> また，移行作業後の業務に支障が出ないようにするために，例えば，次のような工夫を
> することも重要である。
> ・移行作業が正確に完了したことを確認するために，現システムのデータと新システム
> 　のデータを比較する仕組みを準備しておく。
> ・移行作業中に遅延や障害が発生した場合に移行作業を継続するかどうかを判断できる
> 　ように，切戻しのリハーサルを実施し，所要時間を計測しておく。

見出しとストーリーの例を次に示す。

> **ウ　想定した支障の内容と移行作業後の業務に支障が出ないようにするための工夫**
> **ウー1　想定した支障の内容**
> - 移行作業において想定される支障としては，何らかの理由によって移行作業が遅延し，
>   予定した時刻に移行が終了しないこと
> - 所定の時刻に新システムが稼働しないと，業務に直接影響する部分があり，利用部門
>   による確認テストも必要
> - 確認テストの時間は最大でも1時間程度と見ているが，早朝に行う利用部門の作業の

502

ため2時間の枠を確保している

ウ−2　移行作業後の業務に支障が出ないようにするための工夫

- 移行時のトラブルを少なくするため，新システム用のマスタデータについては，マスタデータの変更を移行本番の1週間前に凍結する
- 本番稼働の2週間前にリハーサルを行い，作業手順の確認と机上で見積もった移行作業時間の確認を行う
- ユーザテストを除く移行時間の見積りは6時間で，うち1時間は余裕時間として確保してある
- 切戻しには，移行開始から切戻し開始までの時間に相応する時間が必要と考えられるため，移行開始から3時間経過後の時点で30分以上遅延していれば移行を中止し，切戻しを行う
- 移行作業手順，切戻し作業手順ともに詳細なチェックリストを作成し，複数人体制で移行作業を進める
- 切戻し作業についても，手順どおり作業ができることを確認するため，休日を活用してダミーの移行作業を行い，切戻し作業も問題なく実施できることを確認する
- 併せて切戻しのための時間についても計測しておく

第3部　午後Ⅱ対策

解答

平成 28 年度 午後Ⅱ 問 2

設問ア

ア　対象業務の概要，現システムの概要，及び現システ
　　ムから新システムへの変更の概要
ア－1　対象業務
　私は，今回の移行方法の検討を含め，構築を一括で受
注したシステムインテグレータP社に所属するシステム
アーキテクトである。今回，システムの移行方法を検討
した顧客は，機械製造業のA社である。A社は，本社を
大阪に置き，東京と名古屋に支店，その他主要都市に営
業拠点，北近畿に設計拠点と工場をもっている。対象と
なる業務は，A社製品の設計・製造に携わる従業員が携
わった様々な作業について工数を把握し，作業に対する
原価を管理する業務である。
ア－2　現システムの概要
　移行対象となるシステムは，工数管理システムである。
現行のシステムはWebシステムとして構築されていて，
サーバは本社情報処理部門が管理し，全社を接続するネ
ットワークシステムを経由して，実績の工数を入力する
社員が利用している。A社の社員が利用するシステムは
大半がWebシステムであり，新システムもユーザイン
タフェースはWebシステムとするため，操作性の面で
社員が戸惑うことはないものと予想される。
　今回の移行について，制約条件の整理，移行方法の検
討，移行手順の作成など，私が全体を取りまとめること
になった。
ア－3　現システムから新システムへの変更の概要
　現システムは週単位で工数を管理していたが，工数管
理の精度を向上させることを目的に日単位に管理単位を
変更する。日単位に変更すると同時に，工数の情報を勤
務管理システムとも連携させ，工数管理システムを使用
する社員を全社に拡大する。

設問の要求事項ではないが，最初に自身の所属などを説明しておく。

顧客そのものについても簡単に説明する。

対象となる業務。本問は移行がテーマであるため，業務内容は簡単に触れる程度でよい。

移行元となる現システム。移行に関連する分が説明できていればよく，記述内容に制約はない。

新システムについて，利用部門の教育に大きな工数が発生しないことの前振り。

自身の立場を説明する。

変更の概要。移行に関連する事項が記述できていれば，簡単な記述でよい。

演習9　情報システムの移行方法

設問イ

| イ | | 対 | 象 | 業 | 務 | の | 特 | 性 | に | よ | る | 制 | 約 | 条 | 件 | ， | 選 | 択 | し | た | 移 | 行 | 方 | 法 |

制約条件（1）　稼働時期。

```
イ    対象業務の特性による制約条件，選択した移行方法
   と選択した理由
イ－1    対象業務の特性による制約条件
   A社では業績管理を期単位で行っており，新システム
の稼働時期について，主管部門からの要望により年度替
わりの４月に決定されている。新システムを利用する範
囲が，設計・製造部門の社員から全社員に拡大されるこ
とになったことにより，現システムを利用していない設
計・製造部門以外の社員は，新システムから利用するこ
とになる。
   旧システム，新システムとも２４時間稼働のシステム
ではないが，昼間時は社員が利用しており，利用時間帯
の制約も課されていないことから，移行作業は夜間に限
定される。
   勤務管理システムとの連動が予定されており，運用面
の負荷が大きいため，新旧のシステムを並行稼働させる
ことは難しいと運用部門からの意見が上がっている。業
務プログラムはすべて入れ替えとなり，データベースの
移行も必要になるが，基本ソフトウェアの変更は不要で
ある。
イ－2    選択した移行方法と選択した理由
   私が移行方法を選択することに際し，検討した事項及
び理由は次のとおりである。
・全社員に使用範囲を拡大するという点
・新旧データを保持することが難しいという点
・新旧データを保持するためには，旧データと新データ
   間の整合性を確保しなければならず，新たな業務プロ
   グラムが必要になるという点
・年度替わりでシステムを切り替えるため，トランザク
   ション系のデータは移行不要である点
・マスタ系のデータのみ移行が必要である点
   私はこれらの制約条件を踏まえ，システムの切替えは
```

制約条件（2）　利用者の拡大。

制約条件（3）　移行時間帯。

制約条件（4）　新旧システムの並行稼働。

移行方法を決定するために検討した事項と理由を列挙する。ポイントは，全社員が使用を始めるという点，新旧併用のためにプログラムが必要になるという点である。

移行方法は一斉移行とする。

505

第3部　午後Ⅱ対策

全社一斉移行とした。移行時期は年度末の3月31日深夜～4月1日早朝とし，移行に割り当てる時間帯は，夜間バッチ終了後の22時～翌4時までの計6時間とした。移行作業に加え，移行作業終了後，翌営業開始時刻までに複数の現場で新システムのテストを実施する必要がある。
　旧システムについて，年度末の処理に関連して，旧システムのデータは参照専用として1か月程度保持することが利用部門の要求で決定された。

移行方法の日程と時間帯を説明する。

移行作業後の工夫点を説明するための前振り。

年度替わりの移行のため，補足事項として旧システムのデータについても説明する。

設問ウ

ウ　想定した支障の内容と移行作業後の業務に支障が出
　　ないようにするための工夫
ウ－1　想定した支障の内容
　私が想定した移行作業における支障としては，何らか
の理由によって移行作業が遅延し，予定した時刻に移行
が終了しないことである。所定の時刻に新システムが稼
働しないと，業務に直接影響する部分があり，利用部門
による確認テストも必要であった。確認テストの時間は
最大でも1時間程度と想定しているが，早朝に行う利用
部門の作業のため万一のことを考え2時間の枠を確保し
ている。
ウ－2　移行作業後の業務に支障が出ないようにするた
　　　　めの工夫
　私は，移行時のトラブルを少なくするため，新システ
ム用のマスタデータについては，マスタデータの変更を
移行本番の1週間前に凍結することとし，利用部門と合
意した。また，本番稼働の2週間前にリハーサルを行い，
作業手順の確認と机上で見積もった移行作業時間の確認
を行う対策を盛り込んだ。
　ユーザテストを除く移行時間の見積りは6時間で，う
ち1時間は余裕時間として確保してある。切戻しには，
移行開始から切戻し開始までの時間に相応する時間が必
要と考えられるため，移行開始から3時間経過後の時点
で30分以上遅延していれば移行を中止し，切戻しを行
うことにした。
　私は，移行作業手順，切戻し作業手順ともに詳細なチ
ェックリストを作成し，複数人体制で移行作業を進め，
ミスの防止に努めるようにした。切戻し作業についても，
手順どおり作業ができることを確認するため，リハーサ
ル日以前の休日を活用してダミーの移行作業を行い，手
順書に沿って切戻し作業も問題なく実施できることを確
認することとした。併せて，切戻しのために必要となる

想定した支障の内容は，作業遅延によって移行が予定どおりに終了しないこと。

利用部門による確認テストも完了しないと本番稼働を迎えられないことを説明する。

確認テストが時間枠を使い切ると，本番稼働に間に合わなくなる可能性を示す。

マスタデータの変更を1週間前に凍結しトラブルを未然に防ぐ。利用部門との合意も重要。

移行のリハーサルは重要事項。事前に作成しておいた手順と見込み時間の確認を行う。

切戻しを決定する時刻を明確にしておく。切戻しにも相応の時間を要するため，旧システムに問題なく戻せるタイミングにすることがポイント。

チェックリストを作成しておき，チェックリストに従いながら作業は複数の要員で実施することによって，作業品質を向上させる。

切戻し作業についてもリハーサルを実施する。ただし，移行のリハーサルとは同時に行えないため，別日程を確保した。

切戻し時間について，机上だけの見積りだけではなく，切戻し時間も実際に計測しておく。

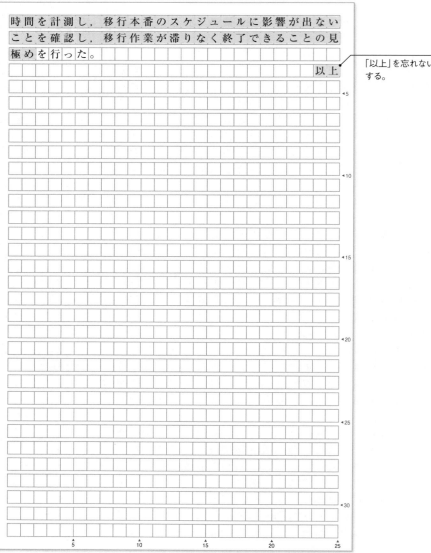

時間を計測し,移行本番のスケジュールに影響が出ないことを確認し,移行作業が滞りなく終了できることの見極めを行った。 以上

「以上」を忘れないようにする。

第3部 第3章
午後Ⅱ対策

午後Ⅱ演習(組込み・IoTシステム)

第3章では，過去の午後Ⅱ試験で出題された組込み・IoTシステムに関する問題を取り上げ，具体的な論文作成演習を行う。第2章と同様，実践演習によって論文作成術を身につけてほしい。

演習の前に
演習

アクセスキー **k**
(小文字のケイ)

演習の前に

演習の題材は，平成28年度～令和3年度の午後Ⅱ試験の問題である。

● 論文作成の解説

本章では，演習問題ごとに次の順序で解説する。

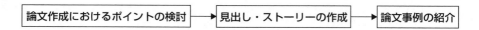

第3章においても，ストーリー作成例は，かなり詳細な文章にしている。本試験においては，キーワードの列挙，短い箇条書き程度のストーリー作成で十分である。

● 学習の進め方

まず，次ページ以降の演習1～5から問題を選択し，手書きで論文を書く。論文が完成したら，演習中に示している「ポイント」と論文を書く前に検討した内容を比較しよう。差分が明確になったところで，書いた論文を見直そう。併せて，演習中に示している「見出しとストーリー」，論文事例である「解答」を参考にして読んでみてほしい。

システムアーキテクト試験の受験者の大半は，普段手書きで文章を記述することはないと考えられる。試験本番の前に，最低でも5本は，実際に手を動かして論文を書く練習が必要である。

● 標準解答時間

演習の冒頭に記載した標準解答時間は，問題選択の時間を含んでいない。詳細な解答時間の内訳については，第1章「1.1.2　論文の記述方法」を参照のこと。

演習1　IoTの普及に伴う組込みシステムのネットワーク化

演習1　IoT の普及に伴う組込みシステムのネットワーク化

令和3年度 春期 午後Ⅱ 問3（標準解答時間115分）

問　IoTの普及に伴う組込みシステムのネットワーク化について

　IoTの普及に伴い，従来スタンドアロンで利用していた組込みシステムをネットワークに接続し，ほかの組込みシステム，サーバなどと協調して動作させることによって，高度な機能を実現することが増えている。このネットワーク化された組込みシステムを端末機器とし，更に大きなシステムを構築することもある。例えば，コネクテッド・カーにおいて，車載の端末機器で車両情報をリアルタイムに検出，送信し，サーバ側で受信データをAI処理して故障の予兆診断を行うシステムがある。また，交差点などで死角となる位置にいる車両を信号機に設置した端末機器で検出し，車内の端末機器でその情報を受信して運転者に注意喚起するシステムもある。

　ネットワーク化においては，負荷が高い処理をサーバ側で実行する，収集したデータを端末機器に一旦格納して間欠的にサーバに送り通信負荷を軽減する，また，ほかの端末機器を遠隔操作して機能を実現するなど，機能をサーバ・各端末機器にどのように割り当てるかが重要になる。さらに，ネットワークセキュリティを考慮するとともに，接続先の端末機器又はネットワークに不具合が発生した場合に被害が拡大しない安全性の工夫が必要になる。

　組込みシステムのシステムアーキテクトは，組込みシステムのネットワーク化について，開発する組込みシステム及びほかの組込みシステム，サーバ，ネットワーク，これらを含むシステム全体の特徴だけでなく，セキュリティと安全性を考慮した上で，最適な機能分担になるようシステムを構築する必要がある。

　あなたの経験と考えに基づいて，設問ア～ウに従って論述せよ。

設問ア　あなたが開発に携わった組込みシステムの概要と，接続先の端末機器及びネットワークの概要を，ネットワーク化の目的を含め，800字以内で述べよ。

設問イ　設問アで述べた組込みシステムにおいて，システム全体の特徴に基づく機能の分担をどのように検討したか。その決定理由，想定した障害及びその回避策を含め，800字以上1,600字以内で具体的に述べよ。

設問ウ　設問イで述べた組込みシステムにおいて，ネットワーク化の目的の達成状況及び考慮した事項の有用性の評価と，未達成の事項を含めた今後の課題を，600字以上1,200字以内で具体的に述べよ。

第3部

第3章　午後Ⅱ演習（組込み・IoTシステム）

511

第3部 午後Ⅱ対策

ポイント

IPAによる出題趣旨・採点講評

出題趣旨（IPA公表資料より転載）

　組込みシステムのシステムアーキテクトは、対象とする組込みシステムの機能向上を図るために、ネットワークに接続し、ネットワーク上のほかのシステムと協調動作させることがある。

　本問は、組込みシステムのネットワーク化において、開発する組込みシステム及び接続したネットワーク、協調動作するほかのシステムとの間でどのように機能を分担したか、さらに、障害の発生、セキュリティなどについてどのように配慮したかを具体的に論述することを求めている。論述を通じて、組込みシステムのシステムアーキテクトに必要なシステムの理解力、適切な機能分担の設計及び非機能要件への配慮を踏まえたシステム構成能力を評価する。

採点講評（IPA公表資料より一部抜粋）

　全問に共通して、自らの経験に基づき設問に素直に答えている論述が多く、問題文に記載してあるプロセスや観点などを抜き出し、一般論と組み合わせただけの表面的な論述は少なかった。一方で、実施事項の論述にとどまり、実施した理由や検討の経緯など、システムアーキテクトとして考慮した点が読み取れない論述も見受けられた。自らが実際にシステムアーキテクトとして、結論を導くに当たり、検討して取り組んだ内容を具体的に論述してほしい。

　問3では、組込みシステムのネットワーク化について、開発する組込みシステム、ネットワーク及びネットワークに接続されたほかの組込みシステムを含めたシステム全体を考慮した上でのシステムアーキテクチャの設計について、具体的に論述することを期待した。多くの論述はシステム全体を説明した上で、その特徴に基づく課題・制約・解決策について具体的に述べていた。一方で、システム全体の抽象的・一般的な説明に終始している論述や、実装の細部にとどまっている論述も散見された。

　組込みシステムのシステムアーキテクトは、対象となる組込みシステムの課題とその解決策を関係者に説明する機会が多いと思われる。平素からシステム全体の概要を適切に把握し、課題と解決策を提案できるよう心掛けてほしい。

　IoTの普及に伴う組込みシステムのネットワーク化がテーマの問題である。

　この問題では、IoT機器をネットワークに接続し、IoT機器を含めたシステム全体で新たな価値を創出することについての記述が要求されている。IoT機器は、基本的に単独であってもインターネットに接続されているので、ネットワークを何らかの形態で元々利用している。したがって、新たにネットワークに接続されるIoT機器を追加したサービスや、既存のIoT機器を相互に連携させることによって可能になる魅力的なサービスを記述することになる。設問の要求事項は、設問ア～ウともシンプルなものになっており、ネットワーク化という題意に沿うものであれば、どのような事例であっても取り上げることができる。

　設問アでは、「組込みシステムの概要」、「接続先の端末機器及びネットワークの概要」、「ネットワーク化の目的」を記述する。「組込みシステムの概要」については、午後Ⅱ試験の設問アにお

512

いて，定番の要求事項であり，準備しておいた題材を基に概要を記述すればよい。「接続先の端末機器及びネットワークの概要」については，ネットワーク化した後の組込みシステム全体の構成を中心にまとめれば，要件を満たすものと考えられる。「組込みシステムの概要」と記述内容が重複しないように注意したい。「ネットワーク化の目的」は，ネットワーク化によって「何ができるようになるか」について記述するとよい。単独の見出しとして記述しにくければ，「接続先の端末機器及びネットワークの概要」に含めて記述することもできる。

設問イでは，「機能分担と決定理由」，「想定した障害と回避策」を記述する。「機能分担と決定理由」について，設問文で「システム全体の特徴に基づく」と修飾されている。ただし，「システム全体の特徴」として，どのような記述内容が期待されているのか問題文からは読み取ることができない。システムの全体像について簡単に記述すればよいと考えられる。「機能分担」はネットワーク化後の構成要素において，何がどのような機能をもつかという観点で記述する。「決定理由」は検討の経緯で触れることもできるが，試験委員（採点者）に対して「決定理由」の記述を示すため，「これが決定理由である」ということを明示しておきたい。「想定した障害と回避策」について，「障害」は組込みシステムにとらわれず，ネットワークの中断，サーバダウン，IoT機器の故障，ソフトウェアの異常終了など，一般的に考えられる障害を取り上げればよい。「回避策」についても，IoT機器独自の回避策を記述する必要はなく，二重化，予備機器の準備などで十分である。

設問ウでは，「ネットワーク化の目的の達成状況」，「考慮した事項の有用性の評価」，「未達成の事項を含めた今後の課題」を記述する。「ネットワーク化の目的の達成状況」について，「ネットワーク化の目的」は設問アで記述しているため，重複しないように注意しながら，ネットワーク化の結果を示して，「目的は達成できた」という記述にする。「考慮した事項の有用性の評価」について，設問イで記述した「考慮した事項」に対応させて評価する。考慮事項が多い場合は，代表的な考慮事項を取り上げて，有用性の評価をすればよい。基本的には「ネットワーク化の目的の達成状況」と同様に「有用性があり，評価できる」ということを記述する。「未達成の事項を含めた今後の課題」について，「未達成の事項を含め」と指示されているので，設問アで述べたネットワーク化の目的のうち，未達成となった事項の記述は必須である。「未達成の事項」に関する「今後の課題」だけの記述であってもかまわないが，できればシステムの拡張までを視野に入れた課題についても触れておきたい。設問の要求事項が3点あるため，時間切れにならないように書き進める必要がある。

第3部　午後Ⅱ対策

見出しとストーリー

設問ア

設問ア　あなたが開発に携わった<u>組込みシステムの概要</u>と，<u>接続先の端末機器及びネットワークの概要</u>を，<u>ネットワーク化の目的</u>を含め，800字以内で述べよ。

設問アには，問題文の次の部分が対応する。

　IoTの普及に伴い，<u>従来スタンドアロンで利用していた組込みシステムをネットワークに接続し，ほかの組込みシステム，サーバなどと協調して動作させることによって，高度な機能を実現する</u>ことが増えている。<u>このネットワーク化された組込みシステムを端末機器とし，更に大きなシステムを構築する</u>こともある。例えば，コネクテッド・カーにおいて，車載の端末機器で車両情報をリアルタイムに検出，送信し，サーバ側で受信データをAI処理して故障の予兆診断を行うシステムがある。また，交差点などで死角となる位置にいる車両を信号機に設置した端末機器で検出し，車内の端末機器でその情報を受信して運転者に注意喚起するシステムもある。

見出しとストーリーの例を次に示す。

ア　組込みシステムの概要，接続先の端末機器及びネットワークの概要
アー1　組込みシステムの概要
- 大都市圏を中心にした水回り修理サービスを展開するA社
- 電球や電池の交換，エアコンのフィルタ清掃など簡単な家電対応もこなす
- 高齢者に好評
- 2～4程度の市を単位としてサービス拠点を構え，インターネットや電話で予約を受け付け，サービス要員を派遣
- 人手不足で待ち時間が長いという構造的な問題を抱える
- 従来は，サービス要員がもつタブレット端末のGPS機能で，要員の位置を把握
- 要員のスケジュールと要員の位置を比較し，サービス拠点の専任者がオンデマンドでスケジュールを変更
- サービス要員へはタブレット端末を経由して変更スケジュールを配信

アー2　接続先の端末機器及びネットワークの概要，ネットワーク化の目的
- サービス要員の効率的な配置，待ち時間の短縮を図るため，サービス拠点にサーバを配置する

514

演習1 IoTの普及に伴う組込みシステムのネットワーク化

- サーバにサービス要員のタブレット端末から，一定時間ごとにサービス要員の位置を登録する
- サーバでAIの機能を稼働させ，要員の遅れを予想したり，スケジュールを組み替えたり，サービス要員の割当てを変えたりできるようにする
- サーバとタブレットは携帯網で常時接続する
- 月額固定料金のため，従来の形態と比較して通信コストは変わらない
- 私は今回のネットワーク化を取りまとめたA社のシステムアーキテクト

設問イ

設問イ 設問アで述べた組込みシステムにおいて，システム全体の特徴に基づく機能の分担をどのように検討したか。その決定理由，想定した障害及びその回避策を含め，800字以上1,600字以内で具体的に述べよ。

設問イには，問題文の次の部分が対応する。

　ネットワーク化においては，負荷が高い処理をサーバ側で実行する，収集したデータを端末機器に一旦格納して間欠的にサーバに送り通信負荷を軽減する，また，ほかの端末機器を遠隔操作して機能を実現するなど，機能をサーバ・各端末機器にどのように割り当てるかが重要になる。さらに，ネットワークセキュリティを考慮するとともに，接続先の端末機器又はネットワークに不具合が発生した場合に被害が拡大しない安全性の工夫が必要になる。
　組込みシステムのシステムアーキテクトは，組込みシステムのネットワーク化について，開発する組込みシステム及びほかの組込みシステム，サーバ，ネットワーク，これらを含むシステム全体の特徴だけでなく，セキュリティと安全性を考慮した上で，最適な機能分担になるようシステムを構築する必要がある。

見出しとストーリーの例を次に示す。

イ　機能分担と決定理由，想定した障害及び回避策
イー1　機能分担と決定理由
- システム全体は，サービス拠点単位で構築されており，複数のサービス拠点が連携することは基本的にない
- サービス拠点を中心として，サーバとタブレット端末で構成されている
- サービス要員がもつタブレット端末にはアプリケーションを組み込むことができる

第3部

第3章

午後Ⅱ演習（組込み・IoTシステム）

515

第3部　午後II対策

- タブレット端末のアプリケーションは，スマホアプリであり，スマホアプリの開発スキルが必要
- A社ではスマホアプリの開発経験を有する技術者が少なく，スマホアプリの開発は最小限にとどめたい
- タブレット端末のCPUやメモリは単体で動作させるのに十分なリソースをもつ
- スケジュールなどの変更情報をサーバからプッシュ配信するため，スマホアプリを常駐型とする必要がある
- 常駐型のスマホアプリの利用に際し，電池の消耗が懸念事項
- サーバとタブレット側で交換する情報は小さいため，タブレット側で情報の加工は最小限
- 通信のセキュリティを確保するため，サーバ・タブレット端末の両方にディジタル証明書を搭載し，サーバ認証とクライアント認証を実現するとともに，通信を暗号化し，盗聴されても被害が拡大しないようにする
- 機能分担；
  - サーバ；タブレット端末の位置情報の収集，データの集約，AIによるデータ加工，タブレットへのデータ配信
  - タブレット；タブレット端末の位置情報の送信，スケジュールなどの変更データの受信とサービス要員への通知
- 決定理由；
  - タブレットの電池容量の限界，スマホアプリの技術者不足，AIによるデータ加工には相応のリソースが必要

イー2　想定した障害と回避策

- 想定した障害は，通信障害，タブレット端末のハードウェア障害，サーバ障害
- 通信障害；
  - タブレット通信のキャリアとサービス要員が携帯するスマートフォンのキャリアを別とする
  - タブレット通信の障害時は，スマートフォンのテザリング機能を経由した通信に切り替える
  - 複数キャリアの障害同時発生は，可能性が非常に低く，検討対象外とする
- タブレット端末のハードウェア障害；
  - サービス要員にタブレットを複数台携行させるのは現実的ではないため，現行と同様，非常用に印刷したスケジュールを朝出発時に携行させる
- サーバ障害；
  - サーバをクラスタリングで冗長構成とする

516

演習1　IoTの普及に伴う組込みシステムのネットワーク化

> ■ 全サーバが障害となる可能性は非常に低いが，万一のことを考慮し，スケジュール
> などを当日朝に印刷出力しておく

設問ウ

> **設問ウ** 設問イで述べた組込みシステムにおいて，ネットワーク化の目的の達成状況及び考
> 慮した事項の有用性の評価と，未達成の事項を含めた今後の課題を，600字以上
> 1,200字以内で具体的に述べよ。

設問ウに対応する問題文はない。論述する事例に基づき要求事項を記述する。
見出しとストーリーの例を次に示す。

> **ウ　ネットワーク化の目的の達成状況，考慮した事項の有用性の評価，未達成の事**
> **項を含めた今後の課題**
> **ウ－1　ネットワーク化の目的の達成状況**
> - 大きなトラブルはなく，無事稼働を開始
> - 顧客の依頼からサービス要員の到着までの待ち時間が平均10%削減
> - サービス要員のオンデマンドのスケジュール変更について
>   - ■ 想定以上に時間が掛かっている顧客をピックアップする
>   - ■ 該当顧客以降に訪問予定の顧客について，サービス拠点の専任者が別のサービス要
>   員を割り当てられるようになった
> - 課題であった待ち時間の短縮が実現できており，ネットワーク化の第一の目的は達成
>   された
>
> **ウ－2　考慮した事項の有用性の評価**
> - 機能分担を検討する際の懸念事項であった，タブレット端末の電池の持続時間は問題
>   なし
> - タブレット端末で動作させるスマホアプリを必要最小限にとどめた効果は十分である
> - スマホアプリを必要最小限にとどめたため，スマホアプリの開発について，限られた
>   要員で対応できた
> - 想定していた障害は発生していないが，タブレット端末のキャリア障害について，回
>   線切替えテストを実施して問題なく運用できた
> - 考慮した事項の有用性は十分評価できる

第3部

第3章　午後Ⅱ演習（組込み・IoTシステム）

第3部　午後Ⅱ対策

ウー3　未達成の事項を含めた今後の課題

- AIを活用したオンデマンドのスケジュール調整について，データの蓄積が少なく，まだ十分機能していない
- データの蓄積と機械学習の深化によってAIの活用を強化する
- AIの更なる活用として，サービス要員のスケジュールの完全自動化と顧客の傾向分析による高齢者見守りサービスの展開
- 現在は，サービス拠点の先任者が，サーバに蓄積されているサービス要員の実績，顧客の評価などを参考に手作業でスケジューリング
- サービスを継続的に利用している一人暮らしの高齢者に対し，定期的な訪問による，身の回りのサポートサービス，遠方の家族に代わる見守りサービスを開始する

演習1　IoTの普及に伴う組込みシステムのネットワーク化

解答

令和3年度 春期 午後Ⅱ 問3

設問ア

ア　組込みシステムの概要，接続先の端末機器及びネットワークの概要

ア－1　組込みシステムの概要

　A社は，大都市圏を中心にした水回り修理サービスを展開している。A社のサービスは，高齢者に好評で，修理サービス以外に，電球や電池の交換，エアコンのフィルタ清掃など簡単な家電対応もこなしている。A社は，2〜4つ程度の市を単位としてサービス拠点を構え，インターネットや電話で予約を受け付けて，サービス要員を派遣している。

> 組込みシステムを活用する業務を説明。

　従来のサービスでは，サービス要員がもつタブレット端末のGPS機能で，要員の位置を把握する。サービス拠点の専任者が，要員のスケジュールと要員の位置を比較し，オンデマンドでスケジュールを変更し，サービス要員へはタブレット端末を経由して変更スケジュールを配信している。A社では，人手不足で待ち時間が長いという構造的な問題を抱えている。

> 現状の組込みシステムの説明。

> ネットワーク化によって解決したいA社が抱える問題。

ア－2　接続先の端末機器及びネットワークの概要，ネットワーク化の目的

> ネットワーク化の目的を説明。

　ネットワーク化を実現することによって，サービス要員の効率的な配置，待ち時間の短縮を図るため，サービス拠点にサーバを配置する。サーバには，サービス要員のタブレット端末から，一定時間ごとにサービス要員の位置を自動的に登録する。サーバでAIの機能を稼働させ，要員の遅れを予想したり，スケジュールを組み替えたり，サービス要員の割当てを変えたりする。

> ネットワーク化によって接続される機器の説明。

> ネットワーク化によって実現する機能の説明。

　サーバとタブレットは携帯網で常時接続することになるが，月額固定料金のため，従来の形態と比較して通信コストは変わらない計画となっている。

> ネットワーク化を実現しても，通信コストが変わらないことを説明。

　私は今回のネットワーク化を取りまとめたA社のシステムアーキテクトである。

> 設問の要求事項ではないが，自身の立場を説明。

519

設問イ

```
イ　機能分担と決定理由，想定した障害及び回避策
イ－1　機能分担と決定理由
　私は，機能分担について，次のように分析・検討を進
めた。
・システム全体は，サービス拠点単位で構築されており，
　複数のサービス拠点が連携することは基本的にない。
・サービス拠点を中心として，サーバとタブレット端末
　で構成されていて，サービス要員がもつタブレット端
　末にはアプリケーションを組み込むことができる。
・タブレット端末のアプリケーションは，スマホアプリ
　であり，スマホアプリの開発スキルが必要である。た
　だし，A社ではスマホアプリの開発経験を有する技術
　者が少なく，スマホアプリの開発は最小限にとどめた
　い。
・タブレット端末のCPUやメモリは単体で動作させる
　のに十分なリソースをもっている。
・スケジュールなどの変更情報をサーバからプッシュ配
　信するため，スマホアプリを常駐型とする必要がある。
　ただし，常駐型のスマホアプリの利用に際し，電池の
　消耗が懸念事項であるため，タブレット端末の負荷と
　なるタブレット側で情報の加工は最小限とする。
・通信のセキュリティを確保するため，サーバ・タブレ
　ット端末の両方にディジタル証明書を搭載し，サーバ
　認証とクライアント認証を実現するとともに，通信を
　暗号化し，盗聴されても被害が拡大しないようにする。
　私は，検討結果を基に，タブレットの電池容量の限界，
　スマホアプリの技術者不足，AIによるデータ加工には
　相応のリソースが必要と判断し，サーバ，タブレット端
　末の機能分担を次のように決定した。
・サーバは，タブレット端末の位置情報の収集，データ
　の集約，AIによるデータ加工，タブレットへのデー
　タ配信を担う。
```

検討事項を文章で表現すると読みにくくなるため，箇条書きとした。

検討項目1；サービス拠点で閉じたサービス。

検討項目2；ネットワーク化はサーバとタブレット端末の接続。

検討項目3；スマホアプリに詳しい技術者が不足しており，開発は最小限とする。

検討項目4；タブレット端末のリソースは十分。

検討項目5；スマホアプリが常駐型で電池の消耗が懸念事項。タブレット端末の負荷となるデータ加工は必要最小限。

検討項目6；セキュリティ確保のため，サーバ・クライアント認証を導入し，なりすましを防止。通信データは暗号化。

機能分担の決定理由。

機能分担1；サーバにデータ加工を集中させる。

演習1　IoTの普及に伴う組込みシステムのネットワーク化

・タブレット端末は，位置情報の送信，スケジュールなどの変更データの受信とサービス要員への通知の機能を担う。

イ－2　想定した障害と回避策

　私が想定した障害は，通信障害，タブレット端末のハードウェア障害，サーバ障害である。障害発生に備え，次のような回避策を設定した。

　通信障害に対しては，タブレット端末の通信のキャリアとサービス要員が携帯するスマートフォンのキャリアを別のキャリアとし，タブレット通信の障害時は，スマートフォンのテザリング機能を経由した通信に切り替える。複数キャリアの障害同時発生は，可能性が非常に低く，検討対象外とする。

　タブレット端末のハードウェア障害に対しては，サービス要員にタブレットを複数台携行させるのは現実的ではないため，現行と同様，非常用に印刷したスケジュールを朝出発時に携行させることとする。

　サーバ障害に対しては，サーバをクラスタリングで冗長構成とする。全サーバが障害となる可能性は非常に低いが，万一のことを考慮し，スケジュールなどを当日朝に印刷出力しておくこととする。

機能分担2；タブレット端末は位置情報の把握と，サーバとのデータ通信に特化させる。

想定した障害は，通信障害，タブレット端末のハードウェア障害，サーバ障害の3種類。

通信障害の対策；キャリアの二重化。ただし，全てのキャリアが障害となることは皆無と判断し対象外とする。

タブレット端末障害の対策；端末の複数台携行は現実味がなく，「紙」の情報を併用する。

サーバ障害の対策；サーバの二重化（クラスタリング）。ただし，全てのサーバが障害となる可能性は非常に小さく，万一の対策として「紙」の情報を併用する。

第3部

第3章　午後Ⅱ演習（組込み・IoTシステム）

521

第3部　午後Ⅱ対策

設問ウ

ウ　ネットワーク化の目的の達成状況，考慮した事項の
　　有用性の評価，未達成の事項を含めた今後の課題
ウ－1　ネットワーク化の目的の達成状況
　ネットワーク化を施したサービス要員のスケジュール・
配置システムは，大きなトラブルを発生することなく，
無事稼働を開始した。顧客の依頼からサービス要員の到
着までの待ち時間は，平均10％削減できている。サー
ビス要員のオンデマンドのスケジュール変更については，
想定以上に時間が掛かっている顧客をピックアップする
ことによって，該当顧客以降に訪問予定の顧客について，
サービス拠点の専任者が別のサービス要員を割り当てら
れるようになった。課題であった待ち時間の短縮が実現
できており，私は，ネットワーク化の第一の目的は達成
された と考えている。

> 大きなトラブルなく無事稼働したこと，待ち時間が10％短縮できたこと，サービス要員の適切なスケジュールが行えるようになったことなどの理由により，ネットワーク化の目的は達成できたと判断。

ウ－2　考慮した事項の有用性の評価
　機能分担を検討する際の懸念事項であった，タブレット端末の電池の持続時間は問題化していない。タブレット端末で動作させるスマホアプリを必要最小限にとどめた効果は十分であると考えられる。スマホアプリを必要最小限にとどめたため，スマホアプリの開発について，限られた要員で対応できた。想定していた障害は発生していないが，タブレット端末のキャリア障害について，回線切替えテストを実施して問題なく運用できることを確認できている。私は，考慮した事項の有用性は十分評価できると判断した。

> 電池の持続時間が問題化していないこと，スマホアプリの開発を少ない要員で行えたこと，回線切替えについても問題はないことの理由により，考慮事項の有用性は十分と判断。

ウ－3　未達成の事項を含めた今後の課題
　AIを活用したオンデマンドのスケジュール調整について，データの蓄積が少なく，まだ十分機能していない。私は，データの蓄積と機械学習の深化によってAIの活用を強化しなければならないと考えている。

> 未達成の事項はAIが期待したレベルに機能していないこと。

　AIの更なる活用として，サービス要員のスケジュールの完全自動化と顧客の傾向分析による高齢者見守りサ

> AIの活用によるスケジューリング力の向上が課題。

ービスの展開をA社は検討している。現在は，サービス拠点の先任者が，サーバに蓄積されているサービス要員の実績，顧客の評価などを参考に手作業でスケジューリングを行っている。スケジューリング機能をAIにより強化し，サービスを継続的に利用している一人暮らしの高齢者に対し，定期的な訪問による，身の回りのサポートサービス，遠方の家族に代わる見守りサービスを開始できるようにすることが課題と考えている。

以上

高齢者向けのサポートサービスや見回りサービスの実現がもう一つの課題。

「以上」を忘れないようにする。

第3部　午後Ⅱ対策

演習2 組込みシステムのデバッグモニタ機能

令和元年度 秋期 午後Ⅱ 問3（標準解答時間115分）

問 組込みシステムのデバッグモニタ機能について

　組込みシステムの機能の拡大・複雑化に対応して，開発中のデバッグ及び出荷後のメンテナンスのためのデバッグモニタ機能を設けることが増えている。

　多くの組込みシステムは汎用の入出力装置を装備していないことから，不具合の解析及び故障診断のための操作と結果の出力において，それぞれのシステムに応じた工夫が必要となる。また，開発・検証・出荷後の各段階において，各利用者が必要とする機能と利用可能な装置が変わることがある。例えば，開発段階では開発支援ツールを用いて詳細な検証・確認を行えるが，検証段階では実際の環境下でリアルタイム性を確保するために，実機を利用することが多い。さらに，出荷後の製品では，通常使わない組合せでボタンを押してデバッグモニタ機能を起動するなど，システムに装備された入出力装置だけで機能を実現しなければならない場合もある。

　組込みシステムの特徴によって，そのシステムに特有な工夫・配慮が必要となることがある。例えば，IoT機器では，ネットワーク経由の操作によってリモート診断を実施できるが，通信障害が発生した場合の対処を考慮しなければならない。AI利用など，大量のデータを処理する装置はメモリの制限などから，診断に用いるデータの一部を保持しておくといった工夫も必要となる。さらに，デバッグモニタ機能の不正利用の可能性を考慮し，セキュリティ上のリスクにも配慮する必要がある。

　組込みシステムのシステムアーキテクトは，開発・検証・出荷後の各段階において，利用可能なリソース及び操作・診断に要求される機能を把握し，セキュリティなどを考慮した上で，デバッグモニタ機能の要件を定義しなければならない。

　あなたの経験と考えに基づいて，設問ア〜ウに従って論述せよ。

設問ア あなたが開発に携わった組込みシステムの概要と，そのシステムにおいてデバッグモニタ機能が必要となった経緯を，800字以内で述べよ。

設問イ 設問アで述べた組込みシステムにおいて，各利用者との協議などに基づき，開発・検証・出荷後の各段階を想定してどのようなデバッグモニタ機能を設けたか。工夫・配慮事項を含め，800字以上1,600字以内で具体的に述べよ。

設問ウ 設問イで述べたデバッグモニタ機能において，各段階における利用者のニーズを含めた評価と，今後の課題を，600字以上1,200字以内で具体的に述べよ。

演習2　組込みシステムのデバッグモニタ機能

ポイント

IPAによる出題趣旨・採点講評

出題趣旨（IPA公表資料より転載）

　組込みシステムは，PCなどとは異なり，キーボード・ディスプレイのような汎用の入出力装置を装備していないことが多く，また，デバッグ時及びメンテナンス時で必要とされる機能がそれぞれ異なるので，デバッグモニタ機能の装備には，それぞれのシステムに応じた工夫が必要となる。

　本問は，対象とする組込みシステム特有の入出力の制約の下で，開発・検証・出荷後の各段階において必要とされるデバッグモニタ機能をセキュリティなどへの配慮を含めて実現した経緯，検討過程及び結果の評価を具体的に論述することを求めている。論述を通じて，組込みシステムのシステムアーキテクトに必要とされるシステム構築能力を評価する。

採点講評（IPA公表資料より一部抜粋）

　全問に共通して，自らの体験に基づき設問に素直に答えている論述が多く，問題文に記載してあるプロセスや観点などを抜き出し，一般論と組み合わせただけの表面的な論述は少なかった。一方で，実施した事項をただ論述しただけにとどまり，実施した理由や検討の経緯が読み取れない論述も見受けられた。受験者自らが実際にシステムアーキテクトとして，検討し取り組んだことを具体的に論述してほしい。

　問3（組込みシステムのデバッグモニタ機能について）では，開発・検証・出荷後の各段階で，各利用者から要求されるデバッグモニタ機能について，組込みシステムの特有の制約，セキュリティなどを考慮した上での具体的な論述を期待した。多くの論述は各段階での要求と対応内容に具体性があり，実際の経験に基づいて論述していることがうかがわれた。一方で，組込みシステムの特徴に乏しく，一般的な課題・解決策にとどまる論述，実装結果を説明しただけという論述も見受けられた。組込みシステムのシステムアーキテクトは，対象となる組込みシステムの特徴を理解して，適切なシステム設計ができるよう能力を高めてほしい。

　組込みシステムにおけるデバッグモニタ機能がテーマの問題である。

　組込みシステムの機能が拡大したり複雑化したりすることに対応して，開発中のデバッグ及び出荷後のメンテナンスのためにデバッグモニタ機能を設けることが増えてきている。情報システムと比較すると，組込みシステムは，多くの場合，汎用の入出力装置を装備していない。このため，組込みシステムの開発中に生じた不具合の解析や，組込みシステム導入後の故障診断などのために，操作を支援したり，結果を出力したりできるような工夫をしておく必要がある。

　この問題は，要求事項がデバッグモニタ機能に限定されていて，デバッグモニタ機能を設けた組込みシステムであれば，多くの題材が記述の対象となる。問題文には具体例が示されており，要求される記述レベルの参考にできる。ただし，細かな要求事項も含まれているため，記述漏れのないように注意が必要である。

　設問アでは，「組込みシステムの概要」，「デバッグモニタ機能が必要となった経緯」を記述する。

第3部

第3章　午後Ⅱ演習（組込み・IoTシステム）

525

第3部　午後Ⅱ対策

「組込みシステムの概要」については，午後Ⅱ試験の設問アにおいて，定番となっている要求事項である。問題の要求事項に該当する事例を，受験者の経験に基づいて選択すれば容易に記述できると考えられる。「デバッグモニタ機能が必要となった経緯」については，問題文中に，デバッグモニタ機能が開発・検証・出荷後の各段階において変わるという記述があるが，全ての段階で必要となった経緯を記述しなくてもよい。ある段階で必要となり，その他の段階では必要な機能が変化したという記述であっても問題はない。

　設問イでは，「設けたデバッグモニタ機能」，「工夫・配慮事項」を記述する。「設けたデバッグモニタ機能」については，開発・検証・出荷後の各段階を想定した機能について記述する必要がある。設問アの説明で触れたとおり，問題文に「<u>開発・検証・出荷後の各段階において</u>，各利用者が<u>必要とする機能</u>と利用可能な<u>装置が変わることがある</u>」と記述されていることから，各段階でのデバッグモニタ機能は異なるということが期待されている。「工夫・配慮事項」については，内容を限定するような記述が問題文にないため，どのような事項を記述してもよい。具体例が2点示されていて，どの程度の「工夫・配慮事項」を記述するかの参考にできる。問題文には「デバッグモニタ機能の不正利用の可能性を考慮し，<u>セキュリティ上のリスクにも配慮する必要がある</u>」と説明されているため，セキュリティ上のリスクにも言及する必要がある。

　設問ウでは，「利用者のニーズを含めた評価」，「今後の課題」を記述する。「利用者のニーズを含めた評価」について，設問イでは「各利用者が必要とする機能と利用可能な装置が変わることがある」という前提で記述しているため，設問イの内容と矛盾が生じないように注意しなければならない。問題文に評価項目を制約する記述がないため何を記述してもよいが，基本的には今回のデバッグモニタ機能について，利用者から評価していただけたということを記述しておきたい。開発・検証・出荷後の段階それぞれにおいて設けたデバッグモニタ機能であるため，評価についても各段階について明示しなければならない。

　「今後の課題」については，問題文に例示を含めて記述がないため，試験委員（採点者）が課題であると認識できるような内容になっていれば十分であると考えられる。

見出しとストーリー

設問ア

設問ア　あなたが開発に携わった<u>組込みシステムの概要</u>と，そのシステムにおいて<u>デバッグモニタ機能が必要となった経緯</u>を，800字以内で述べよ。

設問アには，問題文の次の部分が対応する。

526

演習2　組込みシステムのデバッグモニタ機能

　組込みシステムの機能の拡大・複雑化に対応して，開発中のデバッグ及び出荷後のメンテナンスのためのデバッグモニタ機能を設けることが増えている。

見出しとストーリーの例を次に示す。

ア　組込みシステムの概要，デバッグモニタ機能が必要となった経緯
ア－1　組込みシステムの概要
- 対象となる顧客は，監視カメラを製造販売するA社
- A社は，一般家庭用の総合セキュリティサービスを展開
- 監視カメラは家屋内のネットワークに接続
- 家屋内のネットワークに接続した中央のコントローラにより24時間録画が可能
- コントローラには最大8台までカメラを接続できる
- 家屋内のネットワークに接続したPCから録画したものを再生できる
- 自身の立場は，A社の設計部門に所属する組込みシステムのシステムアーキテクト

ア－2　デバッグモニタ機能が必要となった経緯
- 監視カメラの新製品では，A社が新たに提供するクラウド環境に録画情報が保存できるようになる
- 家屋内のネットワーク経由のインターネット接続，監視カメラから直接インターネットにも接続可能
- 家屋内にネットワーク環境のない場合でもスマートフォンで録画したものを再生できる
- 新製品はインターネットから直接接続できるようになるため，出荷後のデバッグモニタについて機能を設定する必要が生じた

設問イ

設問イ　設問アで述べた組込みシステムにおいて，各利用者との協議などに基づき，開発・検証・出荷後の各段階を想定してどのようなデバッグモニタ機能を設けたか。工夫・配慮事項を含め，800字以上1,600字以内で具体的に述べよ。

設問イには，問題文の次の部分が対応する。

527

第3部　午後Ⅱ対策

　多くの組込みシステムは汎用の入出力装置を装備していないことから，不具合の解析及び故障診断のための操作と結果の出力において，それぞれのシステムに応じた工夫が必要となる。また，開発・検証・出荷後の各段階において，各利用者が必要とする機能と利用可能な装置が変わることがある。例えば，開発段階では開発支援ツールを用いて詳細な検証・確認を行えるが，検証段階では実際の環境下でリアルタイム性を確保するために，実機を利用することが多い。さらに，出荷後の製品では，通常使わない組合せでボタンを押してデバッグモニタ機能を起動するなど，システムに装備された入出力装置だけで機能を実現しなければならない場合もある。

　組込みシステムの特徴によって，そのシステムに特有な工夫・配慮が必要となることがある。例えば，IoT機器では，ネットワーク経由の操作によってリモート診断を実施できるが，通信障害が発生した場合の対処を考慮しなければならない。AI利用など，大量のデータを処理する装置はメモリの制限などから，診断に用いるデータの一部を保持しておくといった工夫も必要となる。さらに，デバッグモニタ機能の不正利用の可能性を考慮し，セキュリティ上のリスクにも配慮する必要がある。

見出しとストーリーの例を次に示す。

イ　設けたデバッグモニタ機能，工夫・配慮事項
イー1　設けたデバッグモニタ機能
　(1) 開発(試作)段階
- 開発環境にある大型のサーバが利用できるため，監視カメラから得られるデバッグ情報を詳細に収集する仕掛けを準備
- 専用の開発支援ツールを開発し，性能面，機能面の分析に加え，蓄積されたデバッグ情報を統計的に処理し，障害の傾向など背後に隠されている情報を明らかにできるようにした

　(2) 検証段階
- 基本的に量産品の監視カメラと同等のハードウェア
- ハードウェアインタフェースは，開発(試作)段階の監視カメラと同じ実装
- 検証段階では，開発(試作)段階とは異なり，安定的に監視カメラのモニタリングができることが重要
- 検証段階に特化したモニタリングツールを開発して検証担当者に提供

　(3) 出荷(設置)後の段階
- 今回の監視カメラではインターネットを経由して外部と直接接続される環境
- 外部から監視カメラを乗っ取られるとプライベートな録画情報が流出する恐れがある

演習2　組込みシステムのデバッグモニタ機能

- ■ 外部からの接続には二段階認証を準備している
- ■ デバッグモニタ機能はA社が限定して使用する機能であって，一般に使用される機能ではない
- ■ 監視カメラのモード切替えスイッチ，時刻設定スイッチなど三つのスイッチを同時に押下することによってモニタデバッグ機能が起動する設計とした
- ■ A社の保守担当者がタブレットを接続してデバッグモニタ機能を使用する

イー2　工夫・配慮事項

- 設問アで述べたとおりインターネットからの接続が可能な監視カメラであり，出荷後の稼働中の監視カメラについてセキュリティの強化が必要
- 物理的なスイッチ押下によるデバッグモニタ機能の起動方法であるが，万一の場合の機器の誤動作などによる起動の可能性も考慮する
- ネットワークを経由したリモートからのアクセスに対してはデバッグモニタ機能を遮断する
- デバッグモニタ機能のインタフェースは保守担当者がもつタブレットの専用アプリ限定とする
- 専用アプリとの接続は物理にケーブルに限定し，接続パスワードを設定
- 接続パスワードの有効期間は1日として，基本的に保守作業のたびに毎回変更する
- パスワードの変更も専用アプリからのみ行える

設問ウ

設問ウ　設問イで述べたデバッグモニタ機能において，<u>各段階における利用者のニーズを含めた評価</u>と，<u>今後の課題</u>を，600字以上1,200字以内で具体的に述べよ。

設問ウには，問題文の次の部分が対応する。

　組込みシステムのシステムアーキテクトは，<u>開発・検証・出荷後の各段階において，利用可能なリソース及び操作・診断に要求される機能を把握し</u>，セキュリティなどを考慮した上で，デバッグモニタ機能の要件を定義しなければならない。

見出しとストーリーの例を次に示す。

第3部

第3章

午後Ⅱ演習（組込み・IoTシステム）

529

第3部　午後II対策

ウ　利用者のニーズを含めた評価，今後の課題
ウ－1　利用者のニーズを含めた評価

(1) 開発 (試作) 段階
- 設計・開発担当者からのニーズは，豊富なデバッグ情報を詳細に取得できること
- 大量の詳細なデータを取得できたことは，特に性能面の検証において有意義であった
- 理論上は発生しないと考えられていたバグが発見でき，想定以上の価値を感じられた
- ニーズは満たされていた

(2) 検証段階
- 検証担当者からのニーズは，安定的なデバッグ情報が取得できること
- 開発 (試作) 段階で取得していたデバッグ情報が同じ環境で取得でき，必要な情報が含まれていたため，情報の網羅性という側面では十分
- バックボーンに大型のサーバが導入されていたため，長期間にわたる情報の保存が可能になり，検証環境として最適
- ニーズは満たされていた

(3) 出荷 (設置) 後の段階
- 保守担当者からのニーズは，保守担当者以外はデバッグモニタ機能が使用できないこと
- セキュリティの強化施策によって，保守担当者以外の者の接続の可能性が低く，期待どおりのセキュリティが実現できた
- ニーズは満たされていた
- ただし，若干ハンドリングが多い
- 監視カメラの設置場所によっては物理的なケーブルの接続が難しくなる可能性がある
- 簡単な保守であれば，リモートから作業ができるようにしたい

ウ－2　今後の課題

- 利用者からのフィードバックを鑑みると，出荷 (設置) 後の保守作業に関連して課題があると考えられる
- 物理的なケーブルによる接続
  - 保守に使用する端末がタブレットであり，監視カメラの設置場所が高所になるため，無線LANなどを活用して，監視カメラと保守用のタブレットを接続することの検討が必要

530

演習2　組込みシステムのデバッグモニタ機能

- ただし，無線LANは一般的な壁などでは遮蔽されないため，保守担当者以外による監視カメラへの接続防止，無線LAN接続中の暗号化の強度などが課題として挙げられる
- リモートからの接続
  - 監視カメラの録画・情報がクラウド環境に保存できるということは，インターネットを経由して監視カメラにアクセスすることは技術的に可能
  - 無線LAN接続の場合と同様に保守担当者以外による接続をブロックすることの検討が必要
  - 認証方法の強化などが課題として挙げられる

第3部 午後Ⅱ対策

解答

令和元年度 秋期 午後Ⅱ 問3

設問ア

ア　組込みシステムの概要，デバッグモニタ機能が必要となった経緯

ア－1　組込みシステムの概要

　対象となる顧客は，監視カメラを製造販売するA社である。A社は，装置の販売だけではなく，一般家庭用の総合セキュリティサービスを展開している。A社の一般家庭用向けの監視カメラは家屋内のネットワークに接続される。同様に，家屋内のネットワークに接続する中央のコントローラにより監視カメラが制御され，24時間録画が可能となっている。録画領域が満杯になると古いものから順に上書きされるため，記憶領域不足などにより録画が中断することはない。中央のコントローラには最大8台までカメラを接続できる仕様となっていて，家屋内のネットワークに接続したPCから録画した画像を再生することができる。

　私は，A社の設計部門に所属する組込みシステムのシステムアーキテクトである。

ア－2　デバッグモニタ機能が必要となった経緯

　監視カメラの新製品では，A社が新たに提供するクラウド環境に録画情報を保存できるようになる。家屋内のネットワークを経由してインターネット接続することも，オプション機能により監視カメラから直接インターネットにも接続することも可能になる。

　家屋内にネットワーク環境のない場合でもスマートフォンで録画したものを再生できるようにもなっている。監視カメラの新製品は，インターネットから直接接続できるようになるため，出荷後のデバッグモニタについて新たな機能を設定する必要が生じた。私は新製品の監視カメラについて，設計全般を取りまとめることになった。

論述の骨子に関係する部分について，顧客の概要を説明。

概要が記述されていればよいので，監視カメラ及び周辺環境の概要を説明。

設問の要求事項ではないが，自身の立場を説明する。

デバッグモニタ機能が必要になった経緯。インターネット接続機能が新製品で実現された。

デバッグモニタ機能が必要になった理由。

自身の役割を説明。システムアーキテクトなので設計の取りまとめを担う。

設問イ

　イ　設けたデバッグモニタ機能，工夫・配慮事項
　イ－1　設けたデバッグモニタ機能
　（1）開発（試作）段階
　　開発環境においては，開発環境で使用されている大型のサーバが利用できるため，監視カメラから得られるデバッグ情報を詳細に収集する仕掛けを準備することとした。さらに，専用の開発支援ツールを開発し，性能面，機能面の分析をすることに加え，蓄積されたデバッグ情報を統計的に処理し，障害の傾向など背後に隠されている情報を明らかにできるようにした。
　（2）検証段階
　　検証段階の監視カメラは，基本的に量産品の原型となる監視カメラと同等のハードウェアである。ハードウェアについては，開発（試作）段階の監視カメラと同じハードウェアインタフェースを実装する計画である。そのため，開発（試作）段階でのデバッグモニタ機能はそのまま利用できる。
　　ただし，開発（試作）段階とは異なり，検証段階では安定的に監視カメラのモニタリングができることが重要となる。私は，検証段階に特化したモニタリングツールを開発して検証担当者に提供することとした。
　（3）出荷（設置）後の段階
　　監視カメラを導入する顧客が選択したオプションによっては，今回の監視カメラがインターネットを経由して外部と直接接続される環境に設置されることになる。万一，悪意のある者によって外部から監視カメラを乗っ取られるとプライベートな録画情報が流出する恐れがあるため，私は，外部からの接続には二段階認証を準備することとした。
　　デバッグモニタ機能はA社の保守担当者が限定して使用する機能であって，一般に使用される機能ではないため，監視カメラのモード切替えスイッチ，時刻設定スイ

開発段階で設けたデバッグモニタ機能。試作期間にも活用できるため，「開発（試作）段階」とした。

検証段階の監視カメラの概要。基本的に量産品と同等のハードウェアである。ハードウェアインタフェースについては，開発（試作）段階のものを引き継ぐ。

検証段階で設けたデバッグモニタ機能。安定的に稼働監視できることが重要。

今回の対象となる監視カメラにデバッグモニタ機能を設けるに際して，考慮しなければならない最重要事項。

論述における本質事項ではないが，セキュリティ対策についても言及。

出荷（設置）後の段階におけるデバッグモニタ機能に関する条件。

出荷（設置）後の段階におけるデバッグモニタ機能は，一般には分からない，特殊な方法によってのみ起動するように設計。

第3部　午後Ⅱ対策

ッチなど三つのスイッチを同時に押下することによって
モニタデバッグ機能が起動する設計とした。この仕様は
顧客には非公開とした。A社の保守担当者はタブレット
を接続してデバッグモニタ機能を使用することになる。
イー2　工夫・配慮事項
　設問アで述べたように，インターネットからの接続が
可能な監視カメラであり，出荷後の稼働中の監視カメラ
についてセキュリティの強化が必要である。物理的なス
イッチ押下によるデバッグモニタ機能の起動方法である
が，機器の誤動作などによってデバッグモニタが起動し
てしまう可能性も考慮しなければならない。
　私は，ネットワークを経由したリモートからのアクセ
スに対してはデバッグモニタ機能を遮断することを検討
し，デバッグモニタ機能のインタフェースは保守担当者
がもつタブレットの専用アプリ限定とすることとした。
　専用アプリとの接続は物理にケーブルに限定し，接続
パスワードを設定する。接続パスワードの有効期間は1
日として，基本的に保守作業のたびに毎回変更すること
を強制し，パスワードの変更も専用アプリからのみ行え
る仕様とした。

保守担当者だけが分かればよいので，顧客には非公開。

出荷（設置）後の段階におけるデバッグモニタ機能の使用方法。

出荷（設置）後の段階におけるデバッグモニタ機能は，物理的な起動方法であるが，誤動作でデバッグモニタ機能が起動してしまう可能性に言及。

想定外の状況で，出荷（設置）後の段階におけるデバッグモニタ機能が起動しても，外部からは使用できないように設計。

出荷（設置）後の段階におけるデバッグモニタ機能は，専用のアプリケーションからだけ使用できるようにする設計。

複数のセキュリティ対策を実装。

演習2 組込みシステムのデバッグモニタ機能

設 問 ウ

ウ　利用者のニーズを含めた評価，今後の課題
ウ－1　利用者のニーズを含めた評価
（1）開発（試作）段階
　設計・開発担当者からのニーズは，豊富なデバッグ情報を詳細に取得できることである。私は，大量の詳細なデータを取得できたことが，特に性能面の検証において有意義であったと考えている。担当者によると理論上は発生しないと考えられていたバグが発見でき，想定以上の価値を感じられたということであった。私は，ニーズは満たされていたと評価した。
（2）検証段階
　検証担当者からのニーズは，安定的なデバッグ情報が取得できることである。開発（試作）段階で取得していたデバッグ情報が同じ環境で取得でき，必要な情報が含まれていたため，情報の網羅性という側面では十分である。バックボーンに大型のサーバが導入されていたため長期間にわたる情報の保存が可能になり，検証環境として最適であったと考えている。私は，ニーズは満たされていたと評価した。
（3）出荷（設置）後の段階
　保守担当者からのニーズは，保守担当者以外はデバッグモニタ機能が使用できないことである。セキュリティの強化施策によって，保守担当者以外の者の接続の可能性が低く，期待どおりセキュリティが実現できたと考えている。私は，ニーズは満たされていたと評価した。
　ただし，保守担当者からは，「若干ハンドリングが多い」，「監視カメラの設置場所によっては物理的なケーブルの接続が難しくなる」，「簡単な保守であれば，リモートから作業を行いたい」という意見があった。
ウ－2　今後の課題
　利用者からの意見を鑑みると，出荷（設置）後の保守作業に関連して2点課題があると私は考えた。

それぞれの段階におけるニーズを明示（必須事項）。

評価の理由を説明。

可能な範囲で，モニタデバッグ機能の利用者の意見を記述。

自身の評価を明示（必須事項）。

それぞれの段階におけるニーズを明示（必須事項）。

評価の理由を説明。

自身の評価を明示（必須事項）。

それぞれの段階におけるニーズを明示（必須事項）。

評価の理由を説明。

自身の評価を明示（必須事項）。

課題に直結する，モニタデバッグ機能の利用者のネガティブな意見を記述。

第3部

第3章　午後Ⅱ演習（組込み・IoTシステム）

第3部　午後Ⅱ対策

（1）物理的なケーブルによる接続
　保守に使用する端末がタブレットであり，監視カメラの設置場所，保守作業の容易さを考慮すると，無線ＬＡＮなどを活用して，監視カメラと保守用のタブレットを接続することの検討が必要である。ただし，無線ＬＡＮは一般的な壁などでは遮蔽されないため，保守担当者以外による監視カメラへの接続防止，無線ＬＡＮ接続中の暗号化の強度などが課題として挙げられる。
（2）リモートからの接続
　監視カメラの録画・情報がクラウド環境に保存できるということは，インターネットを経由して監視カメラにアクセスすることは技術的に可能ということになる。無線ＬＡＮ接続の場合と同様に，保守担当者以外による接続をブロックすることの検討が必要である。具体的には認証方法の強化などが課題として挙げられる。
　　　　　　　　　　　　　　　　　　　　　　　　　以上

一般的に監視カメラは高所に設置されるため，物理的なケーブル接続は保守作業の妨げになることを説明。

課題は，物理的なケーブルによる接続と比較した場合の，無線LAN接続の脆弱性の解消。

監視カメラとインターネットを接続することにより，新たな不正アクセスのルートが確立してしまう可能性を説明。

課題は，インターネットから監視カメラに接続するルートが確立した場合に生じる脆弱性の解消。

「以上」を忘れないようにする。

536

演習3　組込みシステムのAI利用，IoT化などに伴うデータ量増加への対応

演習3　組込みシステムのAI利用，IoT化などに伴うデータ量増加への対応

平成30年度 秋期 午後Ⅱ 問3（標準解答時間115分）

問　組込みシステムのAI利用，IoT化などに伴うデータ量増加への対応について

　ディジタル化の進展に伴い，組込みシステムの処理するデータ量は増加の傾向にある。サーバ容量・通信容量の拡大を背景に，IoT化のためにセンサ数を増やす，より高度なセンサを利用することなどから，機器の処理するデータ量が増加している。また，音声・画像といったデータ量の大きな情報を処理する機器も増えている。

　処理するデータ量が増加する一方，組込みシステムゆえの制約もある。CPU性能及びメモリ容量の制約に加え，例えば，バッテリ駆動の機器では，稼働時間を確保するために消費電力を抑える必要があり，モバイル機器では，重量・形状，及び振動といった条件から，利用できる周辺機器も制約されることがある。

　これら組込みシステムの制約に対しては，システム構成要素の性能向上，構成要素間の機能分担の変更，外部機器との機能分担・処理負荷分担の変更など，例えば，次のような工夫によって解決を図ることができる。

　・データ処理をハードウェア化し，CPUへの負担を増やさずに処理能力を上げる。
　・常時監視機器などで，機器内部へのデータ蓄積と通信頻度のバランスをとる。
　・運用コストと機器コストのバランスを考慮し，通信を用いてデータを未加工のまま送ることによって処理負荷を下げ，機器コストを下げる。
　・AIなど高度な処理はサーバ側で行い，データ収集・結果出力は端末機器が行う。

　組込みシステムのシステムアーキテクトは，様々な制約の下で，データ量の増加に対応して，要求される機能・性能を実現する組込みシステムを構築しなければならない。

　あなたの経験と考えに基づいて，設問ア～ウに従って論述せよ。

設問ア　あなたが開発に携わった組込みシステムの概要と，どのような機能・性能の要求で処理するデータ量を増加させる必要が生じたかを800字以内で述べよ。

設問イ　設問アで述べた組込みシステムにおいて，データ量の増加で発生した問題，及び目的達成のためにシステムアーキテクトとして考案した解決策とそれを選択した理由について，800字以上1,600字以内で具体的に述べよ。

設問ウ　設問イで述べた解決策の達成度，開発段階で生じた未達事項などの問題，及び今後の課題について，600字以上1,200字以内で具体的に述べよ。

537

第3部　午後Ⅱ対策

ポイント

IPAによる出題趣旨・採点講評

出題趣旨（IPA公表資料より転載）

　AI，IoTの進展もあり，組込みシステムが処理するデータ量は年々増加している。一方で，組込みシステムはシステムそれぞれ特有の制約条件をもち，データ量の増加に対応するためには工夫が必要である。組込みシステムのアーキテクトは，その制約条件を把握し，データ量増加に対応したシステムを構築する必要がある。

　本問は，解答者が開発に携わった組込みシステムにおいて，データ量の増加で発生した問題をアーキテクトとしてどのように解決して目的を達成したか，具体的に論述することを求めている。論述を通じて，システムアーキテクトに必要な要件分析力と分析に基づくシステム構築力を評価する。

採点講評（IPA公表資料より一部抜粋）

　全問に共通して，自らの体験に基づき設問に素直に答えている論述が多く，問題文に記載してあるプロセスや観点などを抜き出し，一般論と組み合わせただけの表面的な論述は少なかった。また，実施事項だけにとどまり，実施した理由や検討の経緯が読み取れない論述も少なかった。

　問3（組込みシステムのAI利用，IoT化などに伴うデータ量増加への対応について）では，組込みシステムにはそれぞれの制約がある中で，データ量の増加を伴う要求に対して，システムアーキテクトとしてどのように対応したか，システム設計の実践的能力がうかがえる論述を期待した。多くの論述は発生した問題への解決策とその選択理由をシステム設計の観点から具体的に論述していた。一方で，部分的な処理の対策内容の説明にとどまるなど，システム全体を俯瞰して解決策を検討する視点が乏しい論述も見受けられた。組込みシステムのシステムアーキテクトには，システム特有の制約を含めた特徴を把握し，仕様を達成する組込みシステムのアーキテクチャを構築する能力が求められる。IoTの進展とAI活用の普及に際して，検討対象のシステムに関連した技術的視野を広くもち，適切なシステム設計を行うよう，心掛けてほしい。

　組込みシステムのAI利用，IoT化などに伴うデータ量増加への対応がテーマの問題である。

　ディジタル化の進展に伴い，組込みシステムの処理するデータ量は増加の傾向にある。例えば，IoT化のためにセンサ数を増やしたり，より高度なセンサを利用したり，音声・画像といったデータ量の大きな情報を取り扱う機器を導入したりすることによって，機器の処理するデータ量が増加している。サーバ容量・通信容量は拡大を続けており，データ量の増加にも対応できるようになってきている。一方，CPU性能，メモリ容量，消費電力など，組込みシステムゆえの制約に対応しなければならない。

　この問題のタイトルには「AI利用，IoT化」が含まれているが，データ量が増加することに対応した事例であればよく，AIを利用した事例，IoT化に対応する事例に限定されているわけではない。

　設問アでは，「組込みシステムの概要」，「データ量を増加させる必要が生じた機能・性能の要

538

求」を記述する。「組込みシステムの概要」については，午後Ⅱ試験の設問アにおいて，定番になっている要求事項である。受験者が経験した事例を棚卸ししておけば，容易に記述できると考えられる。「データ量を増加させる必要が生じた機能・性能の要求」については，問題文に「センサ数の増加」，「高度なセンサの利用」，「音声・画像の処理」のようにデータ量が増加する要因の例示がある。データ量が増加することになった機能・性能の要求については例示がなく，記述漏れにならないように注意が必要である。

設問イでは，「データ量の増加で発生した問題」，「目的達成のためにシステムアーキテクトとして考案した解決策」，「解決策を選択した理由」を記述する。「データ量の増加で発生した問題」については，問題文に「CPU性能の制約」，「メモリ容量の制約」，「消費電力の抑止」，「周辺機器の制約」など多くの例示があるので参考にしたい。「目的達成のためにシステムアーキテクトとして考案した解決策」についても，「システム構成要素の性能向上」，「構成要素間の機能分担の変更」，「外部機器との機能分担・処理負荷分担の変更」などの解決策の例示や，「データ処理のハードウェア化」，「データ蓄積と通信頻度のバランス確保」，「処理負荷を下げることによる機器コストの低減」など工夫点の例示があり，発生した問題に対応付けて記述するとよい。「目的達成のためにシステムアーキテクトとして考案した解決策」と「解決策を選択した理由」は分割して記述しにくければ，まとめて記述してもよい。まとめる場合は，「解決策を選択した理由」の記述が埋もれてしまわないように，強調しておきたい。

設問ウでは，「解決策の達成度」，「開発段階で生じた未達事項などの問題」，「今後の課題」を記述する。いずれの要求事項についても問題文に例示はない。「解決策の達成度」については，「十分達成できた」という記述をしたい。達成度の評価は，第三者の評価ではなく，システムアーキテクト自身の評価であるため，自分自身が評価したことを強調して説明したい。「開発段階で生じた未達事項などの問題」については，「開発段階で生じたこと」だけが制約事項になっているため，どのような問題を記述してもよい。「未達事項<u>など</u>」と示されているため，開発段階のうちに解決できた問題であっても，解決できなかった問題であってもどちらでも取り上げることができる。「今後の課題」は未解決のまま残ってしまった問題の解消について記述してもよいし，例えば機能拡充に対応するためなど新たに生じる課題に触れてもよい。

見出しとストーリー

設問ア

設問ア　あなたが開発に携わった<u>組込みシステムの概要</u>と，<u>どのような機能・性能の要求で処理するデータ量を増加させる必要が生じたか</u>を800字以内で述べよ。

設問アには，問題文の次の部分が対応する。

第3部　午後Ⅱ対策

> 　ディジタル化の進展に伴い，組込みシステムの処理するデータ量は増加の傾向にある。サーバ容量・通信容量の拡大を背景に，IoT化のためにセンサ数を増やす，より高度なセンサを利用することなどから，機器の処理するデータ量が増加している。また，音声・画像といったデータ量の大きな情報を処理する機器も増えている。

見出しとストーリーの例を次に示す。

ア　組込みシステムの概要，データ量を増加させる必要が生じた機能・性能の要求
ア－1　組込みシステムの概要

- A社は，テーマパークなど屋外の施設を案内するシステム（Gシステム）の製造・販売をしている
- 私はA社の設計部門に所属するシステムアーキテクト
- Gシステムは，チケットフォルダに組み込まれた小型のセンサと発信機，信号を受信する親機，親機からの情報を加工するクラウドシステム，クラウドシステムと連携するスマートフォンのアプリケーション（スマホアプリ）から構成される
- チケットフォルダの現在位置を特定する
- 現在位置に近い施設やアトラクションのガイドメッセージをスマホアプリで受信できる

ア－2　データ量を増加させる必要が生じた機能・性能の要求

- 現在のGシステムは「位置（点）」の情報を取り扱う
- 新Gシステムを開発し，競合他社との差別化のため，「移動」の情報を取り扱えるようにする
- 移動の情報を基に，混雑状況の提供が可能になる
- 混雑度をAIで推測させ，利用者のスマホにガイドを提供する
- 移動の情報を取り扱うためには複数の親機で位置の情報を捉える必要がある
- 併せて時刻の情報を加えて処理する必要がある
- 親機は設置数を増加させることで対応可能
- 親機は固定であり，機器のサイズや電源に制約はない
- 移動を正確に把握するためには，データを定常的に発信し続ける必要があり，データ量増加の要因となる

540

演習3　組込みシステムのAI利用，IoT化などに伴うデータ量増加への対応

設問イ

設問イ　設問アで述べた組込みシステムにおいて，<u>データ量の増加で発生した問題</u>，及び<u>目的達成のためにシステムアーキテクトとして考案した解決策</u>とそれを<u>選択した理由</u>について，800字以上1,600字以内で具体的に述べよ。

設問イには，問題文の次の部分が対応する。

　　処理するデータ量が増加する一方，組込みシステムゆえの制約もある。<u>CPU性能及びメモリ容量の制約</u>に加え，例えば，バッテリ駆動の機器では，<u>稼働時間を確保するために消費電力を抑える必要</u>があり，モバイル機器では，重量・形状，及び振動といった条件から，<u>利用できる周辺機器も制約</u>されることがある。

　　これら組込みシステムの制約に対しては，<u>システム構成要素の性能向上</u>，<u>構成要素間の機能分担の変更</u>，<u>外部機器との機能分担・処理負荷分担の変更</u>など，例えば，次のような工夫によって解決を図ることができる。

- ・データ処理をハードウェア化し，<u>CPUへの負担を増やさずに処理能力を上げる</u>。
- ・常時監視機器などで，<u>機器内部へのデータ蓄積と通信頻度のバランスをとる</u>。
- ・運用コストと機器コストのバランスを考慮し，<u>通信を用いてデータを未加工のまま送ることによって処理負荷を下げ，機器コストを下げる</u>。
- ・AIなど<u>高度な処理はサーバ側で行い，データ収集・結果出力は端末機器が行う</u>。

見出しとストーリーの例を次に示す。

イ　データ量の増加で発生した問題，目的達成のためにシステムアーキテクトとして考案した解決策と解決策を選択した理由

イー1　データ量の増加で発生した問題

- ● 従来は親機のポーリングを契機にデータを発信していた
- ● 定常的に情報を発信し続ける必要が生じ，稼働時間を十分に確保できるようにするため，消費電力の低減が必要になる
- ● チケットフォルダは夜間に充電することができるが，少なくとも10時間は稼働させる必要がある
- ● チケットフォルダは首に掛けて使用するタイプのため，重量に制約があり，バッテリの容量は大きくできない

541

第3部　午後II対策

イー2　目的達成のためにシステムアーキテクトとして考案した解決策と解決策を選択した理由
電力消費量を抑える主な解決策は二点

（1）発信するデータの極小化
- 当初は位置を識別するための24ビットのID情報と時刻を発信する計画
- データ量を削減するために発信する情報はID情報のみとする
- 時刻は親機側で保持している時計から得ることとする
- 受信したID情報，IDを受信した時刻，親機自身の位置情報で移動情報を追跡できる
- 移動を捉えるための時刻であるから，絶対時刻は不要
- 親機同士の時刻同期ができていれば問題なし
- 時刻を発信しなくなったため，消費電力に加え，時刻を保持する必要がなくなり，機器の軽量化にも寄与できる

（2）電力の補填
- チケットフォルダの一部にソーラフィルムを採用
- バッテリの消耗分を補うこととする
- 従来は搭載されたバッテリで12時間程度はもつ設計であるが，想定外の事態により電力消費が大きくなる可能性がある
- 晴天時，日中の屋外での実証実験で16時間までは連続稼働させられることが確認できた

設問ウ

設問ウ　設問イで述べた解決策の達成度，開発段階で生じた未達事項などの問題，及び今後の課題について，600字以上1,200字以内で具体的に述べよ。

設問ウに対応する問題文はない。論述対象の事例に基づき要求事項を記述する。
見出しとストーリーの例を次に示す。

ウ　解決策の達成度，開発段階で生じた未達事項などの問題，今後の課題
ウー1　解決策の達成度
- 利用者の移動を検出することは十分実現できたため，課題の達成度としては合格点と考える
- ただし，混雑度のAIによる予測については，AIの学習が必要で，稼働開始直後は予測のレベルが低いものとなる

542

演習3　組込みシステムのAI利用，IoT化などに伴うデータ量増加への対応

- 利用者のフィードバックが必要で，スマホアプリを工夫して，利用者からフィードバック情報をタッチしてもらう
- フィードバック情報をタッチした利用者には，施設と連携し買い物などに使えるポイントを付与

ウ－2　開発段階で生じた未達事項などの問題

- 開発段階でのシミュレーションで混雑時などトラフィックが多いとき，位置決めのための計算量が多く，性能が確保できない可能性があった
- 発信数を削減し対応することとした
- 移動を検出するための情報が少なくなり，目標の精度を落とすことになる

ウ－3　今後の課題

- 将来的に親機の性能を改善し目標の精度を復活
- 今回の新Gシステムでは，親機の台数を増やすことで対応
- 施設によっては，親機の設置スペースが確保できない場合にも対応したい
- 少ない親機で対応できるようにAIを強化して，学習効果により移動を把握できるようにする

第3部　午後Ⅱ対策

解答

平成30年度 秋期 午後Ⅱ 問3

設問ア

ア		組	込	み	シ	ス	テ	ム	の	概	要	，	デ	ー	タ	量	を	増	加	さ	せ	る	必	要
		が	生	じ	た	機	能	・	性	能	の	要	求												

ア－1　組込みシステムの概要

　A社は，テーマパークなど屋外の施設を案内するシステム（以下，Gシステムという）の製造・販売をしている。私はA社の設計部門に所属するシステムアーキテクトである。Gシステムは，チケットフォルダに組み込まれた小型のセンサと発信機，発信する信号を受信する親機，親機からの情報を加工するクラウドシステム，クラウドシステムと連携するスマートフォンのアプリケーション（以下，スマホアプリという）から構成されている。
　Gシステムでは，チケットフォルダの現在位置を特定することにより，現在位置に近い施設やアトラクションのガイドメッセージをスマホアプリで受信できる。

ア－2　データ量を増加させる必要が生じた機能・性能の要求

　現在のGシステムは「位置（点）」の情報を取り扱っている。A社は，新Gシステムを開発し，競合他社との差別化のため，「移動」の情報を取り扱えるようにすることとした。移動の情報を基にすれば，混雑状況の提供が可能になる。具体的には，混雑度をAIで推測させ，利用者のスマホにガイドを提供することを計画している。
　移動の情報を取り扱うためには複数の親機で位置の情報を捉える必要があり，合わせて時刻の情報を加えて処理する必要もある。
　親機は設置数を増加させることで対応可能で，固定の親機は，機器のサイズや電源に制約はない。一方，移動を正確に把握するためには，データを定常的に発信し続ける必要があり，データ量増加の要因となった。

右側の注釈:

システムの概要（システムの名称）。

設問の要求事項ではないが，最初に自身の立場を説明する。

システムの概要（システムの構成）。

システムの概要（システムの機能）。

新しく開発するシステムにおいて，強化する機能。

強化する機能を実現するために必要となる事項。

データ量を増加させる必要が生じたのは，データを定常的に発信する機能のため。

544

設問イ

```
イ　　データ量の増加で発生した問題，目的達成のために
　　　システムアーキテクトとして考案した解決策と解決
　　　策を選択した理由
イ－１　　データ量の増加で発生した問題
　　　従来は親機のポーリングを契機にデータを発信してい
た。新Gシステムでは，定常的に情報を発信し続ける必
要が生じたので，稼働時間が十分に確保できるようにす
るため，消費電力の低減が必要になる。チケットフォル
ダには夜間に充電することができるが，少なくとも１０
時間は稼働させることが要求される。ただし，チケット
フォルダは首に掛けて使用するタイプのため，重量に制
約があり，バッテリの容量は単純に大きくすることはで
きなかった。
イ－２　　目的達成のためにシステムアーキテクトとして
　　　　　考案した解決策と解決策を選択した理由
　　　私が検討した電力消費量を抑える主な解決策は，次の
二点である。
（１）　発信するデータの極小化
　　　当初は位置を識別するための２４ビットのＩＤ情報と
時刻を発信する計画であった。私は，データ量を削減す
るため，発信する情報はＩＤ情報のみとし，時刻は親機
側で保持している時計から得ることとした。受信したＩ
Ｄ情報，ＩＤを受信した時刻，親機自身の位置情報で移
動情報を特定できる。
　　　移動を捉えるための時刻であるから，絶対時刻は不要
であり，親機同士の時刻同期ができていれば問題はない。
時刻を発信しなくなったため，消費電力に加え，時刻を
保持する必要がなくなり，機器の軽量化にも寄与できる
と私は考えた。
（２）　電力の補填
　　　私は，チケットフォルダの一部にソーラフィルムを採
用し，バッテリの消耗分を補うこととした。従来は搭載
```

データ量が増加したことにより発生した問題は，消費電力を低減すること。

消費電力に関する必要条件。

消費電力に関する制約。

当初検討した設計内容。

消費電力を抑えるため，発信する情報量を抑える。

センサの位置を決定する仕掛け。

発信する情報を削減したことが，妥当である理由。

付随的に得られたメリット。

想定以上に消費電力が増加した場合に対応するため，電力を補填する。

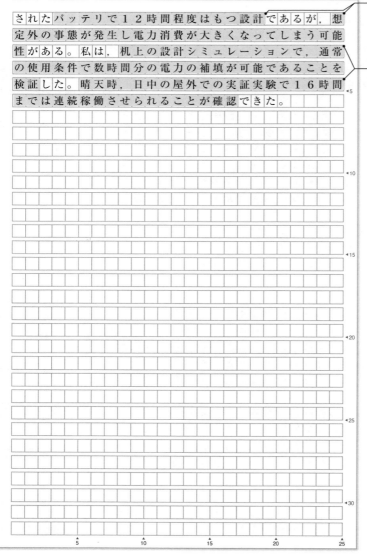

されたバッテリで12時間程度はもつ設計であるが，想定外の事態が発生し電力消費が大きくなってしまう可能性がある。私は，机上の設計シミュレーションで，通常の使用条件で数時間分の電力の補填が可能であることを検証した。晴天時，日中の屋外での実証実験で16時間までは連続稼働させられることが確認できた。

― 基本設計では，電力面で問題ないが，想定外の事態などに備える旨を説明。

― 電力の補填を検討したことが，妥当である理由。

演習3　組込みシステムのAI利用，IoT化などに伴うデータ量増加への対応

設問ウ

ウ　解決策の達成度，開発段階で生じた未達事項などの問題，今後の課題

ウ－1　解決策の達成度

　利用者の移動を検出することは十分実現できたため，私は，課題の達成度としては合格点と考えている。ただし，混雑度のAIによる予測については，AIの学習が必要で，稼働開始直後は予測のレベルが低いものとなっている。予測の結果が正確か，誤差が多いかについては利用者からの情報のフィードバックが必要である。私は，スマホアプリを工夫して，利用者からフィードバック情報をタッチしてもらう仕掛けを追加することとした。フィードバック情報をタッチした利用者には，施設と連携し買い物などに使えるポイントを付与することで，AIによる予測の精度向上を目論んでいる。

ウ－2　開発段階で生じた未達事項などの問題

　開発段階でのシミュレーションで混雑時などトラフィックが多いとき，位置決めのための計算量が多く，性能が確保できない可能性があることが明確になった。私は，発信数を削減することで，情報量を少なくして性能劣化に対応することとした。ただし，移動を検出するための情報が少なくなり，目標の精度を落とすことになる。

ウ－3　今後の課題

　私は，精度が低下したことについて，将来的に親機の性能を改善し目標の精度を復活させる計画である。今回の新Gシステムでは，機能を実現するために，親機の台数を増やすことで対応した。しかし，施設によっては，親機の設置スペースが確保できない場合にもA社として対応できるようにしなければならない。私は，少ない親機でも対応できるようにAIを強化して学習効果により移動を把握できるようにする所存である。

以上

第一の目的が達成できたため，解決策の達成度は「合格」と評価。

解決策の直接的な目的ではないが，達成できなかった事項について説明。

達成できなかった事項について，対応策を説明。

協力してくれた利用者へのインセンティブ。

開発段階で生じた問題点は，性能が確保できない可能性があること。

性能と精度のバランスを考慮。

今後の課題1：精度を当初計画に戻す。

今後の課題2：AIを活用し，親機の台数を削減しても対応できるようにする。

「以上」を忘れないようにする。

第3部　午後Ⅱ対策

演習 4　IoTの進展と組込みシステムのセキュリティ対応

平成29年度 秋期 午後Ⅱ 問3（標準解答時間115分）

問　IoTの進展と組込みシステムのセキュリティ対応について

　IoTの進展に伴い，ネットワークに接続される組込みシステムが増えている。ネットワークを利用して，機器のデータをアップロードする，プログラムをダウンロードして更新するといった機能の他に，ネットワークに接続された他の機器と協調して動作する，サーバと連携して動作するなど，更に高度な機能を実現することができる。

　このようにIoTの進展は組込みシステムの利便性を向上させる一方で，ネットワーク経由で外部から不正に利用される懸念も増大させている。例えば，改ざんしたプログラムに書き換えられたり，なりすましによって機器を不正に利用されたりするなどの被害が想定される。最近では，自律走行車両のように，不正に利用されると物理的損害が懸念されるものもあり，それぞれの組込みシステムの特徴に応じたセキュリティリスクを特定し，適切に対応する必要がある。

　セキュリティリスクへの対応策には，例えば，重要な情報を保護するためにプロセッサを物理的に分けたり，なりすましを防ぐために高度な認証方式を採用したりするなどの手段がある。しかし，その一方でこれらの対応策によって，原価の上昇，リアルタイム性の低下も発生し得る。したがって，トレードオフを考慮した適切な対応策が必要である。また，複数の機器が協調して動作する場合には，どの機器に，どのような対応策を適用するかというアーキテクチャの選択も，費用対効果の観点で重要となる。

　組込みシステムのシステムアーキテクトは，組込みシステムのセキュリティリスクと不正利用防止の重要性に基づき，適切な対応策を講じなければならない。

　あなたの経験と考えに基づいて，設問ア～ウに従って論述せよ。

設問ア　あなたが開発に携わった組込みシステムの概要と特徴，及び特定したセキュリティリスクについて，経緯を含め，800字以内で述べよ。

設問イ　設問アで述べた組込みシステムにおいて，セキュリティリスクに対し，どのような考えに基づいて対応策を検討したか。アーキテクチャ選択の観点，トレードオフの考慮を含め，800字以上1,600字以内で具体的に述べよ。

設問ウ　設問イで述べた対応策について，費用対効果からみた評価，及び今後の課題について，600字以上1,200字以内で具体的に述べよ。

548

演習4　IoTの進展と組込みシステムのセキュリティ対応

ポイント

IPAによる出題趣旨・採点講評

出題趣旨（IPA公表資料より転載）

　IoTの進展から，組込みシステムをネットワークに接続することによって，高度な機能を実現できるようになった。その一方で，ネットワークを介した不正な利用に対するセキュリティへの対応が必要となっている。

　本問は，対象としている組込みシステムに特有なセキュリティリスクを明確にして，その対応策をどの箇所にどのように講じたか，アーキテクチャ，トレードオフを含めて具体的に論述することを求めている。論述を通じて，システムアーキテクトに必要なセキュリティへの対応を考慮したシステム構築能力を評価する。

採点講評（IPA公表資料より一部抜粋）

　全問に共通して，自らの体験に基づき設問に素直に答えている論述が多く，問題文に記載してあるプロセスや観点などを抜き出し，一般論と組み合わせただけの表面的な論述は少なかった。一方で，実施事項だけの論述にとどまり，実施した理由や検討の経緯が読み取れない論述も見受けられた。自らが実際にシステムアーキテクトとして，検討し取り組んだことを具体的に論述してほしい。

　問3（IoTの進展と組込みシステムのセキュリティ対応について）では，担当した組込みシステムに特有なセキュリティリスクを特定し，コスト・性能などとのトレードオフ及び当該組込みシステムの特徴を考慮した対応策から，システム設計の実戦的能力がうかがえる論述を期待した。全体的に適切に論述されているものが多かった。一方，既存のシステムのセキュリティ対策の説明にとどまっていたり，リスクの特定及び対応策が一般論に終始していたりする論述も見受けられた。組込みシステムのシステムアーキテクトには，IoTの進展に伴うセキュリティ対応を考慮した組込みシステムを構築する能力が求められる。組込みシステムのセキュリティリスクと不正利用防止の重要性に基づき，適切な対応策を講じられるように心掛けてほしい。

　組込みシステムにおけるセキュリティへの対応がテーマの問題である。

　IoTの進展に伴い，多くの組込みシステムがネットワークに接続されるようになってきている。組込みシステムがネットワークに接続されていると，システムがもつデータを上位のサーバにアップロードしたり，システムを構成するプログラムを更新するためにダウンロードしたり，システム同士を接続して，協調した動作をさせたりすることが可能になる。一方，ネットワークに接続されていることによって，システムを外部から不正に操作されたり，不正なプログラムに書き換えられたり，データを改ざんされたりするような新たなリスクが生じる。

　自動運転車両を制御するような組込みシステムに不具合が生じると，人体に直接被害が及ぶような事態も考えられ，システムアーキテクトには，組込みシステムの特徴に応じたセキュリティリスクを特定し，適切に対応することが求められる。

　設問アでは，「組込みシステムの概要と特徴」，「特定したセキュリティリスク」を記述する。「組

549

第3部　午後Ⅱ対策

込みシステムの概要と特徴」は，設問アにおける定番の要求事項であり，論述の対象とする組込みシステムについて，準備しておいた事例を基に記述すればよい。「特定したセキュリティリスク」については，具体的にセキュリティリスクの範囲や分野などを限定するような記述が問題文に含まれていないため，どのようなセキュリティリスクを取り上げてもよい。情報セキュリティという観点では，リスクと脅威は別のものとして規定されているが，明確に使い分けていない場合もある。問題文には，「改ざんしたプログラムに書き換えられたり，なりすましによって機器を不正に利用されたり」という記述があり，セキュリティリスクを記述するときの参考にできる。セキュリティリスクは「経緯も含め」と指示されているので，簡単でもよいので経緯に触れることを忘れないようにする。

　設問イでは，「検討したセキュリティリスクへの対応策」と「セキュリティリスクへの対応策の検討における考え方」を記述する。「検討したセキュリティリスクへの対応策」については，問題文に例が示されており，どの程度の記述が求められているのかの参考にできる。「セキュリティリスクへの対応策の検討における考え方」については，具体例が示されておらず迷うところであるが，「何をどう守るのか」という観点で記述すればよいと考えられる。設問文には「アーキテクチャの選択の観点，トレードオフの考慮も含め」と指示されているので，漏れなく記述するように注意する。

　設問ウでは，「費用対効果からみた対応策の評価」，「今後の課題」を記述する。「費用対効果からみた対応策の評価」については，基本的に投下するコストに十分見合う効果が得られるという観点で記述する。効果を直接的に金額として定量的に表すことは難しいが，インシデントの発生確率の低下など数値で表すことのできる効果を取り上げて記述したい。「今後の課題」については，今回検討したセキュリティリスクへの対応策における課題ではなく，今後新たに生じるセキュリティリスクに対応するための課題を記述する。「費用対効果からみた対応策の評価」と「今後の課題」のどちらも記述量があまり多くならないと考えられるので，設問ウで要求される最低字数の600字を上回るように注意して書き進めたい。

演習4　IoTの進展と組込みシステムのセキュリティ対応

見出しとストーリー

設問ア

設問ア　あなたが開発に携わった組込みシステムの概要と特徴，及び特定したセキュリティリスクについて，経緯を含め，800字以内で述べよ。

設問アには，問題文の次の部分が対応する。

　このようにIoTの進展は組込みシステムの利便性を向上させる一方で，ネットワーク経由で外部から不正に利用される懸念も増大させている。例えば，改ざんしたプログラムに書き換えられたり，なりすましによって機器を不正に利用されたりするなどの被害が想定される。最近では，自律走行車両のように，不正に利用されると物理的損害が懸念されるものもあり，それぞれの組込みシステムの特徴に応じたセキュリティリスクを特定し，適切に対応する必要がある。

見出しとストーリーの例を次に示す。

ア　組込みシステムの概要と特徴，特定したセキュリティリスク
ア－1　組込みシステムの概要と特徴
- 対象となる組込みシステムは，A社が製造する時間貸しの駐車場における料金精算システム
- A社は東京に本社を置き，全国主要都市に営業拠点をもつ
- A社の工場は遠州に1か所
- 料金精算システムは，全体を統括する管理システム，駐車場に設置された精算機，駐車中の車をロックするハードウェアなどから構成
- 車がロックされると課金を開始し，精算機で料金を精算するとロックが解除される
- 特徴は，競合他社に先駆けてクレジットカードによる精算を可能にしたことと，スマートフォンなどの携帯端末から駐車場の混雑度合いを確認できること
- 自身の立場は，A社設計部に所属する組込みシステムのシステムアーキテクト

ア－2　特定したセキュリティリスク
- 特定したセキュリティリスクは，精算機への不正アクセスによるクレジットカード情報の漏えいと偽造クレジットカードによる料金の不正な精算
- 偽造クレジットカードによる，不正送金，商品の搾取など金銭にまつわる不正行為が全世界レベルで脅威になりつつある

第3部

第3章

午後Ⅱ演習（組込み・IoTシステム）

551

第3部　午後Ⅱ対策

- 料金精算システムはインターネットに接続されており，外部からシステムへ不正に侵入されるとクレジットカードの情報が盗まれる可能性がある
- 万一リスクが顕在化すると，駐車場の経営者だけではなく，料金精算システムを製造したA社にも責任が及ぶ
- 損害賠償などの訴訟に発展する可能性もある
- 一旦信頼を失ってしまうと，顧客が離れるだけではなく，新たな顧客の獲得も困難になる
- 経営に大きなダメージとなることは確実である

設問イ

> **設問イ**　設問アで述べた組込みシステムにおいて，セキュリティリスクに対し，どのような考えに基づいて対応策を検討したか。アーキテクチャ選択の観点，トレードオフの考慮を含め，800字以上1,600字以内で具体的に述べよ。

設問イには，問題文の次の部分が対応する。

> 　セキュリティリスクへの対応策には，例えば，重要な情報を保護するためにプロセッサを物理的に分けたり，なりすましを防ぐために高度な認証方式を採用したりするなどの手段がある。しかし，その一方でこれらの対応策によって，原価の上昇，リアルタイム性の低下も発生し得る。したがって，トレードオフを考慮した適切な対応策が必要である。また，複数の機器が協調して動作する場合には，どの機器に，どのような対応策を適用するかというアーキテクチャの選択も，費用対効果の観点で重要となる。
> 　組込みシステムのシステムアーキテクトは，組込みシステムのセキュリティリスクと不正利用防止の重要性に基づき，適切な対応策を講じなければならない。

見出しとストーリーの例を次に示す。

イ　セキュリティリスクへの対応策，アーキテクチャ選択の観点とトレードオフの考慮
イー1　セキュリティリスクへの対応策
- 現状においても通信は暗号化されており，十分なセキュリティ強度を実現できている
- 通信内容を盗聴されても，情報漏えいのリスクは極めて小さい
- 組込みシステムを構成するプログラムについて，バージョンアップなどの対応をリモートから行えるように，料金精算システムにはプログラムを外部から書き換える機能が

552

ある

- 組込みシステムを構成するプログラムが不正アクセスを受け，コードが書き換えられてしまうと，外部から自由にコントロールされたり，情報を外部へ送信されたりする可能性がある
- クレジットカードの情報を盗まれないようにするためには，組込みシステムを構成するプログラムを書き換える際の認証を強化する必要がある
- 大多数の駐車場は無人で運営されているため，偽造クレジットカードの利用を人手によって阻止することはほぼ困難
- 偽造クレジットカードの不正利用を防止するためには，利用者認証が必要である
- 利用者認証は駐車場の利用者に負担を強いることになるが，セキュリティの重要性は世の中に認知されるようになっている
- クレジットカードを利用する場合は事前の会員登録を必須とする
- 会員認証の手段を導入する
- スマートフォンの普及度合いを考慮し，スマートデバイスによる認証方式とする

イー2 アーキテクチャ選択の観点とトレードオフの考慮

- 組込みシステムを構成するプログラムの更新における認証強化について，プログラムとは別にシステム側に認証コードを暗号化して保持する
- 中央側からのプログラムの更新において，中央側の操作者に二要素認証を導入
- プログラムの更新時には中央側に暗号化して保持されている認証コードを組込みシステムに送信し，認証コードが一致した場合に限りプログラムの更新を許可する
- 一連の操作終了時に認証コードも更新する
- 利用者認証について，精算機に認証機能を追加する
- スマートデバイスに登録されているIDを中央側に送り，外部から隔離されている領域に保持されているIDによって認証を受ける
- スマートデバイスの盗難・紛失には24時間体制で受け付ける窓口を設置
- セキュリティの強化によって，原価の上昇が見込まれる
- ハードウェア的な部分は利用者認証のための機構の追加
- ソフトウェア的な部分は認証機能の追加
- ハードウェアは駐車場ごとに必要となるため，顧客の直接的な負担となる
- ソフトウェアは配信のみであるため，ソフトウェアの開発コストによる顧客の負担は少ない
- コストに見合うセキュリティ強化であり，顧客に対しては24時間窓口の設置ということで，コスト増の理由を説明できると考えている

第3部　午後Ⅱ対策

設問ウ

> **設問ウ**　設問イで述べた対応策について，費用対効果からみた評価，及び今後の課題について，600字以上1,200字以内で具体的に述べよ。

設問ウには，問題文の次の部分が対応する。

> また，複数の機器が協調して動作する場合には，どの機器に，どのような対応策を適用するかというアーキテクチャの選択も，費用対効果の観点で重要となる。

見出しとストーリーの例を次に示す。

ウ　費用対効果からみた評価，今後の課題
ウ－1　費用対効果からみた評価
- 顧客にとっては直接的な効果は少ない
- セキュリティの充実度を基に駐車場を選択する利用者は皆無
- 基本は場所と料金を天秤にかけて駐車場を選択する
- 追加で必要となるハードウェアについて，駐車場を開設するための全体のコストに占める割合は少ない
- 新規に駐車場を開設する顧客にとってみれば，わずかの投資でセキュリティレベルが格段に向上
- 新規顧客を中心に販路を拡大できる
- セキュリティシステム全体の開発に要するコストを競合他社との差別化のための費用と考えると十分に見合う

ウ－2　今後の課題
- 既存顧客への浸透が課題
- 設置済みのハードウェアの入れ替えが一部必要となり，規模が小さい駐車場では，駐車料金の収入に見合うセキュリティ強化とみなされない可能性が高い
- 営業活動の強化が必要
- 機器の定期更新時が重要
- 耐用年限の機器から順次更新
- 認証のためのハードウェアの生産数の伸びとともに，コストが圧縮できる

554

演習4　IoTの進展と組込みシステムのセキュリティ対応

解答

平成29年度 秋期 午後Ⅱ 問3

設問ア

|ア|　|組|込|み|シ|ス|テ|ム|の|概|要|と|特|徴|，|特|定|し|た|セ|キ|ュ|リ|テ|
|　|ィ|リ|ス|ク|　|　|　|　|　|　|　|　|　|　|　|　|　|　|　|　|　|　|　|　|　|

ア－1　組込みシステムの概要と特徴
　論述の対象となる組込みシステムは，A社が製造する
時間貸しの駐車場における料金精算システムである。A
社は東京に本社を置き，全国主要都市に営業拠点を展開
している。A社の工場は遠州に1か所で集中生産を行っ
ている。料金精算システムは，全体を統括する管理シス
テム，駐車場に設置された精算機，駐車中の車をロック
するハードウェアなどから構成されている。利用者が車
を駐車し，車がロックされると課金を開始する。利用者
が出庫するために，精算機で料金を精算するとロックが
解除される。本システムの特徴は，競合他社に先駆けて
クレジットカードによる精算を可能にしたことと，スマ
ートフォンなどの携帯端末から駐車場の混雑度合いを確
認できることである。私は，A社の設計部に所属する組
込みシステムのシステムアーキテクトである。
ア－2　特定したセキュリティリスク
　私が特定したセキュリティリスクは，精算機への不正
アクセスによるクレジットカード情報の漏えいと偽造ク
レジットカードによる料金の不正な精算である。偽造ク
レジットカードによる不正行為が全世界レベルで脅威に
なりつつあり，不正送金，商品の搾取など金銭にまつわ
る被害が発生する。料金精算システムはインターネット
に接続されており，外部からシステムへ不正に侵入され
るとクレジットカードの情報が盗まれる可能性がある。
　万一リスクが顕在化すると，駐車場の経営者だけでは
なく，料金精算システムを製造したA社にも責任が及ぶ。
場合によっては損害賠償などの訴訟に発展する可能性も
ある。一旦信頼を失ってしまうと，顧客が離れるだけで
はなく，新たな顧客の獲得も困難なため，経営に大きな
ダメージとなることは確実である。

側注:

組込みシステムの概要（システムの名称）。

A社の概要。

組込みシステムの概要（システムの構成と機能）。

組込みシステムの特徴。「特徴」という文言を明示し，特徴であることをアピールする。

設問の要求事項ではないが，自身の所属を説明しておく。

特定したセキュリティリスクを冒頭に示す。全体の記述量を踏まえ，取り上げるセキュリティリスクは2点とした。

セキュリティリスクが顕在化した場合に生じる被害。

セキュリティリスクが顕在化すると，メーカであるA社にも大きな損失が生じる。

第3部

第3章　午後Ⅱ演習（組込み・IoTシステム）

555

第3部　午後Ⅱ対策

設問イ

イ　セキュリティリスクへの対応策，アーキテクチャ選
　　択の観点とトレードオフの考慮
イー1　セキュリティリスクへの対応策
　現状の料金精算システムにおいても通信は暗号化され
ており，十分なセキュリティ強度を実現できているため，
万一通信内容を盗聴されても，情報を復号することは難
しく，情報漏えいのリスクは極めて小さい。
　組込みシステムを構成するプログラムについて，バー
ジョンアップなどの対応をリモートから行えるように，
料金精算システムにはプログラムを外部から書き換える
機能がある。組込みシステムを構成するプログラムが不
正アクセスを受け，コードが書き換えられてしまうと，
外部から機器を自由にコントロールされたり，情報を外
部へ送信されたりする可能性がある。クレジットカード
の情報を盗まれないようにするためには，組込みシステ
ムを構成するプログラムを書き換える際の認証を強化す
る必要がある。
　大多数の駐車場は無人で運営されているため，偽造ク
レジットカードの利用を人手によって阻止することはほ
ぼ困難である。偽造クレジットカードの不正利用を防止
するためには，利用者を認証することが必要となる。利
用者認証は駐車場の利用者に負担を強いることになるが，
セキュリティの重要性は世の中に認知されるようになっ
ていて，利用者の理解は得られるものと考えた。
　私は，クレジットカードを利用する場合は事前の会員
登録が必須と考えた。駐車場の利用に際しては，会員認
証が必要になる。スマートフォンの普及度合いを考慮し，
スマートデバイスによる認証方式とした。
イー2　アーキテクチャ選択の観点とトレードオフの考
　　　　慮
　組込みシステムを構成するプログラムの更新における
認証強化について，プログラムとは別にシステム側に認

現在の実装レベルで
あっても十分セキュリ
ティが確保されている。

プログラム更新のため，
外部からアクセスできる
ようになっている。

外部からの不正アクセス
によって発生する現象。

クレジットカード情報の
漏えいというセキュリ
ティリスクへの対応策。

偽造クレジットカードに
よる料金の不正な精算
というセキュリティリス
クへの対応策。

一般利用者に，利用者
認証が受け入れられると
考えた根拠。

利用者認証の実現方式。

演習4　IoTの進展と組込みシステムのセキュリティ対応

証コードを暗号化して保持する。中央側からのプログラムの更新において，中央側の操作者に二要素認証を導入する。プログラムの更新時には中央側に暗号化して保持されている認証コードを組込みシステムに送信し，認証コードが一致した場合に限りプログラムの更新を許可することとする。併せて，一連の操作終了時に認証コードも更新する。

　利用者認証については，精算機に認証機能を追加する。スマートデバイスに登録されているIDを中央側に送り，外部から隔離されている領域に保持されているIDによって認証を受ける。スマートデバイスの盗難・紛失に対応するため，24時間体制で受け付ける窓口を設置する。

　セキュリティの強化によって，原価の上昇が見込まれる。ハードウェア的な部分は利用者認証のための機構の追加によるものであり，ソフトウェア的な部分は認証機能の追加に伴うものである。ハードウェアは駐車場ごとに必要となるため，顧客の直接的な負担となる。ソフトウェアは配信のみであるため，ソフトウェアの開発コストによる顧客の負担は少ない。コストに見合うセキュリティ強化であり，駐車場利用者に対する24時間窓口の設置ということで，私はコスト増の理由を顧客に説明できると考えている。

セキュアにプログラム更新できるようにするためのアーキテクチャ。

利用者認証を実現するためのアーキテクチャ。

セキュリティ強化を実現するために，増加するコストの説明。

トレードオフの観点。セキュリティ強化は直接的な収益の改善につながらないが，駐車場の利用者へのサービス強化とのバランスで対応。

第3部

第3章　午後Ⅱ演習（組込み・IoTシステム）

557

第3部　午後Ⅱ対策

設問ウ

| ウ | | 費用対効果からみた評価，今後の課題 |

ウ－1　費用対効果からみた評価

　セキュリティ強化について，顧客にとっては直接的な効果は少ない。セキュリティの充実度を基に駐車場を選択する利用者は皆無であり，基本は場所と料金を天秤にかけて駐車場を選択する。したがって，セキュリティ機能が充実していることは，駐車場の利用者を引き付ける要素とはならないと考えられる。

> セキュリティ強化への対応に要する費用は，駐車場利用者の増加など効果には直接的に結び付きにくい。

　追加で必要となるハードウェアについて，駐車場を新規に開設するために必要となる全体のコストに占める割合は少ない。私は，新規に駐車場を開設する顧客にとってみれば，わずかの投資でセキュリティレベルが格段に向上するため，新規顧客を中心に販路の拡大が期待できると考えている。セキュリティシステム全体の開発に要するコストを競合他社との差別化のための費用と考えると十分に見合うものになっていると考えられる。

> セキュリティ強化への対応に要する費用は，新規に駐車場を開設するコストに比較すると小さいものであり，新規に駐車場を開設する顧客へのアピール度が大きいことが効果。

> 費用対効果は十分あるという評価をする。

ウ－2　今後の課題

　今後一番の課題となるものは，既存顧客へのセキュリティシステムの浸透である。既存の駐車場にセキュリティシステムを導入するためには，設置済みのハードウェアの入れ替えが一部必要となり，規模が小さい駐車場を経営する顧客からは，駐車料金の収入に見合うセキュリティ強化とみなされない可能性が高い。私は，セキュリティ機能の導入拡大について，営業活動の強化が必要と考えている。顧客がセキュリティシステムを導入するきっかけとなるタイミングとしては，機器の定期更新時が重要になると考えられる。また，耐用年限を迎えた機器から順次更新することになるため，既存顧客への浸透を図るチャンスになる。私は，認証のためのハードウェアの生産数の伸びとともに，コストが圧縮できると考えている。

> 一番の課題は，既存顧客への浸透。

> 既存顧客への浸透は，機器の更新などのタイミングを重視して，戦略を展開する必要がある。

> 導入する顧客が増加すると，ハードウェア価格の低下が進む。

以上

> 「以上」を忘れないようにする。

演習5　組込みシステムにおけるオープンソースソフトウェアの導入

演習 5 組込みシステムにおけるオープンソースソフトウェアの導入

平成28年度 秋期 午後Ⅱ 問3（標準解答時間115分）

問 組込みシステムにおけるオープンソースソフトウェアの導入について

　組込みシステムに要求される機能は，年々専門化，高度化しているが，その一方で開発期間は短縮化が求められている。これを解決する方法として，社内で保有していない技術及び標準的な機能は，外部からOS，ライブラリ及びプラットフォームを導入して実現することがある。外部技術の導入に際し，例えばLinuxなど，ソースコードが公開されているオープンソースソフトウェア（以下，OSSという）を利用することがある。また，プラットフォームの採用に際し，顧客からAndroidなどのOSSを使うように要求されることもある。

　OSSの多くは無償で利用できる。また，多数の人が利用し開発した成果が更にOSSとして公開されていたり，標準的な装置のデバイスドライバが提供されていたり，インタフェースがデファクトスタンダードになっていたりして，開発者の利便性が高い。

　しかし，OSSは市販品とは異なり，一般的には保証やサポートがない。また，OSSの使用許諾条件には，自社開発部分の外部への開示を要求されるものがあるなど，利用においての注意点がある。組込みシステムでは，性能要件達成，独自ハードウェア制御などのために，OSS部分に手を加えたり自社開発ソフトウェアと組み合わせて使ったりすることがあるので，関係部署を交えた協議を要することがある。

　このように組込みシステムのシステムアーキテクトは，OSS導入に際して，自社開発ソフトウェアとOSSとをどのように組み合わせるかについて，利点，注意点などを考慮してシステム構築を検討する必要がある。

　あなたの経験と考えに基づいて，設問ア～ウに従って論述せよ。

設問ア あなたが携わった組込みシステムの概要と，OSS導入の是非を検討するに至った経緯を，OSS導入の目的を含めて800字以内で述べよ。

設問イ 設問アで述べた組込みシステムの構築において，OSS導入の是非を検討した際に，関係部署とどのような協議を行い，OSS及び市販品と自社開発ソフトウェアとの組合せに関してどのような考慮をしたか，800字以上1,600字以内で具体的に述べよ。

設問ウ 設問アで述べた組込みシステムについて，OSS導入に際し，開発段階で発生した課題，目的の達成度を踏まえて開発時に下した導入の是非に対する判断の妥当性，及び今後の対応について，600字以上1,200字以内で具体的に述べよ。

559

第3部 午後Ⅱ対策

ポイント

IPAによる出題趣旨・採点講評

出題趣旨（IPA公表資料より転載）

近年，オープンソースソフトウェア（以下，OSSという）を利用した組込みシステムが増えている。
本問では，組込みシステムへのOSS導入の利点，注意点などを踏まえ，OSS導入に際しての関係
部署との協議内容，OSSの適用方法についての考慮事項，及び開発時に下した判断の妥当性につい
て具体的に論述することを求めている。論述を通じて，システムアーキテクトに必要な，設計能力
と統合力を評価する。

採点講評（IPA公表資料より一部抜粋）

全問に共通して，自らの体験に基づき設問に素直に答えている論述が多かった。一方で，問題文
に記載してあるプロセスや観点などを抜き出し，一般論と組み合わせただけの表面的な論述も引き
続き見られた。問題文に記載したプロセスや観点は例示である。自らが実際にシステムアーキテク
トとして，検討し取り組んだことを具体的に論述してほしい。
問3（組込みシステムにおけるオープンソースソフトウェアの導入について）では，システムへの
外部技術の導入において，オープンソースソフトウェアのもつ利点と注意点を関連部署と検討し，
非採用の決定を含め自社開発ソフトウェアとの組合せを考慮したシステム設計の実践経験をうかが
わせる論文を期待した。全体的に適切に論述されているものが多かった。一方，システムの一部の
構成要素の記述だけであったり，既存のシステムの説明となっていたりして，オープンソースソフ
トウェアの検討への関与がうかがえない論述も散見された。

組込みシステムにおけるオープンソースソフトウェアの導入に関する問題である。
市場のニーズに応えるべく，組込みシステムの開発期間は短縮化が求められている。開発期
間を短縮するための一つの方法として，外部からOS，ライブラリ，プラットフォームなどの技
術を導入することが考えられる。外部の技術を導入する場合には，ソースコードが公開されて
いるオープンソースソフトウェア（OSS）を適用することがある。また，顧客からOSSの導入を
要求される場合もある。OSSの多くは無償で利用でき，汎用性のあるデバイスドライバが提供
されているなど，開発者にとっても利便性が高い。
しかし，一般的にOSSは保証やサポートがなかったり，使用許諾条件として自社開発部分の
外部への開示を要求されるものがあったりするなどの注意点がある。組込みシステムのシステ
ムアーキテクトには，OSSを適用するシステム構築において，OSSの利点，注意点などを検討
することが求められる。
設問アでは，「組込みシステムの概要」，「OSS導入の是非を検討するに至った経緯」，「OSS導
入の目的」を記述する。「組込みシステムの概要」は，受験者の業務経験を棚卸ししておけば問
題なく記述できたと考えられる。「OSS導入の是非を検討するに至った経緯」と「OSS導入の目
的」についても，具体的な事例において，導入することになった経緯が存在するであろうし，な

560

演習5　組込みシステムにおけるオープンソースソフトウェアの導入

ぜOSSを導入するのかという目的も明確であろうから，記述することは困難でないと予想される。問題文には，開発期間の短縮，顧客からの要望という例が示されており，参考にできる。後続の設問イでは自社開発ソフトウェアとの組合せに関する考慮事項を記述するため，自社開発ソフトウェアも含まれるような事例を取り上げるとよい。

　設問イでは，「関係部署との協議内容」，「OSS及び市販品と自社開発ソフトウェアとの組合せに関する考慮事項」を記述する。「関係部署との協議内容」について，問題文には記述内容を制約するような文面がないため，どのような協議内容でも取り上げることができる。問題文に示されているOSS適用時の注意点，すなわち，OSSには保証やサポートがないこと，使用許諾条件に注意が必要なことを，参考にして記述するとよい。「OSS及び市販品と自社開発ソフトウェアとの組合せに関する考慮事項」についても，考慮事項を制約するような問題文の記述はないため，任意の考慮事項を取り上げることができる。例えば，OSSもしくは市販品と自社開発ソフトウェアがカバーする範囲の考慮点，OSSもしくは市販品が提供するインタフェースが変更になる可能性があることについての考慮点などが考えられる。問題文には，「自社開発ソフトウェアとOSSとをどのように組み合わせるかについて，利点，注意点などを考慮して」と説明されているので，注意点以外に利点についても触れておくことが必要である。設問イの要求事項が2点であるため，設問イで要求される最低字数の800字を上回るように注意しながら記述する必要がある。

　設問ウでは，「開発段階で発生した課題」，「目的の達成度を踏まえて開発時に下した導入の是非に対する判断の妥当性」，「今後の対応」を記述する。問題文には，設問ウの要求事項の例となるような説明がなく，期待される記述水準が明確になっていない。「開発段階で発生した課題」については，受験者が直面した課題のうち，題意に沿う課題を記述する。課題に対する解決策は設問の要求事項となっていないが，どのように課題を解決したのかについても記述するとよい。「目的の達成度を踏まえて開発時に下した導入の是非に対する判断の妥当性」については，「目的の達成度を踏まえて」とあるので対象となる組込み製品が完成した後の判断が要求されていることが分かる。目的は設問アで述べた「OSS導入の目的」を指すと考えられるので，目的を取り違えないように注意しなければならない。問題全体の流れから考えると「OSS導入の是非に対する判断」は適切であった，すなわち妥当であるという記述をすることになる。「今後の対応」については，何を記述すべきか迷う受験者もあったかもしれない。設問ウの文面から読み取れるのは「設問アで述べた組込みシステムの今後の対応」であるため，OSSを導入した製品の今後の対応ということになる。設問アで述べたOSS導入の目的や，設問イで述べた課題などを踏まえて記述するとよい。

第3部　午後II対策

見出しとストーリー

設問ア

設問アには，問題文の次の部分が対応する。

> **設問ア**　あなたが携わった<u>組込みシステムの概要</u>と，<u>OSS導入の是非を検討するに至った</u><u>経緯</u>を，<u>OSS導入の目的</u>を含めて800字以内で述べよ。

　組込みシステムに要求される機能は，年々専門化，高度化しているが，その一方で<u>開発</u><u>期間は短縮化が求められている</u>。これを解決する方法として，社内で保有していない技術及び標準的な機能は，<u>外部からOS，ライブラリ及びプラットフォームを導入して実現する</u><u>ことがある</u>。外部技術の導入に際し，例えばLinuxなど，ソースコードが公開されているオープンソースソフトウェア（以下，OSSという）を利用することがある。また，プラットフォームの採用に際し，<u>顧客からAndroidなどのOSSを使うように要求されることもある</u>。
　<u>OSSの多くは無償で利用できる</u>。また，多数の人が利用し開発した成果が更にOSSとして公開されていたり，標準的な装置のデバイスドライバが提供されていたり，インタフェースがデファクトスタンダードになっていたりして，<u>開発者の利便性が高い</u>。

見出しとストーリーの例を次に示す。

ア　組込みシステムの概要，OSS導入の是非を検討するに至った経緯，及びOSS導入の目的

アー1　組込みシステムの概要

- 対象となる組込み製品は，電機機器メーカA社の業務用ディスプレイ装置
- 1年後に発売開始を予定している業務用ディスプレイの新製品
- 現在発売中の業務用ディスプレイは，表示させる内容の制御などに専用のハードウェアが必要
- 製品を多数導入いただいている広告業を営むB社から，「広告の掲載主から自身で簡単に表示内容の変更ができるようにしたい」という要望が出ているとの情報
- 制御用の専用ハードウェアを使わない製品を検討
- 競合他社も同様の製品を開発中との情報もあり
- 自身の立場は，OSS導入の検討を含め組込みシステム製品の開発を取りまとめたA社のシステムアーキテクト

562

演習5　組込みシステムにおけるオープンソースソフトウェアの導入

アー2　OSS導入の是非を検討するに至った経緯
- すべてを自社開発することは自社の技術力から考えて，十分実現可能である
- 新製品の発売は早いほうがよく，競合他社の製品リリースよりも先行することが必要
- 開発期間を短縮するためには，既存のツールやドライバなどの活用が不可欠であり，ソースコードなども含め幅広く公開されているOSSを導入する

アー3　OSS導入の目的
- 広告を掲載しているB社の顧客が容易に広告内容を変更できるようにするためには，制御用のプラットフォーム，広告内容を作成するツールなどに汎用的な環境が必要と考えた
- OSSはLinuxやAndroidなど一般ユーザでも手に入りやすい環境であり，関連するソフトウェアも無償で秀逸なものが手に入ることがポイント

設問イ

設問イには，問題文の次の部分が対応する。

> **設問イ**　設問アで述べた組込みシステムの構築において，OSS導入の是非を検討した際に，関係部署とどのような協議を行い，OSS及び市販品と自社開発ソフトウェアとの組合せに関してどのような考慮をしたか，800字以上1,600字以内で具体的に述べよ。

　しかし，OSSは市販品とは異なり，一般的には保証やサポートがない。また，OSSの使用許諾条件には，自社開発部分の外部への開示を要求されるものがあるなど，利用において<u>の注意点がある</u>。組込みシステムでは，性能要件達成，独自ハードウェア制御などのために，<u>OSS部分に手を加えたり自社開発ソフトウェアと組み合わせて使ったりすることがあるので，関係部署を交えた協議を要する</u>ことがある。
　このように組込みシステムのシステムアーキテクトは，OSS導入に際して，<u>自社開発ソフトウェアとOSSとをどのように組み合わせるかについて，利点，注意点などを考慮してシステム構築を検討する必要がある</u>。

見出しとストーリーの例を次に示す。

563

第3部　午後II対策

イ　OSS導入の是非を検討した際における関係部署との協議内容，OSS及び市販品と自社開発ソフトウェアとの組合せに関しての考慮事項

イ－1　OSS導入の是非を検討した際における関係部署との協議内容

- OSSについての基本的な知識は保有していたが，A社としてOSSの導入は初めてであるため，関連部署と事前に協議した
- 協議をした部署は，法務部門，開発部門，営業部門

（1）法務部門

- OSSにはライセンスというものが存在し，例えばオリジナルのソースコードを改変した場合に，改変したソースコードも公開しなければならないというライセンスが存在する
- 大別すると，コピーレフト型，準コピーレフト型，非コピーレフト型に分類される
- 非コピーレフト型のOSSでは改変したソースコードは公開しなくてもよい
- 適用するOSSとライセンスの関係について法務部門と協議した

（2）開発部門

- 業務用ディスプレイ装置には，自社開発のハードウェアも多く使用される
- 専用のドライバが必要になるなど，すべてのソフトウェアをOSSによって構成することは困難
- 自社開発のソフトウェアは，一般に流通しているOSSのソフトウェアを利用する場合と比較すると開発に時間を要する場合が多い
- 自社開発のソフトウェアについてのノウハウは長年の開発実績から相応に蓄積されている
- 社内の技術者のスキルも高く，開発要員もA社内に多く抱えている
- OSSを導入するのはA社で初めてであり，開発のスキルをもった技術者は少ない
- 開発部門とは納期を踏まえた上で，自社開発ソフトウェアの範囲とOSSを活用する範囲についてと，OSSの技術者をどの程度新たに調達しなければならないかを協議した

（3）営業部門

- 製品を発表する時期，製品をリリースする時期などを適切に把握することが重要
- 製品発表や製品リリースの時期が明確になれば，開発に割り当てる期間も明確にすることができる
- 営業部門とは競合他社の動向を踏まえた，製品発表時期，製品リリース時期を協議した

564

演習5　組込みシステムにおけるオープンソースソフトウェアの導入

イー2　OSS及び市販品と自社開発ソフトウェアとの組合せに関しての考慮事項

- OSSは基本的に無償であり，標準的な装置のデバイスドライバなど提供されているものを使用すれば，開発コストを圧縮でき，開発期間も短縮できる
- OSSを生かすためには適用できる範囲を正しく見極め，適用範囲をなるべく大きくすることが望ましい
- OSSは無償で使用できる反面，保証やサポートがないため，適用する部分の品質を十分確認して使用することが注意点である

設問ウ

設問ウには，対応する問題文がない。自身の経験に基づき要求事項を記述する。

> **設問ウ**　設問アで述べた組込みシステムについて，OSS導入に際し，開発段階で発生した課題，目的の達成度を踏まえて開発時に下した導入の是非に対する判断の妥当性，及び今後の対応について，600字以上1,200字以内で具体的に述べよ。

見出しとストーリーの例を次に示す。

ウ　開発段階で発生した課題，目的の達成度を踏まえて開発時に下した導入の是非に対する判断の妥当性，及び今後の対応

ウー1　開発段階で発生した課題

- 開発段階で発生した課題は要員不足と適用したOSSで作成された外部ライブラリの品質問題
- 要員不足について，当初の見積りでは，数は少ないものの自社の要員をプロジェクトに割り当てられるとしていたが，予定していた要員が直前に携わっていた案件が遅延し，本件の開発に対応できなくなった
- 急きょ外部から技術者を調達することにしたが，スケジュールが2週間ほど遅延する事態となった
- 外部ライブラリの品質問題について，外部で広く使用されている実績のあるライブラリであったため，品質は安定していると判断していた
- しかし，今回の案件で使用する部分の使用実績は少なかったことが適用後に判明し，当該部分に不良が発見された
- ソースコードは公開されているので，ソースコードを見直し品質を図った
- 0.5人月の工数持ち出しとなった

565

第3部　午後Ⅱ対策

ウ−2　目的の達成度を踏まえて開発時に下した導入の是非に対する判断の妥当性

- 今回の案件では，プラットフォームにAndroidを適用した
- Androidは多くの実績をもつ汎用的なプラットフォームであり，開発ツールも流通している
- 開発の目的の一つである，広告を掲載しているB社の顧客が容易に，広告内容を変更できると考えられる
- もう一つの目的である，一般ユーザでも手に入りやすい環境であり，関連するソフトウェアも無償で秀逸なものが手に入る
- 十分に目的が達成できていると判断でき，導入の是非に対する判断は妥当であった

ウ−3　今後の対応

- ウ−1で述べたように，OSSを適用する前に適切な要員の確保と品質チェックが重要
- 製品のエンハンスは継続して行われる予定であり，エンハンス計画を踏まえた要員の確保が必要
- OSSは常に進化しており，より品質や性能の優れたものが発表される可能性は高く，OSSに関する情報やOSSの動向を常に把握しておくことが必要

解答

平成28年度 秋期 午後Ⅱ 問3

設問ア

ア　組込みシステムの概要，OSS導入の是非を検討するに至った経緯，及びOSS導入の目的

ア－1　組込みシステムの概要

　私は，電機機器メーカのA社に所属する組込みシステムのシステムアーキテクトである。論述の対象とする組込み製品は，A社の業務用ディスプレイ装置で，1年後に発売開始を予定している新製品である。現在発売中の業務用ディスプレイは，ディスプレイに表示させる内容の制御などに専用のハードウェアが必要であり，A社の製品を多数導入いただいている広告業を営むB社から，「広告の掲載主から自身で簡単に表示内容の変更ができるようにしたい」という要望を受けて開発計画が立ち上がった。

　A社では，制御用の専用ハードウェアを使わない製品を検討中であり，競合他社も同様の製品を開発中との情報が入ってきている。私は今回のOSSの導入の検討も含め製品の開発を取りまとめることとなった。

ア－2　OSS導入の是非を検討するに至った経緯

　私は，すべてのソフトウェアを自社開発することは自社の技術力を踏まえると，十分実現可能であると考えていた。ただし，新製品の発売は早いほうがよく，競合他社の製品リリースよりも先行することが重要である。私は開発期間を短縮するために，既存のツールやドライバなどの活用が不可欠であり，ソースコードなども含め幅広く公開されているOSSの導入を決定した。

ア－3　OSS導入の目的

　広告を掲載しているB社の顧客が容易に広告内容を変更できるようにするためには，制御用のプラットフォーム，広告内容を作成するツールなどに汎用的な環境が必要である。OSSはLinuxやAndroidなど一般ユーザでも容易に入手でき，無償で秀逸なものが流通しているソフトウェアを活用することを目的とした。

設問の要求事項ではないが，最初に自身の所属を明確にする。

対象となる組込み製品。

競合他社の状況も簡単に触れておく。

自身の立場も説明しておく。

自社のスキルの問題でOSSを導入するのではない。

OSSの導入を検討することになった理由。

OSS導入の目的(1)
汎用的な環境を適用する。

OSS導入の目的(2)
秀逸なソフトウェアを容易に入手できる。

第3部　午後Ⅱ対策

設問イ

```
イ　ＯＳＳ導入の是非を検討した際における関係部署と
　　の協議内容，ＯＳＳ及び市販品と自社開発ソフトウ
　　ェアとの組合せに関しての考慮事項
イ－１　ＯＳＳ導入の是非を検討した際における関係部
　　　　署との協議内容
　私は，ＯＳＳについての基本的な知識は保有していた
が，Ａ社としてＯＳＳの導入は初めてであるため，関連
部署と事前に協議することにした。協議をした部署は，
法務部門，開発部門，営業部門である。次に協議した内
容を述べる。
（１）法務部門
　ＯＳＳにはライセンスというものが存在し，例えばオ
リジナルのソースコードを改変した場合に，改変したソ
ースコードも公開しなければならないというライセンス
が存在する。ライセンスは，コピーレフト型，準コピー
レフト型，非コピーレフト型に分類される。非コピーレ
フト型のＯＳＳでは改変したソースコードは公開しなく
てもよい。私は，法務部門と適用するＯＳＳとライセン
スの関係について協議した。
（２）開発部門
　業務用ディスプレイ装置には，自社開発のハードウェ
アが数多く使用されることになっている。そのため専用
のドライバが必要になるなど，すべてのソフトウェアを
ＯＳＳによって構成することは困難である。
　自社開発のソフトウェアは，一般に流通しているＯＳ
Ｓのソフトウェアを利用する場合と比較すると開発に時
間を要する場合が多い。社内に目を向けると，自社開発
のソフトウェアについてのノウハウは長年の開発実績か
ら相応に蓄積されており，社内の技術者のスキルも高く，
開発要員もＡ社内に多く抱えている。ただし，ＯＳＳを
導入するのはＡ社で初めてであり，開発のスキルをもっ
た技術者は少ないことが分かっている。私は，開発部門
```

- 自身もOSSについての基礎知識を有していることを説明する。
- 協議を行った理由。
- 協議を行った部門は法務部門，開発部門，営業部門。
- OSSのライセンスに関連して生じる問題。
- OSSのライセンスの分類。
- ソースコードを公開しなくてもよいOSSのライセンスも存在する。
- 法務部門との協議内容。
- すべてのソフトウェアをOSSのみで実現することは困難である。
- 自社開発のソフトウェアは，OSSを適用する場合と比較して開発に時間を要する。
- 自社開発のソフトウェアについてのノウハウやスキルは社内に蓄積されている。
- OSSについてのノウハウやスキルは社内にあまり蓄積されていない。

568

とは納期を踏まえた上で，自社開発ソフトウェアの範囲とOSSを活用する範囲についてと，OSSの技術者をどの程度新たに調達しなければならないかを協議した。

（3）営業部門

　製品を発表する時期，製品をリリースする時期などを適切に把握することが重要である。製品発表や製品リリースの時期が明確になれば，開発のために割り当てる期間も明確にすることができるようになる。私は，営業部門とは競合他社の動向を踏まえた，製品発表時期，製品リリース時期を協議した。

イー2　OSS及び市販品と自社開発ソフトウェアとの組合せに関しての考慮事項

　OSSは基本的に無償であり，標準的な装置のデバイスドライバなど提供されているものを使用すれば，開発コストを圧縮でき，開発期間も短縮できる。OSSを生かすためには適用できる範囲を正しく見極め，適用範囲をなるべく大きくすることが望ましい。ただし，OSSは無償で使用できる反面，保証やサポートがないため，適用する部分の品質を十分確認して使用することが必要である。

開発部門との協議内容。

製品の発表時期や製品のリリース時期に対応して開発期間が明確になる。

営業部門との協議内容。

考慮事項(1)
OSS適用時の利点。

考慮事項(2)
OSS適用時の注意点。

第3部　午後Ⅱ対策

設問ウ

|ウ|　|開|発|段|階|で|発|生|し|た|課|題|，|目|的|の|達|成|度|を|踏|ま|え|て|

発生した課題。要員不足は組込みシステムに特化した課題ではないが，本案件において発生した課題であるため取り上げた。

　　開発時に下した導入の是非に対する判断の妥当性，
　　及び今後の対応
ウー1　開発段階で発生した課題
　開発段階で発生した課題は，要員不足と適用したOSSで作成された外部ライブラリの品質不良である。

課題(1)
予定していた要員が確保できないという課題。開発段階で発生した課題を取り上げなければならない点に注意。

　要員不足について，当初の見積りでは，数は少ないものの自社の要員をプロジェクトに割り当てられるとしていたが，予定していた要員が直前に携わっていた案件が遅延し，本件の開発に対応できなくなった。私は，開発を中断することのないよう，急きょ外部から技術者を調達することにしたが，スケジュールが2週間ほど遅延する事態となった。

対応策(1)
設問の要求事項ではないが，対応策も記述する。影響はスケジュール遅延。

　外部ライブラリの品質問題について，外部で広く使用されている実績のあるライブラリであったため，私は品質は安定していると判断していた。しかし，今回の案件で使用する部分の使用実績は少なかったことが適用後に判明し，当該部分に不良が発見された。ソースコードは公開されているので，ソースコードを見直し，品質を確保することはできたが，0.5人月の工数持ち出しとなった。

課題(2)
使用する外部ライブラリの不良発生という課題。開発段階で生じた内容にすることがポイント。

ウー2　目的の達成度を踏まえて開発時に下した導入の
　　是非に対する判断の妥当性

対応策(2)
こちらの課題についても，対応策を記述する。影響は工数の超過。

　今回の案件では，プラットフォームにAndroidを適用した。Androidは多くの実績をもつ汎用的なプラットフォームであり，開発ツールも流通している。導入の目的の一つである，広告を掲載しているB社の顧客が，容易に広告内容を変更できることは実現可能である。

目的の達成度を説明するため，ここで，適用したプラットフォームがAndroidであることを述べる。

もう一つの導入の目的である，一般ユーザでも手に入りやすい環境であり，関連するソフトウェアも無償で秀逸なものが手に入るという点についてもAndroidであれば実現可能である。十分に導入の目的が達成で

設問アで述べた二つの開発の目的について，両方とも実現が可能であることを述べる。

導入の目的が達成できるので，導入の是非に対する判断は妥当。

570

きていると判断でき，私は，導入の是非に対する判断は
妥当であったと考えている。

ウ－3　今後の対応
　ウ－1で述べたように，OSSを適用する前に適切な
要員の確保と品質チェックが重要である。今回開発した
製品のエンハンスは継続して行われる予定であり，エン
ハンス計画を踏まえた要員の確保が必要と考えている。
また，OSSは常に進化しており，より品質や性能の優
れたものが発表される可能性は高く，OSSに関する情
報やOSSの動向を常に把握しておくことが必要である。
　　　　　　　　　　　　　　　　　　　　　　　以上

ウ－1で述べた課題が生
じないようにすることが，
今後の対応のポイント。

今後の対応点(1)
継続した要員の確保。

今後の対応点(2)
OSSに関連する情報の
把握。

「以上」を忘れないように
する。

付録

システムアーキテクトになるには

システムアーキテクト試験とは

受験の手引き

付録

付録・システムアーキテクトになるには

システムアーキテクト試験とは

システムアーキテクト試験は，平成6年度から平成20年度まで実施された旧・アプリケーションエンジニア試験の後継として，平成21年度から始まった試験です。ここでは，システムアーキテクト試験について解説しますが，試験についての最新情報は，IPAのWebサイト (https://www.jitec.ipa.go.jp/) をご確認ください。

● 試験の対象者像

システムアーキテクト試験の対象者像は，次のとおりです。試験要綱がVer.4.4に改訂され，令和2年度の試験から適用されています。このときの主な変更点は，セキュリティの強化とIoT (モノのインターネット；Internet of Things) への対応でした。

対象者像

高度IT人材として確立した専門分野をもち，ITストラテジストによる提案を受けて，情報システム又は組込みシステム・IoTを利用したシステムの開発に必要となる要件を定義し，それを実現するためのアーキテクチャを設計し，情報システムについては開発を主導する者

業務と役割

〔情報システム〕

情報システム戦略を具体化するための情報システムの構造の設計や，開発に必要となる要件の定義，システム方式の設計及び情報システムを開発する業務に従事し，次の役割を主導的に果たすとともに，下位者を指導する。

① 情報システム戦略を具体化するために，全体最適の観点から，対象とする情報システムの構造を設計する。

② 全体システム化計画及び個別システム化構想・計画を具体化するために，対象とする情報システムの開発に必要となる要件を分析，整理し，取りまとめる。

③ 対象とする情報システムの要件を実現し，情報セキュリティを確保できる，最適なシステム方式を設計する。

④ 要件及び設計されたシステム方式に基づいて，要求された品質及び情報セキュリティを確保できるソフトウェアの設計・開発，テスト，運用及び保守についての検討を行い，対象とする情報システムを開発する。

付録

なお，ネットワーク，データベース，セキュリティなどの固有技術については，必要に応じて専門家の支援を受ける。

⑤ 対象とする情報システム及びその効果を評価する。

〔組込みシステム・IoTを利用したシステム〕
組込みシステム・IoTを利用したシステムの要件を調査・分析し，機能仕様を決定し，ハードウェアとソフトウェアの要求仕様を取りまとめる業務に従事し，次の役割を主導的に果たすとともに，下位者を指導する。

① 組込みシステム・IoTを利用したシステムの企画・開発計画に基づき，対象とするシステムの機能要件，技術的要件，環境条件，品質要件を調査・分析し，機能仕様を決定する。

② 機能仕様を実現するハードウェアとソフトウェアへの機能分担を検討して，最適なシステムアーキテクチャを設計し，ハードウェアとソフトウェアの要求仕様を取りまとめる。

③ 汎用的なモジュールの導入の妥当性や開発されたソフトウェア資産の再利用の可能性について方針を策定する。

期待する技術水準
システムアーキテクトの業務と役割を円滑に遂行するため，次の知識・実践能力が要求される。

〔情報システム〕

① 情報システム戦略を正しく理解し，業務モデル・情報システム全体体系を検討できる。

② 各種業務プロセスについての専門知識とシステムに関する知識を有し，双方を活用して，適切なシステムを提案できる。

③ 企業のビジネス活動を抽象化（モデル化）して，情報技術を適用できる形に再構成できる。

④ 業種ごとのベストプラクティスや主要企業の業務プロセスの状況，同一業種の多くのユーザ企業における業務プロセスの状況，業種ごとの専門知識，業界固有の慣行などに関する知見をもつ。

⑤ 情報システムのシステム方式，開発手法，ソフトウェアパッケージなどの汎用的なシステムに関する知見をもち，適切な選択と適用ができる。

⑥ OS，データベース，ネットワーク，セキュリティなどにかかわる基本的要素技術に関する知見をもち，その技術リスクと影響を勘案し，適切な情報システムを構築し，保守できる。

付録

⑦ 情報システムのシステム運用，業務運用，投資効果及び業務効果について，適切な評価基準を設定し，分析・評価できる。

⑧ 多数の企業への展開を念頭において，ソフトウェアや，システムサービスの汎用化を検討できる。

〔組込みシステム・IoTを利用したシステム〕

① 組込みシステム・IoTを利用したシステムが用いられる環境条件や安全性などの品質要件を吟味し，実現すべき機能仕様を決定できる。

② 対象とするシステムの機能仕様に基づき，ハードウェアとソフトウェアの適切な組合せを設計し，それぞれの要求仕様としてまとめることができる。

③ リアルタイムOSに関する深い知識と汎用的なモジュールに対する知識を有し，システムアーキテクチャの合理的な設計，ソフトウェア資産の再利用可能性の検討，適切な活用ができる。

レベル対応

共通キャリア・スキルフレームワークの人材像：システムアーキテクト，テクニカルスペシャリストのレベル4の前提要件

出典：「情報処理技術者試験・情報処理安全確保支援士試験 試験要綱 Ver.4.6」
（独立行政法人情報処理推進機構，2020）（以下，「試験要綱 Ver.4.6」という）

● 出題形式と試験時間

システムアーキテクト試験の出題形式と試験時間は次のようになっています。令和3年4月の試験から適用される試験要綱 Ver.4.6で，システムアーキテクト試験の実施時期が，秋期から春期に変更されました。

	午前Ⅰ	午前Ⅱ	午後Ⅰ	午後Ⅱ
試験時間	50分 (9:30 ～ 10:20)	40分 (10:50 ～ 11:30)	90分 (12:30 ～ 14:00)	120分 (14:30 ～ 16:30)
出題形式	多肢選択式 （四肢択一）	多肢選択式 （四肢択一）	記述式	論述式 （小論文）
出題数と 解答数	30問必須	25問必須	4問出題 2問解答	3問出題 1問解答

付録

●午前Ⅰ免除制度

次の条件のいずれかを満たせば，その後2年間（春期・秋期の試験4回）にわたり，システムアーキテクト試験を含む高度試験において，午前Ⅰ試験免除の権利が得られます。免除を受けるには，応募時に申請が必要です。免除申請が認められれば，午前Ⅱからの受験となり，午前Ⅰは受験できません。

- 応用情報技術者試験に合格する
- いずれかの高度試験又は情報処理安全確保支援士試験に合格する（午前Ⅰ試験を免除で受験した場合を含む）
- いずれかの高度試験又は情報処理安全確保支援士試験の午前Ⅰ試験で基準点（60点）以上の成績を得る（最終的に不合格の場合を含む）

●出題範囲

午前Ⅰ・午前Ⅱの出題範囲

午前Ⅰは，同じ日に実施される他の高度試験及び情報処理安全確保支援士試験と共通の問題であり，情報処理技術全般に関する共通知識を問います。午前Ⅱは，システムアーキテクトとしての専門知識を問います。

○は出題範囲であること，◎は重点出題範囲である（出題数が多い）ことを表します。また，3，4は技術レベルで，4が最も高度である（出題の難度が高い）ことを表します。

中分類はさらに小分類に分かれ，小分類ごとに知識項目例（出題される具体的な用語や知識）が詳細に定められています。これは，IPAのWebサイト（https://www.jitec.ipa.go.jp/1_04hanni_sukiru/_index_hanni_skill.html）から試験要綱をダウンロードして確認してください。

試験要綱Ver.4.4への改訂（令和2年度の試験から適用）の際に，中分類「セキュリティ」について，午前Ⅰは「○3」→「◎3」，午前Ⅱは「○3」→「◎4」と変更されました。

付録　システムアーキテクトになるには

577

付録

分野	大分類			中分類		午前Ⅰ	午前Ⅱ
テクノロジ系	1	基礎理論	1	基礎理論		○3	
			2	アルゴリズムとプログラミング		○3	
	2	コンピュータシステム	3	コンピュータ構成要素		○3	○3
			4	システム構成要素		○3	○3
			5	ソフトウェア		○3	
			6	ハードウェア		○3	
	3	技術要素	7	ヒューマンインタフェース		○3	
			8	マルチメディア		○3	
			9	データベース		○3	○3
			10	ネットワーク		○3	○3
			11	セキュリティ		◎3	◎4
	4	開発技術	12	システム開発技術		○3	◎4
			13	ソフトウェア開発管理技術		○3	○3
マネジメント系	5	プロジェクトマネジメント	14	プロジェクトマネジメント		○3	
	6	サービスマネジメント	15	サービスマネジメント		○3	
			16	システム監査		○3	
ストラテジ系	7	システム戦略	17	システム戦略		○3	○3
			18	システム企画		○3	◎4
	8	経営戦略	19	経営戦略マネジメント		○3	
			20	技術戦略マネジメント		○3	
			21	ビジネスインダストリ		○3	
	9	企業と法務	22	企業活動		○3	
			23	法務		○3	

出典：「試験要綱 Ver.4.6」を基に筆者作成（網掛けは重点出題範囲）

午後Ⅰ・午後Ⅱの出題範囲

〔情報システム〕は，午後Ⅰの問1～3及び午後Ⅱの問1～2に適用されます。〔組込みシステム・IoTを利用したシステム〕は，午後Ⅰの問4及び午後Ⅱの問3に適用されます。

試験要綱がVer.4.4に改訂され，令和2年度の試験から適用されています。このときの主な変更点は，セキュリティの強化とIoT（モノのインターネット；Internet of Things）への対応でした。

〔情報システム〕

1 契約・合意に関すること

提案依頼書（RFP）・提案書の準備，プロジェクト計画立案の支援 など

2 企画に関すること

付録

対象業務の内容の確認，対象業務システムの分析，適用情報技術の調査，業務モデルの作成，システム化機能の整理とシステム方式の策定，サービスレベルと品質に対する基本方針の明確化，実現可能性の検討，システム選定方針の策定，コストとシステム投資効果の予測　など

3 要件定義に関すること

要件の識別と制約条件の定義，業務要件の定義，組織及び環境要件の具体化，機能要件の定義，非機能要件の定義，スケジュールに関する要件の定義　など

4 開発に関すること

システム要件定義，システム方式設計，ソフトウェア要件定義，ソフトウェア方式設計，ソフトウェア詳細設計，システム結合，システム適格性確認テスト，ソフトウェア導入，システム導入，ソフトウェア受入れ支援，システム受入れ支援など

5 運用・保守に関すること

運用テスト，業務及びシステムの移行，システム運用の評価，業務運用の評価，投資効果及び業務効果の評価，保守にかかわる問題把握及び修正分析　など

6 関連知識

構成管理，品質保証，監査，関連法規，情報技術の動向　など

〔組込みシステム・IoTを利用したシステム〕

1 機能要件の分析，機能仕様の決定に関すること

開発システムの機能要件の分析，品質要件の分析，開発工程設計，コスト設計，性能設計，機能仕様のまとめ，関連技術　など

2 機能仕様を満足させるシステムアーキテクチャ及びハードウェアとソフトウェアの要求仕様の決定に関すること

ハードウェアとソフトウェアのトレードオフ，機能分割設計，システム構成要素への機能分割，装置間インタフェース仕様の決定，ソフトウェア要求仕様書・ハードウェア要求仕様書の作成，システムアーキテクチャ設計，信頼性などの非機能要件に応じた設計，保守容易化設計，リアルタイムOSの選定，情報セキュリティに対する吟味と対応策の決定　など

3 対象とするシステムに応じた開発手法の決定に関すること

モデルベース設計，プロセスモデル設計，オブジェクト指向モデル設計　など

4 汎用的モジュールの利用に関すること

モジュール化設計，再利用，構成管理　など

出典：「試験要綱 Ver.4.6」

付録

●採点方式・配点・合格基準

① 午前Ⅰ，午前Ⅱ，午後Ⅰは，各問の配点は均等で100点満点です。素点方式で採点し，基準点は60点です。ただし，試験結果に問題の難易差が認められた場合には，基準点の変更が行われることがあります。

② 午後Ⅱは，設問で要求した項目の充足度，論述の具体性，内容の妥当性，論理の一貫性，見識に基づく主張，洞察力・行動力，独創性・先見性，表現力・文章作成能力などを評価の視点として，論述の内容を評価します。評価ランクと合否の関係は次のとおりです。

評価ランク	内　容	合　否
A	合格水準にある	合格
B	合格水準まであと一歩である	不合格
C	内容が不十分である	
D	出題の要求から著しく逸脱している	

③ 午前Ⅰ，午前Ⅱ，午後Ⅰが全て基準点以上で，午後Ⅱが評価ランクAの場合に合格となります。

④ 採点に当たっては，次のように「多段階選抜方式」を採用します。

- 午前Ⅰ試験の得点が基準点に達しない場合には，午前Ⅱ・午後Ⅰ・午後Ⅱ試験の採点を行わずに不合格とする。
- 午前Ⅱ試験の得点が基準点に達しない場合には，午後Ⅰ・午後Ⅱ試験の採点を行わずに不合格とする。
- 午後Ⅰ試験の得点が基準点に達しない場合には，午後Ⅱ試験の採点を行わずに不合格とする。

580

●統計（応募者数・合格率など）

システムアーキテクト試験の平成22年度～令和3年度の統計（応募者数・合格率など）は，次の表及び図のとおりです。

年度	全体		午前Ⅰ		午前Ⅱ	午後Ⅰ	午後Ⅱ
	応募者数 受験者数 （受験率） 合格者数 （合格率）		免除者数 免除率	採点者数 通過者数 通過率	採点者数 通過者数 通過率	採点者数 通過者数 通過率	採点者数 通過者数 通過率
平成22年度 (2010年度)	12,553 8,167 （65.1%） 1,022 （12.5%）		5,198 63.6%	2,969 1,609 54.2%	6,746 4,879 72.3%	4,737 2,889 61.0%	2,856 1,022 35.8%
平成23年度 (2011年度)	9,954 6,509 （65.4%） 966 （14.8%）		3,816 58.6%	2,693 2,057 76.4%	5,731 4,403 76.8%	4,207 2,595 61.7%	2,573 966 37.5%
平成24年度 (2012年度)	9,901 6,683 （67.5%） 965 （14.4%）		4,128 61.8%	2,555 1,332 52.1%	5,377 4,201 78.1%	3,990 2,728 68.4%	2,702 965 35.7%
平成25年度 (2013年度)	9,346 6,113 （65.4%） 864 （14.1%）		3,595 58.8%	2,518 1,610 63.9%	5,082 3,975 78.2%	3,784 2,153 56.9%	2,132 864 40.5%
平成26年度 (2014年度)	8,814 5,735 （65.1%） 860 （15.0%）		3,271 57.0%	2,464 1,579 64.1%	4,721 3,837 81.3%	3,667 2,415 65.9%	2,388 860 36.0%
平成27年度 (2015年度)	8,181 5,274 （64.5%） 697 （13.2%）		3,172 60.1%	2,102 1,271 60.5%	4,335 2,662 61.4%	2,594 1,571 60.6%	1,560 697 44.7%
平成28年度 (2016年度)	8,157 5,363 （65.7%） 748 （13.9%）		3,151 58.8%	2,212 1,216 55.0%	4,254 3,288 77.3%	3,191 1,764 55.3%	1,746 748 42.8%
平成29年度 (2017年度)	8,678 5,539 （63.8%） 703 （12.7%）		3,190 57.6%	2,349 1,400 59.6%	4,431 3,405 76.8%	3,275 1,952 59.6%	1,923 703 36.6%
平成30年度 (2018年度)	9,105 5,832 （64.1%） 736 （12.6%）		3,320 56.9%	2,512 1,615 64.3%	4,734 3,139 66.3%	3,028 1,915 63.2%	1,872 736 39.3%
令和元年度 (2019年度)	8,341 5,217 （62.5%） 798 （15.3%）		3,093 59.3%	2,124 1,259 59.3%	4,192 3,253 77.6%	3,163 1,956 61.8%	1,938 798 41.2%
令和3年度 (2021年度)	5,447 3,433 （63.0%） 567 （16.5%）		1,899 55.3%	1,534 978 63.7%	2,709 2,276 84.0%	2,203 1,203 54.6%	1,194 567 47.5%

* 各年度のIPA公表資料を基に筆者作成。
* 午前Ⅰ免除者数は非公表のため，受験者数－午前Ⅰ採点者数として計算。
* 午前Ⅰ免除者数＋午前Ⅰ通過者数と午前Ⅱ採点者数の差異，午前Ⅱ通過者数と午後Ⅰ採点者数の差異，午後Ⅰ通過者数と午後Ⅱ採点者数の差異は，採点対象外者（受験放棄，受験番号未記入・誤記入など）があることによる。

付録

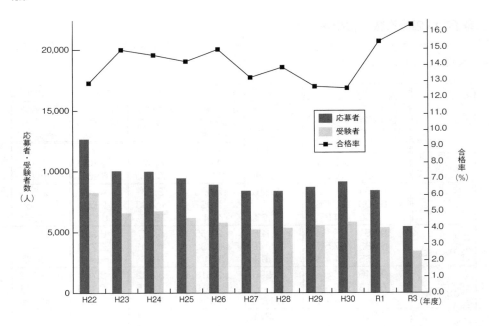

午前Ⅰ・午前Ⅱ

　欠席者を除く受験者のうち，例年6割程度が午前Ⅰ免除者となっています。午前Ⅰからの受験者のうち，60点以上で通過した割合は，5～8割となっています。

　午前Ⅱの採点対象者のうち，60点以上で通過した割合は，6～8割となっています。高い割合に見えますが，午前Ⅰで不合格となった受験者は採点対象外ですので，仮に全受験者を採点すれば，午前Ⅱ通過率はこれより低い可能性があります。

　午前Ⅰ・午前Ⅱでは，広範な知識を問われます。出題数の5～6割は，過去問題（システムアーキテクト試験以外の試験区分を含む）からの再出題で占められています。それ以外は初出題の新作問題で，業務経験が豊富でも触れる機会の少ないテーマも出題されます。このため年度によって難度に変動があり，通過率が上下しやすい面があります。

　通過率が高いからと油断せずに，再出題された問題を取りこぼさないよう，過去問題をよく学習しておくことが重要です。

　午前Ⅰは，全ての高度試験及び情報処理安全確保支援士試験に必要な共通知識を問うものであるため，本書の対象外としています。午前Ⅰ対策には，別途刊行の『情報処理教科書 高度試験午前Ⅰ・Ⅱ 2020年版』（松原敬二著，翔泳社刊）をご利用ください。

582

付録

午後Ⅰ・午後Ⅱ

午後Ⅰの採点対象者のうち，60点以上で通過した割合は，5〜7割となっています。これも同様に，午前Ⅱまでに不合格となった受験者は採点対象外ですので，仮に全受験者を採点すれば，午後Ⅰ通過率はこれより低い可能性があります。

午後Ⅱの採点対象者のうち，評価ランクAで通過（最終的に合格）した割合は，3〜5割となっています。午後Ⅰまでの通過者から，さらに4割前後に絞られるため，論文対策は特に重要となります。

合格率

合格率は例年12〜15％で安定しています。これは，午前Ⅰ・午前Ⅱ（多肢選択式）では得点調整できないため，午後Ⅰ（記述式）の採点基準や午後Ⅱ（論述式）の評価基準を多少調整しているためと考えられます。

また，受験番号の未記入者や誤記入者も少なからずいると見られます。学習の成果を無駄にしないよう，受験時には注意が必要です。

583

付録

受験の手引き

　試験案内は，IPAの「情報処理技術者試験・情報処理安全確保支援士試験」のWebサイト（https://www.jitec.ipa.go.jp/）に掲載されています。予定が変わることもありますので，必ず最新の情報を確認してください。

　問合せも，同サイトの問合せフォームから入力・送信してください。

●実施スケジュール

時期	予定	備考
1月上旬～2月上旬	受験申込み 受験料支払い（税込み7,500円） ・クレジットカード決済 ・ペイジーによる払込み ・コンビニ払込み	受験資格はありません。 IPAのWebサイトから，必要事項を入力します。 身体障害等で特別措置が必要な方は，IPAまで問い合わせてください。
3月下旬	受験票の発送	
4月中旬の日曜日	試験実施	令和3年度までは第3日曜日
試験当日の夕方以降	試験問題，解答例（午前Ⅰ・午前Ⅱ）公表 合格発表日等の今後の予定公表	
6月下旬	解答例（午後Ⅰ・午後Ⅱ）公表	
6月下旬	合格発表・成績照会	IPAのWebサイトに合格者受験番号が掲載されます。 成績照会には，受験票に記載の受験番号とパスワードが必要です。
7月上旬	採点講評（午後Ⅰ・午後Ⅱ）公表	
7月下旬	合格証書の郵送（合格者） 午前Ⅰ通過者番号通知書（不合格者のうち，午前Ⅰで基準点を得た者）の郵送	それ以外の者には通知はありません。

索引

※第1部（午前Ⅱ対策）のキーワードを収録

数字

2相コミット 67

A

AES 25, 29
ARP 22

B

BABOK 99
BCP 88
BPMN 50

C

C0カバレッジ 74
CA 26
CCMP 29
CGI 8
CMMI 34
CP 26
CPS 26
CRL 26
CRUDマトリックス 48
CSMA/CD方式 21

D

DCF 91
DFD 45, 49, 50, 52, 92
DHCP 22

E

EA 92
ECC 29
ElGamal暗号 25
E-R図 49
E-Rモデル 52
EV SSL証明書 26

F

FC（ファイバチャネル） 6
FMEA 83
FTA 83

G

GoF 62

I

ICMP 22
ICT教育 94
IDS 31
IEEE 802.11n 20
INVEST 36
IPv4アドレス 22
IPネットワーク 23
ISO/IEC 15408 28
ISO/IEC 27005 29
ISO 14004 29
ISO 9001 29
IT投資評価 89
IT投資ポートフォリオ 91

J

JavaBeansパターン 62
JIS C 5750-4-3:2011 83
JIS Q 22301:2020 88
JIS Q 27014:2015 27
JIS X 0129-1:2003 55
JIS X 0135-1:2010 40
JIS X 25010:2013 53

K

KGI 89
KPI 89
KPT手法 86
KVS 67

索引

L

L4 直交表 75

M

MAC アドレス 22
MapReduce 67
MTBF 82
MTTR 82

N

NAS 6
NRE 90

O

OLAP 19
OS コマンドインジェクション 32

P

package 46
PBP 97
PBX 23
PHP 8
POSA 62
private 46
protected 46
public 46

R

RAID 9
RARP 22
RC4 29
RFID 20
RPC 8
RSA 25, 29

S

SAN 6
SOLID 58
SoS 51
SQL インジェクション 32
STS 分割 60
SVC（スーパバイザコール）割込み 4

SysML

SysML 51

T

TR 分割 60

U

UML 46

V

VoIP ゲートウェイ 23

W

WAF 30, 31
WAL 18
Web アプリケーションファイアウォール
.... 30, 31
WPA2 29

X

XDDP 36
XML 9
XP 68

あ

アーキテクチャ中心設計 85
アーキテクチャパターン 62
アーク 52
アキュムレータ 3
アクティビティ図 51, 103
アサーションチェック 69
アサインバック 106
アジャイル開発 85
アジャイル開発プロセス 36
アジャイルソフトウェア開発 68
アプリケーションアーキテクチャ 92
アムダールの法則 5
暗号化アルゴリズム 29
アンチウイルスソフトウェア 31

い

移行要求 100
依存関係逆転の原則 58

索引

イニシャルロイヤリティ 105
インタフェース分離の原則 58

う

運用プロセス 44

え

エクストリームプログラミング 68
エラー埋込み法....................................... 75
エラー推測テスト技法............................. 79
エンタープライズアーキテクチャ...........92

お

オーバーライド.......................................59
オーバーロード.......................................59
オープン・クローズドの原則 58
オブジェクト指向設計における設計原則
....58
オペランド読出し（オペランドフェッチ）
....3

か

カークパトリックモデルの4段階評価 ... 81
外部設計プロセス.................................... 34
外部割込み 4
開放・閉鎖原則....................................... 58
鍵ペア 25
可視性 46
稼働率 11
カプセル化 59
可用性管理 10
環境物品等 104
関係モデルの候補キー 17
関数従属 15
完全関数従属 14
完全定額契約 106

き

機能構成図 93
機能情報関連図....................................... 92
機能要件 40
キャッシュフロー.................................... 97

キャパシティプランニング 10
境界オブジェクト.................................... 57
共通鍵暗号方式....................................... 25
共通機能分割 60
共通フレーム2013 ....33, 37, 95

く

クライアント証明書................................. 27
クラス図 16, 46, 47, 103
グラントバック.......................................105
グリーン購入法......................................104
クロス開発 36
クロスサイトスクリプティング 32
クロスライセンス...................................105

け

経済価格調整付き定額契約 106
継承 59
結合テストプロセス................................. 34
決定表 49, 49, 79
検査費用 7

こ

公開可視性 46
構造化設計 56
候補キー（関係モデルの）...................... 17
効率性 53
コードサイニング証明書 26
コード追跡 69
故障の予防を目的とした解析手法........... 83
故障率 11, 12
コスト プラス インセンティブ フィー契約
....106
コスト プラス定額フィー契約 106
コデザイン 41
コミット処理完了のタイミング 18
コモンクライテリア................................. 28
コンカレントエンジニアリング 87
コンカレント開発.................................... 41
コンソール割込み.....................................4
コンポジション....................................... 47

587

索引

さ

サーバ証明書 27

し

事業継続計画 88
システム開発プロジェクトのライフサイク
　ル 56
システム開発プロセス 34
システム結合プロセス 34
システム適格性確認テスト 78
システム適格性確認テストプロセス 34
システムテスト 76
システムテストプロセス 34
システム方式設計プロセス 34, 38, 44
システム要件定義プロセス 34, 44
システム要件の分析結果の承認権限 ... 37
実験計画法 74, 80
実効アドレス計算 3
実体オブジェクト 57
実費償還型契約 106
ジャクソン法 60
主記憶の平均アクセス時間 5
障害透明性 7
状態遷移図 50, 50, 52, 79
状態マシン図 103
情報システム関連図 92
情報セキュリティガバナンス 27
情報セキュリティ管理 10
情報体系整理図 93
情報漏えい対策 24
正味現在価値 98
証明書ポリシ 26
シングルサインオン 30
人工知能に関するテスト手法 80
人的資源管理 10

す

推移的関数従属 15
スクラム 85, 86
スタンドアップミーティング 85
ステークホルダ要求 99
ストラテジパターン 63
スナップショットダンプ 69

スパイラルモデル 36, 85
スプリントプランニング 85
スプリントレトロスペクティブ 85

せ

制御オブジェクト 57
制御フロー図 50
セキュア OS 30
設計原則（オブジェクト指向設計における）
　.. 58
セッションハイジャック 32
全数検査 77

そ

ソフトウェア開発の効率向上 87
ソフトウェア結合プロセス 34
ソフトウェア構築プロセス 34, 65
ソフトウェア実装プロセス 34
ソフトウェア詳細設計プロセス 34
ソフトウェア適格性確認テストプロセス
　.. 34
ソフトウェア品質属性 55
ソフトウェア方式設計プロセス 34
ソフトウェア要件定義プロセス
　.. 34, 43, 44
ソリューション要求 99

た

ダイス（ダイシング）........................ 19
タイマ割込み 4
楕円曲線暗号 25
多重度 47
タプル 17
単一責任の原則 58
探索的テスト技法 79
単体テスト 76

ち

チューリングテスト 80
直交表 75

索引

て

ディープラーニング	94
ディジタル証明書	26
ディスカウントキャッシュフロー	91
デイリースクラム	85
ディレクトリトラバーサル	32
データアーキテクチャ	92
データエンジニアリング力	93
データキャッシュ	3
データクレンジング	19
データサイエンス力	93
データフロー図 (データフローダイアグラム) → DFD	
データフローモデル	52
テーブル設計	17
テクノロジアーキテクチャ	92
デザインパターン	62, 63
デザインレビュー	64
テストカバレッジ分析	69
テストケースの設計	73
テスト手法 (人工知能に関する)	80
テストの進捗状況とソフトウェアの品質	70
テストの網羅性	72
デマルコ, トム	56

と

投資効果評価	97, 98
透明性 (透過性)	7
トークン	52
特許無償開放	105
トップダウンアプローチ	42
ドメインエンジニアリング	87
トランジション	52
ドリルアップ	19
ドリルダウン	19, 94

な

内部設計書のデザインレビューの目的	64
内部設計プロセス	34
内部ブロック図	51
内部割込み	4

流れ図	71
なぜなぜ分析	83

に

日次ミーティング	85
入出力割込み	4
ニューラルネットワーク	94
二要素認証	30
認証局	26
認証実施規定	26

は

パーソナルファイアウォール	31
バグ管理図	70
パラレルSCSI	6
バランススコアカード	91
パレート分析	83
反射律	15

ひ

ビジネスアーキテクチャ	92
ビジネス要求	99
ビジネス力	93
非接触ICカード	20
品質モデル	55

ふ

ファイバチャネル	6
ファジング	80
フールプルーフ	54
フェールセーフ	54
フォールトトレランス	54
フォワードエンジニアリング	87
部分関数従属	15
プライバシバイデザイン	102
ブラックボックステスト	73
ブレークダウンストラクチャ	50
プレース	52
プログラミングプロセス	34
プログラムレジスタ (プログラムカウンタ)	3
プログラム割込み	4
プロセス領域	34

589

索引

プロダクトライン開発 41
プロパティ 46
分散処理システム 7
分析軸 19

へ

ペアプログラミング 36, 68
平均アクセス時間（主記憶の） 5
並列化 5
ページフォールト 5
ペトリネットモデル 52

ほ

ホストアドレス 22
ボトムアップアプローチ 42
ホワイトボックステスト 73

ま

マーチン，ロバート・C・ 58
マシンチェック割込み 4
マルチスレッド 67
マルチプロセッサの性能 4
満足性 53

め

命令解読（命令デコード） 3
命令網羅 74
命令読出し（命令フェッチ） 2
命令レジスタ 2
メソッド 46

も

網羅性（テストの） 72
目標復旧時間 88
モジュール構成図 50
モジュール分割技法 60

ゆ

ユークリッドの互除法 72
有限状態機械モデル 52
有効性 53
ユーザストーリ 37

ユースケース駆動開発 84
ユースケース図 103
ユニットテスト 76

よ

"良いプログラム" 61
要件定義プロセス 34, 101
要件の合意 101
要件の識別 100
要件の評価 101

ら

ライフサイクル（システム開発プロジェク
トの） 56
ランニングロイヤリティ 104

り

リアルオプション 91
利害関係者の識別 101
リグレッションテスト 76
リスク回避性 53
リスコフの置換原則 58
リバースエンジニアリング 87

る

累積故障率 12

れ

レトロスペクティブ 86

ろ

ロイヤリティ 105
ロードテスト 80
ロールアップ 19
ロールダウン 19
論理データモデル作成 42

わ

ワーニエ法 60
割込み 3
割引率 98

著者紹介

松田 幹子（まつだ みきこ）

楽天ペイメント株式会社勤務。

所有資格：システム監査技術者，プロジェクトマネージャ，システムアナリスト，システムアーキテクト，情報セキュリティスペシャリスト，データベーススペシャリスト，ネットワークスペシャリスト，PMPなど。

執筆担当：第2部第1章1.2，第2部第2章演習4〜演習14

松原 敬二（まつばら けいじ）

複数のIT企業等に勤務し，これまでにソフトウェア開発，インターネットサービスの企画・開発，ネットワーク・サーバの構築・運用，IT企業の社員研修講師，専門学校講師，中小企業支援などに携わる（著者プロフィール https://keiji.jp/）。

所有資格：情報処理技術者（プロジェクトマネージャ以外の全て），中小企業診断士，電気通信設備工事担任者（AI・DD総合種），JASA組込みソフトウェア技術者（ETEC）クラス2グレードAなど。

著書：『情報処理教科書 高度試験午前Ⅰ・Ⅱ』（翔泳社），『情報処理教科書 エンベデッドシステムスペシャリスト』（翔泳社／共著），『中小企業のための補助金・助成金 徹底活用ガイド』（同友館／共著）など。

執筆担当：第1部，第2部第1章1.1，第2部第2章演習3，第2部第3章，付録

満川 一彦（みつかわ かずひこ）

人財育成に従事。

所有資格：技術士（情報工学），上級教育士（工学・技術），情報処理技術者（ITストラテジスト，システムアーキテクト，システム監査技術者，システムアナリスト，プロジェクトマネージャ，アプリケーションエンジニア，ITサービスマネージャ，上級システムアドミニストレータ，情報セキュリティアドミニストレータ，テクニカルエンジニア（システム管理），プロダクションエンジニア，ネットワークスペシャリスト，データベーススペシャリスト，オンライン，特種，応用情報技術者，ソフトウェア開発技術者，1種，2種），工事担任者（総合種），一般旅行業務主任，国内旅行業務主任，色彩検定（2級，3級），統計検定（3級）など。

著書：『OSS教科書 OSS-DB Silver Ver.2.0対応』（翔泳社／共著），『IT Service Management教科書 ITILファンデーション シラバス2011』（翔泳社／共著），『ITストラテジスト 合格論文の書き方・事例集 第5版』（アイテック／共著），『プロジェクトマネージャ 合格論文の書き方・事例集 第6版』（アイテック／共著），『2020 ITストラテジスト「専門知識＋午後問題」の重点対策』（アイテック），『書けるぞ高度区分論文』（週刊住宅新聞社）など。

執筆担当：第2部第2章演習1・演習2，第3部

装丁	結城 亨（SelfScript）
カバーイラスト	大野 文彰
DTP	株式会社ウイリング

情報処理教科書

システムアーキテクト 2022 年版

2021 年 9 月 16 日　初版　第 1 刷発行

著　　　者	松田 幹子・松原 敬二・満川 一彦
発　行　人	佐々木 幹夫
発　行　所	株式会社 翔泳社（https://www.shoeisha.co.jp）
印　　　刷	昭和情報プロセス株式会社
製　　　本	株式会社 国宝社

©2021 Mikiko Matsuda, Keiji Matsubara, Kazuhiko Mitsukawa

本書は著作権法上の保護を受けています。本書の一部または全部について（ソフトウェアおよびプログラムを含む），株式会社翔泳社から文書による許諾を得ずに，いかなる方法においても無断で複写，複製することは禁じられています。

本書へのお問い合わせについては，ii ページに記載の内容をお読みください。

造本には細心の注意を払っておりますが，万一，乱丁（ページの順序違い）や落丁（ページの抜け）がございましたら，お取り替えします。03-5362-3705までご連絡ください。

ISBN978-4-7981-7247-7　　　　　　　　　Printed in Japan